Hans Georg Hahn

Elastizitätstheorie

Leitfäden der angewandten Mathematik und Mechanik

Band 62

Springer Fachmedien Wiesbaden GmbH

Elastizitätstheorie

Grundlagen der linearen Theorie und Anwendungen auf eindimensionale, ebene und räumliche Probleme

Von Dr. rer. nat. Hans Georg Hahn
o. Professor an der Universität Kaiserslautern

Mit 109 Bildern

Springer Fachmedien Wiesbaden GmbH 1985

Prof. Dr. rer. nat. habil. Hans Georg Hahn

Geboren 1929 in Augsburg. Studium der technischen Physik an der TH München, 1963 Promotion und 1970 Habilitation für Technische Mechanik. Assistent, Oberingenieur und wissenschaftlicher Rat am Mechanisch-Technischen Laboratorium der TH/TU München. Seit 1965 Vorlesungstätigkeit über Spezialgebiete der Mechanik. Seit 1973 o. Professor für Technische Mechanik an der Universität Kaiserslautern.

CIP-Kurztitelaufnahme der Deutschen Bibliothek

Hahn, Hans Georg:
Elastizitätstheorie : Grundlagen d. linearen Theorie
u. Anwendungen auf eindimensionale, ebene u.
räuml. Probleme / von Hans Georg Hahn.
(Leitfäden der angewandten Mathematik und
Mechanik ; Bd. 62)
ISBN 978-3-663-09895-9 ISBN 978-3-663-09894-2 (eBook)
DOI 10.1007/978-3-663-09894-2
NE: GT

Ursprünglich erschienen bei B. G. Teubner, Stuttgart 1985

Satz: Elsner & Behrens GmbH, Oftersheim

Zechnersche Buchdruckerei, Speyer

Vorwort

Die „klassische" lineare Elastizitätstheorie, wie sie in diesem Buch behandelt wird, stellt nach wie vor die wichtigste Grundlage für die meisten festigkeitsmechanischen Berechnungen in der Technik dar. Hierin liegt ihr unbestrittener Wert und auch die Veranlassung, sie heute noch zu lehren und zu lernen. Ausgehend davon ist dann der Weg frei für Erweiterungen und Verbesserungen der Berechnungsrundlagen, wo dies wünschenswert erscheint.

Der vorliegende Text fußt auf Vorlesungen, die ich seit langem vor Ingenieurstudenten höherer Semester gehalten habe. Da es sich in diesem Buch um eine Einführung handelt, bin ich bemüht gewesen, stets die Anschaulichkeit vor dem mathematischen Apparat in den Vordergrund zu stellen. Zum Verständnis genügen elementare Kenntnisse der Analysis sowie der technischen Mechanik, wie sie im Grundstudium an Technischen Universitäten vermittelt werden. Einige Bemerkungen über den Inhalt des Buchs sowie die Art der Behandlung des Stoffs finden sich in der Einleitung.

Bei der Fertigstellung des Manuskripts und der Abbildungen sowie bei der Korrektur wurde ich von meinen Assistenten, insbesondere Herrn Priv.-Dozent Dr. H. A. Richard, bestens unterstützt. Ihnen allen gebührt mein herzlicher Dank, ebenso wie Frau E. Jeblick für die Schreib- und Kopierarbeiten, ferner dem Verlag für sein Eingehen auf meine besonderen Wünsche.

Das Buch möge dem Andenken meiner akademischen Lehrer

Ludwig Föppl (1887–1976)
Walther Kaufmann (1887–1965)
Winfried Otto Schumann (1888–1974)

gewidmet sein!

Kaiserslautern, im Herbst 1984 H. G. Hahn

Inhaltsverzeichnis

0 Einleitung

„Die Elastomechanik handelt von dem Verhalten der festen Körper unter Belastung. Sie verhilft dem Menschen, der Gebrechlichkeit alles Irdischen Herr zu werden und die Materie nach seinem Willen auszunutzen!"

Es sei erlaubt, diesen blumigen Satz von A. Busemann und O. Föppl aus dem Handbuch der Physik von 1928 (vgl. [A 5])[1]) einer kurzen Übersicht über Inhalt und Darstellung des vorliegenden Buchs voranzustellen.

In der Natur gibt es keine starren, d. h. unverformbaren Körper. Gleichwohl erweist es sich als nützlich, in der Mechanik als Abstraktion und Idealisierung den Begriff des Starrkörpers einzuführen. Viele wichtige Gesetzmäßigkeiten über des Gleichgewicht von Kräftesystemen werden in der Statik der starren Körper formuliert und liefern die Grundlagen für die Anwendungen in den gesamten Ingenieurwissenschaften.

In vielen Fällen jedoch darf die Verformbarkeit nicht mehr außerachtgelassen werden.

Eine wichtige Eigenschaft fester Körper, die in allen Anwendungen ausgenützt wird, ist ihre mechanische „Stabilität", d. h. der Widerstand, den sie einer Änderung ihrer Größe und Gestalt durch äußere Kräfte entgegensetzen. Dies ist mit dem Auftreten innerer Kräfte verbunden, deren Existenz sich nur durch ihre Verknüpfung mit Verformungen erklären läßt.

Das elastische Materialverhalten wird dadurch gekennzeichnet, daß die Verformungen endlich bleiben (d. h. kein Fließen eintritt) und bei Entlastung wieder völlig verschwinden („reversibles" Verhalten). Da sich ein großer Teil der wichtigsten technischen Werkstoffe, die Metalle, in großen Belastungsbereichen annähernd elastisch verhalten, bildet die Elastizitätslehre die Grundlage für viele Berechnungs- und Bemessungsverfahren der Festigkeitsmechanik. Hierbei bestehen die Hauptaufgaben in der Ermittlung der auftretenden inneren Kräfte, die die Beanspruchungen kennzeichnen, sowie der Verformungen. Zum wesentlichen Inhalt der mathematischen Elastizitätstheorie gehört die Aufstellung der grundlegenden Differentialgleichungen sowie die Integrationstheorie derselben.

In der sog. klassischen Elastizitätstheorie beschränkt man sich dabei (in Übereinstimmung mit den meisten der praktischen Anwendungen) auf kleine Verformungen, d. h. infinitesimale Verzerrungen, und legt linear-elastisches Materialverhalten gemäß dem idealen Hookeschen Gesetz zugrunde. Ersteres ist insofern von Vorteil, als durch die geometrische Linearität die mathematische Behandlung wesentlich vereinfacht wird. Kennzeichnend dafür ist, daß alle Gleichungen in den gesuchten Größen bzw. deren Ableitungen, linear sind.

Darüber hinausgehend lassen sich allgemeinere Formulierungen der Gleichgewichtsbedingungen und der kinematischen Beziehungen für endliche Verformungen aufstellen, die dann zu nichtlinearen Gleichungen führen. Ebenso lassen sich nichtlineare Elastizitätsgesetze verwenden. Die Betrachtungen werden dadurch verwickelter und erfordern einen größeren mathematischen Aufwand.

---

[1]) Hinweise in eckigen Klammern beziehen sich auf das Literaturverzeichnis, Abschn. 11.

Letztlich läßt sich die klassische Elastizitätstheorie als der Sonderfall der linearisierten allgemeinen Theorie und somit als eine Art von Näherung auffassen. Es ist aber festzuhalten, daß die lineare Elastizitätstheorie selbst eine in sich geschlossene mathematische Theorie darstellt.

Die klassische Elastizitätstheorie wurde im wesentlichen während des 19. Jahrhunderts von Cauchy (1789–1857), Navier (1785–1836), Poisson (1781–1840) und St. Venant (1797–1886), aufbauend auf wichtigen Grundlagen von Jakob Bernoulli (1654–1705) und Euler (1707–1783) entwickelt. Jedoch bereits Galilei (1564–1642), der Begründer der neuzeitlichen Naturwissenschaft, hat sich mit Untersuchungen über Werkstoffmechanik und Festigkeitslehre befaßt[1]).

Im folgenden Text wird die geometrisch und physikalisch lineare Theorie isotroper elastischer Körper behandelt, die nach wie vor die Grundlage vieler Anwendungsmöglichkeiten darstellt und auch die Einsicht in die weitergehenden theoretischen Formulierungen liefert.

Zur Behandlung spezieller Probleme, z. B. bei Stabilitätsaufgaben wie sie sich beim Knicken und Beulen dünner Bauteile oder dünnwandiger Strukturen ergeben, müssen selbstverständlich nichtlineare Theorien herangezogen werden. Darauf wird in diesem Buch aber nicht eingegangen. Ebensowenig werden elastodynamische Probleme erörtert und von den Theorien verallgemeinerter Medien (z. B. Cosserat - Kontinuum) soll hier auch nicht die Rede sein.

Bei der Darstellung der in der Elastizitätstheorie vorkommenden vektoriellen und tensoriellen Größen wird parallel zu der in Technischer Mechanik üblichen ingenieurmäßigen Schreibweise auch die Indizesschreibweise verwendet, die den Gleichungen eine kompaktere Form gibt. Dabei erfolgt aber eine Beschränkung auf sog. Kartesische Tensoren; auf die allgemeine Darstellung in krummlinigen Koordinaten mittels des allgemeinen Tensorkalküls wird ganz verzichtet. Nur gelegentlich wird im Text auf Zylinder- und Kogelkoordinaten zurückgegriffen, wo dies angebracht erscheint und mitunter werden einige Grundgleichungen in der sog. symbolischen Schreibweise (wie sie in vielen Darstellungen der Kontinuumsmechanik heute üblich ist) formuliert. Ansonsten soll stets der mechanische Inhalt der Theorie in den Vordergrund gestellt und nicht vom mathematischen Formalismus überdeckt werden.

Im Anhang sind einige wichtige Rechenregeln mit Kartesischen Tensoren zusammengestellt. Das Literaturverzeichnis enthält die wichtigsten Lehr- und Handbücher der Elastizitätstheorie. Auf eine Reihe von Originalarbeiten von historischer Bedeutung bzw. mit grundlegendem Charakter, wird im Text ebenfalls verwiesen.

---

[1]) Über die sehr weitläufige Geschichte der Elastizitätstheorie findet der interessierte Leser Angaben z. B. in den Büchern von Love [A 17], Westergaard [A 11] und Timoshenko [B 35], sowie in den neueren Werken von Truesdell [B 36] und Szabo [B 37].

1 Statische und kinematische Grundlagen

1.1 Kontinuum und Bewegungen des Kontinuums

Verformbare Körper (Festkörper und Fluide) ändern ihre Größe und Gestalt unter der Einwirkung äußerer Kräfte (Lasten). Bei Festkörpern werden Verformungen erzeugt, bei Fluiden Strömungen verursacht und es entstehen in beiden Fällen dabei innere Kräfte. Deren Größe und Verteilung im betrachteten Körper ist sowohl von den Lasten als auch von der geometrischen Gestalt der Körper abhängig.

Das mechanische Verhalten belasteter Körper kann sehr verschiedenartig und kompliziert sein. Die allgemeine Beschreibung fußt auf einer Kontinuumstheorie.

Festzuhalten ist, daß es in Wirklichkeit kein Kontinuum gibt. Zur Erfassung des mechanischen Verhaltens aller Materie im makroskopischen Bereich kann aber als Modell der Materie ein Kontinuum zugrundegelegt werden. Mit Ignorierung der diskreten Struktur der Materie wird angenommen, daß der von einem materiellen Körper eingenommene Raum stetig mit Materie erfüllt ist.

Ein infinitesimales Materialvolumen kann als „Teilchen“ des Kontinuums aufgefaßt werden, wobei die beliebige Teilbarkeit der Materie sowie die Nichtunterscheidbarkeit der einzelnen Teile im Begriff des Kontinuums enthalten sind. In jeder Umgebung eines materiellen Teilchens ist immer Materie vorhanden, die Materie ist im Kontinuum stetig verteilt.

Die Berechtigung für die Einführung des Kontinuums findet sich in der Erfahrung; eine experimentelle Nachprüfbarkeit der damit aufgestellten Theorien ist möglich.

Bei Belastung durch äußere Kräfte ändern die materiellen Teilchen ihre Lage im Raum, das Kontinuum bewegt sich. Als Sonderfall ist dabei die gleichmäßige Bewegung des gesamten betrachteten Kontinuums quasi wie ein starrer Körper zu beachten, da hierbei keine Verformungen und demzufolge auch keine inneren Kräfte auftreten.

Die Bewegungen des Kontinuums werden ebenfalls als stetig angenommen. Dies bedeutet, daß alle für die Verformung wichtigen Größen stetige Ortsfunktionen sind.

Die kontinuumsmechanische Beschreibung der Verformung von Festkörpern und Fluiden ist ein rein geometrisches Problem und vom Materialverhalten völlig unabhängig. Dies ist die Aufgabe der Kinematik eines Kontinuums und die Art der Kräfte, die die Verformung hervorrufen, spielt dabei keine Rolle. Ebenso sind die im verformten Körper auftretenden Kräfte vom Materialverhalten unabhängig. Ein grundsätzlicher Unterschied besteht jedoch zwischen Festkörpern und Fluiden, da bei letzteren im Ruhezustand keine Schubkräfte auftreten.

Die allgemeine Kontinuumsmechanik umfaßt sehr weite Gebiete. Sie beinhaltet einerseits die Anwendung allgemeiner mechanischer Gesetzmäßigkeiten zur Beschreibung der Bewegungen eines Kontinuums, andererseits die Aufstellung verschiedener Klassen idealisierter Materialgesetze (Stoffgleichungen) zur Beschreibung des erwähnten vielfältigen mechanischen Verhaltens realer Materialien. Auf diese Weise wird z. B. elastisches, plastisches, viskoses (unter Einbeziehung von Zeiteinflüssen) Materialverhalten erfaßbar.

Die z. T. sehr allgemeinen Formulierungen der Kontinuumsmechanik sollen in diesem Buch nicht verwendet werden. Sie finden sich z. B. in [B 5].

Die Elastizitätstheorie ist das Teilgebiet der Kontinuumsmechanik, das der Betrachtung elastischer Kontinua gewidmet ist und sich mit der Ermittlung der Vorformungen und der inneren Kräfte in elastischen Festkörpern bei gegebenen Belastungen beschäftigt.

1.2 Spannungen

Der aus der Punktmechanik bzw. der Mechanik starren Körper geläufige Kraftbegriff wird in geeigneter Weise in die Kontinuumsmechanik übertragen.

Die nachfolgenden Betrachtungen gelten für jeden materiellen Körper, der als Kontinuum aufgefaßt werden kann.

Man unterscheidet

- räumlich verteilte Körperkräfte (Volumen- und Massenkräfte)
- flächenhaft verteilte Kräfte, sog. Spannungen.

Die äußeren oder eingeprägten Kräfte auf einen Körper (Belastungen) sind entweder Körperkräfte (z. B. die dem Volumen proportionale Schwerkraft) oder Oberflächenkräfte (z. B. ein auf die begrenzende Oberfläche wirkender Druck).

1.2.1 Spannungsprinzip

Eine wichtige Hypothese zur kontinuumsmechanischen Erfassung der inneren Kraftwirkungen in verformbaren Körpern ist das Spannungsprinzip von Euler und Cauchy: An jeder gedachten Schnittfläche im Innern eines Körpers finden Wechselwirkungen statt, die von gleicher Art wie die der verteilten Oberflächenlasten sind.

Hierzu wird ein verformbarer Körper betrachtet, der sich unter Belastung im Gleichgewicht befindet (Fig. 1.1).

Eine gedachte Schnittfläche trennnt den Körper in zwei Teile mit den Volumina V_1 und V_2. Das Flächenelement ΔA durch einen Punkt P auf der Schnittfläche hat den nach V_1 zeigenden Normaleneinheitsvektor $\vec{n}$.

Die vom Teil V_1 des Körpers im Punkt P auf Teil V_2 ausgeübte Wirkung kann dargestellt werden durch einen Kraftvektor $\Delta\vec{F}$ und einen Momentenvektor $\Delta\vec{M}$.

Im Grenzübergang $\Delta A \to 0$ (bei fester Richtung $\vec{n}$) ergeben sich folgende physikalisch plausiblen Annahmen

$$\lim_{\Delta A \to 0} \frac{\Delta\vec{F}}{\Delta A} = \frac{d\vec{F}}{dA} = \overset{n}{\vec{\sigma}} \tag{1.1}$$

ferner
$$\lim_{\Delta A \to 0} \frac{\Delta\vec{M}}{\Delta A} = 0. \tag{1.2}$$

Die Rechtfertigung dieser Annahmen hat letztlich die Erfahrung zu liefern. Es hat sich gezeigt, daß alle auf dem Spannungsprinzip fußenden Folgerungen mit den experimentellen Befunden in Einklang stehen.

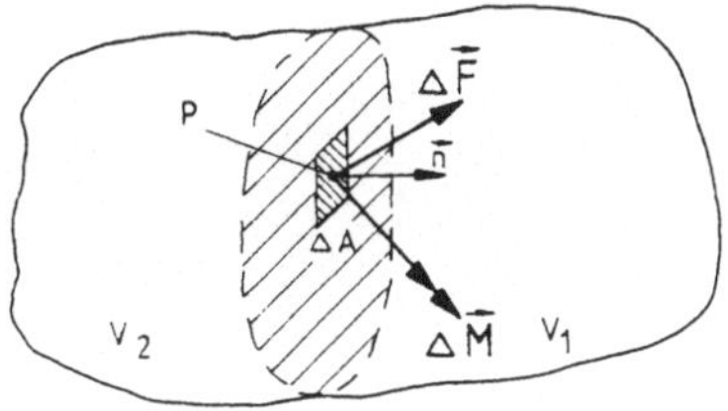

Fig. 1.1 Zur Definition des Spannungstensors

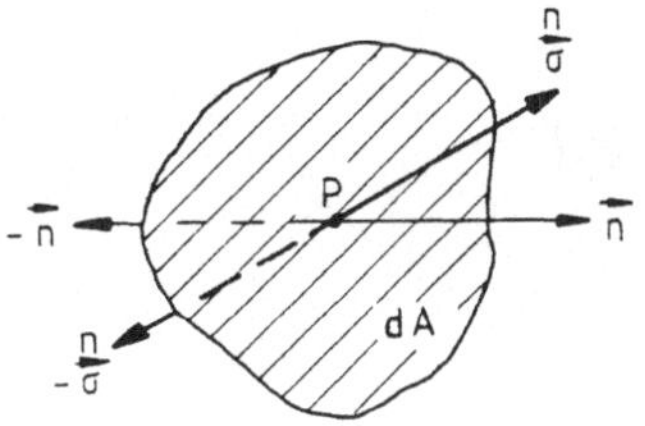

Fig. 1.2 Zum Spannungsprinzip

Der durch (1.1) definierte Vektor $\overset{n}{\vec{\sigma}}$ heißt der Spannungsvektor im Punkt P und wirkt am Flächenelement mit der Normalenrichtung $\vec{n}$.

Man erkennt, daß die Spannungsvektoren im Innern eines verformbaren Körpers kein Vektorfeld im üblichen Sinn bilden, vielmehr hängt die Spannung auch noch von der Orientierung des Flächenelements ab, an dem sie wirkt.

Der Vektor $\overset{n}{\vec{\sigma}}$ ändert sich, wenn die Normalenrichtung von ΔA geändert wird.

Insbesondere gilt für Spannungsvektoren, die am selben Punkt, aber auf gegenüberliegenden Seiten eines Flächenelements wirken

$$\overset{-n}{\vec{\sigma}} = -\overset{n}{\vec{\sigma}}. \tag{1.3}$$

Hierdurch wird mit Bezug auf Fig. 1.2 die Wirkung des Teils V_2 des Körpers auf den Teil V_1 und umgekehrt beschrieben.

Die Beziehung (1.3) kann unmittelbar als Aussage des dritten N e w t o n schen Axioms (Wechselwirkungsprinzip) angesehen werden. Sie ist aber auch direkt aus dem Impulssatz und dem C a u c h y schen Spannungsprinzip herleitbar.

Die Gesamtheit aller Spannungsvektoren $\overset{n}{\vec{\sigma}}(P)$ an einem Punkt P für alle Richtungen $\vec{n}$ (es gibt unendlich viel solcher Spannungsvektoren!) bestimmt den Spannungszustand in P.

Die Aussage des C a u c h y schen Spannungsprinzips lautet somit:

Die inneren Kräfte in einem Punkt eines verformbaren Körpers sind einem Spannungszustand äquivalent.

1.2.2 Spannungstensor

1.2.2.1 Normal- und Tangentialspannungen. Wie bereits erkannt, fällt im allgemeinen die Richtung von $\overset{n}{\vec{\sigma}}(P)$ nicht mit der Richtung $\vec{n}$ zusammen.

Die Projektion des Spannungsvektors $\overset{n}{\vec{\sigma}}(P)$ auf eine (mit ihrem Einheitsvektor festgelegte) beliebige Richtung durch P liefert die Komponente des Spannungsvektors in dieser Richtung.

Insbesondere liefert die Zerlegung von $\overset{n}{\vec{\sigma}}$ in eine Komponente normal zu dA die sog. Normalspannung σ_n, in eine Komponente tangential zu dA die sog. Tangential- oder Schubspannung σ_t (vgl. Fig. 1.3).

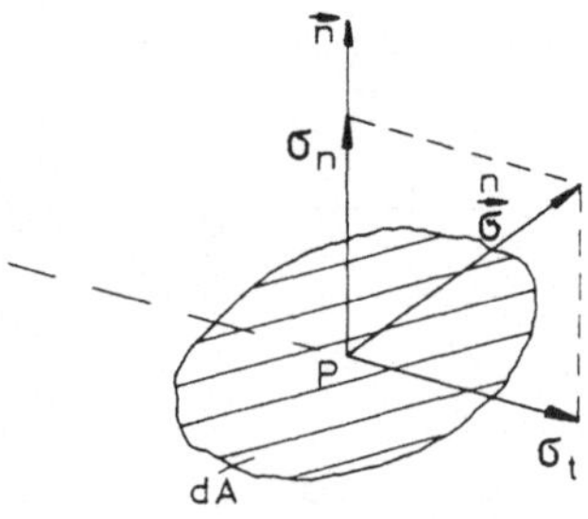

Fig. 1.3
Normal- und Tangentialspannung an einem Flächenelement

Wie man erkennt, gilt

$$|\overset{n}{\vec{\sigma}}|^2 = \sigma_n^2 + \sigma_t^2 .$$

Es sei sogleich festgehalten, daß die derart definierten Größen σ_n und σ_t keine Vektorkomponenten im üblichen Sinn sind.

Übrigens ist es zweckmäßig, die Schubspannung σ_t in der Ebene von dA wiederum in zwei orthogonale Anteile zu zerlegen.

1.2.2.2 Spannungszustand in einem Punkt. Es zeigt sich, daß die unendlich vielen Spannungsvektoren $\overset{n}{\vec{\sigma}}(P)$ in einem Punkt nicht voneinander unabhängig sind. Man kann sie berechnen, wenn man in P die Spannungsvektoren für drei aufeinander senkrecht stehende Schnittflächenelemente kennt. Hierin deutet sich bereits an, daß die zur Beschreibung des Spannungszustands maßgebenden Größen den Charakter von Tensorkomponenten haben.

Nachfolgend werden Kartesische Koordinaten x, y, z bzw. allgemein x_i mit den Basisvektoren $\vec{e}_i$ (i = 1, 2, 3) verwendet. Im Punkt P wird ein infinitesimales Volumenelement mit den Kanten dx_1, dx_2, dx_3 betrachtet. Die an den Flächenelementen x_i = const wirkenden Spannungsvektoren $\overset{i}{\vec{\sigma}}$ sind in Fig. 1.4 eingetragen.

Bei dieser und den nachfolgenden Betrachtungen muß die wichtige Voraussetzung berücksichtigt werden, daß verformtes und unverformtes Volumenelement identisch sind. Dies

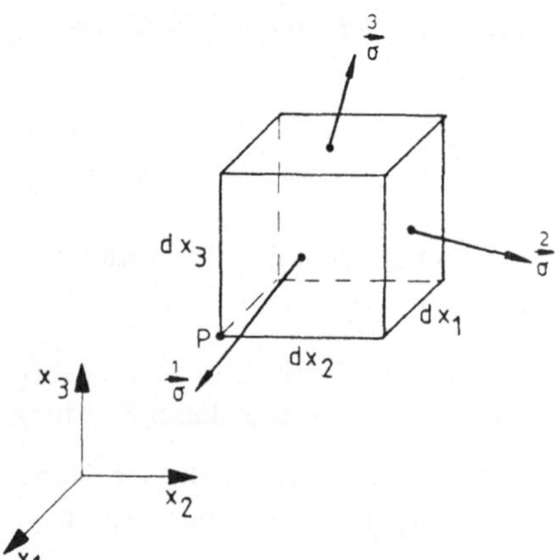

Fig. 1.4
Spannungsvektoren an einem räumlichen Element

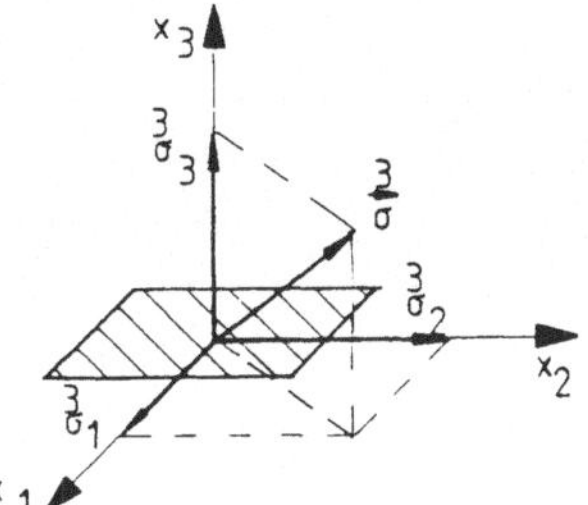

Fig. 1.5
Zerlegung des Spannungsvektors $\overset{3}{\vec\sigma}$ am Flächenelement x_3 = const in drei Komponenten (deutlichkeitshalber als Pfeile eingetragen)

bedeutet, daß man nur infinitesimale Verformungen zuläßt, wie dies in der linearen Elastizitätstheorie üblich ist.

Die Zerlegung z. B. des Spannungsvektors $\overset{3}{\vec\sigma}$ (der am Flächenelement x_3 = const wirkt) in die Koordinatenrichtungen x_i liefert (Fig. 1.5)

$$\overset{3}{\vec\sigma} = \vec e_1 \overset{3}{\sigma}_1 + \vec e_2 \overset{3}{\sigma}_2 + \vec e_3 \overset{3}{\sigma}_3 = \sum_{k=1}^{3} \vec e_k \overset{3}{\sigma}_k = \vec e_k \overset{3}{\sigma}_k$$

wobei verabredungsgemäß das Summenzeichen bei Summation über doppelt auftretende Indizes weggelassen werden kann[1]).

Die Größen $\overset{i}{\sigma}_j$ sind keine Vektorkomponenten im üblichen Sinn, sie werden zweckmäßig mit Doppelindizes σ_{ij} geschrieben.

Dann gilt allgemein

$$\overset{i}{\vec\sigma} = \vec e_j \overset{i}{\sigma}_j = \vec e_j \sigma_{ij}. \tag{1.4}$$

Die skalare Multiplikation mit dem Basisvektor $\vec e_k$ liefert

$$\vec e_k \overset{i}{\vec\sigma} = \vec e_k \vec e_j \sigma_{ij} = \delta_{kj} \sigma_{ij}$$

oder
$$\sigma_{ik} = \vec e_k \overset{i}{\vec\sigma} \tag{1.5}$$

wobei δ_{kj} den Kroneckertensor bedeutet.

Die durch (1.5) gegebenen neun Spannungskomponenten beschreiben den Spannungszustand in einem Punkt des verformbaren Körpers. Man kann sie in einer Spannungsmatrix zusammenstellen

$$\begin{bmatrix} \sigma_{11} & \sigma_{12} & \sigma_{13} \\ \sigma_{21} & \sigma_{22} & \sigma_{23} \\ \sigma_{31} & \sigma_{32} & \sigma_{33} \end{bmatrix}$$

wobei der erste Index die Bezugsfläche angibt, während der zweite Index die Richtung beschreibt, in der die Spannungskomponente wirkt.

Die Veranschaulichung der Spannungskomponenten an einem würfelförmigen Element ist in Fig. 1.6 gegeben.

---

[1]) Wichtige Regeln der Tensorschreibweise finden sich im Anhang Abschn. 10.

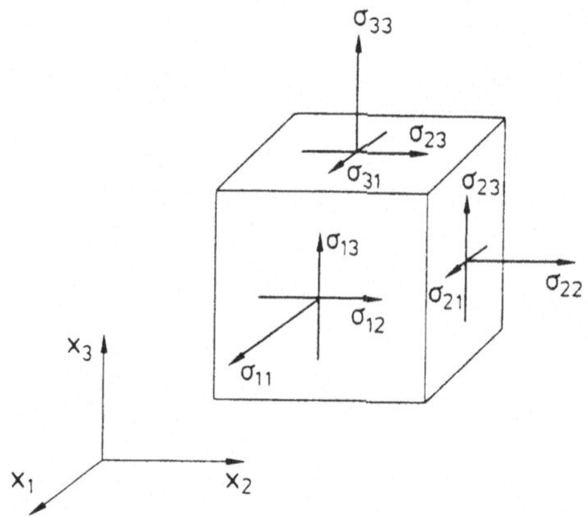

Fig. 1.6
Spannungskomponenten am räumlichen Element

Man bezeichnet

σ_{11} σ_{22} σ_{33} als Normalspannungen

σ_{12} σ_{23} usw. als Schub- oder Scherspannungen.

Verschiedene Bezeichnungsweisen sind in Gebrauch, z. B. (in der Technischen Mechanik vielfach verwendet)

σ_{xx} σ_{yy} σ_{zz} für Normalspannungen

τ_{xy} τ_{yz} usw. für Schubspannungen.

Die neun Spannungskomponenten σ_{ij} stellen insgesamt eine physikalische Größe dar, die als Cauchy scher Spannungstensor bezeichnet wird, es handelt sich um einen Tensor 2. Stufe[1]).

1.2.2.3 Eigenschaften des Spannungstensors. Aus den Komponenten des Spannungstensors in einem Punkt läßt sich der Spannungsvektor $\overset{n}{\vec{\sigma}}$ an einem beliebig orientierten Flächenelement dA durch diesen Punkt berechnen. Dies geschieht mittels der Formel von Cauchy, die auf verschiedene Weise gewonnen werden kann.

Als Flächenelement dA wählt man gemäß Fig. 1.7 ein kleines Dreieck nahe des Punkts P, das eine Fläche eines infinitesimalen Tetraederelements bildet (die übrigen Flächen sind Dreiecke, die in den Koordinatenflächen liegen). Für den Spannungsvektor am Flächenelement dA gilt

$$\overset{n}{\vec{\sigma}} = \vec{e}_1 \overset{n}{\sigma}_1 + \vec{e}_2 \overset{n}{\sigma}_2 + \vec{e}_3 \overset{n}{\sigma}_3 .$$

Die Komponentendarstellung des Normaleneinheitsvektors auf dA ist

$$\vec{n} = \vec{e}_1 n_1 + \vec{e}_2 n_2 + \vec{e}_3 n_3$$

[1]) Es sei darauf hingewiesen, daß das Wort „Spannungstensor" eine Tautologie darstellt, insofern als der Begriff „Tensor" aus dem lateinischen tensio = Spannung gebildet wurde. Wie so vieles hat sich aber dieser Pleonasmus eingebürgert.

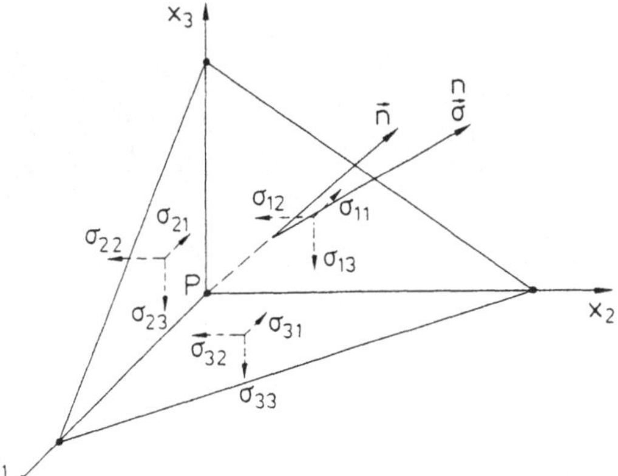

Fig. 1.7
Spannungsvektor und -komponenten an den Flächen eines infinitesimalen Tetraeders

und für die übrigen Tetraederflächen (Projektionen von dA) ergibt sich

$$dA_i = n_i dA \tag{1.6}$$

wobei die Komponenten von $\vec{n}$ den sog. Richtungskosinus

$$n_i = \cos(\vec{n}, \vec{e}_i) \quad \text{mit} \quad n_1^2 + n_2^2 + n_3^2 = 1$$

entsprechen.

Die Bedingung für das Kräftegleichgewicht, z. B. in x_1-Richtung lautet

$$\overset{n}{\sigma}_1 dA - \sigma_{11} dA_1 - \sigma_{21} dA_2 - \sigma_{31} dA_3 = 0$$

bzw. mit (1.6)

$$\overset{n}{\sigma}_1 = \sigma_{11} n_1 + \sigma_{21} n_2 + \sigma_{31} n_3 = \sigma_{k1} n_k .$$

Analoges ergibt sich für die übrigen beiden Richtungen. Daraus erhält man die fundamentale Formel von Cauchy (in Komponentenschreibweise)

$$\overset{n}{\sigma}_i = \sigma_{ji} n_j . \tag{1.7}$$

Da diese Beziehung für beliebige Normalenvektoren gilt, erkennt man daraus auch die Tensoreigenschaft der Spannungskomponenten.

Außerdem ist der Nachweis erbracht, daß der Spannungszustand in einem Punkt eines verformbaren Körpers vollständig durch die neun Komponenten des Spannungstensors bestimmt wird.

1.2.2.4 Transformation der Komponenten des Spannungstensors. Die auf ein Kartesisches Koordinatensystem x_1, x_2, x_3 bezogenen Spannungskomponenten σ_{ij} in einem Punkt ändern sich bei Drehung des Koordinatensystems gemäß den Transformationsgesetzen für die Komponenten Kartesischer Tensoren 2. Stufe (Fig. 1.8)

Die Transformationsformel für die Koordinaten lautet

$$x_i^* = x_k \cos(x_i^*, x_k) = c_{ik} x_k$$

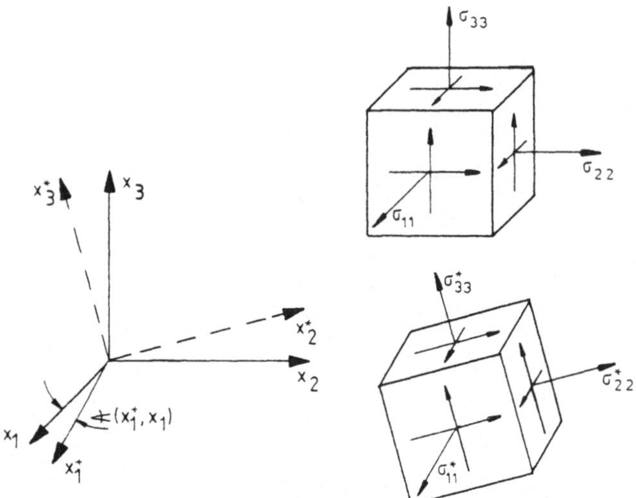

Fig. 1.8 Spannungskomponenten bei Drehung des Koordinatensystems

wobei die Transformationskoeffizienten $c_{ik} = c_{ki}$ die Richtungskosinus

$$c_{ik} = \cos(x_i^*, x_k) = \cos(x_k, x_i^*) = c_{ki}$$

sind.

Die Spannungskomponenten transformieren sich als Komponenten eines Tensors 2. Stufe gemäß

$$\sigma_{ij}^* = c_{ik}c_{j\ell}\sigma_{k\ell}. \tag{1.8}$$

Voll ausgeschrieben lauten die Transformationsformeln (1.8) nach Ausführung der Summationen z. B.

$$\sigma_{11}^* = \sigma_{11}c_{11}^2 + \sigma_{22}c_{12}^2 + \sigma_{33}c_{13}^2 + (\sigma_{12} + \sigma_{21})c_{11}c_{12}$$
$$+ (\sigma_{13} + \sigma_{31})c_{11}c_{13} + (\sigma_{23} + \sigma_{32})c_{12}c_{13} \text{ usw. ferner}$$

$$\sigma_{12}^* = (\sigma_{11}c_{11} + \sigma_{21}c_{12} + \sigma_{31}c_{13})c_{21}$$
$$+ (\sigma_{12}c_{11} + \sigma_{22}c_{12} + \sigma_{32}c_{13})c_{22}$$
$$+ (\sigma_{13}c_{11} + \sigma_{23}c_{12} + \sigma_{33}c_{13})c_{23} \text{ usw.}$$

Im ebenen Sonderfall ($x_1 = x$, $x_2 = y$; Drehung des Koordinatensystems um Winkel α) ergeben sich die aus der elementaren Festigkeitslehre (für den Fall der Symmetrie des Spannungstensors, d. h. $\tau_{xy} = \tau_{yx}$) bekannten Formeln

$$\sigma_{xx}^* = \sigma_{xx}\cos^2\alpha + \sigma_{yy}\sin^2\alpha + 2\tau_{xy}\sin\alpha\cos\alpha$$

$$\sigma_{yy}^* = \sigma_{xx}\sin^2\alpha + \sigma_{yy}\cos^2\alpha - 2\tau_{xy}\sin\alpha\cos\alpha$$

$$\tau_{xy}^* = -(\sigma_{xx} - \sigma_{yy})\sin\alpha\cos\alpha + \tau_{xy}(\cos^2\alpha - \sin^2\alpha),$$

deren grafische Darstellung den Mohr schen Spannungskreis ergibt.

Im Zusammenhang mit der Koordinatentransformation ergeben sich die folgenden Invarianten des Spannungstensors, die von der Orientierung des Koordinatensystems unabhängige Größen darstellen

$$
\begin{aligned}
J_I &= \sigma_{11} + \sigma_{22} + \sigma_{33} = \sigma_{ii} \text{ („Spur")} \\
J_{II} &= \begin{vmatrix} \sigma_{11} & \sigma_{12} \\ \sigma_{21} & \sigma_{22} \end{vmatrix} + \begin{vmatrix} \sigma_{11} & \sigma_{13} \\ \sigma_{31} & \sigma_{33} \end{vmatrix} + \begin{vmatrix} \sigma_{22} & \sigma_{23} \\ \sigma_{32} & \sigma_{33} \end{vmatrix} \\
J_{III} &= \begin{vmatrix} \sigma_{11} & \sigma_{12} & \sigma_{13} \\ \sigma_{21} & \sigma_{22} & \sigma_{23} \\ \sigma_{31} & \sigma_{32} & \sigma_{33} \end{vmatrix} .
\end{aligned}
\tag{1.9}
$$

Der physikalische Inhalt des Spannungstensors drückt sich in diesen Invarianten aus.

1.2.3 Gleichgewichtsbedingungen der Spannungen

Bisher wurde nur der Spannungszustand in einem Punkt des verformbaren Körpers ins Auge gefaßt. Ist der Körper durch äußere Kräfte belastet und befindet sich in verformtem Zustand im Gleichgewicht, so stellt sich in Innern eine stetige Spannungsverteilung ein. Grundlegende Gleichungen zu deren Ermittlung ergeben sich aus der Betrachtung des statischen Gleichgewichts.

1.2.3.1 Kräfte- und Momentengleichgewicht am infinitesimalen Element. Wenn sich ein verformbarer Körper unter äußeren Kräften im Gleichgewicht befindet, muß auch ein beliebig aus ihm herausgeschnittener Teilkörper im Gleichgewicht sein.

Der Körper sei durch gegebene Oberflächenkräfte und eine homogene Körperkraft (Volumenkraft) mit der Kraftdichte

$$\vec{f} = \vec{e}_1 f_1 + \vec{e}_2 f_2 + \vec{e}_3 f_3$$

belastet.

Es wird angenommen, daß die Spannungskomponenten σ_{ij} sowie die ersten partiellen Ableitungen stetige Ortsfunktionen sind. Ferner sind infinitesimale Verformungen vor-

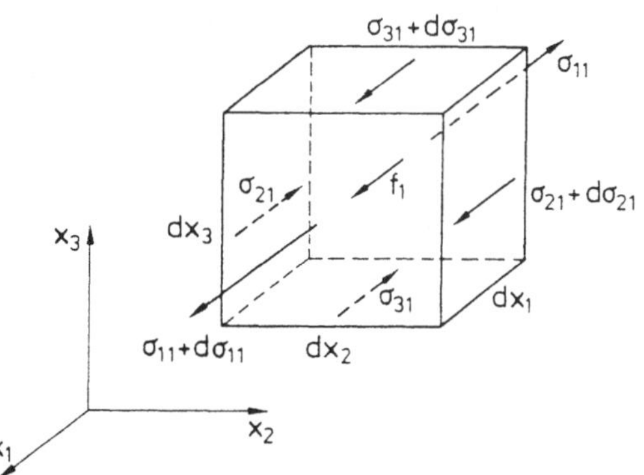

Fig. 1.9
Infinitesimales räumliches Element mit Spannungskomponenten in x_1-Richtung

ausgesetzt, so daß die Gleichgewichtsbedingungen am unverformten Element formuliert werden können.

Bei dem betrachteten Element gemäß Fig. 1.9 ändern sich die Spannungskomponenten beim Fortschreiten um Koordinatendifferentiale in bekannter Weise. Es gilt z. B. für die Normalspannung in x_1-Richtung

$$d\sigma_{11} = \sigma_{11}(x_1 + dx_1, x_2, x_3) - \sigma_{11}(x_1, x_2, x_3) = \frac{\partial \sigma_{11}}{\partial x_1} dx_1 .$$

Das Kräftegleichgewicht in x_1-Richtung verlangt

$$\left(\sigma_{11} + \frac{\partial \sigma_{11}}{\partial x_1} dx_1 - \sigma_{11}\right) dx_2 dx_3 + \left(\sigma_{21} + \frac{\partial \sigma_{21}}{\partial x_2} dx_2 - \sigma_{21}\right) dx_1 dx_3$$
$$+ \left(\sigma_{31} + \frac{\partial \sigma_{31}}{\partial x_3} dx_3 - \sigma_{31}\right) dx_1 dx_2 + f_1 dx_1 dx_2 dx_3 = 0$$

bzw. daraus

$$\frac{\partial \sigma_{11}}{\partial x_1} + \frac{\partial \sigma_{21}}{\partial x_2} + \frac{\partial \sigma_{31}}{\partial x_3} + f_1 = 0.$$

Analoge Beziehungen ergeben sich für die übrigen Richtungen

$$\frac{\partial \sigma_{12}}{\partial x_1} + \frac{\partial \sigma_{22}}{\partial x_2} + \frac{\partial \sigma_{32}}{\partial x_3} + f_2 = 0,$$

$$\frac{\partial \sigma_{13}}{\partial x_1} + \frac{\partial \sigma_{23}}{\partial x_2} + \frac{\partial \sigma_{33}}{\partial x_3} + f_3 = 0.$$

Allgemein lassen sich diese drei Gleichungen schreiben

$$\frac{\partial \sigma_{ij}}{\partial x_i} + f_j = 0 \qquad (1.10)$$

oder kürzer

$$\sigma_{ij,i} + f_j = 0 \quad \text{mit} \quad \frac{\partial}{\partial x_i}(\ldots) = (\ldots)_{,i} .$$

Die Gln. (1.10) werden als Kräftegleichgewichtsbedingungen oder statische Gleichungen bezeichnet.

Die Erfüllung des Momentengleichgewichts der Kräfte am Element verlangt z. B. bezüglich einer zu x_3 parallelen Achse durch den Schwerpunkt des Elements (Fig. 1.10)

$$\left(\sigma_{12} + \frac{\partial \sigma_{12}}{\partial x_1} dx_1 + \sigma_{12}\right) dx_2 dx_3 \frac{dx_1}{2} - \left(\sigma_{21} + \frac{\partial \sigma_{21}}{\partial x_2} dx_2 + \sigma_{21}\right) dx_1 dx_3 \frac{dx_2}{2} = 0$$

bzw. daraus

$$2\sigma_{12} + \frac{\partial \sigma_{12}}{\partial x_1} dx_1 = 2\sigma_{21} + \frac{\partial \sigma_{21}}{\partial x_2} dx_2 .$$

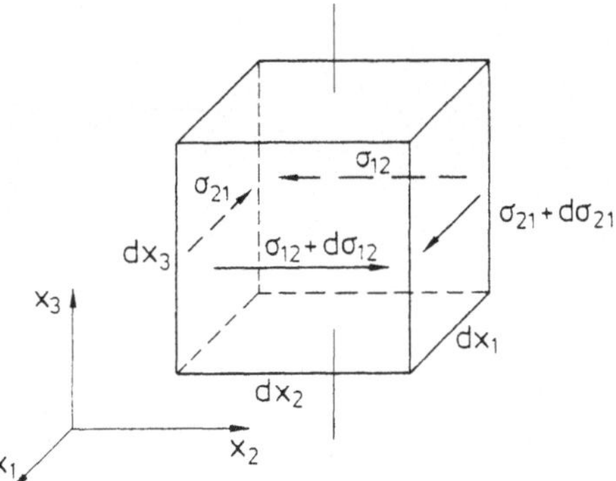

Fig. 1.10
Zur Momentengleichgewichtsbedingung am infinitesimalen räumlichen Element

Im Grenzübergang $dx_1 \to 0$, $dx_2 \to 0$ folgt daraus $\sigma_{12} = \sigma_{21}$. Analoge Beziehungen bezüglich zu x_1 und x_2 parallelen Achsen liefern $\sigma_{23} = \sigma_{32}$ sowie $\sigma_{13} = \sigma_{31}$.

Allgemein gilt somit

$$\sigma_{ij} = \sigma_{ji} \tag{1.11}$$

und dies bedeutet, daß der Spannungstensor symmetrisch ist. Dies wichtige Ergebnis wird mitunter auch als Boltzmannsches Axiom bezeichnet.

Es sei angemerkt, daß in einer Theorie allgemeinerer Medien, wenn der Grenzwert in (1.2) als endlich angenommen wird (z. B. in der Theorie des Cosserat-Kontinuums, wenn sog. Momentenspannungen auftreten), der Spannungstensor nicht mehr symmetrisch ist. Man vgl. hierzu z. B. [A 3], [2], [3].

Infolge der Symmetrie des Spannungstensors lassen sich die Formel von Cauchy (1.7) und die Kräftegleichgewichtsbedingungen (1.10) auch schreiben

$$\overset{n}{\sigma}_i = \sigma_{ij} n_j \quad \text{sowie} \quad \sigma_{ij,j} + f_i = 0.$$

1.2.3.2 Alternative Herleitung der Gleichgewichtsbedingungen. Die oben für ein infinitesimales Volumenelement hergeleiteten Gleichgewichtsbedingungen können auch allgemein gewonnen werden, wenn ein beliebiger endlicher Volumenbereich des verformbaren Körpers (d. h. der Gesamtkörper oder jeder herausgeschnitten davon gedachte Teil) betrachtet wird.

Gemäß Fig. 1.11 wird ein solches Volumen V mit der Oberfläche A ins Auge gefaßt. An einem Volumenelement dV wirkt der Volumenkraftvektor $\vec{f}$, an einem Oberflächenelement dA der Spannungsvektor $\overset{n}{\vec{\sigma}}$. Die Gesamtkraft auf das Volumen V ist dann (in symbolischer vektorieller Darstellung)

$$\vec{F}_{ges} = \int_V \vec{f} dV + \int_A \overset{n}{\vec{\sigma}} dA$$

bzw. in Komponentenschreibweise

$$F_i = \int_V f_i dV + \int_A \overset{n}{\sigma}_i dA. \tag{1.12}$$

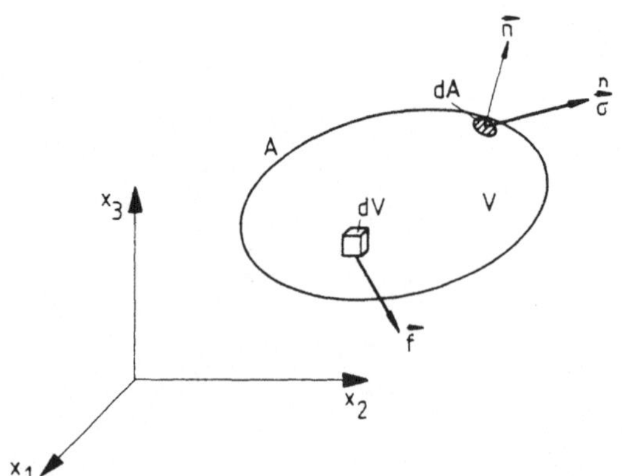

Fig. 1.11
Körper bei Belastung durch Volumen- und Oberflächenkräfte

Entsprechend erhält man für das Gesamtmoment der wirkenden Kräfte bezüglich des Koordinatennullpunkts (mit $\vec{r}$ als Ortsvektor)

$$\vec{M}_{(0)} = \int_V \vec{r} \times \vec{f} dV + \int_A \vec{r} \times \overset{n}{\vec{\sigma}} dA$$

bzw. $$M_{(0)i} = \int_V \epsilon_{ijk} x_j f_k dV + \int_A \epsilon_{ijk} x_j \overset{n}{\sigma}_k dA \qquad (1.13)$$

wobei ϵ_{ijk} den Levi-Civita-Tensor (Alternator) bedeutet (vgl. Abschn. 10.3). Das Kräfte- und Momentengleichgewicht verlangt

$$\vec{F}_{ges} = 0 \quad \text{sowie} \quad \vec{M}_{(0)} = 0.$$

Aus (1.12) folgt dann zunächst mit der Formel von Cauchy

$$\int_V f_i dV + \int_A \sigma_{ij} n_j dA = 0. \qquad (1.14)$$

Das Oberflächenintegral kann mit dem Satz von Gauß [1]) in ein Volumenintegral umgewandelt werden, d. h.

$$\int_A \sigma_{ij} n_j dA = \int_V \frac{\partial \sigma_{ij}}{\partial x_j} dV$$

und (1.14) wird

$$\int_V (f_i + \sigma_{ij,j}) dV = 0. \qquad (1.15)$$

Diese Beziehung gilt für ein beliebiges Teilvolumen des verformbaren Körpers (oder auch für den gesamten Körper selbst). Da der Integrand als stetig angenommen ist, kann (1.15) nur erfüllt sein, wenn der Integrand verschwindet. Hieraus folgen wiederum die Kräfte-

[1]) Vgl. Abschn. 10.6.

gleichgewichtsbedingungen

$$\sigma_{ij,j} + f_i = 0 \quad \text{vgl. (1.10).}$$

Analog folgt aus (1.13) zunächst

$$\int_V \epsilon_{ijk} x_j f_k dV + \int_A \epsilon_{ijk} x_j \sigma_{k\ell} n_\ell dA = 0 \tag{1.16}$$

Anwendung des Satzes von Gauß auf das Oberflächenintegral liefert

$$\int_A \epsilon_{ijk} x_j \sigma_{k\ell} n_\ell dA = \int_V (\epsilon_{ijk} x_j \sigma_{k\ell})_{,\ell} dV$$

$$= \int_V \epsilon_{ijk}(x_j \sigma_{k\ell,\ell} + \delta_{j\ell}\sigma_{k\ell}) dV = \int_V \epsilon_{ijk}(-x_j f_k + \sigma_{kj}) dV$$

wobei die Gleichgewichtsbedingungen (1.10) eingesetzt wurden. Damit folgt aus (1.16)

$$\int_V \epsilon_{ijk}\sigma_{kj} dV = 0.$$

Dies Integral gilt ebenfalls für ein beliebiges Volumen, so daß wegen der Stetigkeit des Integranden

$$\epsilon_{ijk}\sigma_{kj} = 0$$

sein muß. Die Ausführung der Summationen ergibt

$$\sigma_{32} - \sigma_{23} = 0, \qquad \sigma_{13} - \sigma_{31} = 0, \qquad \sigma_{21} - \sigma_{12} = 0$$

oder allgemein das bereits bekannte Ergebnis (1.11)

$$\sigma_{ij} = \sigma_{ji}.$$

Es sei angemerkt, daß in der allgemeinen Kontinuumsmechanik die Gleichgewichtsaussagen (1.10) und (1.11) den Bilanzgleichungen von Impuls und Drehimpuls entsprechen.

1.2.3.3 Gleichgewichtsbedingungen am Rand. Die Gleichgewichtsbedingungen (1.10) gelten im Innern des verformbaren Körpers. Am Rand, d. h. an der Oberfläche des Körpers müssen die Randbedingungen der Spannungen erfüllt sein.

Dies bedeutet, daß dort ein stetiger Übergang des Spannungstensors zu den Oberflächenlasten erfolgen muß. Nach (1.3) gilt somit

$$\overset{n}{\vec{p}} = -\overset{-n}{\vec{\sigma}} = \overset{n}{\vec{\sigma}}$$

wobei $\overset{n}{\vec{p}}$ den an einer Stelle der Oberfläche mit dem Normalenvektor $\vec{n}$ vorgegebenen Randspannungsvektor bedeutet.

Mittels der Formel von Cauchy lauten diese Randbedingungen der Spannungen

$$\overset{n}{p}_i = \sigma_{ij} n_j \tag{1.17}$$

und man erkennt, daß die Randspannungen (Oberflächenlasten) mit den Spannungen im Innern des Körpers in Gleichgewicht sind.

Ausgeschrieben lauten die Gln. (1.17)

$$\overset{n}{p}_1 = \sigma_{11} \cos(n, x_1) + \sigma_{12} \cos(n, x_2) + \sigma_{13} \cos(n, x_3)$$

$$\overset{n}{p}_2 = \sigma_{12} \cos(n, x_1) + \sigma_{22} \cos(n, x_2) + \sigma_{23} \cos(n, x_3)$$

$$\overset{n}{p}_3 = \sigma_{13} \cos(n, x_1) + \sigma_{23} \cos(n, x_2) + \sigma_{33} \cos(n, x_3)$$

wobei die Komponenten des Normalenvektors durch die Richtungskosinus gegeben sind.

1.2.4 Hauptrichtungen und Hauptspannungen

Im Zusammenhang mit der Transformation der Komponenten des Spannungstensors bei Drehung des Koordinatensystems erheben sich zwei wichtige Fragen: Bei welchem Normalenvektor $\vec{n}$ ist der Spannungsvektor $\overset{n}{\vec{\sigma}}$ in einem Punkt parallel zu $\vec{n}$, und bei welchem $\vec{n}$ hat die Normalenkomponente des Spannungsvektors extremale Werte?
Beide Fragen hängen mit der Ermittlung der Eigenwerte des Spannungstensors zusammen. Mathematisch beinhaltet dies die Hauptachsentransformation, die Lösung der Aufgabe liefert die sog. Diagonalisierung des Spannungstensors.

Es sei vorweggenommen, daß es in jedem Punkt eines verformbaren Körpers solche ausgezeichneten Richtungen gibt, in denen nur Normalspannungen wirken. Man bezeichnet sie als Hauptrichtungen, die dazu orthogonalen Ebenen sind die Hauptebenen, die schubspannungsfrei sind. Die in ihnen wirkenden Normalspannungen sind die Hauptspannungen, die sich als die Eigenwerte des Spannungstensors erweisen. Die den Hauptrichtungen entsprechenden Koordinatenachsen werden als Hauptachsen bezeichnet.
Es stellt sich heraus, daß drei solcher Hauptrichtungen existieren, die aufeinander senkrecht stehen (in Sonderfällen können es auch mehr sein) und damit läßt sich der Spannungszustand in einem Punkt eines verformbaren Körpers auch durch die Angabe von drei Hauptspannungen und ihren Richtungen kennzeichnen.

1.2.4.1 Hauptnormalspannungen. Wie bereits erörtert, fällt im allgemeinen der Spannungsvektor $\overset{n}{\vec{\sigma}}$ an einem Flächenelement dA nicht in die Normalenrichtung.
Falls $\vec{n}$ eine Hauptrichtung angibt, muß gelten

$$\overset{n}{\vec{\sigma}} = \sigma \vec{n} \tag{1.18}$$

wobei σ der Betrag der betreffenden Hauptspannung ist[1]). In Komponentenschreibweise lautet (1.18) unter Verwendung der Formel von Cauchy

$$\overset{n}{\sigma}_i = \sigma_{ij} n_j = \sigma n_i$$

oder $$(\sigma_{ij} - \sigma \delta_{ij}) n_j = 0. \tag{1.19}$$

---

[1]) Der Gl. (1.18) entspricht im allgemeinen Fall eines Tensors 2. Stufe $\underset{=}{T}$ die Beziehung

$$\underset{=}{T}\vec{A} = \lambda \vec{A}$$

wobei $\vec{A}$ den Eigenvektor, λ den Eigenwert des Tensors $\underset{=}{T}$ bedeuten.

Dies ist die grundlegende Beziehung zur Ermittlung der Eigenwerte und Eigenvektoren des Spannungstensors. Ausführlich lauten diese Gln.

$$(\sigma_{11}-\sigma)n_1+\sigma_{12}n_2+\sigma_{13}n_3=0$$

$$\sigma_{21}n_1+(\sigma_{22}-\sigma)n_2+\sigma_{23}n_3=0$$

$$\sigma_{31}n_1+\sigma_{32}n_2+(\sigma_{33}-\sigma)n_3=0.$$

Nichttriviale Lösungen dieses linearen, homogenen Gleichungssystems für n_1, n_2 und n_3 existieren nur, wenn die Koeffizientendeterminante verschwindet, d. h.

$$\begin{vmatrix} \sigma_{11}-\sigma & \sigma_{12} & \sigma_{13} \\ \sigma_{12} & \sigma_{22}-\sigma & \sigma_{23} \\ \sigma_{13} & \sigma_{23} & \sigma_{33}-\sigma \end{vmatrix}=0.$$

Diese kubische Gleichung ist die sog. charakteristische Gleichung des Spannungstensors, man kann sie schreiben

$$\sigma^3-J_I\sigma^2+J_{II}\sigma-J_{III}=0. \qquad (1.20)$$

Hierbei sind die Größen J_I, J_{II} und J_{III} die bereits eingeführten Invarianten (1.9) des Spannungstensors. In Komponentenschreibweise ergibt sich dafür

$$J_I=\sigma_{ii}$$

$$J_{II}=\frac{1}{2}(\sigma_{ii}\sigma_{jj}-\sigma_{ij}\sigma_{ij})$$

$$J_{III}=\frac{1}{6}(\sigma_{ii}\sigma_{jj}\sigma_{kk}+2\sigma_{ij}\sigma_{jk}\sigma_{ki}-3\sigma_{ij}\sigma_{ij}\sigma_{kk}). \qquad (1.21)$$

Man erkennt, daß es sich um Größen handelt, die vom Koordinatensystem unabhängig sind, da alle Indizes paarweise auftreten und mithin sämtlich an Summationen teilnehmen. Die drei Lösungen der charakteristischen Gleichung (1.20) sind die Hauptnormalspannungen σ_1, σ_2 und σ_3. Nach dem Fundamentalsatz der Algebra läßt sich mit ihnen (1.20) alternativ schreiben

$$(\sigma-\sigma_1)(\sigma-\sigma_2)(\sigma-\sigma_3)=0.$$

Man erhält daraus für die Invarianten

$$J_I=\sigma_1+\sigma_2+\sigma_3$$

$$J_{II}=\sigma_1\sigma_2+\sigma_2\sigma_3+\sigma_3\sigma_1$$

$$J_{III}=\sigma_1\sigma_2\sigma_3. \qquad (1.22)$$

Da der (vom Koordinatensystem unabhängige) Inhalt des Spannungstensors durch seine drei Invarianten bestimmt ist, müsen alle vom Spannungstensor abhängigen Größen Funktionen von J_I, J_{II} und J_{III} sein. Diese Tatsache findet in weiterreichenden Theorien über allgemeines Materialverhalten Verwendung.

Allgemein gilt, daß die Eigenwerte eines reellen symmetrischen Tensors 2. Stufe stets reell sind. Beim Spannungstensor läßt sich dies direkt nachweisen, wenn man von der charakteristischen Gleichung ausgeht.

Eine Wurzel einer kubischen Gleichung muß immer reell sein. Nimmt man an, daß dies die Hauptspannung σ_1 in der Hauptrichtung x_1^* ist, dann gelten

$$\sigma_{11}^* = \sigma_1, \qquad \sigma_{12}^* = \sigma_{21}^* = \sigma_{13}^* = \sigma_{31}^* = 0.$$

Die kubische Gleichung in der Determinantenform wird damit

$$\begin{vmatrix} \sigma_1 - \sigma & 0 & 0 \\ 0 & \sigma_{22}^* - \sigma & \sigma_{23}^* \\ 0 & \sigma_{23}^* & \sigma_{33}^* - \sigma \end{vmatrix} = 0$$

oder $\quad (\sigma_1 - \sigma)[(\sigma_{22}^* - \sigma)(\sigma_{33}^* - \sigma) - \sigma_{23}^{*2}] = 0.$

Daraus ergeben sich die beiden anderen Hauptspannungen gemäß

$$\sigma_{2,3} = \frac{1}{2}[(\sigma_{22}^* + \sigma_{33}^*) \pm \sqrt{(\sigma_{22}^* - \sigma_{33}^*)^2 + 4\sigma_{23}^{*2}}]$$

und man erkennt, daß die Wurzel stets reell ist.

Schließlich soll noch gezeigt werden, daß die drei Hauptrichtungen orthogonal sind.

Hierzu wird angenommen, daß die drei Hauptspannungen voneinander verschieden sind, d. h. $\sigma_1 \neq \sigma_2 \neq \sigma_3$. Ferner seien die den Hauptspannungen σ_1 bzw. σ_2 entsprechenden Hauptrichtungen durch $\vec{n}^{(1)}$ bzw. $\vec{n}^{(2)}$ (mit den Komponenten $n_i^{(1)}$ bzw. $n_i^{(2)}$) gegeben. Dann ist

$$\sigma_{ij} n_j^{(1)} = \sigma_1 n_i^{(1)}$$

und nach skalarer Multiplikation mit $n_i^{(2)}$ folgt

$$\sigma_{ij} n_i^{(2)} n_j^{(1)} = \sigma_1 n_i^{(1)} n_i^{(2)}. \tag{1.23}$$

Entsprechend ergibt sich

$$\sigma_{ij} n_j^{(2)} n_i^{(1)} = \sigma_2 n_i^{(2)} n_i^{(1)}. \tag{1.24}$$

Wegen der Symmetrie $\sigma_{ij} = \sigma_{ji}$ können hier i und j vertauscht werden und die linken Seiten von (1.23) und (1.24) erweisen sich als gleich. Daraus folgt

$$(\sigma_1 - \sigma_2) n_i^{(1)} n_i^{(2)} = 0$$

d. h. für $\sigma_1 \neq \sigma_2$ ist $\vec{n}^{(1)} \perp \vec{n}^{(2)}$.

Gleichermaßen kann gezeigt werden, daß

$$\vec{n}^{(1)} \perp \vec{n}^{(3)} \quad \text{und} \quad \vec{n}^{(2)} \perp \vec{n}^{(3)}.$$

Wenn $\sigma_1 \neq \sigma_2 = \sigma_3$ ist, dann sind alle Richtungen normal zur Ebene von σ_2 und σ_3 Hauptrichtungen. Im Fall $\sigma_1 = \sigma_2 = \sigma_3$ sind alle orthogonalen Richtungen Hauptrichtungen. Diesen allseitigen Zug oder Druck bezeichnet man als hydrostatischen Spannungszustand.

Handelt es sich um allseitigen Druck, so wirkt die Druckspannung senkrecht zu jeder beliebigen Schnittfläche, wie das in ruhenden (idealen oder realen) Fluiden zutrifft.

Es soll nun noch nachgewiesen werden, daß die Hauptspannungen den Extremalwerten der Normalspannungen in einem Punkt entsprechen.

Aus dem Spannungsvektor $\vec{\sigma}$ ergeben sich die Normalspannungen gemäß

$$\sigma_n = \overset{n}{\vec{\sigma}}\vec{n}$$

bzw. in Indizesschreibweise unter der Verwendung der Formel von Cauchy (hier und darauffolgend bedeutet n bei σ_n keinen Vektorindex!)

$$\sigma_n = \sigma_{ij} n_j n_i \tag{1.25}$$

Die Extremalwerte von σ_n berechnen sich dann aus

$$\frac{\partial \sigma_n}{\partial n_1} = 0 \qquad \frac{\partial \sigma_n}{\partial n_2} = 0$$

wobei $\partial\sigma_n/\partial n_3$ nicht berücksichtigt zu werden braucht, da wegen der Erfüllung der Nebenbedingung $n_1^2 + n_2^2 + n_3^2 = 1$ die Größe n_3 nicht unabhängig variiert werden kann.

Diesem etwas schwerfälligen Vorgehen ist das Verfahren der Lagrangeschen Multiplikatoren vorzuziehen. Hierbei sucht man die Extremwerte einer Funktion F gemäß

$$F(n_1, n_2, n_3) = \sigma_n - \lambda(n_1^2 + n_2^2 + n_3^2 - 1) \tag{1.26}$$

wobei λ den Lagrangeschen Multiplikator bedeutet.

Die Bedingungsgleichungen sind dann

$$\frac{\partial F}{\partial n_1} = 0 \qquad \frac{\partial F}{\partial n_2} = 0 \qquad \frac{\partial F}{\partial n_3} = 0. \tag{1.27}$$

Die Gl. (1.25) lautet ausführlich geschrieben

$$\sigma_n = \sigma_{11} n_1^2 + \sigma_{22} n_2^2 + \sigma_{33} n_3^2 + 2(\sigma_{12} n_1 n_2 + \sigma_{23} n_2 n_3 + \sigma_{31} n_3 n_1)$$

und mit (1.26) führen die drei Beziehungen (1.27), wie man leicht erkennt, wieder auf die Gln. (1.19), aus denen sich die charakteristische Gleichung (1.20) ergibt.

In der Regel werden die Hauptrichtungen derart numeriert, daß gilt:

$$\sigma_1 > \sigma_2 > \sigma_3 .$$

Aus den bekannten Hauptspannungen lassen sich dann mittels der Gln. (1.19) die Richtungskosinus der Hauptachsen leicht berechnen.

Bezogen auf das Hauptachsensystem (vgl. Fig. 1.12) hat die Komponentenmatrix die Form (sog. Diagonalmatrix)

$$\begin{bmatrix} \sigma_1 & 0 & 0 \\ 0 & \sigma_2 & 0 \\ 0 & 0 & \sigma_3 \end{bmatrix}.$$

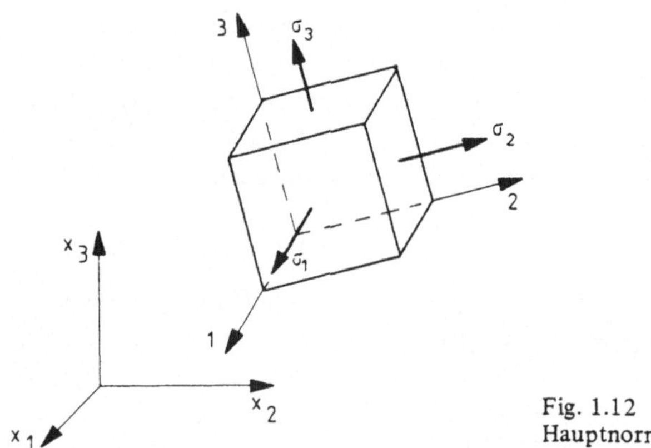

Fig. 1.12
Hauptnormalspannungen

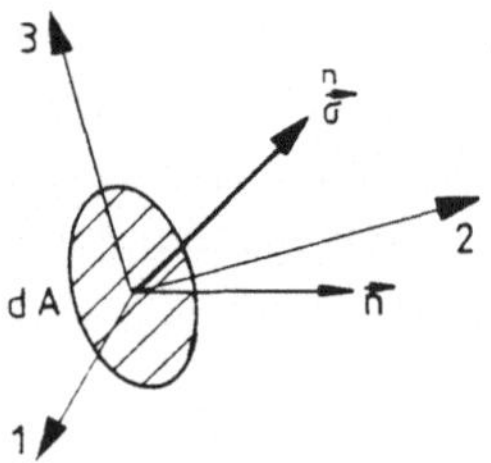

Fig. 1.13 Spannungsvektor und Hauptachsen

Aus den bekannten Hauptspannungen und Hauptrichtungen ergeben sich die Spannungskomponenten in beliebigen Richtungen gemäß

$$\sigma_{ij} = \sigma_1 n_i^{(1)} n_j^{(1)} + \sigma_2 n_i^{(2)} n_j^{(2)} + \sigma_3 n_i^{(3)} n_j^{(3)} \tag{1.28}$$

(Transformationsgesetz, ausgedrückt durch Hauptspannungen).

1.2.4.2 Hauptschubspannungen. Aus der Zerlegung des Spannungsvektors an einem Flächenelement in die Normalspannung und die Tangential- oder Schubspannung ergibt sich (vgl. Abschn. 1.2.2.1)

$$\sigma_t^2 = |\overset{n}{\vec{\sigma}}|^2 - \sigma_n^2.$$

Es interessiert auch hier die Frage, bei welcher Orientierung der Flächenelemente die Schubspannungen σ_t Extremalwerte, die sog. Hauptschubspannungen, annehmen und wie sich diese berechnen lassen.

Die Rechnungen werden dabei vereinfacht, wenn man als Koordinatensystem das Hauptachsensystem verwendet (vgl. Fig. 1.13). Die Komponenten des Spannungsvektors $\overset{n}{\vec{\sigma}}$ sind dann

$$\overset{n}{\sigma}_1 = \sigma_1 n_1 \qquad \overset{n}{\sigma}_2 = \sigma_2 n_2 \qquad \overset{n}{\sigma}_3 = \sigma_3 n_3 \tag{1.29}$$

d. h. es ist

$$|\overset{n}{\vec{\sigma}}|^2 = (\sigma_1 n_1)^2 + (\sigma_2 n_2)^2 + (\sigma_3 n_3)^2. \tag{1.30}$$

Die Beziehung (1.25) wird nun

$$\sigma_n = \sigma_1 n_1^2 + \sigma_2 n_2^2 + \sigma_3 n_3^2. \tag{1.31}$$

Damit folgt

$$\sigma_t^2 = (\sigma_1 n_1)^2 + (\sigma_2 n_2)^2 + (\sigma_3 n_3)^2 - [\sigma_1 n_1^2 + \sigma_2 n_2^2 + \sigma_3 n_3^2]^2$$

und daraus ergibt sich mit $n_1^2 + n_2^2 + n_3^2 = 1$

$$\sigma_t^2 = (\sigma_1 - \sigma_2)^2 n_1^2 n_2^2 + (\sigma_2 - \sigma_3)^2 n_2^2 n_3^2 + (\sigma_3 - \sigma_1)^2 n_3^2 n_1^2 \tag{1.32}$$

Man erkennt übrigens aus (1.32) auch, daß die Hauptebenen schubspannungsfrei sind, d. h. $\sigma_t = 0$ ergibt sich der Reihe nach für die Werte

$$n_1 = 1 \quad n_2 = n_3 = 0, \quad n_2 = 1 \quad n_3 = n_1 = 0,$$
$$n_3 = 1 \quad n_1 = n_2 = 0.$$

Ferner folgt, daß für einen hydrostatischen Zug- oder Druckspannungszustand ($\sigma_1 = \sigma_2 = \sigma_3$) die Schubspannungen in diesen Ebenen verschwinden.

Um die Richtungen zu berechnen, in denen die Extremalwerte von σ_t auftreten, bildet man wieder eine Funktion G mit einem Lagrangeschen Multiplikator μ gemäß

$$G(n_1, n_2, n_3) = \sigma_t^2 - \mu(n_1^2 + n_2^2 + n_3^2 - 1)$$

und bestimmt deren Extremalwerte mittels

$$\frac{\partial G}{\partial n_1} = 0 \quad \frac{\partial G}{\partial n_2} = 0 \quad \frac{\partial G}{\partial n_3} = 0.$$

Daraus folgen

$$n_1[n_2^2(\sigma_1 - \sigma_2)^2 + n_3^2(\sigma_3 - \sigma_1)^2 - \mu] = 0$$
$$n_2[n_3^2(\sigma_2 - \sigma_3)^2 + n_1^2(\sigma_1 - \sigma_2)^2 - \mu] = 0$$
$$n_3[n_1^2(\sigma_3 - \sigma_1)^2 + n_2^2(\sigma_2 - \sigma_3)^2 - \mu] = 0.$$

Diese Gleichungen mit $n_1^2 + n_2^2 + n_3^2 = 1$ sind der Reihe nach erfüllt für

$$n_1 = 0 \quad n_2 = n_3 = \frac{\sqrt{2}}{2} \quad \mu = \frac{1}{2}(\sigma_2 - \sigma_3)^2$$
$$n_2 = 0 \quad n_3 = n_1 = \frac{\sqrt{2}}{2} \quad \mu = \frac{1}{2}(\sigma_3 - \sigma_1)^2$$
$$n_3 = 0 \quad n_1 = n_2 = \frac{\sqrt{2}}{2} \quad \mu = \frac{1}{2}(\sigma_1 - \sigma_2)^2.$$

Durch Einsetzen in (1.32) ergeben sich

$$\sigma_{t1}^2 = \tau_1^2 = \left(\frac{\sigma_2 - \sigma_3}{2}\right)^2, \quad \sigma_{t2}^2 = \tau_2^2 = \left(\frac{\sigma_3 - \sigma_1}{2}\right)^2$$
$$\sigma_{t3}^2 = \tau_3^2 = \left(\frac{\sigma_1 - \sigma_2}{2}\right)^2 \tag{1.33}$$

Die Größen τ_1, τ_2, τ_3 sind die Extremalwerte der Schubspannungen, die sog. Hauptschubspannungen.

Sie wirken in Flächen, die zu einer Hauptachse parallel liegen und mit den beiden andern Winkel von 45° bilden.

Es gilt

$$\tau_1 + \tau_2 + \tau_3 = 0.$$

Für $\sigma_1 > \sigma_2 > \sigma_3$ ist $\sigma_1 = \sigma_{n(max)}$ und $\sigma_3 = \sigma_{n(min)}$, und somit ist die größte Schubspannung

$$\tau_{max} = \frac{1}{2}(\sigma_1 - \sigma_3) = |\tau_2|.$$

Sie wirkt in der Fläche, die den Winkel zwischen den Richtungen der größten und kleinsten Hauptspannung halbiert.

Übrigens stehen die Flächen, in denen die Hauptschubspannungen wirken, nicht aufeinander senkrecht, vielmehr bilden sie die Seiten eines regulären Dodekaeders.

Diese Flächen sind auch nicht normalspannungsfrei, die entsprechenden Normalspannungen sind

$$\sigma_{n(\tau_1)} = \frac{\sigma_2 + \sigma_3}{2}, \qquad \sigma_{n(\tau_2)} = \frac{\sigma_1 + \sigma_3}{2}, \qquad \sigma_{n(\tau_3)} = \frac{\sigma_1 + \sigma_2}{2}.$$

1.2.4.3 Oktaederspannungen. Der Spannungszustand in einem Punkt eines deformierbaren Körpers kann auch durch die Angabe der Normal- und Schubspannungen beschrieben werden, die in Ebenen wirken, deren Normalen gleiche Winkel mit den Hauptachsen einschließen.

Dies sind die Oktaeder-Normalspannung sowie die Oktaeder-Schubspannung.

Der Normaleneinheitsvektor einer solchen Ebene hat die Komponenten (vgl. Fig. 1.14)

$$n_1 = n_2 = n_3 = \frac{1}{\sqrt{3}}. \tag{1.34}$$

Acht solcher Ebenen bilden die Flächen eines regulären Oktaeders (Fig. 1.15).

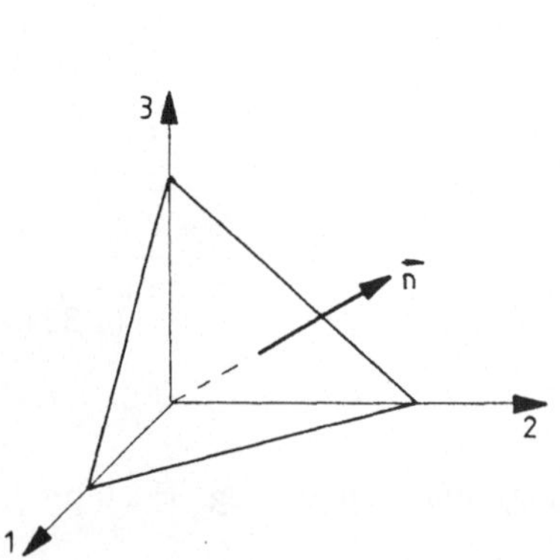

Fig. 1.14 Gleichseitiges dreieckiges Flächenelement als Oktaederfläche

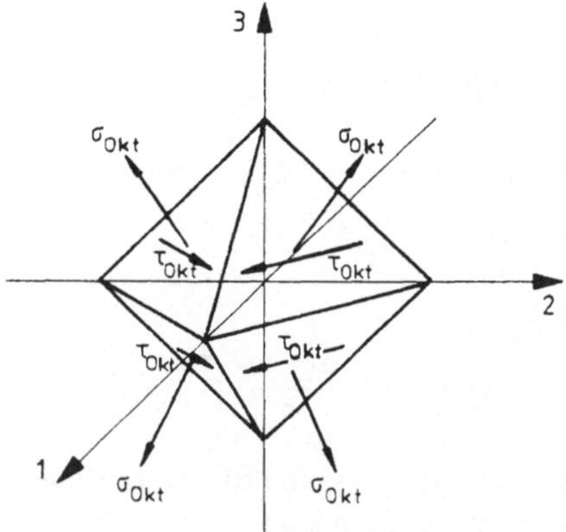

Fig. 1.15 Oktaeder-Normal- und Schubspannungen

Aus (1.31) folgt mit (1.34) die Oktaeder-Normalspannung

$$\sigma_{okt} = \frac{\sigma_1 + \sigma_2 + \sigma_3}{3} = \frac{\sigma_{11} + \sigma_{22} + \sigma_{33}}{3}$$

während sich die Oktaeder-Schubspannung

$$\tau_{okt} = \frac{1}{3}\sqrt{(\sigma_1 - \sigma_2)^2 + (\sigma_2 - \sigma_3)^2 + (\sigma_1 - \sigma_3)^2}$$

aus (1.32) ergibt.

Ausgedrückt in den allgemeinen Spannungskomponenten gilt

$$\tau_{okt} = \frac{1}{3}\,[(\sigma_{11} - \sigma_{22})^2 + (\sigma_{22} - \sigma_{33})^2 + (\sigma_{11} - \sigma_{33})^2 + 6(\tau_{12}^2 + \tau_{23}^2 + \tau_{13}^2)]^{1/2}$$

bzw. mit den Hauptschubspannungen gemäß (1.33)

$$\tau_{okt} = \frac{2}{3}\sqrt{\tau_1^2 + \tau_2^2 + \tau_3^2}.$$

Ferner erkennt man, daß sich die Oktaederspannungen[1]) auch durch die Invarianten des Spannungstensors darstellen lassen. Es gelten

$$\sigma_{okt} = \frac{1}{3}\,J_I \qquad \tau_{okt} = \frac{1}{3}\sqrt{2J_I^2 - 6J_{II}}.$$

1.3 Verschiebungen und Verzerrungen

Äußere Kraftwirkungen erzeugen Verformungen bei Festkörpern und verursachen Strömungen bei Fluiden.

Aufgabe der Kontinuumsmechanik ist, ein geeignetes Maß zur Beschreibung der Verformung festzulegen. Dies geschieht bei der Betrachtung der Kinematik eines Kontinuums. Es handelt sich dabei um ein rein geometrisches Problem, die Ursachen der Verformung und das Materialverhalten spielen dabei keine Rolle.

1.3.1 Bewegung eines Kontinuums

Wie bereits in Abschn. 1.1 ausgeführt, entspricht die Bewegung eines Kontinuums (mit Ausnahme einer Starrkörperbewegung) einer Verformung. Dabei ist mit der Annahme eines Kontinuums als Modell der Materie verknüpft, daß die Änderungen des Kontinuums

[1]) Die Oktaederspannungen spielen eine Rolle für die Berechnung von Vergleichsspannungen für kompliziertere Spannungszustände, ferner finden sie in der Plastizitätstheorie bei den Fließkriterien Verwendung. Ihre Einführung geht auf A. N a d a i zurück.

stetig erfolgen. Dies bedeutet, daß Nachbarschaften erhalten bleiben und kein endlicher Volumenbereich des Kontinuums in das Volumen Null oder Unendlich verformt werden kann. Das ursprünglich stetig verteilte Material durchdringt sich nach der Verformung nicht und es klafft nicht (d. h. es entstehen keine Risse).

Bei der Bewegung eines Kontinuums erfahren in einer endlichen Zeit alle Teilchen des Kontinuums eine Verschiebung. Eine Methode, die Verformung zu quantifizieren, ergibt sich, indem aus den Verschiebungen die Längenänderungen von Linienelementen sowie die Änderungen von Winkeln zwischen zwei Linienelementen berechnet werden.

Allgemein sind Längen- und Winkelmessung in einem Raum durch seine sog. M e t r i k bestimmt. Die allgemeine Untersuchung der Verformung besteht somit in einem Vergleich der Metrik des verformten und des unverformten Kontinuums. Dies ist unabhängig vom Verformungsverhalten und von den Verformungsursachen.

Man kann andererseits die Verformung auch als „Abbildung“ eines Körpers B (unverformt) auf einen Körper B′ (verformt) ansehen (Fig. 1.16).

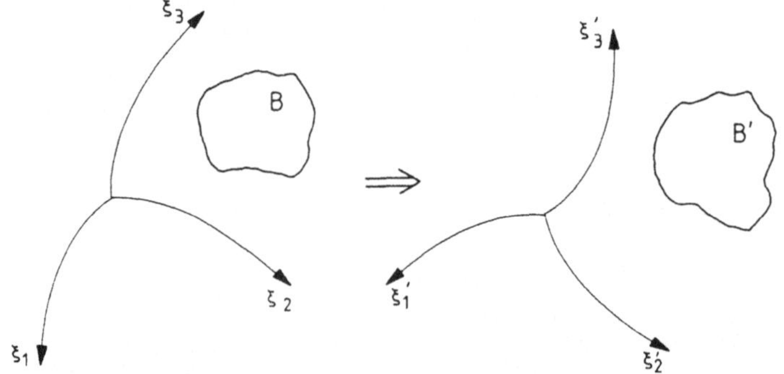

Fig. 1.16 Unverformter (B) und verformter Körper (B′)

Zur Beschreibung des unverformten sowie des verformten Körpers werden Koordinatensysteme ξ_i und ξ'_i verwendet, die im allgemeinen krummlinig sind und auch nicht notwendigerweise identisch sein müssen. Sie beschreiben aber beide einen E u k l i d schen (d. h. nicht-gekrümmten) Raum.

Die Abbildung soll stetig und eindeutig umkehrbar sein, d. h. es gilt

$$\begin{aligned} \xi'_i &= \xi'_i(\xi_1, \xi_2, \xi_3) \\ \xi_i &= \xi_i(\xi'_1, \xi'_2, \xi'_3) \end{aligned} \qquad (i = 1, 2, 3) \tag{1.35}$$

und es werden stetige und differenzierbare Funktionen vorausgesetzt.

Bei Untersuchung der Verformung kann man sich entweder auf die Ausgangskoordinaten ξ_i oder die Endkoordinaten ξ'_i beziehen. Dies führt auf zwei unterschiedliche Betrachtungsweisen, die nach L a g r a n g e bzw. nach E u l e r benannt sind (obwohl dies historisch nicht ganz korrekt ist).

1.3.2 Lagrangesche und Eulersche Darstellung

Statt mit verschiedenen Koordinatensystemen zu operieren, sollen im folgenden unverformter und verformter Körper auf ein gemeinsames Kartesisches Koordinatensystem mit raumfesten Basisvektoren $\vec{e}_1, \vec{e}_2$ und $\vec{e}_3$ bezogen werden (Fig. 1.17).

Nach den beiden genannten Betrachtungsweisen bezeichnet man die Größen X_i als Lagrangesche oder materielle Koordinaten, die x_i als Eulersche oder räumliche Koordinaten (i = 1, 2, 3).

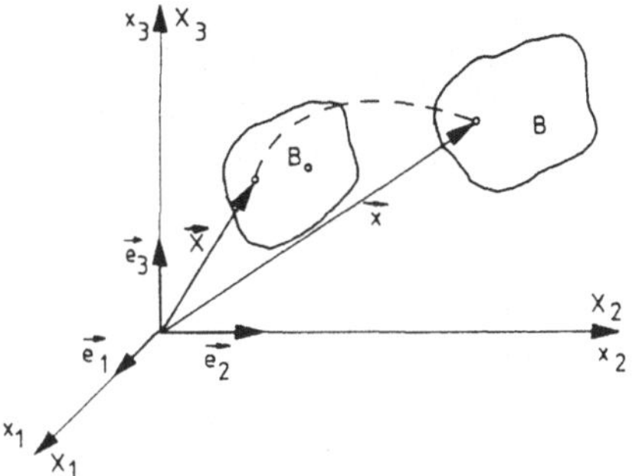

Fig. 1.17
Bewegung eines Körpers: Lagrangesche und Eulersche Koordinaten

In der Lagrangeschen Darstellung ist gewissermaßen ein Beobachter fest mit einem Materieteilchen verbunden. Als unabhängige Veränderliche gelten die Lagrangeschen Koordinaten, d. h. die erste Beziehung (1.35) wird

$$x_i = x_i(X_1, X_2, X_3). \tag{1.36}$$

Betrachtet wird, was sich an einem bestimmten Materieteilchen bzw. in seiner Umgebung abspielt.

In der Eulerschen Darstellung hingegen befindet sich der Beobachter in einem festen Raumpunkt. Als unabhängige Veränderliche gelten die Eulerschen Koordinaten, d. h.

$$X_i = X_i(x_1, x_2, x_3). \tag{1.37}$$

Es werden die Ereignisse an oder nahe einem bestimmten festen Punkt im Raum betrachtet.

Jede dieser beiden Darstellungsarten kann vorteilhaft sein und wird in der allgemeinen Kontinuumsmechanik verwendet. Dazu müssen die Beziehungen zwischen beiden Darstellungen bekannt sein, was durch die Voraussetzung der Stetigkeit und eindeutigen Umkehrbarkeit von (1.36) und (1.37) gegeben ist. In der Elastizitätstheorie wird im allgemeinen die Lagrangesche (materielle) Darstellung bevorzugt, in der Strömungsmechanik die Eulersche (räumliche) Darstellung.

Hinzuzufügen ist, daß bei der Bewegung eines Kontinuums die Zeit als weitere unabhängige Veränderliche in beiden Betrachtungsweisen mit einzubeziehen ist.

Auf diese, in der allgemeinen Kontinuumsmechanik angewendete Darstellung kann hier verzichtet werden, da in der Elastizitätstheorie keine Zeiteinflüsse (wie z. B. bei Fließvorgängen) betrachtet werden und im folgenden auch keine elastodynamischen Erscheinungen behandelt werden sollen.

Die Einführung kinematischer Begriffe wie Geschwindigkeit, Beschleunigung, Verformungsgeschwindigkeit sowie materielle Ableitung kann daher hier unterbleiben. Ebenso wird der Begriff des Deformationsgradienten, der in der allgemeinen Kontinuumsmechanik als Ausgangspunkt für die Darstellung von Verformungsmaßen eingeführt wird, nicht verwendet. Schließlich wird sich noch zeigen, daß bei Beschränkung auf kleine Verformungen, wie dies in der linearen Elastizitätstheorie üblich ist, auch die Unterscheidung zwischen L a g r a n g e scher und E u l e r scher Darstellung entfällt.

1.3.3 Verzerrungstensoren als Maß für die Verformung

Im folgenden werden zunächst der L a g r a n g e sche und der E u l e r sche Verzerrungstensor definiert.

Abweichend von den bisherigen Betrachtungen erfolgt dabei noch keine Beschränkung auf kleine Verformungen, so daß die Formulierungen an sich auch als Ausgangspunkt für geometrisch nichtlineare Theorien gelten können.

Wie eingangs erwähnt, erfahren alle Punkte eines Kontinuums bei der Verformung eine Verschiebung, die durch den Verschiebungsvektor $\vec{u}$ mit den Komponenten u_i beschrieben wird. Bei einer sog. Starrkörperbewegung sind die Verschiebungen für alle Punkte des Körpers gleich, d. h. der betrachtete Teil des Kontinuums bewegt sich wie ein starrer Körper. Solche Bewegungen, die nicht mit Abstandsänderungen benachbarter Materieteilchen verbunden sind, werden nicht zu den Verformungen gerechnet, da sie nicht zum Auftreten innerer Kräfte (Spannungen) führen.

Für den Verschiebungsvektor gilt (vgl. Fig. 1.18) in symbolischer Schreibweise

$$\vec{u} = \vec{x} - \vec{X}$$

bzw. in Koordinaten (Indizesschreibweise)

$$u_i = x_i - X_i. \tag{1.38}$$

In der materiellen Darstellung sind die $\vec{X}$ unabhängige Veränderliche, also

$$\vec{u}(\vec{X}) = \vec{x}(\vec{X}) - \vec{X} \tag{1.39}$$

während in der räumlichen Darstellung

$$\vec{u}(\vec{x}) = \vec{x} - \vec{X}(\vec{x}) \quad \text{gilt.} \tag{1.40}$$

Bei der Verformung wird eine gerade Linie im unverformten Körper zu einer, im allgemeinen gekrümmten, Linie mit veränderter Länge im verformten Körper. Als Linienele-

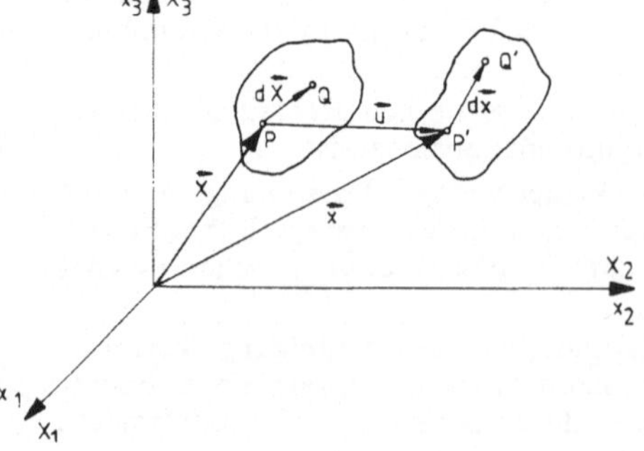

Fig. 1.18
Verschiebungsvektor und Linienelemente

ment bezeichnet man den Abstand zweier infinitesimal benachbarter Punkte (eine Größe, die im wesentlichen die sog. Metrik eines Raums bestimmt).

Vergleicht man die Metrik des verformten mit der des unverformten Körpers, wird der Unterschied der Linienelemente ds (verformt) und dS (unverformt) betrachtet. Mathematisch bequemer ist es, mit den Linienelementquadraten zu operieren.

Als Maß für die Verformung wird die Differenz der Linienelementquadrate

$$(ds)^2 - (dS)^2 \tag{1.41}$$

eingeführt.

Das Quadrat der Abstände $d\vec{X}$ bzw. $d\vec{x}$ benachbarter Punkte $P(X_i)$ und $Q(X_i + dX_i)$ bzw. $P'(x_i)$ und $Q'(x_i + dx_i)$ ist gegeben durch

$$(dS)^2 = dX_i dX_i = \delta_{mn} dX_m dX_n \tag{1.42}$$

$$(ds)^2 = dx_i dx_i = \delta_{mn} dx_m dx_n \tag{1.43}$$

wobei δ_{mn} der K r o n e c k e r - Tensor ist.

Andererseits folgen aus (1.36) und (1.37)

$$dx_i = \frac{\partial x_i}{\partial X_j} dX_j, \qquad dX_i = \frac{\partial X_i}{\partial x_j} dx_j$$

und damit erhält man

$$(dS)^2 = dX_i dX_i = \frac{\partial X_i}{\partial x_m} \frac{\partial X_i}{\partial x_n} dx_m dx_n \tag{1.44}$$

$$(ds)^2 = dx_i dx_i = \frac{\partial x_i}{\partial X_m} \frac{\partial x_i}{\partial X_n} dX_m dX_n \tag{1.45}$$

1.3.3.1 Lagrangescher und Eulerscher Verzerrungstensor. Die materielle Darstellung und die räumliche Darstellung liefern nun zwei unterschiedliche Verzerrungstensoren. Der Ausdruck (1.41) wird mit (1.45) und (1.42) in materieller Darstellung

$$(ds)^2 - (dS)^2 = \left(\frac{\partial x_i}{\partial X_m} \frac{\partial x_i}{\partial X_n} - \delta_{mn} \right) dX_m dX_n = 2E_{mn} dX_m dX_n. \tag{1.46}$$

Dabei definiert man mit

$$2E_{mn} = \frac{\partial x_i}{\partial X_m} \frac{\partial x_i}{\partial X_n} - \delta_{mn} \tag{1.47}$$

den L a g r a n g e - G r e e n schen Verzerrungstensor.

Analog folgt mit (1.43) und (1.44) in räumlicher Darstellung

$$(ds)^2 - (dS)^2 = \left(\delta_{mn} - \frac{\partial X_i}{\partial x_m} \frac{\partial X_i}{\partial x_n} \right) dx_m dx_n = 2e_{mn} dx_m dx_n \tag{1.48}$$

wobei man mit

$$2e_{mn} = \delta_{mn} - \frac{\partial X_i}{\partial x_m} \frac{\partial X_i}{\partial x_n} \tag{1.49}$$

den Euler-Almansischen Verzerrungstensor definiert.

Bei E_{mn} und e_{mn} handelt es sich um Tensoren 2. Stufe und man erkennt, daß sie symmetrisch sind (der Faktor 2 ist aus Zweckmäßigkeitsgründen eingeführt).

Die Verzerrungstensoren lassen sich durch Verschiebungsableitungen ausdrücken.

In materieller Darstellung (1.39) wird $x_i = X_i + u_i$ und mit

$$\frac{\partial x_i}{\partial X_j} = \frac{\partial X_i}{\partial X_j} + \frac{\partial u_i}{\partial X_j} = \delta_{ij} + \frac{\partial u_i}{\partial X_j}$$

folgt für (1.47)

$$2E_{mn} = \left(\delta_{im} + \frac{\partial u_i}{\partial X_m}\right)\left(\delta_{in} + \frac{\partial u_i}{\partial X_n}\right) - \delta_{mn}$$

oder

$$E_{mn} = \frac{1}{2}\left(\frac{\partial u_m}{\partial X_n} + \frac{\partial u_n}{\partial X_m} + \frac{\partial u_i}{\partial X_m}\frac{\partial u_i}{\partial X_n}\right). \tag{1.50}$$

Analog folgt in räumlicher Darstellung (1.40) mit $X_i = x_i - u_i$

$$e_{mn} = \frac{1}{2}\left(\frac{\partial u_m}{\partial x_n} + \frac{\partial u_n}{\partial x_m} - \frac{\partial u_i}{\partial x_m}\frac{\partial u_i}{\partial x_n}\right). \tag{1.51}$$

In dieser Form werden E_{mn} und e_{mn} als Lagrangescher[1]) bzw. Eulerscher Verzerrungstensor bezeichnet. Die Unterscheidung der beiden ist bei der Betrachtung endlicher Verformungen wesentlich.

Bei einer Bewegung des Kontinuums als starrer Körper ist $(ds)^2 = (dS)^2$. Dies bedeutet, daß $E_{mn} = e_{mn} = 0$ ist. Das Verschwinden der Verzerrungstensoren ist somit notwendige und hinreichende Bedingung dafür, daß keine Verformung des Kontinuums stattfindet, also auch keine Spannungen auftreten.

1.3.3.2 Physikalische Deutung der Verzerrung. Eine anschauliche geometrische Interpretation der nichtlinearen Verzerrungskomponenten (1.50) und (1.51) ist nicht möglich. Es kann jedoch ein Zusammenhang mit meßbaren Größen, den sog. Dehnungen, hergestellt werden.

Zunächst sei der Lagrangesche Verzerrungstensor (materielle Darstellung) betrachtet.

---

[1]) In der allgemeinen Kontinuumsmechanik werden weitere Verzerrungstensoren eingeführt, z. B. der Greensche Tensor (auch Rechts-Cauchy-Green Tensor genannt) oder der Fingersche Tensor (auch Links-Cauchy-Green Tensor genannt). Diese Verzerrungstensoren stehen mit den obigen in Zusammenhang. Sie finden in nichtkartesischen Koordinaten Anwendung.

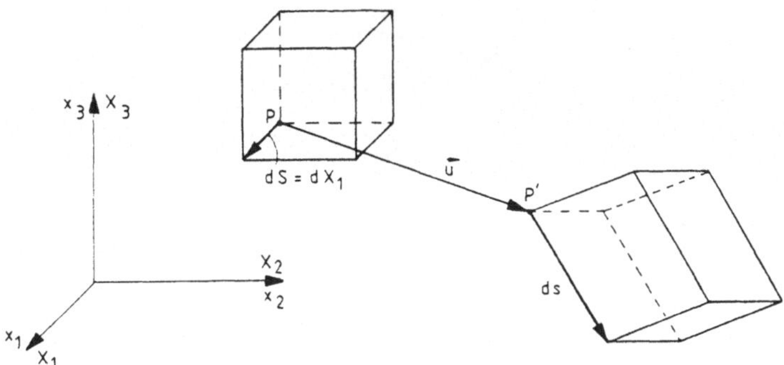

Fig. 1.19 Zur Definition der Dehnung

Gemäß Fig. 1.19 wird ein kleines unverformtes Element betrachtet. Das unverformte Linienelement $dS = dX_1$ (mit $dX_2 = dX_3 = 0$) geht bei der Verformung über in $ds = dx_i$ (mit drei Komponenten).

Als Dehnung wird die bezogene Längenänderung

$$\frac{ds - dS}{dS} = E_1 \tag{1.52}$$

definiert, wobei gemäß der materiellen Darstellung die ursprüngliche Länge als Bezugslänge dient.

Es ist also

$$ds = (1 + E_1)\,dS$$

und (1.46) wird zu

$$(ds)^2 - (dS)^2 = 2E_{11}(dX_1)^2.$$

Damit folgt

$$(1 + E_1)^2 = 2E_{11} + 1$$

oder $$E_1 = \sqrt{1 + 2E_{11}} - 1 = \sqrt{\left(1 + \frac{\partial u_1}{\partial X_1}\right)^2 + \left(\frac{\partial u_2}{\partial X_1}\right)^2 + \left(\frac{\partial u_3}{\partial X_1}\right)^2}\,.$$

Analog folgen für die anderen Richtungen

$$E_2 = \sqrt{1 + 2E_{22}} - 1 \qquad E_3 = \sqrt{1 + 2E_{33}} - 1.$$

Die Komponenten E_{ij} hängen für $i = j$ also mit den Dehnungen zusammen.

Weiterhin zeigt sich, daß die Komponenten mit gemischten Indizes mit Winkeländerungen zusammenhängen. Hierzu werden gemäß Fig. 1.20 zwei unverformte orthogonale Linienelemente $dS = dX_2$ ($dX_1 = dX_3 = 0$) bzw. $dS^* = dX_3$ ($dX_1 = dX_2 = 0$) betrachtet. Sie gehen bei der Verformung über in ds bzw. ds^* (mit Komponenten dx_i bzw. dx_i^*) unter dem Winkel φ.

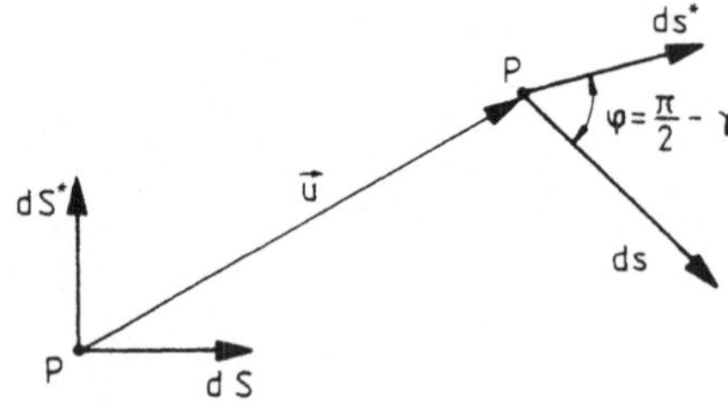

Fig. 1.20
Zur Definition der Schubverformung

Für das Skalarprodukt der Linienelemente nach der Verformung folgt

$$dsds^* \cos\varphi = dx_i dx_i^* = \frac{\partial x_i}{\partial X_m}\frac{\partial x_i}{\partial X_n^*} dX_m dX_n^* = \frac{\partial x_i}{\partial X_2}\frac{\partial x_i}{\partial X_3} dX_2 dX_3$$

während sich aus (1.48)

$$2E_{23} = \frac{\partial x_i}{\partial X_2}\frac{\partial x_i}{\partial X_3}$$

ergibt. Somit ist

$$dsds^* \cos\varphi = 2E_{23} dX_2 dX_3$$

und mit $ds = (1 + E_2)dS = \sqrt{1 + 2E_{22}}\, dX_2$

sowie $ds^* = (1 + E_3)dS^* = \sqrt{1 + 2E_{33}}\, dX_3$

von oben erhält man für die Winkeländerung γ_{23}

$$\cos\varphi = \sin\gamma_{23} = \frac{2E_{23}}{\sqrt{(1 + 2E_{22})(1 + 2E_{33})}}\,.$$

Wiederum ergeben sich entsprechende Ausdrücke für die übrigen Winkeländerungen. Die gleichen Betrachtungen können für den Eulerschen Verzerrungstensor (räumliche Darstellung) durchgeführt werden.

1.3.3.3 Infinitesimale Verzerrungen. Eine Linearisierung der allgemeinen Verzerrungstensoren ergibt sich, wenn man sich auf kleine Verformungen beschränkt und die Verschiebungsableitungen klein gegen Eins sind.
Der Lagrangesche bzw. Eulersche Verzerrungstensor werden dann

$$E_{ij} = \frac{1}{2}\left(\frac{\partial u_i}{\partial X_j} + \frac{\partial u_j}{\partial X_i}\right) \quad \text{bzw.} \quad e_{ij} = \frac{1}{2}\left(\frac{\partial u_i}{\partial x_j} + \frac{\partial u_j}{\partial x_i}\right).$$

Wegen der als klein angenommenen Verschiebungen ist außerdem

$$X_i \approx x_i$$

und es entfällt der Unterschied zwischen der L a g r a n g e schen und der E u l e r schen Darstellung, d. h.

$$E_{ij} = e_{ij} = \epsilon_{ij}.$$

Man bezeichnet

$$\epsilon_{ij} = \frac{1}{2}\left(\frac{\partial u_i}{\partial x_j} + \frac{\partial u_j}{\partial x_i}\right) = \frac{1}{2}(u_{i,j} + u_{j,i}) \tag{1.53}$$

als infinitesimalen C a u c h y schen Verzerrungstensor.

Von großem Vorteil ist die wesentlich einfachere mathematische Handhabung der linearen Theorie, zumal das Verhalten der meisten Materialien in einem weiten Bereich für technische Anwendungen auf diese Weise genügend genau beschrieben wird. Die lineare Theorie ist indes kein Naturgesetz, sie bringt aber unschätzbare Vorteile, da die Möglichkeit der Superposition von Lösungen gegeben ist.

Die infinitesimalen Verzerrungen schreiben sich in Kartesischen Koordinaten x, y, z mit den Verschiebungskomponenten u_x, u_y, u_z (oder manchmal einfacher u, v, w) in der geläufigen Form

Dehnungen

$$\epsilon_{xx} = \frac{\partial u_x}{\partial x} \qquad \epsilon_{yy} = \frac{\partial u_y}{\partial y} \qquad \epsilon_{zz} = \frac{\partial u_z}{\partial z} \tag{1.54}$$

Schubverformungen oder Schiebungen

$$\begin{aligned}
\epsilon_{xy} = \epsilon_{yx} &= \frac{1}{2}\left(\frac{\partial u_x}{\partial y} + \frac{\partial u_y}{\partial x}\right) = \frac{1}{2}\gamma_{xy} \\
\epsilon_{yz} = \epsilon_{zy} &= \frac{1}{2}\left(\frac{\partial u_y}{\partial z} + \frac{\partial u_z}{\partial y}\right) = \frac{1}{2}\gamma_{yz} \\
\epsilon_{zx} = \epsilon_{xz} &= \frac{1}{2}\left(\frac{\partial u_z}{\partial x} + \frac{\partial u_x}{\partial z}\right) = \frac{1}{2}\gamma_{zx}.
\end{aligned} \tag{1.55}$$

Die Komponentenmatrix des infinitesimalen Verzerrungstensors ist

$$\begin{bmatrix}
\epsilon_{xx} & \frac{1}{2}\gamma_{xy} & \frac{1}{2}\gamma_{xz} \\
\frac{1}{2}\gamma_{yx} & \epsilon_{yy} & \frac{1}{2}\gamma_{yz} \\
\frac{1}{2}\gamma_{zx} & \frac{1}{2}\gamma_{zy} & \epsilon_{zz}
\end{bmatrix}$$

wobei besonders darauf hingewiesen wird, daß die halben Winkeländerungen γ_{xy} usw. die Tensorkomponenten sind.

Der infinitesimale Cauchysche Verzerrungstensor ist ein symmetrischer Tensor 2. Stufe mit analogen Eigenschaften wie der in Abschn. 1.2.2 eingeführte Cauchysche Spannungstensor.

Es gilt entsprechend (1.8) das Transformationsgesetz bei Drehung des Koordinatensystems

$$\epsilon_{ij}^* = c_{ik}c_{j\ell}\epsilon_{k\ell}.$$

Wie für jeden Tensor 2. Stufe existieren drei von der Orientierung des Koordinatensystems unabhängige Invarianten

$$\begin{aligned}
I_I &= \epsilon_{11} + \epsilon_{22} + \epsilon_{33} = \epsilon_{ii} \\
I_{II} &= \begin{vmatrix} \epsilon_{11} & \epsilon_{12} \\ \epsilon_{21} & \epsilon_{22} \end{vmatrix} + \begin{vmatrix} \epsilon_{11} & \epsilon_{13} \\ \epsilon_{31} & \epsilon_{33} \end{vmatrix} + \begin{vmatrix} \epsilon_{22} & \epsilon_{23} \\ \epsilon_{32} & \epsilon_{33} \end{vmatrix} = \frac{1}{2}(\epsilon_{ii}\epsilon_{jj} - \epsilon_{ij}\epsilon_{ij}) \\
I_{III} &= \begin{vmatrix} \epsilon_{11} & \epsilon_{12} & \epsilon_{13} \\ \epsilon_{21} & \epsilon_{22} & \epsilon_{23} \\ \epsilon_{31} & \epsilon_{32} & \epsilon_{33} \end{vmatrix} \\
&= \frac{1}{6}(\epsilon_{ii}\epsilon_{jj}\epsilon_{kk} + 2\epsilon_{ij}\epsilon_{jk}\epsilon_{ki} - 3\epsilon_{ij}\epsilon_{ij}\epsilon_{kk}).
\end{aligned} \tag{1.56}$$

Wie man erkennt, beruhen diese auf den drei elementaren Grundinvarianten

$$\delta_{ij}\epsilon_{ij} \qquad \epsilon_{ij}\epsilon_{ij} \qquad \epsilon_{ij}\epsilon_{jk}\epsilon_{ki}.$$

Die erste Invariante I_I („Spur“ genannt) hat eine einfache geometrische Bedeutung, es ist die Volumendehnung oder Dilatation[1])

$$e = \frac{\partial u_i}{\partial x_i} = \frac{\Delta dV}{dV} = \operatorname{div} \vec{u}. \tag{1.57}$$

1.3.4 Hauptrichtungen und Hauptdehnungen

Analog wie bei der Betrachtung des Spannungstensors kann wieder untersucht werden, in welchen Richtungen nur Dehnungen und keine Schiebungen auftreten. Es zeigt sich, daß diese Richtungen auch den Extremalwerten der Dehnungen entsprechen. Diese Haupt-Verzerrungsgrößen sind die Hauptdehnungen ϵ_1, ϵ_2 und ϵ_3.

Zur Ermittlung der Hauptrichtungen und der Hauptdehnungen können die entsprechenden Beziehungen für den Spannungstensor aus Abschn. 1.2.4 übernommen werden.

Es gelten

$$(\epsilon_{ij} - \epsilon\delta_{ij})n_j = 0 \tag{1.58}$$

[1]) Bei den endlichen (nichtlinearen) Verzerrungstensoren existiert keine solche anschauliche Interpretation der ersten Invariante.

Die Auflösbarkeitsbedingung dieser Gleichungen liefert die charakteristische Gleichung des Verzerrungstensors

$$\epsilon^3 - I_I\epsilon^2 + I_{II}\epsilon - I_{III} = 0 \tag{1.59}$$

mit den Invarianten gemäß (1.56).

Alternativ läßt sich (1.59) mit den drei reellen Lösungen $\epsilon_1, \epsilon_2, \epsilon_3$ (Hauptdehnungen)

$$(\epsilon - \epsilon_1)(\epsilon - \epsilon_2)(\epsilon - \epsilon_3) = 0$$

schreiben.

Für die Invarianten (1.56) folgt

$$\begin{aligned} I_I &= \epsilon_1 + \epsilon_2 + \epsilon_3 \\ I_{II} &= \epsilon_1\epsilon_2 + \epsilon_2\epsilon_3 + \epsilon_3\epsilon_1 \\ I_{III} &= \epsilon_1\epsilon_2\epsilon_3 . \end{aligned}$$

Die drei orthogonalen Hauptrichtungen werden analog wie beim Spannungstensor berechnet. Sie legen das Hauptachsensystem fest, in dem die Komponentenmatrix des Verzerrungstensors die einfache Form (Hauptachsenform)

$$\begin{bmatrix} \epsilon_1 & 0 & 0 \\ 0 & \epsilon_2 & 0 \\ 0 & 0 & \epsilon_3 \end{bmatrix}$$

annimmt.

1.3.5 Infinitesimale Rotation

Es wird ein infinitesimales Verschiebungsfeld

$$u_i = u_i(x_1, x_2, x_3) \tag{1.60}$$

betrachtet und die Frage nach der Bedeutung des antimetrischen Tensors

$$\omega_{ij} = \frac{1}{2}(u_{i,j} - u_{j,i}) = -\omega_{ji} \tag{1.61}$$

(der nur drei unabhängige Komponenten hat) untersucht.

Der Anschaulichkeit halber sei zunächst der zweidimensionale Fall betrachtet, und zwar ein ebenes Element dxdy, das eine Starrkörperdrehung um einen kleinen Winkel ω_z erfährt (vgl. Fig. 1.21).

Mit Einführung der Verschiebungen in x- und y-Richtung ergibt sich

$$\omega_z = \frac{\partial u_y}{\partial x} = -\frac{\partial u_x}{\partial y}$$

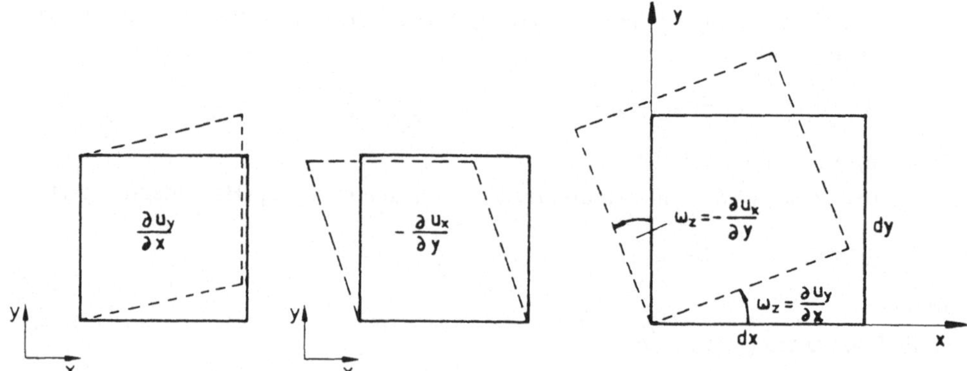

Fig. 1.21 Zur Starrkörperverdrehung im ebenen Fall

d. h. es handelt sich bei

$$\omega_z = \frac{1}{2}\left(\frac{\partial u_y}{\partial x} - \frac{\partial u_x}{\partial y}\right)$$

um die mittlere infinitesimale Rotation des Elements als starrer Körper, bei dem keine Verzerrung auftritt, da $\epsilon_{xy} = 0$ ist.

Im allgemeinen Fall folgt aus (1.60)

$$du_i = \frac{\partial u_i}{\partial x_j} dx_j = \beta_{ij} dx_j \tag{1.62}$$

wobei β_{ij} als Verschiebungsgradient oder Distorsion bezeichnet wird.

Als Gradient eines Vektors ist diese Größe in Kartesischen Koordinaten ein Tensor 2. Stufe, der im allgemeinen asymmetrisch ist und sich in einen symmetrischen und einen antimetrischen Anteil aufspalten läßt, gemäß

$$\beta_{ij} = \frac{1}{2}(u_{i,j} + u_{j,i}) + \frac{1}{2}(u_{i,j} - u_{j,i}) = \epsilon_{ij} + \omega_{ij}. \tag{1.63}$$

Hierbei ist wieder ϵ_{ij} der Cauchy sche infinitesimale Verzerrungstensor, während der antimetrische Tensor ω_{ij} als infinitesimaler Verdrehungstensor (oder Rotationstensor) bezeichnet wird[1]).

Es gelten ferner

$$\epsilon_{ij} = \frac{1}{2}(\beta_{ij} + \beta_{ji}), \qquad \omega_{ij} = \frac{1}{2}(\beta_{ij} - \beta_{ji}). \tag{1.64}$$

---

[1]) Mitunter wird in der Literatur auch definiert

$$\omega_{ij} = \frac{1}{2}(u_{j,i} - u_{i,j}).$$

Die Komponentematrix des Verdrehungstensors hat die Form

$$\begin{bmatrix} 0 & \omega_{12} & \omega_{13} \\ -\omega_{12} & 0 & \omega_{23} \\ -\omega_{13} & -\omega_{23} & 0 \end{bmatrix}$$

$$= \begin{bmatrix} 0 & \frac{1}{2}(u_{1,2}-u_{2,1}) & \frac{1}{2}(u_{1,3}-u_{3,1}) \\ \frac{1}{2}(u_{2,1}-u_{1,2}) & 0 & \frac{1}{2}(u_{2,3}-u_{3,2}) \\ \frac{1}{2}(u_{3,1}-u_{1,3}) & \frac{1}{2}(u_{3,2}-u_{2,3}) & 0 \end{bmatrix}$$

und man erkennt, daß nur drei unabhängige Komponenten (genau wie bei einem Vektor) vorhanden sind.

Diese entsprechen infinitesimalen Drehungen um die Koordinatenachsen mit den Komponenten des Drehvektors $\vec{w}$ gemäß

$$\begin{aligned} w_1 &= \frac{1}{2}(\omega_{32}-\omega_{23}) = \omega_{32} = \frac{1}{2}(u_{3,2}-u_{2,3}) \\ w_2 &= \frac{1}{2}(\omega_{13}-\omega_{31}) = \omega_{13} = \frac{1}{2}(u_{1,3}-u_{3,1}) \\ w_3 &= \frac{1}{2}(\omega_{21}-\omega_{12}) = \omega_{21} = \frac{1}{2}(u_{2,1}-u_{1,2}). \end{aligned} \tag{1.65}$$

Der hier gezeigte Zusammenhang zwischen Verdrehungstensor und Drehvektor gilt allgemein: *Jedem antimetrischen Tensor 2. Stufe kann ein sog. dualer (oder axialer) Vektor zugeordnet werden.* Hierbei gilt

$$w_k = \frac{1}{2}\epsilon_{kji}\omega_{ij}. \tag{1.66}$$

Andererseits gilt auch die duale Beziehung

$$\omega_{ij} = \epsilon_{jik} w_k. \tag{1.67}$$

Der zu einem symmetrischen Tensor duale Vektor verschwindet, wie umgekehrt das Verschwinden des dualen Vektors die Symmetrie des Ausgangstensors anzeigt.

Aus (1.66) folgt mit (1.63) der Zusammenhang des Drehvektors mit den Verschiebungen

$$w_k = \frac{1}{2}\epsilon_{kji}\omega_{ij} = \frac{1}{2}\epsilon_{kji}u_{i,j} \tag{1.68}$$

bzw. in symbolischer Schreibweise

$$\vec{w} = \frac{1}{2}\,\mathrm{rot}\,\vec{u}.$$

Beiläufig sei erwähnt, daß auch im nichtlinearen Fall Verdrehungstensoren in Lagrangeschen und Eulerschen Koordinaten definiert werden können, wobei sich aber kompliziertere Zusammenhänge mit den Drehungen ergeben.

Durch den Drehvektor $\vec{w}$ wird in einem infinitesimalen Verschiebungsfeld mit verschwindendem Verzerrungstensor in einem Punkt die örtliche (infinitesimale) Starrkörperdrehung der Umgebung dieses Punkts angegeben.

Aus (1.62) folgt mit (1.67)

$$du_i = \omega_{ij} dx_j = \epsilon_{jik} w_k dx_j = \epsilon_{ijk} w_j dx_k$$

bzw. symbolisch

$$d\vec{u} = \vec{w} \times d\vec{x}$$

und man erkennt, daß es sich um eine infinitesimale Starrkörperverschiebung handelt.

Bei einer endlichen Starrkörperdrehung ist der Drehvektor im gesamten betrachteten Körper konstant.

Die durch ω_{ij} bzw. w_i beschriebene infinitesimale örtliche Drehung eines verformbaren Körpers ist die Folge von Verzerrungen an anderen Stellen des Körpers. Sie ergibt sich aus der Verzerrung im gesamten betrachteten Verschiebungsfeld und ist deshalb nicht an die örtliche Verzerrung gebunden[1]).

Bei den bisherigen Betrachtungen wurden entsprechend der klassischen linearen Elastizitätstheorie infinitesimale Verschiebungen (d. h. Verschiebungsableitungen klein gegen Eins) vorausgesetzt. Diese haben dann infinitesimale Verzerrungen und Verdrehungen zur Folge.

Da letztere die Verzerrungen und damit die Spannungen nicht beeinflussen, werden sie bei der Lösung von Elastizitätsproblemen meist ignoriert. Es lassen sich allerdings Fälle vorstellen, in denen zwar überall kleine Verzerrungen, aber in manchen Bereichen beträchtliche Verdrehungen auftreten können (z. B. bei der Biegung langer dünner Stäbe oder der Verbiegung dünner Schalen).

Hierfür existiert die Möglichkeit verschiedener Stufen von Näherungen, indem größere Verdrehungen berücksichtigt werden als an sich in der linearen Theorie erlaubt sind. Auf diese Formulierungen soll hier aber nicht weiter eingegangen werden.

1.3.6 Berechnung der Verschiebungen aus den Verzerrungen

Der durch (1.53) gegebene Zusammenhang zwischen Verzerrungen und Verschiebungen (man nennt diese Beziehungen auch „kinematische Gleichungen") erlaubt grundsätzlich keine vollständige Bestimmung der Verschiebungen selbst.

---

[1]) In der bereits erwähnten Momentenspannungstheorie werden dagegen die Komponenten des Drehvektors als zusätzliche Freiheitsgrade zu den Verschiebungsfreiheitsgraden eingeführt.

Zum einen müssen bestimmte Bedingungen zwischen den Verzerrungskomponenten (sog. Verträglichkeitsbedingungen) erfüllt sein, zum andern treten bei der Integration Konstanten auf, die einer Starrkörperverschiebung und Drehung des Gesamtkörpers entsprechen.
Aus (1.62) und (1.63) folgen

$$du_i = \beta_{ij}dx_j = \epsilon_{ij}dx_j + \omega_{ij}dx_j \tag{1.69}$$

ausführlich geschrieben

$$du_1 = \epsilon_{11}dx_1 + (\epsilon_{12} + \omega_{12})dx_2 + (\epsilon_{13} + \omega_{13})dx_3$$
$$du_2 = (\epsilon_{12} + \omega_{12})dx_1 + \epsilon_{22}dx_2 + (\epsilon_{23} + \omega_{23})dx_3$$
$$du_3 = (\epsilon_{13} + \omega_{13})dx_1 + (\epsilon_{23} + \omega_{23})dx_2 + \epsilon_{33}dx_3.$$

Bei der Integration dieser Gleichungen lassen sich die Verschiebungen bestimmen bis auf

$$\begin{aligned} u_1^* &= u_{10} - \omega_{30}x_2 + \omega_{20}x_3 \\ u_2^* &= u_{20} - \omega_{10}x_3 + \omega_{30}x_1 \\ u_3^* &= u_{30} - \omega_{20}x_1 + \omega_{10}x_2. \end{aligned} \tag{1.70}$$

Die Integrationskonstanten u_{i0} und ω_{i0} beeinflussen die Verzerrungen nicht und werden deshalb bei der Lösung von Elastizitätsproblemen weggelassen bzw. sind in konkreten Fällen durch die vorhandenen Auflagerbedingungen bekannt.

1.3.6.1 Verträglichkeitsbedingungen. Mit den kinematischen Gleichungen

$$\epsilon_{ij} = \frac{1}{2}(u_{i,j} + u_{j,i})$$

liegen bei gegebenen Verzerrungen sechs partielle Diff.-Gl. für drei Verschiebungskomponenten vor, es ist also eine Überstimmtheit vorhanden.
Deshalb können die sechs Komponenten des Verzerrungstensors ϵ_{ij} nicht voneinander unabhängig sein. Die zwischen ihnen bestehenden Beziehungen bezeichnet man als Verträglichkeitsbedingungen oder Kompatibilitätsbedingungen.

Ihre Herleitung ist auf verschiedenen Wegen möglich. Einerseits kann man sie als Integrabilitätsbedingungen für die obigen Diff.-Gl. auffassen, andererseits drücken sie die physikalische Tatsache aus, daß alles Material eines Körpers vor und nach der Verformung stetig und zusammenhängend ist. Im Körper treten keine Klaffungen aber auch keine Durchdringungen von Material auf.

Man erhält die Verträglichkeitsbedingungen sofort als mathematische Identitäten durch Elimination der Verschiebungen aus den kinematischen Gleichungen. Zweimalige Ableitung von (1.53) ergibt

$$\epsilon_{ij,k\ell} = \frac{1}{2}(u_{i,jk\ell} + u_{j,ik\ell})$$

Vertauschung der Indizes liefert die drei analogen Gleichungen

$$\epsilon_{k\ell,ij} = \frac{1}{2}(u_{k,\ell ij} + u_{\ell,kij})$$

$$\epsilon_{i\ell,jk} = \frac{1}{2}(u_{i,\ell jk} + u_{\ell,ijk})$$

$$\epsilon_{jk,i\ell} = \frac{1}{2}(u_{j,ki\ell} + u_{k,ji\ell}).$$

Wegen der vorausgesetzten Stetigkeit der Verschiebungen sowie ihrer Ableitungen und der daraus resultierenden Vertauschbarkeit der Reihenfolge der Ableitungen, ergibt die Addition der vorstehenden vier Gleichungen

$$\epsilon_{ij,k\ell} + \epsilon_{k\ell,ij} - \epsilon_{i\ell,jk} - \epsilon_{jk,i\ell} = 0. \qquad (1.71)$$

Dieser Ausdruck repräsentiert insgesamt 81 Gleichungen, in denen die sechs Verträglichkeitsbedingungen enthalten sind, die 1860 von St. Venant aufgestellt wurden.

Die übrigen Gleichungen in (1.71) sind teils identisch erfüllt, teils handelt es sich um Wiederholungen (wegen der Symmetrie der Verzerrungskomponenten und der Vertauschbarkeit der Differentiationsreihenfolge).

Eine kompaktere Schreibweise der Verträglichkeitsbedingungen erhält man mit dem Levi-Civita-Tensor ϵ_{ijk}. Die Beziehung (1.71) wird damit

$$\epsilon_{m\ell j}(\epsilon_{ij,k\ell} - \epsilon_{jk,i\ell}) = 0.$$

Die Klammer ist

$$\epsilon_{nik}\epsilon_{ij,k\ell}$$

und somit folgt

$$\epsilon_{m\ell j}\epsilon_{nik}\epsilon_{ij,k\ell} = 0. \qquad (1.72)$$

In symbolischer Schreibweise lautet dies

$$\text{Rot Rot } \underset{\sim}{\epsilon} \equiv \text{Ink } \underset{\sim}{\epsilon} = 0$$

wobei $\underset{\sim}{\epsilon}$ den Verzerrungstensor bedeutet. Der Operator Ink (. . .) wird „Inkompatibilität von (. . .)" genannt.

Man erkennt, daß (1.72) in m und n symmetrisch ist, somit nur sechs unabhängige Gleichungen übrigbleiben. Diese erhält man, wenn für m, n der Reihe nach 1, 1; 2, 2; 3, 3; 1, 2; 2, 3; 1, 3 gesetzt wird.

Ausführlich geschrieben lauten die Verträglichkeitsbedingungen

$$2\frac{\partial^2\epsilon_{12}}{\partial x_1 \partial x_2} = \frac{\partial^2\epsilon_{11}}{\partial x_2^2} + \frac{\partial^2\epsilon_{22}}{\partial x_1^2} \quad \text{usw.} \qquad (1.73)$$

bzw. $$\frac{\partial^2\epsilon_{11}}{\partial x_2\partial x_3} = \frac{\partial}{\partial x_1}\left(-\frac{\partial\epsilon_{23}}{\partial x_1} + \frac{\partial\epsilon_{13}}{\partial x_2} + \frac{\partial\epsilon_{12}}{\partial x_3}\right) \quad \text{usw.}$$

(mit zyklischer Vertauschung der Indizes).

Diese Gleichungen sind die notwendige Bedingung dafür, daß ein Verschiebungsfeld $u_i(x_1, x_2, x_3)$ existiert, aus dem sich die Verzerrungen ϵ_{ij} gemäß (1.53) ergeben.

Für einen einfach zusammenhängenden Bereich (d. h. einen Bereich, der einfach berandet ist und keine „Löcher" hat) sind die Verträglichkeitsbedingungen von St. Venant auch hinreichend für die Existenz eines eindeutigen Verschiebungsfelds[1]).

1.3.6.2 Cesaro-Integral. Zur Herleitung der Verträglichkeitsbedingungen mittels des Cesaro - Integrals [4] geht man von einem gegebenen Verzerrungsfeld ϵ_{ij} aus und verwendet das Verdrehungsfeld ω_{ij} als Hilfsgröße.

Zunächst folgt aus

$$\omega_{ij} = \frac{1}{2}(u_{i,j} - u_{j,i})$$

durch Ableitung und Hinzufügung eines Ausdrucks, der null ist

$$\omega_{ij,k} = \frac{1}{2}(u_{i,j} - u_{j,i})_{,k} + \frac{1}{2}(u_{k,i} - u_{k,i})_{,j}$$

$$= \frac{1}{2}(u_{i,jk} - u_{j,ik} + u_{k,ij} - u_{k,ij})$$

und wegen der Vertauschbarkeit der partiellen Ableitungen

$$\omega_{ij,k} = \frac{1}{2}(u_{i,k} + u_{k,i})_{,j} - \frac{1}{2}(u_{j,k} + u_{k,j})_{,i}$$

d. h. die wichtige Identität

$$\omega_{ij,k} = \epsilon_{ik,j} - \epsilon_{jk,i}. \tag{1.74}$$

In symbolischer Schreibweise lautet diese unter Benützung des Drehvektors $\vec{w}$ gemäß (1.67)

$$\text{grad}\,\vec{w} = \text{Rot}\,\underline{\epsilon}.$$

Bei gegebenem Drehungstensor ω_{ij}^{P} im Punkt P (vgl. Fig. 1.22) berechnet sich ω_{ij}^{Q} im Punkt Q aus

$$\omega_{ij}^{Q} = \omega_{ij}^{P} + \int_P^Q d\omega_{ij} = \omega_{ij}^{P} + \int_P^Q \omega_{ij,k}dx_k$$

wobei das Linienintegral über eine rektifizierbare Kurve von P nach Q zu erstrecken ist.

---

[1]) Der Beweis hierfür wurde erstmals 1871 von Boussinesq erbracht, auf anderen Wegen 1889 von Beltrami, 1906 von Cesaro.

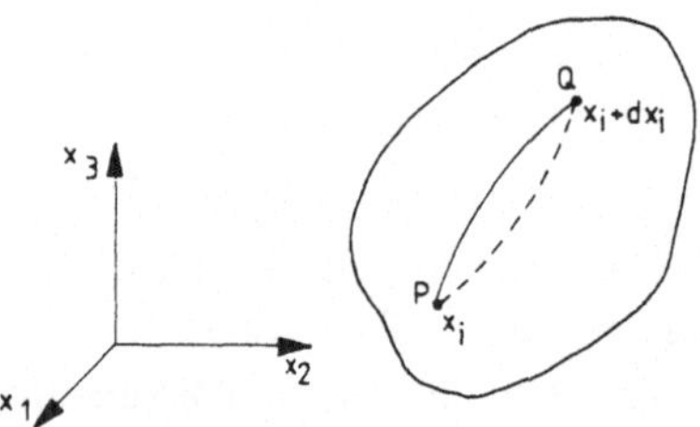

Fig. 1.22
Zur Berechnung der Verdrehung und Verschiebung im Punkt Q

Mit (1.74) ergibt sich

$$\omega_{ij}^Q = \omega_{ij}^P + \int_P^Q (\epsilon_{ik,j} - \epsilon_{jk,i})\,dx_k. \tag{1.75}$$

Ein physikalisch mögliches, d. h. stetiges und eindeutiges Verschiebungsfeld ist nachgewiesen, wenn das Linienintegral in (1.75) unabhängig vom Weg ist, auf dem man von P nach Q gelangt.

Das Integral ist wegunabhängig, wenn der Integrand ein vollständiges Differential darstellt oder anders ausgedrückt, wenn nach dem Satz von Stokes die Rotation des Integranden verschwindet.

Dies führt auf die Bedingung

$$\epsilon_{m\ell k}(\epsilon_{ik,j} - \epsilon_{jk,i})_{,\ell} = 0 \tag{1.76}$$

in der man unschwer die Beziehung (1.72) wiedererkennt. Wenn sie erfüllt ist, läßt sich die Verdrehung ω_{ij}^Q eindeutig aus dem Verzerrungsfeld berechnen.

Analog geht man bei der Berechnung der Verschiebung vor. Es gilt bei gegebener Verschiebung u_i^P im Punkt P

$$u_i^Q = u_i^P + \int_P^Q du_i = u_i^P + \int_P^Q \beta_{ij}\,dx_j = u_i^P + \int_P^Q (\epsilon_{ij} + \omega_{ij})\,dx_j.$$

Der Verdrehungstensor ω_{ij} wird aus dem Integral durch partielle Integration und mittels (1.74) entfernt

$$\begin{aligned}\int_P^Q \omega_{ij}\,dx_j &= \omega_{ij}x_j\Big|_P^Q - \int_P^Q \omega_{ij,k}x_j\,dx_k \\ &= \omega_{ij}x_j\Big|_P^Q - \int_P^Q (\epsilon_{ik,j} - \epsilon_{jk,i})x_j\,dx_k.\end{aligned}$$

Es folgt dann (mit Indexvertauschung $j \leftrightarrow k$ im Integral)

$$u_i^Q = u_i^P + \omega_{ij}x_j\Big|_P^Q + \int_P^Q [\epsilon_{ik} - (\epsilon_{ik,j} - \epsilon_{jk,i})x_j]\,dx_k. \tag{1.77}$$

Wie vorhin nachgewiesen, existiert ω_{ij}^Q und damit ist der Ausdruck $\omega_{ij}x_j\big|_P^Q$ wegunabhängig. Als Bedingung für die Existenz eines eindeutigen stetigen Verschiebungsfeldes gilt somit die Wegunabhängigkeit des Integrals in (1.77).

Dies ergibt

$$\epsilon_{m\ell k}[\epsilon_{ik} - (\epsilon_{ik,j} - \epsilon_{jk,i})x_j]_{,\ell} = 0$$

oder $$\epsilon_{m\ell k}[\epsilon_{ik,\ell} - (\epsilon_{ik,j} - \epsilon_{jk,i})\delta_{j\ell} - (\epsilon_{ik,j\ell} - \epsilon_{jk,i\ell})x_j] = 0.$$

Wegen $\epsilon_{m\ell k}\epsilon_{\ell k,i} = 0$ verschwinden die ersten drei Terme in der eckigen Klammer und es bleibt die Bedingung

$$\epsilon_{m\ell k}(\epsilon_{ik,j\ell} - \epsilon_{jk,i\ell})x_j = 0. \tag{1.78}$$

Diese ist für beliebige x_j sicherlich erfüllt, wenn (1.76) gilt.

Damit ist nachgewiesen, daß die Verträglichkeitsbedingung (1.71) oder (1.72) notwendig und hinreichend für die Existenz eines eindeutigen Verschiebungsfelds ist.

Für mehrfach zusammenhängende Bereiche hingegen ist die Verträglichkeitsbedingung nur notwendige, aber nicht mehr hinreichende Bedingung für die Existenz eindeutiger Verschiebungen. Hier müssen zusätzliche Stetigkeitsbedingungen erfüllt werden (für Einzelheiten vgl. z. B. [A 21]).

Auf einen Zusammenhang mit der Elastizitätstheorie der Versetzungen sei noch hingewiesen. Hierbei verschwindet das geschlossene Umlaufintegral nicht mehr wie im Falle der Wegunabhängigkeit. Vielmehr ergibt sich bei Umschlingung einer sog. Versetzungslinie ein Schließungsfehler b_i gemäß

$$\oint du_i = \oint \beta_{ij} dx_j = b_i$$

den man als B u r g e r s vektor der Versetzungslinie bezeichnet. Dies ist eine Verallgemeinerung der Beziehung (1.72) die hier lautet

$$\epsilon_{m\ell j}\epsilon_{nik}\epsilon_{ij,k\ell} = \rho_{mn}$$

wobei der sog. Inkompatibilitätstensor ρ_{mn} gemäß der K r ö n e r schen Theorie mit der Versetzungsdichte zusammenhängt.

In symbolischer Schreibweise lautet die Grundgleichung der Kontinuumstheorie der Versetzungen

$$\underset{\sim}{\alpha} = \text{Rot}\, \underset{\sim}{\beta}$$

mit $\underset{\sim}{\alpha}$ als Tensor der Versetzungsdichte und $\underset{\sim}{\beta}$ als Distorsionstensor.

Für weitere Einzelheiten muß auf die Spezialliteratur verwiesen werden, z. B. [B 24], [B 25], ferner [5], [6].

1.3.6.3 Anzahl der Verträglichkeitsbedingungen. Wie dargelegt, handelt es sich bei den Verträglichkeitsbedingungen um sechs partielle Diff.-Gl. zwischen den sechs Verzerrungskomponenten ϵ_{ij}. Da diese Gleichungen aber nicht zur Berechnung der Verzerrungen ausreichen, können sie nicht voneinander unabhängig sein.

Von B e l t r a m i wurde 1892 nachgewiesen, daß nur drei unabhängige Verträglichkeitsbedingungen vorliegen.

Zur Formulierung bildet man aus (1.73) die Ausdrücke

$$A_{12} = -2\epsilon_{12,12} + \epsilon_{11,22} + \epsilon_{22,11} = 0 \quad \text{usw.}$$

$$B_{12} = \epsilon_{33,12} - (-\epsilon_{12,3} + \epsilon_{23,1} + \epsilon_{13,2})_{,3} = 0 \quad \text{usw.}$$

(die übrigen ergeben sich durch zyklische Vertauschung der Indizes).
Es folgen damit die drei Beziehungen

$$\begin{aligned} A_{12,3} + B_{23,2} + B_{13,1} &= 0 \\ A_{23,1} + B_{13,3} + B_{12,2} &= 0 \\ A_{13,2} + B_{12,1} + B_{23,3} &= 0 \end{aligned} \qquad (1.79)$$

die sich durch direkte Ausrechnung leicht nachprüfen lassen.

Schließlich sei noch erwähnt, daß sich die Verträglichkeitsbedingungen auch gewinnen lassen, wenn man die physikalische Tatsache zugrundelegt, daß sowohl unverformtes als auch verformtes Kontinuum Teile eines Euklidschen (d. h. nicht-gekrümmten) Raums darstellen. Dies beinhaltet, daß der sog. Riemannsche Krümmungstensor, ein Tensor 4. Stufe, der die Ableitungen des Metriktensors enthält, verschwinden muß. Auf diesem Weg lassen sich auch die (komplizierteren) Verträglichkeitsbedingungen für nichtlineare Verzerrungen herleiten.

Im linearen Fall folgen dabei wieder die Beziehungen (1.72) und aufgrund der sog. Bianchi-Identitäten ergibt sich, daß tatsächlich nur drei unabhängige Verträglichkeitsbedingungen bestehen.

Es ist noch darauf hinzuweisen, daß bei Formulierung von Elastizitätsproblemen mit den Verschiebungskomponenten als grundlegenden Funktionen die Verträglichkeitsbedingungen von selbst erfüllt sind. Wird dagegen von den Verzerrungen (z. B. infolge von Spannungen) ohne Bezugnahme auf ein Verschiebungsfeld ausgegangen, dann gehören die Verträglichkeitsbedingungen zu den Grundgleichungen, die erfüllt werden müssen.

2 Stoffgesetz der Elastizitätstheorie (Beziehung zwischen Spannungen und Verzerrungen)

Die bisherigen statischen und kinematischen Betrachtungen gelten unabhängig vom Materialverhalten für alle festen und fluiden Körper.

Wie bekannt, ist das mechanische Verhalten realer Materialien sehr unterschiedlich und kompliziert, z. B. können sich Festkörper elastisch oder plastisch, mit und ohne Einfluß der Zeit und der Belastungsgeschichte verformen.

Andererseits reichen die bisher aufgestellten Beziehungen nicht zur Ermittlung aller unbekannten Funktionen aus, es sind noch Beziehungen zwischen den Spannungsgrößen und den Verformungsgrößen erforderlich. Diese charakterisieren dann das jeweils ins Auge gefaßte Materialverhalten.

2.1 Allgemeines über Stoffgesetze

Da es sehr viel verschiedene Materialien gibt, ist eine Vielzahl von Stoffgesetzen denkbar, die das unterschiedliche Materialverhalten unter den verschiedensten Bedingungen beschreiben können. Wiewohl wünschenswert, läßt sich doch kein allgemeines Stoffgesetz aufstellen, mit dem sich einheitlich das mechanische Verhalten aller Materialien darstellen ließe. Dies rührt nicht zuletzt davon her, daß die Möglichkeiten zur Beschreibung des Materialverhaltens sehr beschränkt sind. Andererseits würden aber auch die sich ergebenden allgemeinen Gesetze viel zu kompliziert und unhandlich für die praktische Anwendung sein.

Man ist daher bestrebt, Beziehungen aufzustellen, mit denen die wichtigsten Verhaltensweisen eines Materials bei bestimmten Gegebenheiten beschrieben werden können. Auf diese Weise wird ein ideales Material durch ein geeignetes mathematisches Modell definiert und man versucht damit, eine gute Annäherung an das reale Materialverhalten zu erreichen.

Diese Stoffgesetze, die im Sprachgebrauch der Kontinuumsmechanik als konstitutive Gleichungen bezeichnet werden, können nicht in Form ganz beliebiger Beziehungen gewählt werden. In einer allgemeinen Theorie des Verhaltens kontinuierlicher Medien werden grundlegende Prinzipien aufgestellt, die bei der Konstruktion von konstitutiven Gleichungen berücksichtigt werden müssen.

Die Formulierung der Stoffgesetze hat so zu erfolgen, daß sie invariant gegen die Wahl der Bezugssysteme und der kinematischen Variablen sind. Außerdem ist physikalisch einleuchtend, daß die konstitutiven Gleichungen unabhängig vom Beobachter bzw. dessen Bewegungen sein müssen. Diese Bedingungen werden in der Kontinuumsmechanik im Prinzip der materiellen Objektivität (oder Beobachtungsindifferenz) zusammengefaßt. Letztlich kommt hierdurch die Homogenität und Isotropie des physikalischen Raums zum Ausdruck. Gewisse Einschränkungen werden den Stoffgleichungen auch durch die Gesetze der Thermodynamik auferlegt[1]).

Die konstitutiven Gleichungen beschreiben allgemein das Verhalten individueller Materialien (oder Materialklassen) in verschiedener Hinsicht und dienen somit auch zur Unterscheidung der Materialien.

Für die Festkörpermechanik sind in erster Linie sog. mechanische Stoffgleichungen wichtig, welche die Spannungen mit den kinematischen Variablen (Verzerrungen oder Verzerrungsgeschwindigkeiten) verknüpfen. Aber auch auf anderen Gebieten der Kontinuumsphysik spielen konstitutive Gleichungen eine große Rolle, z. B. für Wärmeübergangseigenschaften, elektrische Leitfähigkeit, Massentransport usw.

Da bei vielen Problemen der Kontinuumsmechanik die Wechselwirkungen zwischen mechanischen und thermischen (oder elektrischen oder chemischen) Vorgängen außerachtgelassen werden können, ist eine Beschränkung auf die rein mechanischen Stoffgesetze möglich.

Beispielsweise wird ein Teil der bei plastischer Verformung eines Materials aufzubringenden Arbeit in Wärme umgesetzt, jedoch ändert sich bei genügend langsamer Aufbringung der

---

[1]) Für weitere Einzelheiten muß auf die Bücher über Kontinuumsmechanik verwiesen werden, z. B. [B 2], [B 5], [B 6], [B 7]; ferner [B 4].

Belastung die Temperatur des Werkstücks wegen des Wärmeaustauschs mit der Umgebung kaum (sog. isothermer Vorgang). Andererseits können sehr schnelle Belastungsvorgänge als adiabatisch (kein Wärmeaustausch mit der Umgebung) angesehen werden.

2.2 Elastisches Materialverhalten

Bekanntlich erfahren die meisten Festkörper bei Belastung Gestaltänderungen, die sehr gering sind und oftmals nur mit sehr empfindlichen Meßmethoden festgestellt werden können. Außerdem besitzen die Festkörper einen ausgezeichneten natürlichen Zustand (eine natürliche Gestalt), den beizubehalten sie bestrebt sind[1]), und in den sie zurückkehren, wenn die belastenden Kräfte zu wirken aufhören und nicht zu groß sind.

Nimmt man ferner an, daß die bei der Verformung aufgebrachte Arbeit sich rein als potentielle Energie wiederfindet (d. h. keine Dissipation stattfindet), so spricht man von elastischem Materialverhalten.

In seinem natürlichen Zustand ist der elastische Körper spannungslos, er hat konstante Temperatur und befindet sich im thermodynamischen Gleichgewicht.

Erfolgt die Verformung durch die belastenden Kräfte genügend langsam, herrscht zu jedem Zeitpunkt entsprechend den äußeren Bedingungen thermodynamisches Gleichgewicht und die Verformung ist ein reversibler Vorgang. Die zur Verformung erforderliche Energie ist voll zurückgewinnbar, es findet kein Übergang in kinetische Energie statt. Ferner ist kein Einfluß der Zeit vorhanden; die bei der Verformung aufgebrachte Arbeit ist unabhängig von der Belastungsgeschichte, d. h. dem Verlauf, wie Lasten und Verschiebungen ihre Endwerte erreichen.

Der Spannungszustand in einem ideal-elastischen Körper hängt also nur vom Verzerrungszustand ab. Dies bedeutet, daß die konstitutiven Gleichungen aus einer inneren Energiefunktion herleitbar sind, wobei die Verzerrungskomponenten ϵ_{ij} oder die Spannungskomponenten σ_{ij} unabhängige Zustandsvariablen sein können.

2.2.1 Verzerrungsenergie und elastisches Potential

Als Verzerrungsenergiedichte bezeichnet man die bei der Verformung pro Volumeneinheit geleistete Arbeit

$$\bar{U} = \int_{\epsilon_{ij}=0}^{\epsilon_{ij}} \sigma_{ij} d\epsilon_{ij}. \tag{2.1}$$

Wegen der Wegunabhängigkeit des Integrals muß der Integrand ein vollständiges Differential sein. Ausführlich geschrieben folgt dafür (wegen der Symmetrie der Tensoren σ_{ij} und ϵ_{ij})

$$d\bar{U} = \sigma_{11}d\epsilon_{11} + \sigma_{22}d\epsilon_{22} + \sigma_{33}d\epsilon_{33} + 2(\sigma_{12}d\epsilon_{12} + \sigma_{23}d\epsilon_{23} + \sigma_{13}d\epsilon_{13}) \tag{2.2}$$

---

[1]) Dies ist bei Fluiden (Flüssigkeiten und Gasen) nicht der Fall.

und man erkennt, daß

$$\sigma_{ij} = \frac{\partial \bar{U}}{\partial \epsilon_{ij}} . \tag{2.3}$$

Die Verzerrungsenergiedichte $\bar{U}(\epsilon_{ij})$ ist eine eindeutige Funktion der Verzerrungen, sie wird auch als elastisches Potential bezeichnet.

Andererseits ist ebenfalls der Ausdruck

$$\begin{aligned} d\bar{U}^* = {} & \epsilon_{11} d\sigma_{11} + \epsilon_{22} d\sigma_{22} + \epsilon_{33} d\sigma_{33} \\ & + 2(\epsilon_{12} d\sigma_{12} + \epsilon_{23} d\sigma_{23} + \epsilon_{13} d\sigma_{13}) \end{aligned} \tag{2.4}$$

ein vollständiges Differential derart, daß

$$d\bar{U} + d\bar{U}^* = d(\sigma_{ij}\epsilon_{ij})$$

und $$\epsilon_{ij} = \frac{\partial \bar{U}^*}{\partial \sigma_{ij}} . \tag{2.5}$$

Die Größe $\bar{U}^*$ wird als Verzerrungs-Ergänzungsenergiedichte bezeichnet.

Die Verzerrungsenergiedichte $\bar{U}(\epsilon_{ij})$ wurde erstmals 1839 von G. Green bei Betrachtungen über die mechanische Lichttheorie eingeführt [7].

Die Annahme der Existenz einer Verzerrungsenergiedichte ist in Übereinstimmung mit der Annahme eines reversiblen isothermen oder adiabatischen Vorgangs bei der Verformung und definiert damit das elastische Materialverhalten[1]). Dies muß aber nicht notwendig einen linearen Zusammenhang zwischen Spannungen und Verzerrungen bedeuten. Die Linearität wird erst durch das Hookesche Gesetz eingeführt.

Bei der Verzerrungsenergiedichte handelt es sich um eine positiv definite Größe (vgl. Abschn. 2.3.3). Diese Eigenschaft wird z. B. herangezogen, um die Eindeutigkeit der Lösungen linearelastischer Probleme zu beweisen. Ferner beruhen darauf die Sätze vom Minimum der potentiellen Energie bzw. der Ergänzungsenergie.

In der klassischen linearen Elastizitätstheorie ist die Verzerrungsenergiedichte $\bar{U}(\epsilon_{ij})$ eine quadratische Funktion der Verzerrungskomponenten (bzw. wird dadurch genügend gut approximiert).

2.3 Linear-elastisches oder Hookesches Gesetz

Aus Versuchen mit Drähten ermittelte R. Hooke einen linearen Zusammenhang zwischen Belastung und Verlängerung und gelangte zum Gesetz „ut tensio sic vis", das er 1676 in Form eines Anagramms „ceiiinosssttuv" bekanntgab.

---

[1]) Mitunter als Green-Elastizität bezeichnet, im Gegensatz zu der in Abschn. 2.3.1 gegebenen Definition des elastischen Materialverhaltens, die als Cauchy-Elastizität bezeichnet wird.

In der einfachsten Form lautet das H o o k e sche Gesetz für den einachsigen Zug- oder Druckversuch

$$\sigma = E\epsilon \tag{2.6}$$

wobei σ bzw. ϵ die einachsige Spannung bzw. die Dehnung bedeuten. Der Proportionalitätsfaktor wird als Elastizitätsmodul bezeichnet[1]).

Das experimentell gefundene phänomenologische Gesetz (2.6) läßt sich mittels einer thermodynamischen Betrachtung auch physikalisch begründen.

2.3.1 Verallgemeinertes Hookesches Gesetz

Nach dem Vorgehen von C a u c h y kann (2.6) verallgemeinert werden, indem man einen linearen Zusammenhang zwischen den Komponenten des Spannungstensors und des Verzerrungstensors gemäß

$$\sigma_{ij} = E_{ijk\ell}\epsilon_{k\ell} \tag{2.7}$$

annimmt.

Für homogenes Material sind die Komponenten des Elastizitätstensors 4. Stufe $E_{ijk\ell}$ ortsunabhängige Größen. Da aber die Spannungen und Verzerrungen von der Orientierung des Koordinatensystems abhängen, gilt dies auch für die elastischen Konstanten $E_{ijk\ell}$. Als Komponenten eines Tensors transformieren sie sich dementsprechend. Nur bei isotropem Material (siehe unten) sind die elastischen Konstanten unabhängig von der Orientierung des Koordinatensystems.

Die Beziehung (2.7) kann als lineares Glied der Reihenentwicklung eines allgemeinen, nicht-linearen Zusammenhangs

$$\sigma_{ij} = \sigma_{ij}(\epsilon_{ij})$$

angesehen werden, bei der das konstante Glied wegen der Bedingung $\sigma_{ij} = 0$ für $\epsilon_{ij} = 0$ fehlt.

Es handelt sich bei (2.7) zunächst um neun Gleichungen mit je neuen Termen, d. h. der Tensor $E_{ijk\ell}$ hat 81 Komponenten. Wegen der Symmetrie von σ_{ij} und ϵ_{ij} reduziert sich die Zahl der Gleichungen auf sechs und damit hat wegen der Symmetrieeigenschaften

$$E_{ijk\ell} = E_{jik\ell} = E_{ij\ell k} = E_{ji\ell k} \tag{2.8}$$

der Elastizitätstensor nur noch 36 unabhängige Komponenten. Seine Komponentenmatrix hat die Form

---

[1]) Im englischsprachigen Schrifttum ist die Bezeichnung Y o u n g 's modulus gebräuchlich (nach T. Y o u n g 1807).

$$\begin{bmatrix} E_{1111} & E_{1122} & E_{1133} & E_{1112} & E_{1113} & E_{1123} \\ E_{2211} & E_{2222} & E_{2233} & E_{2212} & E_{2213} & E_{2223} \\ E_{3311} & E_{3322} & E_{3333} & E_{3312} & E_{3313} & E_{3323} \\ E_{1211} & E_{1222} & E_{1233} & E_{1212} & E_{1213} & E_{1223} \\ E_{1311} & E_{1322} & E_{1333} & E_{1312} & E_{1313} & E_{1323} \\ E_{2311} & E_{2322} & E_{2333} & E_{2312} & E_{2313} & E_{2323} \end{bmatrix}.$$

Eine weitere Reduzierung der Anzahl der unabhängigen Komponenten ergibt sich durch thermodynamische Betrachtungen, wenn die Existenz der Verzerrungsenergiedichte vorausgesetzt wird.

Mit (2.7) wird (2.2)

$$d\bar{U} = E_{ijk\ell}\epsilon_{k\ell}d\epsilon_{ij} = \frac{\partial \bar{U}}{\partial \epsilon_{ij}} d\epsilon_{ij} \tag{2.9}$$

und daraus

$$\frac{\partial \bar{U}}{\partial \epsilon_{ij}} = E_{ijk\ell}\epsilon_{k\ell}$$

bzw. durch nochmalige Ableitung

$$\frac{\partial}{\partial \epsilon_{k\ell}}\left(\frac{\partial \bar{U}}{\partial \epsilon_{ij}}\right) = E_{ijk\ell}.$$

Da die Reihenfolge der Ableitungen vertauschbar ist, folgt auch

$$\frac{\partial}{\partial \epsilon_{ij}}\left(\frac{\partial \bar{U}}{\partial \epsilon_{k\ell}}\right) = E_{k\ell ij}$$

und somit

$$\frac{\partial^2 \bar{U}}{\partial \epsilon_{ij}\partial \epsilon_{k\ell}} = E_{ijk\ell} = E_{k\ell ij}. \tag{2.10}$$

Durch diese weitere Symmetrieforderung reduziert sich die Zahl der unabhängigen Komponenten des Elastizitätstensors auf 21. Dieser Fall liegt bei größtmöglicher Anisotropie des elastischen Materials vor.

2.3.2 Clapeyronsche Formel

Zur Berechnung der Verzerrungsenergiedichte wird von (2.2) ausgegangen. Man betrachtet ein beliebiges Volumenelement des elastischen Körpers, in dem der Spannungs- bzw. Verzerrungszustand durch σ_{ij} und ϵ_{ij} gegeben ist.

Führt man örtlich Hauptachsensysteme für Spannungen und Verzerrungen ein und läßt die Hauptspannungen gleichmäßig zu ihren Endwerten anwachsen (sog. Proportionalbelastung), dann ist die geleistete Arbeit pro Volumeneinheit

$$\bar{W} = \frac{1}{2}(\sigma_1\epsilon_1 + \sigma_2\epsilon_2 + \sigma_3\epsilon_3). \tag{2.11}$$

Sie ist vom Belastungsweg unabhängig und entspricht der Verzerrungsenergiedichte $\bar{U}$. Für beliebige Koordinatenachsen x_i ergibt sich dementsprechend

$$\bar{U} = \frac{1}{2}\sigma_{ij}\epsilon_{ij}. \tag{2.12}$$

Dies bezeichnet man als Clapeyronsche Formel. Ausführlich geschrieben lautet sie

$$\bar{U} = \frac{1}{2}(\sigma_{11}\epsilon_{11} + \sigma_{22}\epsilon_{22} + \sigma_{33}\epsilon_{33}) + \sigma_{12}\epsilon_{12} + \sigma_{23}\epsilon_{23} + \sigma_{13}\epsilon_{13}.$$

Das verallgemeinerte Hookesche Gesetz (2.7) läßt sich umkehren, dann gilt

$$\epsilon_{ij} = D_{ijk\ell}\sigma_{k\ell}. \tag{2.13}$$

Der Tensor 4. Stufe $D_{ijk\ell}$ (Nachgiebigkeitstensor) besitzt die gleichen Symmetrieeigenschaften wie der Elastizitätstensor.
Mit (2.7) oder (2.13) wird die Clapeyronsche Formel

$$\bar{U} = \frac{1}{2}E_{ijk\ell}\epsilon_{ij}\epsilon_{k\ell} \tag{2.14}$$

oder

$$\bar{U} = \frac{1}{2}D_{ijk\ell}\sigma_{ij}\sigma_{k\ell}. \tag{2.15}$$

Daraus folgt

$$\begin{aligned}\frac{\partial\bar{U}}{\partial\sigma_{ij}} &= \frac{1}{2}\frac{\partial}{\partial\sigma_{ij}}(D_{mnk\ell}\sigma_{mn}\sigma_{k\ell}) \\ &= \frac{1}{2}D_{mnk\ell}(\delta_{im}\delta_{jn}\sigma_{k\ell} + \delta_{ik}\delta_{j\ell}\sigma_{mn}) \\ &= \frac{1}{2}(D_{ijk\ell}\sigma_{k\ell} + D_{mnij}\sigma_{mn}) = D_{ijk\ell}\sigma_{k\ell}\end{aligned}$$

oder

$$\frac{\partial\bar{U}}{\partial\sigma_{ij}} = \epsilon_{ij}. \tag{2.16}$$

Es ist zu bemerken, daß die Beziehung (2.16)[1]) das Hookesche Gesetz, also linear-elastisches Verhalten, voraussetzt. Die dazu duale Beziehung (2.3) gilt dagegen allgemein aus thermodynamischen Gründen.

---

[1]) Diese ist nicht zu verwechseln mit der fast gleichlautenden Beziehung (2.5), die aber $\bar{U}^*$ an Stelle von $\bar{U}$ enthält!

Die Formeln (2.3) und (2.16) stellen örtliche Formulierungen der Sätze von C a s t i g l i a n o (siehe Abschn. 4.4.3) dar.

2.3.3 Alternative Herleitung des verallgemeinerten Hookeschen Gesetzes aus dem elastischen Potential

Ausgangspunkt ist nicht der lineare Ansatz (2.7), sondern es wird die Existenz einer Verzerrungsenergiedichte $\bar{U}(\epsilon_{ij})$ mit den bereits besprochenen Eigenschaften

$$d\bar{U} = \sigma_{ij} d\epsilon_{ij} \quad \text{bzw.} \quad \sigma_{ij} = \frac{\partial \bar{U}}{\partial \epsilon_{ij}}$$

angenommen und dadurch das elastische Materialverhalten festgelegt (G r e e n - Elastizität).

Für $\bar{U}(\epsilon_{ij})$ wird in der Umgebung des natürlichen Zustands (der durch $\epsilon_{ij} = 0$ gegeben ist) eine bis zum quadratischen Glied reichende Potenzreihenentwicklung in ϵ_{ij} ausgeführt. Es gilt

$$\bar{U} = \bar{U}_0 + E_{ij}\epsilon_{ij} + \frac{1}{2} E_{ijk\ell}\epsilon_{ij}\epsilon_{k\ell} \tag{2.17}$$

wobei $\bar{U}_0$, E_{ij}, $E_{ijk\ell}$ konstante, d. h. nicht von den Verzerrungen oder Spannungen abhängige, Größen darstellen.

Als unwesentliche Konstante kann zunächst $\bar{U}_0 = 0$ gesetzt werden. Ferner folgt

$$\sigma_{ij} = \frac{\partial \bar{U}}{\partial \epsilon_{ij}} = E_{k\ell}\delta_{ki}\delta_{j\ell} + \frac{1}{2} E_{mnk\ell}(\delta_{mi}\delta_{nj}\epsilon_{k\ell} + \delta_{ki}\delta_{\ell j}\epsilon_{mn})$$

$$= E_{ij} + \frac{1}{2} E_{ijk\ell}\epsilon_{k\ell} + \frac{1}{2} E_{mnij}\epsilon_{mn}$$

oder $$\sigma_{ij} = E_{ij} + \frac{1}{2}(E_{ijk\ell} + E_{k\ell ij})\epsilon_{k\ell}.$$

Da im unverzerrten Zustand keine Spannungen auftreten (von sog. Eigenspannungen wird abgesehen), ist $E_{ij} = 0$ und somit folgt für die Verzerrungsenergiedichte

$$\bar{U} = \frac{1}{2} E_{ijk\ell}\epsilon_{ij}\epsilon_{k\ell} \tag{2.18}$$

während sich für die Spannungen das verallgemeinerte H o o k e sche Gesetz

$$\sigma_{ij} = E_{ijk\ell}\epsilon_{k\ell}$$

ergibt [vgl. (2.7)].

Die Symmetriebedingungen $E_{ijk\ell} = E_{k\ell ij}$ sind unmittelbar aus (2.18) zu erkennen.

Außerdem ergibt sich sofort die C l a p e y r o n sche Formel

$$\bar{U} = \frac{1}{2} \sigma_{k\ell}\epsilon_{k\ell}.$$

Da bekanntlich die Verzerrungsenergiedichte für $\epsilon_{ij} = 0$ verschwindet und bei jeder Verformung positive Arbeit geleistet werden muß, ist stets $\bar{U} \geqslant 0$ und bei (2.18) handelt es sich um eine positiv definite quadratische Form.

2.4 Verallgemeinertes Hookesches Gesetz für isotropes Material

Viele reale Materialien sind homogen und isotrop, d. h. ihre mechanischen Eigenschaften sind in allen Punkten des Körpers und in allen Richtungen gleich. Dies ist der einfachste und zugleich auch wichtigste Fall, auf den die späteren Betrachtungen beschränkt bleiben sollen.

Die wichtigsten anisotropen Materialien sind kristallin aufgebaut. Im Fall größtmöglicher Anisotropie (auch Aelotropie genannt) besitzt der Elastizitätstensor $E_{ijk\ell}$ 21 unabhängige Komponenten. Infolge der elastischen Symmetrie bei den verschiedenen Kristallsystemen ergeben sich Beziehungen zwischen den Komponenten des Elastizitätstensors. Dadurch reduziert sich die Zahl der unabhängigen Elastizitätskonstanten für die den verschiedenen Kristallsystemen zugehörigen Stoffe.

Die meisten der Metalle gehören zum hexagonalen bzw. kubischen Kristallsystem mit jeweils 5 bzw. 3 unabhängigen Elastizitätskonstanten.

Für ein elastisch isotropes Material liegt keinerlei Richtungsabhängigkeit der elastischen Eigenschaften vor und die Zahl der unabhängigen elastischen Konstanten reduziert sich auf 2. Dies ist auch dann der Fall, wenn das Material aus einer Vielzahl wahllos angeordneter anisotroper Kristalle besteht (sog. vielkristalliner Zustand). Infolge der Mittelung über viele, beliebig orientierte Kristalle ergibt sich dann ein makroskopisch quasiisotropes Verhalten.

Im übrigen zeigt die Erfahrung, daß Metalle in vielkristallinem Zustand auch durch Umformprozesse (z. B. Walzen) nur ganz schwach elastisch anisotrop werden. Das Modell des ideal isotropen Materials stellt also eine sehr brauchbare und wichtige Näherung dar.

Im Fall der Isotropie ist der Elastizitätstensor $E_{ijk\ell}$ ein isotroper Tensor, d. h. er besitzt in jedem Kartesischen Koordinatensystem das gleiche Komponentenschema.

Ein isotroper Tensor 2. Stufe ist der K r o n e c k e r - Tensor δ_{ij}, ein solcher 3. Stufe der L e v i - C i v i t a - Tensor ϵ_{ijk}. Jeder Skalar kann als ein isotroper Tensor nullter Stufe angesehen werden. Dagegen gibt es keinen isotropen Tensor 1. Stufe.

Die Tensoren 4. Stufe

$$\delta_{ij}\delta_{k\ell} \quad \text{und} \quad \delta_{ik}\delta_{j\ell} + \delta_{i\ell}\delta_{jk}$$

sind isotrop und der allgemeinste isotrope Tensor 4. Stufe ergibt sich als Linearkombination davon.

Im Fall der Isotropie kann also der Elastizitätstensor allgemein in der Form

$$E_{ijk\ell} = a\delta_{ij}\delta_{k\ell} + b\delta_{ik}\delta_{j\ell} + c\delta_{i\ell}\delta_{jk} \tag{2.19}$$

geschrieben werden (a, b, c sind Konstanten).

Für das H o o k e sche Gesetz folgt

$$\sigma_{ij} = a\delta_{ij}\epsilon_{kk} + b\epsilon_{ij} + c\epsilon_{ij} = a\delta_{ij}\epsilon_{kk} + (b + c)\epsilon_{ij} \tag{2.20}$$

wegen der Symmetrie von ϵ_{ij}.

Wie man erkennt, treten nur noch zwei unabhängige elastische Konstanten auf. Hierfür werden die sog. L a m é schen Elastizitätskonstanten λ und μ (mit der Dimension Kraft/Fläche) eingeführt.

Damit ergibt sich

$$\sigma_{ij} = \lambda\delta_{ij}\epsilon_{kk} + 2\mu\epsilon_{ij} \tag{2.21}$$

oder ausführlich geschrieben

$$\sigma_{11} = \lambda(\epsilon_{11} + \epsilon_{22} + \epsilon_{33}) + 2\mu\epsilon_{11} \quad \text{usw.}$$

$$\sigma_{12} = 2\mu\epsilon_{12} = \mu\gamma_{12} \quad \text{usw.}$$

Der Elastizitätstensor lautet

$$E_{ijk\ell} = \lambda\delta_{ij}\delta_{k\ell} + \mu(\delta_{ik}\delta_{j\ell} + \delta_{i\ell}\delta_{jk}) \tag{2.22}$$

mit der Komponentenmatrix

$$\begin{bmatrix} \lambda + 2\mu & \lambda & \lambda & 0 & 0 & 0 \\ \lambda & \lambda + 2\mu & \lambda & 0 & 0 & 0 \\ \lambda & \lambda & \lambda + 2\mu & 0 & 0 & 0 \\ 0 & 0 & 0 & \mu & 0 & 0 \\ 0 & 0 & 0 & 0 & \mu & 0 \\ 0 & 0 & 0 & 0 & 0 & \mu \end{bmatrix}$$

Die Beziehungen (2.21) können nach den Verzerrungen aufgelöst werden. Durch Verjüngung (i = j gesetzt und anschließende Summation) folgt

$$\sigma_{ii} = 3\lambda\epsilon_{kk} + 2\mu\epsilon_{ii}$$

oder $\quad s = (3\lambda + 2\mu)e \qquad (2.23)$

wobei $s = J_I$ bzw. $e = I_I$ die ersten Invarianten des Spannungs bzw. Verzerrungstensors sind.

Damit ergibt sich

$$\epsilon_{ij} = \frac{\sigma_{ij}}{2\mu} - \frac{\lambda\delta_{ij}}{2\mu(3\lambda + 2\mu)}\sigma_{kk} \tag{2.24}$$

wobei $2\mu \neq 0$ und $3\lambda + 2\mu \neq 0$ sein müssen.

Aus dem H o o k e schen Gesetz in der Form (2.21) oder (2.24) ist ersichtlich, daß die Hauptachsen der Spannungen bei Isotropie mit denen der Verzerrungen übereinstimmen (man sagt, Spannungstensor und Verzerrungstensor sind koaxial).

Dies ist unmittelbar evident, da in den Hauptrichtungen der Spannungen nur Zug oder Druck wirkt, so daß offenbar keine Winkeländerungen zwischen den Hauptrichtungen auftreten können, denn dies würde ja Anisotropie bedeuten.

2.4.1 Zusammenhang mit der Verzerrungsenergie

Im Fall der Isotropie ist die Verzerrungsenergiedichte $\bar{U}$ unabhängig von den Richtungen im Raum, also invariant gegen Drehungen des Koordinatensystems.

Damit ist $\bar{U}$ allein eine Funktion der Invarianten des Verzerrungstensors, und da es sich um eine homogene quadratische Form handelt, sind nur die beiden Invarianten I_I und I_{II} maßgebend (da I_{III} vom dritten Grad ist).

Somit ergibt sich $\bar{U}$ als Linearkombination

$$\bar{U} = AI_I^2 + BI_{II} \tag{2.25}$$

wobei A und B gewissen Einschränkungen unterworfen sind, damit die Verzerrungsenergiedichte positiv definit ist.

Zweckmäßig schreibt man (2.25) mit den Lamé schen Konstanten in der Form

$$\bar{U} = \left(\mu + \frac{\lambda}{2}\right) I_I^2 - 2\mu I_{II} = \frac{\lambda}{2} I_I^2 + \mu(I_I^2 - 2I_{II}). \tag{2.26}$$

Daraus folgt nach kurzer Umformung

$$\bar{U} = \frac{\lambda}{2}(\epsilon_{11} + \epsilon_{22} + \epsilon_{33})^2 + \mu\left[\epsilon_{11}^2 + \epsilon_{22}^2 + \epsilon_{33}^2 + \frac{1}{2}(\epsilon_{12} + \epsilon_{21})^2 + \frac{1}{2}(\epsilon_{23} + \epsilon_{32})^2 + \frac{1}{2}(\epsilon_{13} + \epsilon_{31})^2\right]. \tag{2.27}$$

Dieser Ausdruck ist positiv definit, wenn für die Konstanten

$$\lambda > 0, \qquad \mu > 0$$

gilt.

Aus (2.27) ergibt sich dann mittels (2.3)[1]) das Hooke sche Gesetz

$$\sigma_{11} = \frac{\partial\bar{U}}{\partial\epsilon_{11}} = \lambda(\epsilon_{11} + \epsilon_{22} + \epsilon_{33}) + 2\mu\epsilon_{11} \quad \text{usw.}$$

$$\sigma_{12} = \frac{\partial\bar{U}}{\partial\epsilon_{12}} = 2\mu\epsilon_{12} \quad \text{usw.}$$

[1]) Es ist darauf hinzuweisen, daß das elastische Potential $\bar{U}(\epsilon_{ij})$ symmetrisch in den ϵ_{ij} formuliert werden muß.

2.4.2 Formulierung mit alternativen elastischen Konstanten

An Stelle der L a m é schen Elastizitätskonstanten werden häufig andere Konstanten verwendet.

Bei einachsigem Zug ist nur σ_{11} von Null verschieden. Gemäß (2.6) wird dann durch das Verhältnis

$$\frac{\sigma_{11}}{\epsilon_{11}} = E$$

der Elastizitätsmodul definiert.

Aus (2.21) mit (2.23) ergibt sich zunächst

$$2\mu\epsilon_{ij} = \sigma_{ij} - \frac{\lambda}{3\lambda + 2\mu}\delta_{ij}\sigma_{kk}$$

und für einachsigen Zug

$$2\mu\epsilon_{11} = \sigma_{11} - \frac{\lambda}{3\lambda + 2\mu}\sigma_{11} = \frac{2\mu + 2\lambda}{2\mu + 3\lambda}\sigma_{11}$$

oder
$$E = \frac{\mu(2\mu + 3\lambda)}{\mu + \lambda}. \tag{2.28}$$

Ferner tritt eine Querdehnung auf, d. h. experimentell wird ermittelt

$$\epsilon_{22} = \epsilon_{33} = -\nu\epsilon_{11}$$

wobei die Konstante ν als P o i s s o n sche Zahl bezeichnet wird. Hierfür ergibt sich

$$\nu = \frac{\lambda}{2(\mu + \lambda)}. \tag{2.29}$$

Die L a m é schen Konstanten sind dann

$$\lambda = \frac{\nu E}{(1 + \nu)(1 - 2\nu)} \tag{2.30}$$

$$\mu = \frac{E}{2(1 + \nu)} = G. \tag{2.31}$$

Die Konstante G wird als Schubmodul bezeichnet, definiert durch das Verhältnis

$$\frac{\sigma_{12}}{\gamma_{12}} = G$$

bei reinem Schub.

Das H o o k e sche Gesetz in der Form (2.21) bzw. (2.24) wird mit den Elastizitätskonstanten E, G und ν

$$\sigma_{ij} = \frac{E}{1+\nu}\epsilon_{ij} + \frac{\nu E}{(1+\nu)(1-2\nu)}\delta_{ij}\epsilon_{kk}$$

$$= 2G\left(\epsilon_{ij} + \frac{\nu}{1-2\nu}\delta_{ij}\epsilon_{kk}\right) \quad (2.32)$$

bzw. $$\epsilon_{ij} = \frac{1}{E}[(1+\nu)\sigma_{ij} - \nu\delta_{ij}\sigma_{kk}]. \quad (2.33)$$

Die Verzerrungsenergiedichte schreibt sich mit den Konstanten E, G und ν

$$\bar{U} = G\left[\frac{\nu}{1-2\nu}(\epsilon_{kk})^2 + \epsilon_{ij}\epsilon_{ij}\right] \quad (2.34)$$

oder $$\bar{U} = \frac{1}{2E}[(1+\nu)\sigma_{ij}\sigma_{ij} - \nu(\sigma_{kk})^2]. \quad (2.35)$$

2.4.3 Deviatorkomponenten von Spannung und Verzerrung

Die sog. Deviatorkomponenten von Spannung und Verzerrung sind definiert durch

$$s_{ij} = \sigma_{ij} - \overline{s_{ij}} = \sigma_{ij} - \frac{1}{3}\delta_{ij}s \quad (2.36)$$

und $$e_{ij} = \epsilon_{ij} - \overline{e_{ij}} = \epsilon_{ij} - \frac{1}{3}\delta_{ij}e \quad (2.37)$$

wobei $s = \sigma_{kk} = J_I \qquad e = \epsilon_{kk} = I_I$.

Die Größen $\overline{s_{ij}}$ und $\overline{e_{ij}}$ werden als Kugeltensoren bezeichnet.
Man erkennt, daß

$$s_{kk} = 0 \qquad e_{kk} = 0.$$

Das H o o k e sche Gesetz (2.21) läßt sich mit den Deviatorkomponenten in zwei Anteile aufspalten

$$s_{ij} + \frac{1}{3}\delta_{ij}s = \lambda\delta_{ij}e + 2\mu\left(e_{ij} + \frac{1}{3}\delta_{ij}e\right)$$

d. h. für i = j

$$s = (2\mu + 3\lambda)e = 3Ke \quad (2.38)$$

und für i ≠ j

$$s_{ij} = 2\mu e_{ij}. \quad (2.39)$$

Die in (2.38) eingeführte Konstante

$$K = \frac{1}{3}(2\mu + 3\lambda) \tag{2.40}$$

wird als Kompressionsmodul bezeichnet.

Man erkennt die Bedeutung dieser Größe aus dem Sonderfall des hydrostatischen Druckspannungszustands mit

$$\sigma_{ij} = -p\delta_{ij}$$

wie er sich in idealen Fluiden (bzw. in realen Fluiden im Ruhezustand) einstellt, wobei p der hydrostatische Druck ist.

Die Volumendehnung ist

$$\epsilon_{kk} = e = \frac{dV}{V}$$

und es gilt

$$\sigma_{kk} = s = -3p$$

oder in Übereinstimmung mit (2.38)

$$\frac{p}{-\epsilon_{kk}} = K. \tag{2.41}$$

Der Kompressionsmodul (Dimension: Kraft/Fläche) kann auch dargestellt werden als

$$K = \frac{E}{3(1-2\nu)}. \tag{2.42}$$

Mitunter wird auch der als Kompressibilität bezeichnete Kehrwert von K verwendet.

Aus der Aufspaltung des H o o k e schen Gesetzes gemäß (2.38) und (2.39) ergibt sich eine Aufspaltung der Verzerrungsenergiedichte in die beiden, voneinander unabhängigen, Anteile

$$\bar{U}_G = \frac{1}{2} s_{ij} e_{ij} = \frac{1}{4G}\left(\sigma_{ij}\sigma_{ij} - \frac{s^2}{3}\right) \tag{2.43}$$

und

$$\bar{U}_V = \frac{s^2}{18K} = K\frac{e^2}{2} \tag{2.44}$$

wobei $\bar{U}_G$ als Gestaltänderungsenergiedichte und $\bar{U}_V$ als Volumenänderungsenergiedichte bezeichnet werden[1]).

[1]) Es sei angemerkt, daß die Möglichkeit der Zerlegung der Verzerrungsenergiedichte in zwei voneinander unabhängige Anteile sehr zweckmäßig, aber eigentlich ganz unerwartet ist.

Beide Größen spielen z. B. bei der Formulierung von Festigkeitshypothesen und Fließgesetzen für plastische Verformung eine Rolle.

Mit der in Abschn. 1.2.4.3 eingeführten Oktaederschubspannung bzw. der entsprechenden Oktaederschiebung schreibt sich die Gestaltänderungsenergiedichte

$$\bar{U}_G = \frac{3}{4G}\tau_{okt}^2 = \frac{9}{4}G\gamma_{okt}^2.$$

2.5 Thermoelastisches Stoffgesetz für isotropes Material

In die elastischen Spannungs-Dehnungsbeziehungen können die Wirkungen von Temperaturänderungen mit einbezogen werden. Ein Körper verändert bei Temperaturänderungen[1]) sein Volumen. Wenn diese Volumenänderung nicht behindert wird und die Temperatur überall gleich ist, dann bleibt der Körper spannungsfrei. Bei ungleichförmiger Temperaturverteilung gilt dies nicht mehr.

Für elastisch und thermisch isotropes Material sind die Längenänderungen bei einer Temperaturerhöhung um $\Delta T = T - T_0$ nach allen Richtungen gleich, es treten nur Dehnungen aber keine Schiebungen auf. Bei freier thermischer Ausdehnung gilt

$$\epsilon_{ij}^{(th)} = \alpha\Delta T\delta_{ij} \tag{2.45}$$

Die lineare Wärmedehnzahl α ist eine weitgehend von der Temperatur unabhängige Stoffkonstante.

Bei beliebiger Temperaturverteilung werden im elastischen Körper durch den Kompatibilitätszwang zusätzlich elastische Verzerrungen ϵ'_{ij} geweckt (sie offenbaren den Widerstand des Materials gegen die Wärmeausdehnung), die mit Spannungen, den sog. Wärmespannungen, verknüpft sind.

Die Gesamtverzerrungen sind dann

$$\epsilon_{ij} = \frac{1}{2}(u_{i,j} + u_{j,i}) = \epsilon_{ij}^{(th)} + \epsilon'_{ij}. \tag{2.46}$$

Nach Duhamel und Neumann gilt für ϵ'_{ij} das Hookesche Gesetz (2.24), d. h.

$$\epsilon'_{ij} = \frac{1}{2\mu}\left[\sigma_{ij} - \frac{\lambda}{2\mu + 3\lambda}\delta_{ij}(\sigma_{kk})^2\right]$$

und es ergibt sich mit (2.46)

$$\epsilon_{ij} = \frac{1}{2\mu}\sigma_{ij} - \left[\frac{\lambda}{2\mu(2\mu + 3\lambda)}(\sigma_{kk})^2 - \alpha\Delta T\right]\delta_{ij}. \tag{2.47}$$

[1]) Es sollen nur Temperaturänderungen infolge äußerer Einflüsse betrachtet werden. Die bei der Verformung selbst auftretenden Temperaturänderungen können dagegen vernachlässigt werden (schwache Wechselwirkung).

Die Auflösung nach den Spannungen liefert

$$\sigma_{ij} = 2\mu\epsilon_{ij} + [\lambda(\epsilon_{kk})^2 - (2\mu + 3\lambda)\alpha\Delta T]\delta_{ij}. \qquad (2.48)$$

Diese Beziehung wird mitunter als Duhamel-Neumannsche Formel bezeichnet. Mit den Konstanten E und ν sowie $\sigma_{kk} = s$ und $\epsilon_{kk} = e$ lauten (2.47) und (2.48)

$$\epsilon_{ij} = \frac{1+\nu}{E}(\sigma_{ij} - \nu s \delta_{ij}) + \alpha\Delta T\delta_{ij}$$

$$\sigma_{ij} = \frac{E}{1+\nu}\left(\epsilon_{ij} + \frac{\nu}{1-2\nu}e\delta_{ij}\right) - \frac{E}{1-2\nu}\alpha\Delta T\delta_{ij}.$$

Ein einfaches Beispiel für Wärmespannungen liegt vor, wenn ein würfelförmiger Körper fest eingespannt ist, so daß keine Längenänderungen möglich sind und die Temperatur um ΔT erhöht wird.

Es gilt dann

$$\sigma_{11}^{(th)} = \sigma_{22}^{(th)} = \sigma_{33}^{(th)} = -\frac{E}{1-2\nu}\alpha\Delta T.$$

Bei komplizierten thermo-elastischen Problemen muß im allgemeinen vorher auch das Wärmeleitungsproblem gelöst werden. Für weitere Einzelheiten wird auf die Spezialliteratur verwiesen, z. B. [B 17], [B 18].

3 Grundgleichungen der Elastizitätstheorie

3.1 Randwertprobleme

Für die Lösung eines elastischen Problems, d. h. die Ermittlung der 15 unbekannten Funktionen u_i, ϵ_{ij}, σ_{ij} $(i, j = 1, 2, 3)$ stehen die Grundgleichungen

$$\sigma_{ij,j} + f_i = 0 \qquad (3.1)$$

$$\epsilon_{ij} = \frac{1}{2}(u_{i,j} + u_{j,i}) \qquad (3.2)$$

$$\sigma_{ij} = 2G\left(\epsilon_{ij} + \frac{\nu}{1-2\nu}\delta_{ij}e\right) \qquad (3.3)$$

oder $$\epsilon_{ij} = \frac{1}{2G}\left(\sigma_{ij} - \frac{\nu}{1+\nu}\delta_{ij}s\right)$$

also insgesamt 15 lineare partielle Diff.-Gl. zur Verfügung. In manchen Fällen treten noch die Verträglichkeitsbedingungen

$$\epsilon_{ij,k\ell} + \epsilon_{k\ell,ij} + \epsilon_{i\ell,jk} + \epsilon_{jk,i\ell} = 0 \tag{3.4}$$

hinzu.

Das System der Grundgleichungen wird als „vollständig" in dem Sinn bezeichnet, daß, wenn eine Lösung des Systems existiert, diese auch eindeutig ist.

Der Gleichgewichtszustand eines elastischen Körpers ist bekannt, wenn in jedem seiner Punkte die Spannungs bzw. die Verzerrungskomponenten bekannt sind. Die Spannungen im Inneren müssen dabei stetig in die Spannungen an der Oberfläche („am Rand") übergehen, d. h. es muß gelten [vgl. (1.17)]

$$\sigma_{ij} n_j = \overset{n}{p}_i. \tag{3.5}$$

Statt der durch die Randbedingung (3.5) vorgegebenen Spannungsvektoren (an der Oberfläche des betrachteten Körpers) können dort auch die Verschiebungsvektoren vorgegeben werden.

Man hat es daher im allgemeinen mit zwei Arten[1]) von Randwertproblemen zu tun:

Erstes Randwertproblem: *Bestimmung der Spannungen und Verschiebungen im Innern eines elastischen Körpers im Gleichgewichtszustand, wenn die Verteilung der Oberflächenkräfte bekannt ist.*

Zweites Randwertproblem: *Bestimmung der Spannungen und Verschiebungen im Innern eines elastischen Körpers im Gleichgewichtszustand, wenn die Verschiebungen der Oberflächenpunkte bekannt sind.*

Daneben gibt es in manchen Fällen eine Kombination der beiden, sog. drittes oder gemischtes Randwertproblem, wobei für einen Teil der Oberfläche die Oberflächenkräfte, für den restlichen Teil der Oberfläche die Oberflächenverschiebungen gegeben sind. Es sind außerdem noch allgemeinere Kombinationen bei Randwertproblemen möglich.

In all diesen Fällen sind die Volumen- oder Massenkräfte ebenfalls bekannt, wobei selbstverständlich die Volumenkräfte und die Oberflächenkräfte nicht beliebig vorgegeben werden können (d. h. die integralen Gleichgewichtsbedingungen für den Körper müssen erfüllt sein).

Nach den verschiedenen Aufgabenstellungen ist es naheliegend, die grundlegenden Diff.-Gl. entweder vollständig in den Spannungen oder vollständig in den Verschiebungen zu formulieren. Auf diese Weise läßt sich außerdem die Anzahl der Gleichungen verringern, indem unbekannte Funktionen eliminiert werden. Hierzu stehen zwei Möglichkeiten offen.

Die Elimination der Verzerrungen und der Spannungen liefert drei Diff.-Gl. für die Verschiebungen allein (Naviersche Gleichungen). Dieser Weg hat den Vorteil, daß die Verträglichkeitsbedingungen nicht benötigt werden.

Andererseits liefert die Elimination der Verzerrungen und Verschiebungen (unter Benutzung der Verträglichkeitsbedingungen) sechs Diff.-Gl. für die Spannungen allein (Beltrami-Michellsche Gleichungen).

[1]) Die Bezeichnungsweise ist in der Literatur nicht einheitlich.

Für die auf diese Weise gewonnenen N a v i e r schen bzw. B e l t r a m i - M i c h e l l schen Gleichungen findet sich häufig ebenfalls die Bezeichnung elastische Grundgleichungen.

Je nach der Fragestellung wird bei der Lösung elastischer Probleme der eine oder andere Weg eingeschlagen. Es sei vorab bemerkt, daß allgemeine Lösungen, die für alle Fälle anwendbar sind, für keines der beiden Systeme von Grundgleichungen existieren.

3.2 Naviersche Gleichungen

Grundgleichungen allein in den Verschiebungen ergeben sich, wenn man in die Gleichgewichtsbedingungen (3.1) das H o o k e sche Gesetz (3.3) einsetzt und die Verzerrungen mittels (3.2) eliminiert.

Zunächst folgt

$$2G\left(\frac{1}{2}u_{i,jj} + \frac{1}{2}u_{j,ij} + \frac{\nu}{1-2\nu}\delta_{ij}e_{,j}\right) + f_i = 0$$

und mit $e_{,i} = \epsilon_{kk,i} = u_{k,ki} = u_{j,ji}$

ergibt sich

$$G\left(u_{i,jj} + u_{j,ij} + \frac{2\nu}{1-2\nu}u_{j,ji}\right) + f_i = 0.$$

Wegen der Vertauschbarkeit der Reihenfolge der zweiten Ableitungen liefert dies

$$G\left(u_{i,jj} + \frac{1}{1-2\nu}u_{j,ij}\right) + f_i = 0 \qquad (3.6)$$

Dies sind die N a v i e r schen Gleichungen[1]), drei lineare Diff.-Gl. für die Verschiebungskomponenten.

Mit den L a m é schen Elastizitätskonstanten lauten sie

$$\mu u_{i,jj} + (\lambda + \mu)u_{j,ij} + f_i = 0 \qquad (3.7)$$

und werden in dieser Form mitunter als L a m é sche Gleichungen bezeichnet.

Ausgeschrieben lauten die Gln. (3.6) in Kartesischen Koordinaten

$$G\left[\Delta u_x + \frac{1}{1-2\nu}\frac{\partial}{\partial x}\left(\frac{\partial u_x}{\partial x} + \frac{\partial u_y}{\partial y} + \frac{\partial u_z}{\partial z}\right)\right] + f_x = 0$$

usw. (zyklische Vertauschung der Indizes)

---

[1]) Aufgestellt 1821 von N a v i e r (für $\lambda = \mu$ oder $\nu = 1/4$), 1828 von C a u c h y für den allgemeinen Fall.

oder $$\left[(1-2\nu)\Delta + \frac{\partial^2}{\partial x^2}\right]u_x + \frac{\partial^2 u_y}{\partial x \partial y} + \frac{\partial^2 u_z}{\partial x \partial z} + \frac{1-2\nu}{G} f_x = 0$$

$$\frac{\partial^2 u_x}{\partial y \partial x} + \left[(1-2\nu)\,\Delta + \frac{\partial^2}{\partial y^2}\right]u_y + \frac{\partial^2 u_z}{\partial y \partial z} + \frac{1-2\nu}{G} f_y = 0$$

$$\frac{\partial^2 u_x}{\partial z \partial x} + \frac{\partial^2 u_y}{\partial z \partial y} + \left[(1-2\nu)\Delta + \frac{\partial^2}{\partial z^2}\right]u_z + \frac{1-2\nu}{G} f_z = 0.$$

Dies läßt sich in kompakter Form schreiben

$$\left[(1-2\nu)\delta_{ij}\Delta + \frac{\partial^2}{\partial x_i \partial x_j}\right]u_j + \frac{1-2\nu}{G} f_i = 0$$

mit $\Delta(\ldots) = (\ldots)_{,ii}$ als dem L a p l a c e schen Operator.

Trotz des einfachen Aussehens der N a v i e r schen Gleichungen ist ihre Behandlung ein schwieriges mathematisches Problem.

Wenn das erste Randwertproblem vorliegt, werden die Randbedingungen für die Spannungen sehr unhandlich, sie lauten gemäß (3.5)

$$\overset{n}{p}_i = G(u_{i,j} + u_{j,i})n_j + 2G\frac{\nu}{1-2\nu} e n_i. \tag{3.8}$$

Beim zweiten Randwertproblem ergeben sich die Randbedingungen

$$u_i = g_i(x_1, x_2, x_3)_R \quad \text{am Rand} \tag{3.9}$$

wobei g_i vorgeschriebene stetige Funktionen der Randkoordinaten sind.

Die N a v i e r schen Gleichungen sind dennoch der Ausgangspunkt für eine Reihe von Lösungsansätzen, da die Verträglichkeitsbedingungen nicht benötigt werden.

Eine alternative Form der N a v i e r schen Gleichungen ergibt sich, wenn man folgende Identität für die doppelte Rotation des Verschiebungsvektors verwendet

$$\begin{aligned} \epsilon_{ijk}(\epsilon_{k\ell m} u_{m,\ell})_{,j} &= \epsilon_{ijk}\epsilon_{k\ell m} u_{m,\ell j} \\ &= (\delta_{i\ell}\delta_{jm} - \delta_{im}\delta_{j\ell})u_{m,\ell j} = u_{j,ij} - u_{i,jj}. \end{aligned} \tag{3.10}$$

In symbolischer Schreibweise lautet dies

$$\text{rot rot } \vec{u} = \text{grad div } \vec{u} - \Delta\vec{u}$$

wobei anzumerken ist, daß der pseudo-vektorielle Ausdruck $\Delta\vec{u}$ nur in Kartesischen Koordinaten erklärt ist.

Es folgt damit aus (3.6)

$$G\left(\frac{2-2\nu}{1-2\nu} u_{j,ij} - \epsilon_{ijk}\epsilon_{k\ell m} u_{m,\ell j}\right) + f_i = 0. \tag{3.11}$$

Mit dem infinitesimalen Drehvektor w_i gemäß (1.68) ergibt sich

$$G\left(\frac{2-2\nu}{1-2\nu}u_{j,ij} - 2\epsilon_{ijk}w_{k,j}\right) + f_i = 0.$$

In symbolischer Schreibweise lauten die Navierschen Gleichungen (3.6)

$$G\left(\Delta\vec{u} + \frac{1}{1-2\nu}\,\text{grad div}\,\vec{u}\right) + \vec{f} = 0$$

bzw. in der Formulierung (3.11)

$$G\left(\frac{2-2\nu}{1-2\nu}\,\text{grad div}\,\vec{u} - \text{rot rot}\,\vec{u}\right) + \vec{f} = 0$$

oder $$G\left(\frac{2-2\nu}{1-2\nu}\,\text{grad}\,e - 2\,\text{rot}\,\vec{w}\right) + \vec{f} = 0.$$

Wegen des Ausdrucks $\frac{u_{i,i}}{1-2\nu}$ gelten die Navierschen Gleichungen nicht im Sonderfall der Inkompressibilität $\nu = 0{,}5$.
Durch Divergenzbildung von (3.6) folgt

$$G\left(u_{i,jji} + \frac{1}{1-2\nu}u_{j,iji}\right) + f_{i,i} = 0$$

oder $$u_{i,ijj} + \frac{1-2\nu}{2-2\nu}\frac{f_{i,i}}{G} = 0. \tag{3.12}$$

Im Fall $\nu = 0{,}5$ tritt an Stelle dieser Gleichung

$$u_{i,i} = e = 0.$$

Von besonderer Bedeutung ist das homogene Problem, d. h. wenn die Volumenkräfte Null gesetzt werden können.
Es ist dann stets möglich, für die Wirkung der Volumenkräfte (oder Massenkräfte, z. B. Schwerkraft oder Zentrifugalkraft) Partikulärlösungen zu finden. Diese müssen nicht den Randbedingungen genügen und können wegen der Linearität der Grundgleichungen einfach den Lösungen des homogenen Problems überlagert werden.
Die Navierschen Gleichungen beim homogenen Problem lauten

$$u_{i,jj} + \frac{1}{1-2\nu}u_{j,ji} = 0. \tag{3.13}$$

Hieraus ergeben sich einige wichtige Folgerungen. Durch Divergenzbildung [vgl. (3.12)] ergibt sich

$$u_{i,ijj} = e_{,jj} = \Delta e = 0 \tag{3.14}$$

d. h. die erste Invariante des Verzerrungstensors genügt der Laplaceschen Potentialgleichung, ist mithin eine Potential- oder harmonische Funktion.

Wegen des Zusammenhangs

$$s = 2G \frac{1+\nu}{1-2\nu} e$$

gilt dann auch

$$\Delta s = 0 \tag{3.15}$$

d. h. die erste Invariante des Spannungstensors ist ebenfalls eine Potentialfunktion.
Durch Anwendung des L a p l a c e - Operators auf (3.13) folgt

$$u_{i,jjkk} = \Delta\Delta u_i = 0 \tag{3.16}$$

d. h. die Verschiebungskomponenten genügen der Bipotentialgleichung oder biharmonischen Gleichung und sind mithin Bipotentialfunktionen oder biharmonische Funktionen[1]).

Da die Spannungs- und Verzerrungskomponenten Linearkombinationen der ersten Ableitungen von u_i sind, gelten ebenfalls

$$\Delta\Delta\sigma_{ij} = 0, \Delta\Delta\epsilon_{ij} = 0. \tag{3.17}$$

Falls das zweite Randwertproblem vorliegt, genügen die Gln. (3.16) mit der Randbedingung (3.9) zur Ermittlung der Verschiebungen.

Man erkennt, daß die Bipotentialgleichung eine für die Elastizitätstheorie charakteristische Diff.-Gl. ist.

3.3 Beltrami-Michellsche Gleichungen

Anstatt wie bisher besprochen, von den Verschiebungen als unbekannten Funktionen auszugehen, kann man versuchen, zuerst die Gleichgewichtsbedingungen für die Spannungen zu lösen. Die Verzerrungen ergeben sich dann daraus nach dem H o o k e schen Gesetz. Allerdings wird dann die exakte (und eindeutige) Lösung erst durch die Verträglichkeitsbedingungen aussortiert.

Grundgleichungen in den Spannungen allein erhält man, wenn in die Verträglichkeitsbedingungen (3.4) das H o o k e sche Gesetz (3.3) unter Berücksichtigung der Gleichgewichtsbedingungen (3.1) eingesetzt wird.

Auf diese Weise folgen zunächst die Verträglichkeitsbedingungen in den Spannungen

$$\begin{aligned} &\sigma_{ij,k\ell} + \sigma_{k\ell,ij} - \sigma_{i\ell,jk} - \sigma_{jk,i\ell} \\ &= \frac{\nu}{1+\nu}(\delta_{ij}s_{,k\ell} + \delta_{k\ell}s_{,ij} - \delta_{i\ell}s_{,jk} - \delta_{jk}s_{,i\ell}). \end{aligned} \tag{3.18}$$

Wie bei (3.4) handelt es sich hier um seohs linear unabhängige Gleichungen.

---

[1]) Beiläufig sei bemerkt, daß die Verschiebungen in allen, auch krummlinigen Koordinaten, biharmonische Funktionen sind.

Bildet man Linearkombinationen von (3.18) durch Verjüngung (d. h. Gleichsetzung $k = \ell$ und Summation!), ergibt sich

$$\sigma_{ij,kk} + \sigma_{kk,ij} - \sigma_{ik,jk} - \sigma_{jk,ik}$$
$$= \frac{\nu}{1+\nu}(\delta_{ij}s_{,kk} + \delta_{kk}s_{,ij} - \delta_{ik}s_{,jk} - \delta_{jk}s_{,ik}).$$

Wegen der Symmetrie in i, j handelt es sich hier ebenfalls um sechs unabhängige Gleichungen.

Mit $\sigma_{ik,jk} = -f_{i,j}$ usw. folgt daraus

$$\sigma_{ij,kk} + s_{,ij} + f_{i,j} + f_{i,i} = \frac{\nu}{1+\nu}(\delta_{ij}s_{,kk} + s_{,ij})$$

oder $$\sigma_{ij,kk} + \frac{\nu}{1+\nu}s_{,ij} - \frac{\nu}{1+\nu}\delta_{ij}s_{,kk} = -(f_{i,j} + f_{j,i}). \tag{3.19}$$

Durch Verjüngung i = j ergibt sich schließlich eine Beziehung zwischen der Spannungssumme und der Divergenz der Volumenkraft

$$s_{,ii} = -f_{i,i} \tag{3.20}$$

und damit wird (3.19)

$$\sigma_{ij,kk} + \frac{1}{1+\nu}s_{,ij} = -\frac{\nu}{1-\nu}\delta_{ij}f_{k,k} - (f_{i,j} + f_{j,i}) \tag{3.21}$$

Dies sind die sechs Diff.-Gl. von Michell für die Spannungskomponenten, mitunter auch Beltrami-Michellsche Gleichungen genannt[1]).

Ausführlich geschrieben lauten diese Gleichungen in Kartesischen Koordinaten

$$\Delta\sigma_{xx} + \frac{1}{1+\nu}\frac{\partial^2 s}{\partial x^2} = -\frac{\nu}{1-\nu}\left(\frac{\partial f_x}{\partial x} + \frac{\partial f_y}{\partial y} + \frac{\partial f_z}{\partial z}\right) - 2\frac{\partial f_x}{\partial x} \quad \text{usw.}$$

$$\Delta\tau_{xy} + \frac{1}{1+\nu}\frac{\partial^2 s}{\partial x \partial y} = -\left(\frac{\partial f_x}{\partial y} + \frac{\partial f_y}{\partial x}\right) \quad \text{usw.}$$

(zyklische Vertauschung der Indizes).

Für verschwindende (oder konstante) Volumenkräfte gelten die Beltramischen Gleichungen

$$\sigma_{ij,kk} + \frac{1}{1+\nu}s_{,ij} = 0, \tag{3.22}$$

die übrigens auch direkt aus den Navierschen Gleichungen (3.13) hergeleitet werden können.

---

[1]) Aufgestellt 1900 von Michell, für den homogenen Fall ohne Volumenkräfte 1892 von Beltrami.

3.4 Formulierung der Grundgleichungen in krummlinigen Koordinaten

Es ist häufig sehr zweckmäßig, mit den Grundgleichungen der Elastizitätstheorie in krummlinigen (orthogonalen) Koordinatensystemen zu operieren. Dies erfordert dann allerdings den Einsatz des allgemeinen Tensorkalküls, auf den in diesem Buch bewußt verzichtet wird.

Ohne Herleitung sollen aber im folgenden die grundlegenden Beziehungen für die am häufigsten vorkommenden krummlinigen Koordinaten, Zylinderkoordinaten und Kugelkoordinaten, angegeben werden[1]).

3.4.1 Zylinderkoordinaten

Für Zylinderkoordinaten r, φ, z gilt der Zusammenhang mit Kartesischen Koordinaten (Fig. 3.1)

$$x_1 = x = r\cos\varphi, \qquad x_2 = y = r\sin\varphi, \qquad x_3 = z = z.$$

Das Linienelement ist gegeben durch die quadratische Form

$$(ds)^2 = (dr)^2 + r^2(d\varphi)^2 + (dz)^2.$$

Die Komponenten des Verschiebungsvektors sind

$$u_1 = u_r \qquad u_2 = u_\varphi \qquad u_3 = u_z$$

die Verzerrungskomponenten sind

$$\epsilon_{11} = \epsilon_{rr} \qquad \epsilon_{22} = \epsilon_{\varphi\varphi} \qquad \epsilon_{33} = \epsilon_{zz}$$

$$\epsilon_{12} = \epsilon_{r\varphi} \qquad \epsilon_{23} = \epsilon_{\varphi z} \qquad \epsilon_{31} = \epsilon_{zr}.$$

Dann gelten folgende kinematischen Gleichungen

$$\epsilon_{rr} = \frac{\partial u_r}{\partial r} \qquad \epsilon_{\varphi\varphi} = \frac{1}{r}\frac{\partial u_\varphi}{\partial\varphi} + \frac{u_r}{r} \qquad \epsilon_{zz} = \frac{\partial u_z}{\partial z}$$

$$\epsilon_{r\varphi} = \frac{1}{2}\left(\frac{1}{r}\frac{\partial u_r}{\partial\varphi} + \frac{\partial u_\varphi}{\partial r} - \frac{u_\varphi}{r}\right)$$

$$\epsilon_{zr} = \frac{1}{2}\left(\frac{\partial u_z}{\partial r} + \frac{\partial u_r}{\partial z}\right) \qquad \epsilon_{\varphi z} = \frac{1}{2}\left(\frac{\partial u_\varphi}{\partial z} + \frac{1}{r}\frac{\partial u_z}{\partial\varphi}\right).$$

Die auftretenden Spannungskomponenten sind

$$\sigma_{rr}, \sigma_{\varphi\varphi}, \sigma_{zz} \quad \text{und} \quad \tau_{r\varphi}, \tau_{\varphi z}, \tau_{zr}.$$

---

[1]) Allgemeine Umrechnungsformeln finden sich z. B. in [A 18].

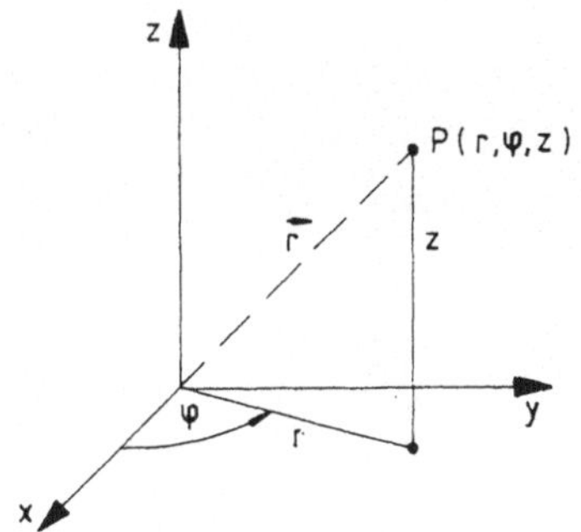

Fig. 3.1 Zylinderkoordinaten r, φ, z

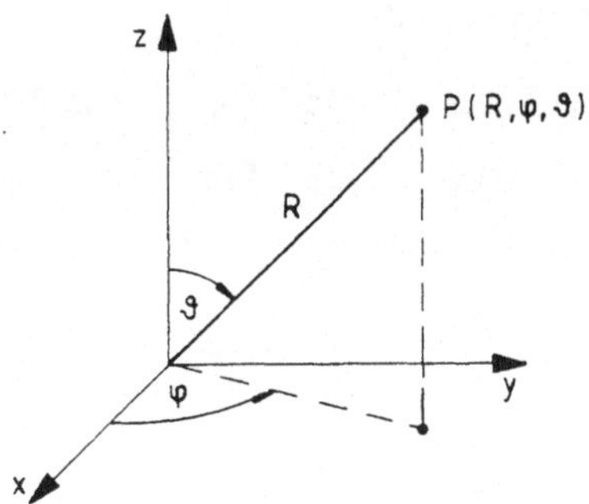

Fig. 3.2 Kugelkoordinaten R, ϑ, φ

Das H o o k e sche Gesetz lautet (mit den L a m é schen Konstanten)

$$\sigma_{rr} = 2\mu\epsilon_{rr} + \lambda e \quad \text{usw.}$$

$$\tau_{r\varphi} = 2\mu\epsilon_{r\varphi} \quad \text{usw.}$$

mit der Dehnungssumme

$$e = \epsilon_{rr} + \epsilon_{\varphi\varphi} + \epsilon_{zz}.$$

Die Gleichgewichtsbedingungen für die Spannungen sind

$$\frac{1}{r}\frac{\partial}{\partial r}(r\sigma_{rr}) + \frac{1}{r}\frac{\partial\tau_{r\varphi}}{\partial\varphi} + \frac{\partial\tau_{rz}}{\partial z} + \frac{\sigma_{\varphi\varphi}}{r} + f_r = 0$$

$$\frac{1}{r^2}\frac{\partial}{\partial r}(r^2\tau_{r\varphi}) + \frac{1}{r}\frac{\partial\sigma_{\varphi\varphi}}{\partial\varphi} + \frac{\partial\tau_{\varphi z}}{\partial z} + f_\varphi = 0$$

$$\frac{1}{r}\frac{\partial}{\partial r}(r\tau_{rz}) + \frac{1}{r}\frac{\partial\tau_{\varphi z}}{\partial\varphi} + \frac{\partial\sigma_{zz}}{\partial z} + f_z = 0$$

wobei f_r, f_φ, f_z die Komponenten des Volumenkraftvektors sind.

3.4.2 Kugelkoordinaten

Es gelten die Umrechnungsformeln (Fig. 3.2)

$$x_1 = x = R\sin\vartheta\cos\varphi \qquad x_2 = y = R\sin\vartheta\sin\varphi \qquad x_3 = z = R\cos\vartheta$$

mit dem Linienelementquadrat

$$(ds)^2 = (dR)^2 + R^2\sin^2\vartheta(d\varphi)^2 + R^2(d\vartheta)^2.$$

Die Verschiebungen sind

$$u_1 = u_R, \qquad u_2 = u_\varphi, \qquad u_3 = u_\vartheta$$

die Verzerrungen sind

$$\epsilon_{11} = \epsilon_{RR} \qquad \epsilon_{22} = \epsilon_{\varphi\varphi} \qquad \epsilon_{33} = \epsilon_{\vartheta\vartheta}$$

$$\epsilon_{12} = \epsilon_{R\varphi} \qquad \epsilon_{23} = \epsilon_{\varphi\vartheta} \qquad \epsilon_{13} = \epsilon_{\vartheta R}$$

und es gelten die kinematischen Beziehungen

$$\epsilon_{RR} = \frac{\partial u_R}{\partial r} \qquad \epsilon_{\varphi\varphi} = \frac{1}{R \sin\vartheta}\frac{\partial u_\varphi}{\partial\varphi} + \frac{u_R}{R} + \cot\vartheta\,\frac{u_\varphi}{R}$$

$$\epsilon_{\vartheta\vartheta} = \frac{1}{R}\frac{\partial u_\varphi}{\partial\vartheta} + \frac{u_R}{R}$$

$$\epsilon_{R\varphi} = \frac{1}{2}\left(\frac{1}{R\sin\vartheta}\frac{\partial u_R}{\partial\varphi} - \frac{u_\varphi}{R} + \frac{\partial u_\varphi}{\partial R}\right)$$

$$\epsilon_{R\vartheta} = \frac{1}{2}\left(\frac{1}{R}\frac{\partial u_R}{\partial\vartheta} - \frac{u_\varphi}{R} + \frac{\partial u_\varphi}{\partial R}\right)$$

$$\epsilon_{\varphi\vartheta} = \frac{1}{2}\left(\frac{1}{R}\frac{\partial u_\varphi}{\partial\vartheta} - \frac{u_\varphi}{R}\cot\vartheta + \frac{1}{R\sin\vartheta}\frac{\partial u_\vartheta}{\partial\varphi}\right).$$

Das H o o k e sche Gesetz lautet (formal übereinstimmend mit dem bei Zylinderkoordinaten)

$$\sigma_{RR} = 2\mu\epsilon_{RR} + \lambda e, \qquad \sigma_{\varphi\varphi} = 2\mu\epsilon_{\varphi\varphi} + \lambda e$$

$$\sigma_{\vartheta\vartheta} = 2\mu\epsilon_{\vartheta\vartheta} + \lambda e$$

$$\tau_{R\varphi} = 2\mu\epsilon_{R\varphi}, \qquad \tau_{\varphi\vartheta} = 2\mu\epsilon_{\varphi\vartheta}, \qquad \tau_{\vartheta R} = 2\mu\epsilon_{\vartheta R}$$

mit $\quad e = \epsilon_{RR} + \epsilon_{\varphi\varphi} + \epsilon_{\vartheta\vartheta}.$

Die Gleichgewichtsbedingungen sind

$$\frac{1}{R}\frac{\partial}{\partial R}(R^2\sigma_{RR}) + \frac{1}{R\sin\varphi}\frac{\partial}{\partial\varphi}(\sigma_{R\varphi}\sin\varphi) + \frac{1}{R\sin\varphi}\frac{\partial\sigma_{R\vartheta}}{\partial\vartheta} - \frac{\sigma_{\varphi\varphi} + \sigma_{\vartheta\vartheta}}{R} + f_R = 0$$

$$\frac{1}{R^3}\frac{\partial}{\partial R}(R^3\tau_{R\varphi}) + \frac{1}{R\sin^2\varphi}\frac{\partial}{\partial\varphi}(\sigma_{\varphi\vartheta}\sin^2\vartheta) + \frac{1}{R\sin\varphi}\frac{\partial\sigma_{\varphi\varphi}}{\partial\varphi} + f_\varphi = 0$$

$$\frac{1}{R^3}\frac{\partial}{\partial R}(R^3\tau_{R\vartheta}) + \frac{1}{R\sin\vartheta}\frac{\partial}{\partial\vartheta}(\sigma_{\varphi\varphi}\sin\vartheta) + \frac{1}{R\sin\vartheta}\frac{\partial\sigma_{\varphi\vartheta}}{\partial\varphi} - \frac{\cot\vartheta}{R}\sigma_{\varphi\varphi} + f_\vartheta = 0.$$

Die vorstehenden Beziehungen vereinfachen sich wesentlich im Fall der Rotationssymmetrie (dann verschwinden die Ableitungen $\frac{\partial}{\partial\varphi}$ sowie alle gemischten Größen mit einem Index φ).

3.5 Eindeutigkeit und Existenz der Lösungen elastischer Randwertprobleme

Bei der Behandlung elastischer Randwertprobleme erhebt sich die Frage nach der Eindeutigkeit der möglichen Lösungen, d. h. ob für einen elastischen Körper, der sich unter gegebenen Belastungen und bei bestimmten Randbedingungen im Gleichgewicht befindet, mehrere unterschiedliche Lösungen der Grundgleichungen möglich sind.

Zunächst ist es aus physikalischen Gründen offensichtlich, daß jeder belastete elastische Körper bei geeigneten Auflagerungen mindestens eine mögliche Gleichgewichtslage einnimmt. Da die mathematischen Formulierungen des Elastizitätsproblems außerdem auf einigen wenigen grundlegenden physikalischen Prinzipien fußen, kann man erwarten, daß die daraus hergeleiteten Beziehungen nicht zu absurden Ergebnissen führen können.

Der Eindeutigkeitsbeweis für die Lösungen elastostatischer Randwertprobleme kann auf verschiedene Weise erbracht werden. Da ein Spannungs- oder Verzerrungszustand entweder eindeutig oder nicht-eindeutig sein kann, erfolgt die Beweisführung, indem gezeigt wird, daß die Annahme der Nichteindeutigkeit zu Widersprüchen führt.

3.5.1 Satz von Clapeyron

Die Existenz und die positive Definitheit der elastischen Verzerrungsenergie (die bereits in Abschn. 2.3.3 eingeführt wurde) spielen beim Eindeutigkeitsbeweis eine tragende Rolle.

Ausgangspunkt ist folgender Satz, der in der Literatur häufig als Satz von Clapeyron bezeichnet wird:

Wenn sich ein linear-elastischer Körper unter gegebenen Volumen- und Oberflächenkräften im Gleichgewicht befindet, dann ist die Verzerrungsenergie gleich der halben Arbeit, die von den äußeren Kräften bei den Verschiebungen vom Ausgangs- in den Endzustand (Gleichgewichtszustand) geleistet wird.

Zur Formulierung betrachtet man einen Spannungszustand σ_{ij} und den dazugehörigen Verschiebungszustand u_i, welche die Grundgleichungen (3.1), (3.2), (3.3) erfüllen.

Dann liefert die skalare Multiplikation der Gleichgewichtsbedingungen mit den Verschiebungen und anschließende Integration über das Volumen V des elastischen Körpers (mit der Oberfläche A)

$$\int_V u_i\sigma_{ij,j}dV + \int_V u_i f_i dV = 0.$$

Der Integrand des ersten Integrals wird umgeformt gemäß

$$(u_i\sigma_{ij})_{,j} = u_{i,j}\sigma_{ij} + u_i\sigma_{ij,j}$$

und es folgt

$$\int_V (u_i\sigma_{ij})_{,j}dV + \int_V u_i f_i dV = \int_V u_{i,j}\sigma_{ij}dV.$$

Das erste Integral der linken Seite wird mit dem Satz von Gauß in ein Oberflächenintegral umgewandelt, für den Integrand auf der rechten Seite folgt mit $u_{i,j} = \epsilon_{ij} + \omega_{ij}$

[vgl. (1.63)] und wegen der Symmetrie des Spannungstensors

$$u_{i,j}\sigma_{ij} = \epsilon_{ij}\sigma_{ij}.$$

Dann ergibt sich

$$\int_A u_i\sigma_{ij}n_j dA + \int_V u_i f_i dV = \int_V \epsilon_{ij}\sigma_{ij} dV$$

und mittels der Randbedingung (3.5)

$$\int_A u_i \overset{n}{p}_i dA + \int_V u_i f_i dV = \int_V \epsilon_{ij}\sigma_{ij} dV.$$

Der Integrand der rechten Seite wird mit dem H o o k e schen Gesetz (3.3)

$$\epsilon_{ij}\sigma_{ij} = 2G\left(\epsilon_{ij}\epsilon_{ij} + \frac{\nu}{1-2\nu}e^2\right) = 2\bar{U}$$

d. h. gleich der doppelten Verzerrungsenergiedichte [vgl. (2.34)].

Somit lautet der Satz von C l a p e y r o n

$$\int_A u_i \overset{n}{p}_i dA + \int_V u_i f_i dV = 2\int \bar{U} dV. \tag{3.23}$$

Auf der linken Seite steht die Arbeit der Oberflächen- und Volumenkräfte, die rechte Seite ist proportional der elastischen Verzerrungsenergie.

Vorausgesetzt ist bei dieser Betrachtung, daß es sich bei den Verschiebungen um eindeutige Ortsfunktionen handelt.

3.5.2 Eindeutigkeitsbeweis

Der Nachweis, daß die Grundgleichungen der linearen Elastizitätstheorie, wenn sie überhaupt Lösungen besitzen, nur eine einzige Lösung haben, wurde erstmals von K i r c h h o f f [8] erbracht und fußt auf der positiven Definitheit der Verzerrungsenergie.

Nimmt man an, daß zwei Systeme von Lösungen $\sigma_{ij}^{(1)}$, $u_i^{(1)}$ und $\sigma_{ij}^{(2)}$, $u_i^{(2)}$ vorliegen, die bei gleichen Volumenkräften denselben Randbedingungen genügen und die Grundgleichungen (3.1) bis (3.3) erfüllen.

Dann ist

$$\sigma_{ij,i}^{(1)} = \sigma_{ij,i}^{(2)} = -f_i \qquad \sigma_{ij}^{(1)}n_j = \sigma_{ij}^{(2)}n_j = \overset{n}{p}_i. \tag{3.24}$$

Wegen der Linearität der Gleichungen ist auch die Differenz

$$\sigma'_{ij} = \sigma_{ij}^{(2)} - \sigma_{ij}^{(1)} \quad \text{bzw.} \quad u'_i = u_i^{(2)} - u_i^{(1)}$$

eine Lösung der Grundgleichungen und zwar wegen der ersten Gl. (3.24) für den Fall $f_i = 0$.

Der Satz von C l a p e y r o n wird hierfür

$$\int_A \overset{n}{p}{}'_i u'_i dA = 2\int \bar{U}' dV. \tag{3.25}$$

Beim ersten Randwertproblem verschwinden für die Differenzlösung wegen der zweiten Gl. (3.24) die Randspannungen, beim zweiten Randwertproblem die Randverschiebungen. Somit folgt aus (3.25)

$$\int_V \bar{U}' dV = 0.$$

Wegen der positiven Definitheit der elastischen Energiedichte kann dies nur erfüllt sein für

$$\epsilon'_{ij} = \epsilon_{ij}^{(2)} - \epsilon_{ij}^{(1)} = 0.$$

Daraus folgen

$$\epsilon_{ij}^{(1)} = \epsilon_{ij}^{(2)} \quad \text{und} \quad \sigma_{ij}^{(2)} = \sigma_{ij}^{(1)}$$

womit die Eindeutigkeit der Lösung gegeben ist.

Für das gemischte Randwertproblem gilt dieselbe Argumentation. Vorausgesetzt ist jeweils nur, daß die Verschiebungen eindeutige Ortsfunktionen sind.

Zu bemerken ist, daß beim ersten Randwertproblem aus $\epsilon_{ij}^{(1)} = \epsilon_{ij}^{(2)}$ nicht auch die Gleichheit der Verschiebungen folgt, jedoch können sich diese nur um eine Starrkörperverschiebung unterscheiden.

Beim zweiten und beim gemischten Randwertproblem hingegen sind die Randverschiebungen eindeutig festgelegt.

Für nichtlineare Theorien und große Verformungen gilt der obige Eindeutigkeitsbeweis übrigens nicht mehr, da dann die positive Definitheit der Verzerrungsenergie nicht notwendigerweise vorliegen muß.

Die Frage nach der Existenz der Lösung elastischer Randwertprobleme stellt eine der schwierigsten mathematischen Aufgaben der Elastizitätstheorie dar und soll hier nicht weiter erörtert werden.

Unter hinreichend allgemeinen Bedingungen ist der Existenzbeweis für Lösungen des ersten und zweiten Randwertproblems inzwischen erbracht worden. Für weitere Einzelheiten muß auf die Spezialliteratur verwiesen werden (z. B. [A 42]).

Allgemeine theoretische Betrachtungen über die Eindeutigkeit der Lösungen elastischer Randwertprobleme, z. B. in Zusammenhang mit den Werten der elastischen Konstanten als auch in Abhängigkeit von der geometrischen Gestalt der betrachteten Bereiche sollen hier unterbleiben. Man findet Aussagen hierzu z. B. in [A 32].

4 Energiebetrachtungen (Energiesätze der Elastizitätstheorie)

In den vorhergehenden Abschnitten wurden bereits die Begriffe Arbeit und Energie verschiedentlich verwendet, die in der gesamten Mechanik eine wichtige Rolle spielen. Arbeit und Energie sind definitionsgemäß miteinander verknüpft. Kräfte können in einem mechanischen System Arbeit leisten, das System kann Energie besitzen[1]).

Auf der Betrachtung der Energie fußen zahlreiche Methoden in der Kontinuumsmechanik. Die Zweckmäßigkeit ergibt sich daraus, daß die Energie eine wohldefinierte, invariante Größe darstellt und somit unabhängig vom Koordinatensystem ist. Die verschiedenen Energiesätze stehen alle miteinander in Zusammenhang, da sie eine gemeinsame Wurzel in den Grundgesetzen der Kontinuumsmechanik haben.

4.1 Thermodynamische Zusammenhänge

In der Thermodynamik[2]) werden die mechanischen Änderungen, die ein materielles System infolge thermischer Änderungen (und umgekehrt) erfährt, untersucht und es werden die Gesetzmäßigkeiten dieser Wechselwirkungen aufgestellt.

Die Thermodynamik liefert eine phänomenologische Theorie der Materie, d. h. nur wenige Parameter werden zur Beschreibung eines makroskopischen Systems verwendet.

Der Zustand eines Systems wird durch die Zustandsgrößen beschrieben. In der Kontinuumsmechanik wird der mechanische Zustand z. B. eines ruhenden Fluids bekanntlich durch die beiden skalaren Zustandsgrößen Dichte und Druck angegeben, zur thermischen Beschreibung tritt die Temperatur hinzu. Bei einem Festkörper tritt an die Stelle der Dichte bzw. des Volumens der Verzerrungstensor, an die Stelle des Drucks der Spannungstensor.

Gleichgewichtszustände werden durch eine Beziehung zwischen den Zustandsgrößen, d. h. durch eine Zustandsgleichung beschrieben. Deren Gestalt muß für jedes System durch Versuche ermittelt werden.

Bei allen Zustandsänderungen im weitesten Sinn gilt der Energieerhaltungssatz. Er besagt, daß Energie nur von einer Form in eine andere übergeführt werden kann (unter Einschluß der Äquivalenz von Masse und Energie).

Zu jedem thermodynamischen Gleichgewichtszustand eines homogenen Systems (z. B. ein einheitlicher Körper konstanter Dichte bei konstantem Druck und konstanter Temperatur)

---

[1]) Geschichtlich gesehen wurde der Arbeitsbegriff für die Betrachtung mechanischer Probleme schon lange vor Newton verwendet, in verschleierter Form findet er sich bereits im Altertum (Aristoteles).

[2]) In der „klassischen“ Thermodynamik beschäftigt man sich mit Gleichgewichtszuständen bzw. den als quasi-statisch angenommenen Übergängen zwischen solchen. Hierfür ist konsequenterweise die Bezeichnung „Thermostatik“ angemessen. Die eigentliche Thermodynamik, die sich mit Nichtgleichgewichtszuständen befaßt, wird heute vielfach als „irreversible Thermodynamik“ bezeichnet.

gehört ein bestimmter Wert der sog. inneren Energie E des Systems. Diese entspricht der im System enthaltenen potentiellen mechanischen Energie und der Wärmeenergie.

Angewendet auf Verformungsvorgänge fester Körper gilt nach dem ersten Hauptsatz der Thermodynamik, daß die bei der Verformung aufgewendete Arbeit sich als innere Energie wiederfindet. Kehrt der verformte Körper langsam in seinen Ausgangszustand zurück, so kann mindestens ein Teil der Energie als gespeicherte Verzerrungsenergie wieder zurückgewonnen werden.

Die Verzerrungsenergie berechnet sich gemäß (2.1) aus der Arbeit der inneren Kräfte beim Verformungsvorgang. Die Verzerrungsenergiedichte ist allgemein

$$\bar{W}^{(i)} = \int_{\epsilon_{ij}=0}^{\epsilon_{ij}} \sigma_{ij} d\epsilon_{ij}. \tag{4.1}$$

Dies gilt unabhängig vom Stoffgesetz, jedoch läßt sich (4.1) nur dann integrieren, wenn für jeden Zwischenzustand die Spannungen als Funktion der Verzerrungen bekannt sind.

Erfolgt der Verformungsvorgang reversibel, dann liegt elastisches Materialverhalten vor. Die Arbeit der inneren Kräfte ist wegunabhängig und man kann $\bar{W}^{(i)} = \bar{U}$ als echtes elastisches Potential deuten. Wie in Abschn. 2.3.3 gezeigt wurde, können aus $\bar{U}$ die Spannungs-Verzerrungsbeziehungen gewonnen werden (G r e e n - Elastizität), es gilt

$$\frac{\partial \bar{U}}{\partial \epsilon_{ij}} = \sigma_{ij}. \tag{4.2}$$

Das Materialverhalten kann dabei linear oder nicht-linear sein.

Im folgenden soll kurz gezeigt werden, wie für die (wohldefinierten) adiabatischen bzw. isothermen Vorgänge die Verzerrungsenergiedichte $\bar{U}$ mit bekannten thermodynamischen Zustandsfunktionen („Potentialen") identifiziert werden kann.

Mit dem zweiten Hauptsatz der Thermodynamik wird als eine wichtige Zustandsgröße die Entropie S gemäß

$$\frac{dQ}{T} = dS \tag{4.3}$$

eingeführt, wobei dQ die bei der jeweiligen Temperatur T (sog. absolute Temperatur) reversibel dem betrachteten System zu- oder abgeführte Wärme bedeutet.

Es gilt die allgemeine Beziehung („Fundamentalgleichung")

$$dE = TdS + dW \tag{4.4}$$

wobei unter dW die dem System zugeführte mechanische Arbeit verstanden ist (dies ist im allgemeinen keine Zustandsgröße, d. h. dW stellt im Gegensatz zu dE und dS k e i n vollständiges Differential dar).

Bezogen auf die Volumeneinheit[1]) (angedeutet durch Überstreichung) ergibt sich für

[1]) Abweichend hiervon ist es in der Thermodynamik meist üblich, die Zustandsgrößen auf die Masseneinheit zu beziehen.

verformbare Körper aus (4.4) zunächst

$$d\bar{E} = Td\bar{S} + \sigma_{ij} d\epsilon_{ij} \tag{4.5}$$

bzw. für elastisches Materialverhalten

$$d\bar{E} = Td\bar{S} + d\bar{U}. \tag{4.6}$$

Zur Beschreibung des Zustands eines elastischen Körpers genügt es, von den vier Zustandsvariablen ϵ_{ij}, σ_{ij}, T, S zwei als unabhängige Variable zu wählen.

Man kann die innere Energie als eindeutige Funktion der Verzerrungen und der Entropie darstellen, d. h.

$$\bar{E} = \bar{E}(\epsilon_{ij}, \bar{S})$$

mit der Eigenschaft

$$\frac{\partial \bar{E}}{\partial \epsilon_{ij}} = \frac{\partial \bar{E}}{\partial \epsilon_{ji}}.$$

Ferner gilt

$$d\bar{E} = \left(\frac{\partial \bar{E}}{\partial \epsilon_{ij}}\right)_{\bar{S}} d\epsilon_{ij} + \left(\frac{\partial \bar{E}}{\partial \bar{S}}\right)_{\epsilon_{ij}} d\bar{S} \tag{4.7}$$

wobei dieser Ausdruck ein vollständiges Differential darstellt. Wie in der Thermodynamik üblich, sind die bei den Differentiationen konstantgehaltenen Größen als Indizes beigefügt.

Betrachtet man a d i a b a t i s c h e Vorgänge, wie sie z. B. bei sehr schneller Verformung vorkommen, dann ist dQ = 0 und damit auch dS = 0. Der Vergleich von (4.7) mit (4.2) zeigt

$$\left(\frac{\partial \bar{E}}{\partial \epsilon_{ij}}\right)_{\bar{S}} = \sigma_{ij} = \frac{\partial \bar{U}}{\partial \epsilon_{ij}}.$$

und man erkennt, daß die Verzerrungsenergiedichte bei adiabatischer elastischer Verformung der inneren Energie pro Volumeneinheit entspricht. Reversible adiabatische Vorgänge werden übrigens auch als isentrop bezeichnet.

Mit Einführung der sog. freien Energie

$$\bar{F} = \bar{E} - T\bar{S} \tag{4.8}$$

folgt aus (4.6)

$$d\bar{F} = d\bar{E} - Td\bar{S} - \bar{S}dT = d\bar{U} - \bar{S}dT. \tag{4.9}$$

Die freie Energie ist eine eindeutige Funktion der Verzerrungen und der Temperatur

$$\bar{F} = \bar{F}(\epsilon_{ij}, T) \quad \text{mit} \quad \frac{\partial \bar{F}}{\partial \epsilon_{ij}} = \frac{\partial \bar{F}}{\partial \epsilon_{ji}}$$

und es ist

$$d\bar{F} = \left(\frac{\partial \bar{F}}{\partial \epsilon_{ij}}\right)_T d\epsilon_{ij} + \left(\frac{\partial \bar{F}}{\partial T}\right)_{\epsilon_{ij}} dT$$

ein vollständiges Differential.

Für isotherme Vorgänge, wie sie bei sehr langsamer, quasi-statischer Verformung auftreten, ist dT = 0 und somit

$$\left(\frac{\partial \bar{F}}{\partial \epsilon_{ij}}\right)_T = \sigma_{ij} = \frac{\partial \bar{U}}{\partial \epsilon_{ij}}$$

d. h. die Verzerrungsenergiedichte entspricht in diesem Fall der freien Energie pro Volumeneinheit.

In Abschn. 2.3.3 wurde bereits die wichtige Eigenschaft der elastischen Verzerrungsenergie, nämlich ihre positive Definitheit, verwendet. Im unverzerrten Zustand ist $\bar{U} = 0$; da bei Verformung ein Arbeitsaufwand geleistet wird, gilt $\bar{U} > 0$ und die Verzerrungsenergiedichte erweist sich stets als positive Funktion der Verzerrungs- und Spannungskomponenten.

Dies ist in Einklang mit dem thermodynamischen Gleichgewichtssatz von Gibbs, der die positive Definitheit sowohl von $\bar{E}$ als auch von $\bar{F}$ in der Umgebung des natürlichen Zustands eines Körpers liefert.

Wie bereits in Abschn. 2.2.1 erwähnt, kann mit dem elastischen Verformungsvorgang eine weitere Größe verknüpft werden, die ebenfalls die Dimension einer Arbeit hat. Dies ist die Verzerrungs-Ergänzungsenergiedichte oder komplementäre Verzerrungsenergiedichte $\bar{U}^*$.

Sie berechnet sich gemäß

$$\bar{U}^* = \int_{\sigma_{ij}=0}^{\sigma_{ij}} \epsilon_{ij} d\sigma_{ij}$$

und es gilt

$$\frac{\partial \bar{U}^*}{\partial \sigma_{ij}} = \epsilon_{ij}. \tag{4.10}$$

Man kann also $\bar{U}^*$ als elastisches Potential für die Verzerrungen auffassen.

Führt man das sog. Gibbssche Potential (auch freie Enthalpie genannt) als Funktion der Spannungskomponenten und der Temperatur gemäß

$$\bar{G} = \bar{E} - T\bar{S} - \sigma_{ij}\epsilon_{ij} = \bar{F} - \sigma_{ij}\epsilon_{ij} \tag{4.11}$$

ein, so gilt mit (4.9)

$$d\bar{G} = -\bar{S}dT - \epsilon_{ij}d\sigma_{ij} = -\bar{S}dT - d\bar{U}^*.$$

Es ist $\bar{G} = \bar{G}(\sigma_{ij}, T)$ eine eindeutige Funktion der Spannungskomponenten und der Temperatur, ferner ist

$$d\bar{G} = \left(\frac{\partial \bar{G}}{\partial \sigma_{ij}}\right)_T d\sigma_{ij} + \left(\frac{\partial \bar{G}}{\partial T}\right)_{\sigma_{ij}} dT$$

ein vollständiges Differential.

Für isotherme Vorgänge liefert der Vergleich mit (4.10)

$$-\frac{\partial \bar{G}}{\partial \sigma_{ij}} = \frac{\partial \bar{U}^*}{\partial \sigma_{ij}} = \epsilon_{ij}$$

und somit kann die Verzerrungs-Ergänzungsenergiedichte in diesem Fall mit dem negativen G i b b s schen Potential pro Volumeneinheit identifiziert werden.

Es sei erwähnt, daß die eingeführten Zustandsfunktionen $\bar{E}$, $\bar{F}$, $\bar{G}$ zu den sog. thermodynamischen Potentialen gehören. Zum jeweiligen Potential sind dabei übrigens ganz bestimmte unabhängige Variable zugeordnet[1]).

Zu bemerken ist abschließend, daß die elastischen Spannungs-Verzerrungsbeziehungen sowie die Verzerrungsenergiedichten nicht explizit von der Temperatur abhängen, wie die obigen Betrachtungen gezeigt haben.

4.2 Verzerrungsenergie für linear-elastisches Material

Bekanntlich existiert nicht für alle Materialien eine Verzerrungsenergiefunktion. Es hat sich gezeigt, daß für elastisches Material die Verzerrungsenergiedichte $\bar{U}$ ein elastisches Potential für die Spannungen, die Verzerrungs-Ergänzungsenergiedichte $\bar{U}^*$ ein entsprechendes Potential für die Verzerrungen bedeutet.

Zwischen $\bar{U}$ und $\bar{U}^*$ gilt im linearen wie im nichtlinearen Fall der Zusammenhang[2])

$$\bar{U}(\epsilon) + \bar{U}^*(\sigma) = \sigma_{ij}\epsilon_{ij} \tag{4.12}$$

wobei die Argumentbezeichnungen andeuten sollen, daß $\bar{U}(\epsilon)$ durch die Verzerrungskomponenten, $\bar{U}^*(\sigma)$ durch die Spannungskomponenten ausgedrückt ist.

Ferner gelten die allgemeinen Beziehungen (vgl. Abschn. 2.2.1)

$$d\bar{U}(\epsilon) = \frac{\partial \bar{U}}{\partial \epsilon_{ij}} d\epsilon_{ij}, \qquad d\bar{U}^*(\sigma) = \frac{\partial \bar{U}^*}{\partial \sigma_{ij}} d\sigma_{ij}. \tag{4.13}$$

Die Bedeutung von $\bar{U}$ und $\bar{U}^*$ für nichtlinear elastisches Material läßt sich bei einachsigem Spannungszustand leicht veranschaulichen (Fig. 4.1).

---

[1]) Vgl. hierzu z. B. [B 13] S. 40.

[2]) Der Übergang von $\bar{U}(\epsilon)$ nach $\bar{U}^*(\sigma)$ kann als eine sog. L e g e n d r e sche Transformation gedeutet werden. Mitunter findet sich auch die Bezeichnung F r i e d e r i c h s sche Transformation.

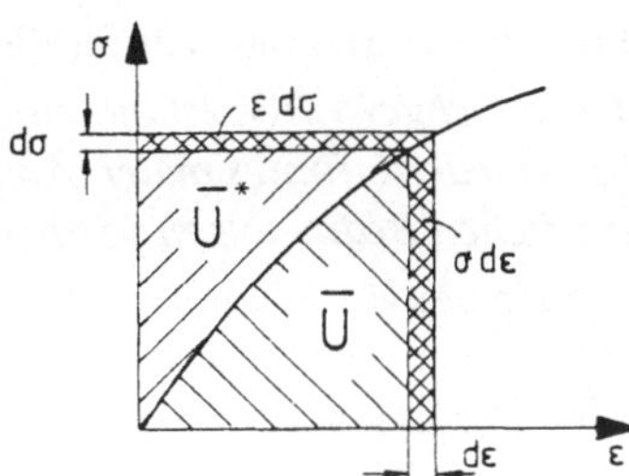

Fig. 4.1
Verzerrungsenergiedichte und Verzerrungsergänzungsenergiedichte bei einachsigem Spannungszustand

Man erkennt, wie sich

$$\bar{U}(\epsilon) = \int_0^{\epsilon} \sigma d\epsilon \quad \text{bzw.} \quad \bar{U}^*(\sigma) = \int_0^{\sigma} \epsilon d\sigma$$

als Fläche unterhalb bzw. oberhalb der Spannungs-Dehnungskurve zum Rechteck $\sigma\epsilon$ „ergänzen".

Für linear-elastisches Material, das dem Hooke schen Gesetz folgt, stimmen $\bar{U}$ und $\bar{U}^*$ überein und es gilt die Clapeyron sche Formel

$$\bar{U} = \bar{U}^* = \frac{1}{2} E_{ijk\ell}\epsilon_{ij}\epsilon_{k\ell} = \frac{1}{2} \sigma_{ij}\epsilon_{ij}. \tag{4.14}$$

Übrigens ist es manchmal sinnvoll und nützlich, auch in diesem Fall zwischen $\bar{U}$ und $\bar{U}^*$ zu unterscheiden. Hierbei wird $\bar{U}$ in den Verzerrungskomponenten, $\bar{U}^*$ in den Spannungskomponenten ausgedrückt. Es gelten [vgl. (2.34) und (2.35)]

$$\bar{U}(\epsilon) = G\left(\epsilon_{ij}\epsilon_{ij} + \frac{\nu}{1-2\nu} e^2\right) = \mu\left(\epsilon_{ij}\epsilon_{ij} + \frac{\lambda}{2} e^2\right)$$

bzw.
$$\bar{U}^*(\sigma) = \frac{1}{4G}\left(\sigma_{ij}\sigma_{ij} - \frac{\nu}{1+\nu} s^2\right) = \frac{1}{4\mu}\left(\sigma_{ij}\sigma_{ij} - \frac{\lambda}{3\lambda + 2\mu} s^2\right).$$

Die beiden Ausdrücke sind numerisch gleich und in den Verzerrungen bzw. den Spannungen jeweils positiv definit.

4.3 Prinzip der virtuellen Arbeit

Als gemeinsame Basis aller Energiesätze der Elastizitätstheorie gilt das Prinzip der virtuellen Arbeit. Es besitzt verschiedene mögliche Interpretationen, die zu den Sätzen führen, die große Bedeutung für die Anwendungen haben (vgl. Übersicht Seite 94).

Unter den verschiedenen Forschern, die das Prinzip der virtuellen Arbeit formuliert und angewendet haben, ist vor allem Joh. Bernoulli zu erwähnen, der es als allgemeines Gleichgewichtsprinzip der Mechanik erkannt hat. Als solches wird das Prinzip der virtuellen Arbeit als Axiom betrachtet, es gilt für alle Kräfte unter allen mechanischen Bedingungen[1]).

---

[1]) Allgemeine Untersuchungen über die Existenz des Prinzips finden sich z. B. in [9].

Das Prinzip, das ursprünglich für die Punktmechanik formuliert wurde, besagt:
Für den Gleichgewichtszustand eines Systems verschwindet die Arbeit der eingeprägten Kräfte bei jeder infinitesimalen Änderung der Konfiguration des Systems, die mit den kinematischen Bedingungen verträglich ist.

Das Prinzip der virtuellen Arbeit besteht aus zwei völlig äquivalenten[1]) Prinzipien, dem Prinzip der virtuellen Verschiebungen und dem Prinzip der virtuellen Kräfte. Die Bezeichnungsweisen sind in der Literatur nicht einheitlich. Das erste Prinzip wird mitunter als eigentliches Prinzip der virtuellen Arbeit, das zweite auch als Prinzip der virtuellen Ergänzungsarbeit (Komplementärarbeit) oder auch als Castigliano sches Prinzip bezeichnet.

4.3.1 Virtuelle Verschiebungen, virtuelle Arbeit

Es wird ein verformbarer Körper betrachtet, der sich unter äußeren oder eingeprägten Kräften (Oberflächen- und Volumenkräften) im Gleichgewicht befindet (Fig. 4.2).

Im Innern des Körpers ergeben sich Spannungen und Verformungen. Das Verhalten des Körpers wird untersucht, indem eine Störung herbeigeführt wird, deren Ursache unabhängig von den tatsächlich wirkenden Kräften ist. Die Punkte des Körpers erfahren sog. virtuelle Verschiebungen[2]) δu_i, die dann virtuelle Verzerrungen $\delta\epsilon_{ij}$ zur Folge haben.

Die virtuellen Verschiebungen sind stetige Ortsfunktionen (damit genügen sie der Forderung nach Stetigkeit der Verformung), ferner verlaufen sie zeitlos, sind hinreichend klein und beeinflussen somit nicht das Gleichgewicht der äußeren Kräfte und der inneren Spannungen. Eine wesentliche Eigenschaft der virtuellen Verschiebungen ist, daß sie mit den kinematischen Bindungen des Körpers in Einklang stehen. Man sagt, die δu_i sind kinematisch verträgliche Funktionen.

Ansonsten können die virtuellen Verschiebungen beliebig sein, man kann sich auch vorstellen, daß die wirklich vorhandenen Verschiebungen u_i beliebige Zuwächse erfahren oder aber auch, daß die δu_i Funktionen ohne spezielle mechanische Bedeutung sind.

Hat der betrachtete Körper das Volumen V und die Oberfläche A, so sind nach den allgemeinen Randbedingungen auf einem Teil A_σ die Oberflächenkräfte, auf einem Teil A_u die Verschiebungen vorgegeben (Fig. 4.3).

Es ist $A = A_\sigma + A_u$, wobei auch A_σ oder A_u Null sein können[3]). Für die kinematisch verträglichen virtuellen Verschiebungen bedeutet dies, daß $\delta u_i = 0$ auf A_u.

Für die oben erwähnten virtuellen Verzerrungen gilt dann

$$\delta\epsilon_{ij} = \frac{1}{2}\,\delta(u_{i,j} + u_{j,i}) = \frac{1}{2}\,[(\delta u_i)_{,j} + (\delta u_j)_{,i}] \tag{4.15}$$

---

[1]) Man sagt, die beiden Prinzipien sind zueinander komplementär oder dual.

[2]) Virtuell bedeutet in diesem Zusammenhang, daß die Verschiebungen von den tatsächlichen Kräften unabhängig sind; es handelt sich um gedachte Verschiebungen, die in Wirklichkeit garnicht auftreten müssen.

[3]) Es gibt keinen Teil der Oberfläche, auf dem nicht Randbedingungen bezüglich der Oberflächenkräfte oder der Verschiebungen gegeben sind.

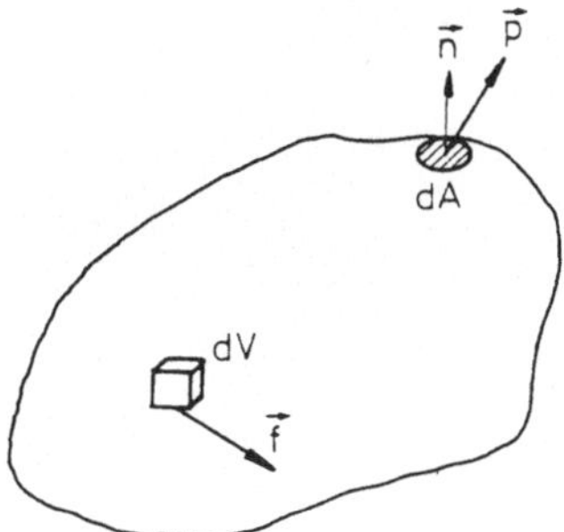

Fig. 4.2 Verformbarer Körper bei Belastung durch Volumen- und Oberflächenkräfte

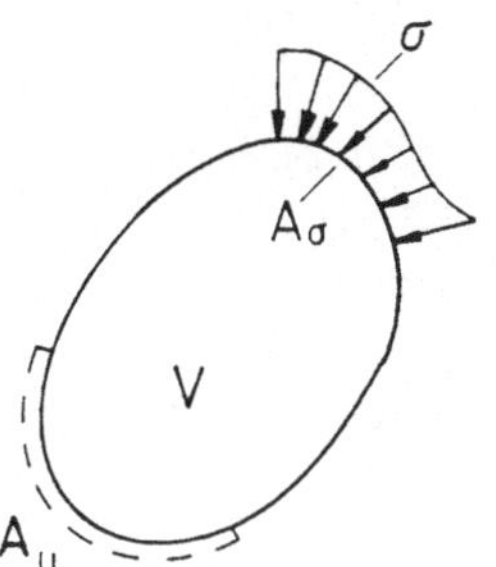

Fig. 4.3 Elastischer Körper mit vorgegebenen Randspannungen und -verschiebungen

wobei von der Vertauschungsregel

$$\delta(u_{i,j}) = (\delta u_i)_{,j} \tag{4.16}$$

Gebrauch gemacht wurde.

Als virtuelle Arbeit ergibt sich die Arbeit, die die wirklichen Kräfte bei den virtuellen, d. h. gedachten Verschiebungen leisten. Hierbei ist zu beachten, daß die wirklichen Kräfte bereits in voller Größe am Körper angreifen, bevor die virtuellen Verschiebungen wirksam werden.

Analog wird die Arbeit der wirklichen inneren Spannungen bei den virtuellen Verzerrungen als virtuelle Verzerrungsarbeit (virtuelle innere Arbeit) definiert.

4.3.2 Prinzip der virtuellen Verschiebungen

Für einen verformten Körper gemäß Fig. 4.2 mit Volumen V und Oberfläche $A = A_\sigma + A_u$, der durch Volumenkräfte f_i und Oberflächenkräfte (Randspannungen) p_i belastet wird und sich im Gleichgewicht befindet, gelten die statischen Beziehungen

$$\sigma_{ij,j} + f_i = 0 \quad \text{in V} \qquad \sigma_{ij} n_j = p_i \quad \text{auf A.}$$

Es ist dann

$$(\sigma_{ij,j} + f_i)\delta u_i = 0 \tag{4.17}$$

bzw. nach Integration über das gesamte Körpervolumen V

$$\int_V (\sigma_{ij,j} + f_i)\delta u_i dV = \delta W = 0 \tag{4.18}$$

und es wird sich zeigen, daß dieser Ausdruck der gesamten virtuellen Arbeit entspricht. Zunächst ergibt sich für den ersten Teil des Integranden von (4.18) mit (4.16)

$$\sigma_{ij,j}\delta u_i = (\sigma_{ij}\delta u_i)_{,j} - \sigma_{ij}\delta u_{i,j}$$

und damit wird (4.18) zu

$$\delta W = \int_V (\sigma_{ij}\delta u_i)_{,j} dV + \int_V f_i \delta u_i dV - \int_V \sigma_{ij}\delta u_{i,j} dV. \tag{4.19}$$

Für das erste Integral gilt nach dem Satz von G a u ß und wegen der Randbedingung der Spannungen

$$\int_V (\sigma_{ij}\delta u_i)_{,j} dV = \int_A \sigma_{ij}\delta u_i n_j dA = \int_{A_\sigma} p_i \delta u_i dA$$

wobei das Oberflächenintegral nur über A_σ zu erstrecken ist, da $\delta u_i = 0$ auf A_u.
Der Integrand des dritten Integrals in (4.19) wird mit (4.15) und weiter wegen der Symmetrie des Spannungstensors

$$\sigma_{ij}\delta(u_{i,j}) = \sigma_{ij}\frac{1}{2}(\delta u_{i,j} + \delta u_{j,i}) = \sigma_{ij}\delta\epsilon_{ij}$$

und es folgt schließlich aus (4.19)

$$\delta W = \int_{A_\sigma} p_i \delta u_i dV + \int_V f_i \delta u_i dV - \int_V \sigma_{ij}\delta\epsilon_{ij} dV. \tag{4.20}$$

Damit liegt die Formulierung des Prinzips der virtuellen Verschiebungen für beliebig verformbare Körper vor.
Es bedeutet

$$\int_{A_\sigma} p_i \delta u_i dA + \int_V f_i \delta u_i dV = \delta W^{(a)} \tag{4.21}$$

die virtuelle Arbeit der äußeren Kräfte, während

$$\int_V \sigma_{ij}\delta\epsilon_{ij} dV = \delta W^{(i)} \tag{4.22}$$

die virtuelle Arbeit der inneren Spannungen oder die virtuelle Verzerrungsarbeit darstellt.
Damit wird (4.20)

$$\delta W = \delta W^{(a)} - \delta W^{(i)} = 0 \quad \text{oder} \quad \delta W^{(a)} = \delta W^{(i)}. \tag{4.23}$$

Die Aussage des Prinzips der virtuellen Verschiebungen lautet:
Für einen verformbaren Körper im Gleichgewicht ist die gesamte äußere virtuelle Arbeit gleich der virtuellen Verzerrungsarbeit bei jeder, mit den kinematischen Bindungen verträglichen virtuellen Verschiebung.

Die Tatsache, daß das Prinzip der virtuellen Verschiebungen die Gleichgewichtsbedingungen beinhaltet, kommt in der Umkehrung dieser Aussage zur Geltung:
Ein verformbarer Körper befindet sich nur dann im Gleichgewicht, wenn bei einer, mit den kinematischen Bindungen verträglichen, virtuellen Verschiebung die gesamte äußere virtuelle Arbeit gleich der virtuellen Verzerrungsarbeit ist.

Es sei nochmals hervorgehoben, daß die Beziehungen (4.20) bzw. (4.23) unabhängig vom Materialverhalten gelten, da das Stoffgesetz bisher noch nicht verwendet wurde.
Bei elastischem Materialverhalten entspricht die virtuelle Verzerrungsarbeit der virtuellen Verzerrungsenergie, d. h.

$$\delta W^{(i)} = \delta U = \int_V \delta\bar{U} dV$$

wobei $\bar{U}$ die Verzerrungsenergiedichte mit der Eigenschaft

$$\frac{\partial \bar{U}}{\partial \epsilon_{ij}} = \sigma_{ij}$$

(elastisches Potential) ist.

4.3.3 Prinzip der virtuellen Kräfte

Bei diesem, zum Prinzip der virtuellen Verschiebungen komplementären Prinzip (das manchmal auch als Prinzip der virtuellen Ergänzungsarbeit bezeichnet wird), berechnet man die virtuellen Arbeiten (Pseudoarbeiten), die ein von den wirklich auftretenden Kräften und Spannungen unabhängiges Gleichgewichtssystem sog. virtueller Kräfte und Spannungen bei den wirklichen Verschiebungen leistet. In jedem Punkt des verformbaren Körpers sind Verschiebungen vorhanden, es herrscht ein zugehöriger Spannungszustand, der die Gleichgewichtsbedingungen im Innern und auf der Oberfläche erfüllt, d. h.

$$\sigma_{ij,j} + f_i = 0 \quad \text{in } V \qquad \sigma_{ij} n_j = p_i \quad \text{auf } A_\sigma .$$

Als virtuelle Kräfte und Spannungen (statisch verträgliche Funktionen) werden stetige und eindeutige Funktionen δf_i, δp_i und $\delta \sigma_{ij}$ betrachtet, für die ebenfalls

$$\delta \sigma_{ij,j} + \delta f_i = 0 \quad \text{in } V \qquad \delta \sigma_{ij} n_j = \delta p_i \quad \text{auf } A_\sigma$$

gelten sollen.
Man definiert dann in Analogie zu (4.18)

$$\delta W^* = \int_V u_i(\delta \sigma_{ij,j} + \delta f_i)\, dV = 0 \tag{4.24}$$

als gesamte virtuelle Ergänzungsarbeit.
Für den ersten Teil des Integranden von (4.24) ergibt sich

$$u_i \delta \sigma_{ij,j} = (\delta u_i \sigma_{ij})_{,j} - u_{i,j} \delta \sigma_{ij}$$

und mit dem Satz von Gauß folgt damit für (4.24)

$$\delta W^* = \int_A u_i \delta p_i dA - \int_V u_{i,j} \delta \sigma_{ij} dV + \int_V u_i \delta f_i dV. \tag{4.25}$$

Hierin bedeutet

$$\int_A u_i \delta p_i dA + \int_V u_i \delta f_i dV = \delta W^{*(a)}$$

die virtuelle äußere Ergänzungsarbeit.
Für den ersten Anteil gilt

$$\int_A u_i \delta p_i dA = \int_{A_u} u_i \delta p_i dA$$

da nur solche virtuellen Oberflächenkräfte berücksichtigt werden müssen, die auf dem Rand A_σ (wo die Kräfte vorgeschrieben sind) verschwinden.

Damit ergibt sich

$$\delta W^{*(a)} = \int_{A_u} u_i \delta p_i dA + \int_V u_i \delta f_i dV. \tag{4.26}$$

Wegen der Symmetrie von $\delta\sigma_{ij}$ folgt weiterhin

$$\int_V u_{i,j} \delta\sigma_{ij} dV = \int_V \epsilon_{ij} \delta\sigma_{ij} dV = \delta W^{*(i)} \tag{4.27}$$

und dies wird als virtuelle Ergänzungsarbeit der inneren (virtuellen) Kräfte oder als virtuelle Verzerrungsergänzungsarbeit definiert.

Aus (4.25) ergibt sich schließlich

$$\delta W^* = \int_{A_u} u_i \delta p_i dA + \int_V u_i \delta f_i dV - \int_V \epsilon_{ij} \delta\sigma_{ij} dV = 0 \tag{4.28}$$

als Formulierung des Prinzips der virtuellen Kräfte für beliebig verformbare Körper. Meistens ist $\delta f_i = 0$, da die Volumenkräfte normalerweise fest vorgegeben sind.

Mit (4.26) und (4.27) kann man wieder schreiben

$$\delta W^* = \delta W^{*(a)} - \delta W^{*(i)} = 0 \quad \text{oder} \quad \delta W^{*(a)} = \delta W^{*(i)}. \tag{4.29}$$

Die Aussage des Prinzips der virtuellen Kräfte lautet:

Die Verschiebungen und Verzerrungen in einem verformbaren Körper sind verträglich und in Einklang mit den Randbedingungen, wenn die gesamte äußere virtuelle Ergänzungsarbeit gleich der inneren virtuellen Verzerrungsarbeit für jedes statisch verträgliche System von Kräften und Spannungen ist.

Zu bemerken ist wiederum, daß (4.28) bzw. (4.29) allgemein für verformbare Körper, unabhängig vom Materialverhalten, gelten.

4.3.4 Bedeutung der Prinzipien der virtuellen Arbeit

Der komplementäre (duale) Charakter der beiden Teile des Prinzips der virtuellen Arbeit kann in folgender allgemeiner Formulierung[1]) zum Ausdruck gebracht werden:

statisch verträgliche Funktionen

$$\tilde{W} = \int_A \sigma_{ij} u_i n_j dA + \int_V f_i u_i dV - \int_V \sigma_{ij} \epsilon_{ij} dV = 0. \tag{4.30}$$

kinematisch verträgliche Funktionen

Hierbei bedeutet $\tilde{W}$ die gesamte virtuelle Arbeit bzw. Ergänzungsarbeit, wobei entweder die Arbeit der statisch verträglichen Funktionen an virtuellen kinematisch verträglichen Funktionen (Prinzip der virtuellen Verschiebungen) bzw. die Arbeit der virtuellen statisch verträglichen Funktionen an kinematisch verträglichen Funktionen (Prinzip der virtuellen Kräfte) berechnet wird.

---

[1]) Vgl. [A 29], S. 56.

Anders ausgedrückt, gelangt man zum Prinzip der virtuellen Kräfte, wenn man in der Formulierung des Prinzips der virtuellen Verschiebungen die Begriffe „Verschiebung" und „Verzerrung" gegen „Kraft" und „Spannung" bzw. den Begriff „Gleichgewicht" gegen „Verträglichkeit" austauscht.

In der Darstellung des Prinzips der virtuellen Arbeiten gemäß (4.30) braucht zwischen dem System der statisch verträglichen Funktionen und dem System der kinematisch verträglichen Funktionen kein kausaler Zusammenhang angenommen zu werden. Betrachtet man hingegen die u_i als die beim Spannungszustand σ_{ij} wirklich auftretenden Verschiebungen, die nach dem Hooke schen Gesetz miteinander verknüpft sich, so liefert (4.30) unmittelbar den Satz von Clapeyron

$$\int_A u_i p_i dA + \int_V u_i f_i dV = 2 \int_V \bar{U} dV$$

[vgl. (3.27)] mit

$$\bar{U} = G\left(\epsilon_{ij}\epsilon_{ij} + \frac{\nu}{1-2\nu} e^2\right) .$$

Die Bedeutung des Prinzips der virtuellen Arbeit mit seinen zwei Teilen liegt darin, daß es axiomatisch über alle Betrachtungen gestellt werden kann und daß es den Grundgleichungen äquivalent ist:

1. Werden in das Prinzip der virtuellen Verschiebungen $\delta W^{(a)} = \delta U$ die Verzerrungs-Verschiebungsbeziehungen

$$\epsilon_{ij} = \frac{1}{2}(u_{i,j} + u_{j,i})$$

sowie die geometrischen Randbedingungen

$$u_i \quad \text{vorgegeben auf} \quad A_u$$

eingeführt, ergeben sich daraus die Gleichgewichtsbedingungen

$$\sigma_{ij,j} + f_i = 0$$

und außerdem die mechanischen Randbedingungen

$$\sigma_{ij} n_j = p_i \quad \text{auf } A_\sigma .$$

2. Werden in das Prinzip der virtuellen Kräfte $\delta W^{*(a)} = \delta U^*$ die Gleichgewichtsbedingungen und die mechanischen Randbedingungen eingeführt, ergeben sich daraus die Verzerrungs-Verschiebungsbeziehungen und die geometrischen Randbedingungen.

Da das Prinzip der virtuellen Arbeit als Basis der Variationsformulierung der Grundgesetze angesehen werden kann, lassen sich daraus wichtige Extremal- bzw. Minimalprinzipien gewinnen, aus denen weitere Energiesätze folgen, die für die Anwendungen große praktische Bedeutung haben.

Dies ist in der nachfolgenden Übersicht zusammengestellt:

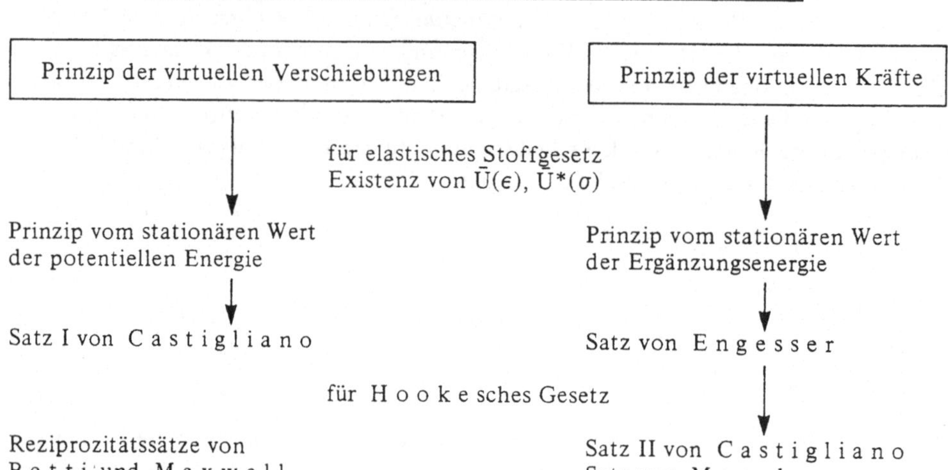

Die sich ergebenden Variations- bzw. Minimalprinzipien haben vor allem deshalb große Bedeutung, da sie als Grundlage für wichtige Näherungs- und numerische Lösungsverfahren dienen. Es sei bemerkt, daß zahlreiche Möglichkeiten zur Einführung verallgemeinerter Prinzipien[1]) bestehen. Hierzu gehören z. B. die Prinzipien von Hellinger/Reissner, Hu/Washizu, Prager/Bufler, die sowohl für lineare als auch nichtlineare elastische Probleme sowie überhaupt für Feldprobleme allgemein angewendet werden können. Aus den verallgemeinerten Prinzipien ergeben sich als Sonderfälle wiederum die in den folgenden Abschnitten zu behandelnden klassischen Minimalprinzipien der Elastizitätstheorie.

4.4 Folgerungen aus dem Prinzip der virtuellen Arbeit

Den Prinzipien der virtuellen Verschiebungen bzw. der virtuellen Kräfte wird jetzt eine alternative Formulierung gegeben, die eine weitere Interpretation ermöglicht.

Das für die virtuellen Änderungen verwendete Symbol δ wird nun als Variationssymbol im Sinn der Variationsrechnung verstanden (mit einer dem ersten Differential entsprechenden Bedeutung). Bei den folgenden Betrachtungen wird elastisches Materialverhalten zugrundegelegt, d. h. es existieren die Verzerrungsenergiedichte $\bar{U}(\epsilon)$ bzw. die Verzerrungsergänzungsenergiedichte $\bar{U}^*(\sigma)$ und stellen echte elastische Potentiale dar.

---

[1]) Solche finden z. B. Anwendung bei den sog. Hybridansätzen der Methode der finiten Elemente. Vgl. hierzu [10], [12], [B 45].

4.4.1 Prinzip vom stationären Wert der potentiellen Energie

Ausgehend vom Prinzip der virtuellen Verschiebungen (4.20) ergibt sich, da die Kräfte und Spannungen hierbei nicht variiert werden

$$\int_V \delta(\sigma_{ij}\epsilon_{ij})\,dV - \int_{A_\sigma} \delta(p_i u_i)\,dA - \int_V \delta(f_i u_i)\,dV = 0. \tag{4.31}$$

Dabei ist

$$\sigma_{ij}\epsilon_{ij} = \bar{U}(\epsilon_{ij})$$

und die gesamte im Körper reversibel gespeicherte Verzerrungsenergie

$$U = \int_V \bar{U}\,dV = \Pi^{(i)} \tag{4.32}$$

wird als inneres Potential eingeführt.
Andererseits definiert man

$$-\int_{A_\sigma} p_i u_i\,dA - \int_V f_i u_i\,dV = \Pi^{(a)} \tag{4.33}$$

als Potential der äußeren Kräfte[1]).
Das Gesamtpotential (oder die gesamte potentielle Energie) ist dann

$$\Pi = \Pi^{(i)} + \Pi^{(a)}. \tag{4.34}$$

Damit ergibt sich für (4.31) die kürzere Formulierung[2])

$$\delta_\epsilon \Pi = 0 \quad \text{oder} \quad \Pi = \text{Extr.} \tag{4.35}$$

Die Aussage dieses Prinzips vom stationären Wert der gesamten potentiellen Energie lautet:
Von allen verträglichen Verschiebungszuständen, welche die gegebenen Randbedingungen erfüllen, liefern die wirklichen Verschiebungen, die dem Gleichgewichtszustand entsprechen, für die gesamte potentielle Energie einen stationären Wert.
Oder kürzer:
Wenn ein verformbares System im Gleichgewicht ist, dann hat die gesamte potentielle Energie einen stationären Wert.

Es kann gezeigt werden, daß im Fall des stabilen Gleichgewichts der Extremwert der gesamten potentiellen Energie einem Minimum entspricht (Prinzip vom Minimum der potentiellen Energie, mitunter auch als Green-Dirichlet sches Prinzip bezeichnet).

Im linear-elastischen Fall wird dies leicht nachgewiesen, indem man Π im Gleichgewichtszustand mit dem Wert Π' in einem durch $u_i + \delta u_i$ und $\epsilon_{ij} + \delta\epsilon_{ij}$ gekennzeichneten Nachbarzustand vergleicht und dann feststellt, daß stets $\Pi' > \Pi$ ist.

---

[1]) Zu bemerken ist, daß der hier eingeführte Ausdruck nicht der Arbeit der äußeren Kräfte beim Übergang vom unbelasteten in den Endzustand entspricht. Während die p_i und f_i die wirklichen Oberflächen- und Volumenkräfte darstellen, handelt es sich bei den u_i hier um ein beliebiges Verschiebungsfeld.

[2]) Der Index bei δ_ϵ deutet an, daß die Kräfte und Spannungen nicht variiert werden.

Als Sonderfall ergibt sich das Prinzip vom stationären Wert bzw. vom Minimum der Verzerrungsenergie, wenn keine Volumenkräfte vorhanden sind und die Verschiebungen u_i auf der gesamten Oberfläche des Körpers vorgegeben werden. Dann verschwindet das Oberflächenintegral in (4.33) wegen $A_\sigma = 0$ und (4.35) lautet

$$\delta\Pi^{(i)} = \delta U = 0. \tag{4.36}$$

Wie bereits beim Prinzip der virtuellen Arbeit ausgeführt, kann gezeigt werden, daß die Variationsformulierung (4.35) mit den Grundgleichungen des Problems (Gleichgewichts- sowie Randbedingungen) äquivalent ist.

Beiläufig sei erwähnt, daß die Variationsformulierungen nicht so sehr für exakte Lösungen, als vielmehr für Näherungs- bzw. numerische Lösungen von großer Bedeutung sind (vgl. Abschn. 6.5).

Bei den Randbedingungen unterscheidet man zwischen den von vornherein vorgegebenen Bedingungen (wenn z. B. u_i oder p_i auf einem Teil der Oberfläche festgelegt sind) und den sog. natürlichen Randbedingungen. Letztere ergeben sich zwangsläufig aus dem Variationsprinzip: Erfüllt z. B. das Verschiebungsfeld u_i bei vorgegebenen Werten $\bar{u}_i$ auf A_u das Variationsprinzip, dann müssen die aus u_i berechneten Spannungen auf A_σ den dort vorgegebenen Spannungen $\bar{p}_i$ entsprechen.

Man bezeichnet das Gesamtpotential

$$\Pi(\epsilon_{ij}) = \int_V \bar{U}(\epsilon)\,dV - \int_{A_\sigma} \bar{p}_i u_i\,dA - \int_V f_i u_i\,dV \tag{4.37}$$

als eines der klassischen Funktionale der Elastizitätstheorie (im Sinn der Variationsrechnung). Es ist mit dem Prinzip der virtuellen Verschiebungen verknüpft.

Vorausgesetzt ist die Existenz der Verzerrungsenergiedichte als elastisches Potential, ferner sind als Nebenbedingungen

kinematische Bedingungen $\epsilon_{ij} = \frac{1}{2}(u_{i,j} + u_{j,i})$ in V

Randbedingungen $u_i = \bar{u}_i$ auf A_u

zu berücksichtigen.

Eine Befreiung von den Nebenbedingungen ist möglich, wenn man diese mit sog. Lagrangeschen Multiplikatoren versehen in das Funktional mit einbezieht. Auf diese Weise gelangt man zu erweiterten Funktionalen, bei denen dann an die zu variierenden Größen keine Forderungen mehr gestellt werden müssen.

Ein solchermaßen erweitertes Funktional ist z. B.

$$\hat{\Pi}(\epsilon_{ij}) = \Pi(\epsilon_{ij}) - \int_{A_u} p_i(u_i - \bar{u}_i)\,dA. \tag{4.38}$$

Diesem ist ein stationärer Wert zu erteilen, wobei die Verschiebungen jetzt frei von Randbedingungen sind.

Berechnet man $\delta\hat{\Pi} = 0$ aus (4.38), so ergibt sich nach einigen Umformungen

$$\int_V (\sigma_{ij,j} + f_i)\delta u_i\,dV + \int_{A_\sigma} (\bar{p}_i - p_i)\delta u_i\,dA + \int_{A_u} (u_i - \bar{u}_i)\delta p_i\,dA = 0. \tag{4.39}$$

Man erhält außer den Gleichgewichtsbedingungen die Randbedingungen für die Oberflächenkräfte und die Verschiebungen als sog. natürliche Randbedingungen.

Die Einführung der erweiterten Funktionale geht im wesentlichen auf E. Reissner [11] zurück.

Es sei in diesem Zusammenhang das erweiterte Funktional von Reissner angegeben (das manchmal auch als Hellinger/Reissner-Funktional bezeichnet wird):

$$J(\epsilon_{ij}; u_i; \sigma_{ij}) = \int_V [\bar{U}(\epsilon_{ij}) - f_i u_i] dV - \int_V \sigma_{ij} \left[\epsilon_{ij} - \frac{1}{2}(u_{i,j} + u_{j,i}) \right] dV$$

$$- \int_{A_\sigma} \bar{p}_i u_i dA - \int_{A_u} \sigma_{ij} n_j (u_i - \bar{u}_i) dA. \tag{4.40}$$

Die Bedingung $\delta J = 0$ liefert einen stationären Wert für das Funktional, wobei nun die Variationen $\delta\epsilon_{ij}$; δu_i; $\delta\sigma_{ij}$ unabhängig voneinander gebildet werden.

Es ergibt sich zunächst

$$\int_V \left[\frac{\partial \bar{U}}{\partial \epsilon_{ij}} \delta\epsilon_{ij} - f_i \delta u_i \right] dV - \int_V \delta\sigma_{ij} \left[\epsilon_{ij} - \frac{1}{2}(u_{i,j} + u_{j,i}) \right] dV$$

$$- \int_V \sigma_{ij} \left[\delta\epsilon_{ij} - \frac{1}{2}(\delta u_{i,j} + \delta u_{j,i}) \right] dV - \int_{A_u} \delta\sigma_{ij} n_j (u_i - \bar{u}_i) dA - \int_{A_\sigma} \bar{p}_i \delta u_i dA = 0$$

und daraus nach einigen Umformungen

$$\int_V \left(\frac{\partial \bar{U}}{\partial \epsilon_{ij}} - \sigma_{ij} \right) \delta\epsilon_{ij} dV - \int_V (\sigma_{ij,j} + f_i) \delta u_i dV - \int_V \delta\sigma_{ij} \left[\epsilon_{ij} - \frac{1}{2}(u_{i,j} + u_{j,i}) \right] dV$$

$$- \int_{A_\sigma} (\bar{p}_i - p_i) \delta u_i dA - \int_{A_u} \delta p_i (u_i - \bar{u}_i) dA = 0. \tag{4.41}$$

Man erkennt, daß die Grundgleichungen

$$\frac{\partial \bar{U}}{\partial \epsilon_{ij}} = \sigma_{ij} \quad \text{(Stoffgesetz)}$$

$$\sigma_{ij,j} + f_i = 0 \quad \text{(Gleichgewicht)}$$

$$\epsilon_{ij} = \frac{1}{2}(u_{i,j} + u_{j,i}) \quad \text{(Verträglichkeit)}$$

sowie die natürlichen Randbedingungen

$$\sigma_{ij} n_j = \bar{p}_i \quad \text{auf } A_\sigma \qquad u_i = \bar{u}_i \quad \text{auf } A_u$$

folgen.

Übrigens wurde in der ursprünglichen Formulierung von Reissner die Ergänzungsenergiedichte $\bar{U}^*(\sigma)$ verwendet. Setzt man in (4.40) die Beziehung (Legendre-Transformation)

$$\bar{U}(\epsilon) = \epsilon_{ij}\sigma_{ij} - \bar{U}^*(\sigma) \tag{4.42}$$

ein, so gelangt man zu dem entsprechenden Funktional (vgl. die Bemerkungen im folgenden Abschnitt).

4.4.2 Prinzip vom stationären Wert der Ergänzungsenergie

Entsprechend dem Vorgehen im letzten Abschnitt ergibt sich aus dem Prinzip der virtuellen Kräfte (4.29), da dort die Verschiebungen nicht variiert werden

$$\delta \int_V \epsilon_{ij}\sigma_{ij} dV - \delta \int_{A_u} u_i p_i dA - \delta \int_V u_i f_i dV = 0 \tag{4.43}$$

wobei nun

$$\sigma_{ij}\epsilon_{ij} = \bar{U}^*(\sigma_{ij})$$

ist und

$$U^* = \int_V \bar{U}^* dV = \Pi^{*(i)} \tag{4.44}$$

als inneres Ergänzungspotential eingeführt wird.
Ebenso setzt man[1])

$$-\int_{A_u} u_i p_i dA - \int_V u_i f_i dV = \Pi^{*(a)} \tag{4.45}$$

und gelangt mit

$$\Pi^* = \Pi^{*(i)} + \Pi^{*(a)} \tag{4.46}$$

zu der zu (4.35) dualen Beziehung (der Index bei δ_σ deutet an, daß nur die Spannungen und Kräfte variiert werden)

$$\delta_\sigma \Pi^* = 0 \quad \text{oder} \quad \Pi^* = \text{Extr.} \tag{4.47}$$

Die Aussage dieses Prinzips vom stationären Wert der Ergänzungsenergie lautet:
Von allen Kräften und Spannungen, welche die Gleichgewichtsbedingungen erfüllen, erteilen diejenigen, die dem wirklichen verträglichen Verformungszustand entsprechen, der gesamten potentiellen Ergänzungsenergie einen stationären Wert.
Es kann auch bei diesem Prinzip gezeigt werden, daß im Fall des verträglichen stabilen Gleichgewichts der Extremwert von Π^* einem Minimum entspricht[2]).
Kurz ausgedrückt:
Unter allen Spannungszuständen, welche die Gleichgewichtsbedingungen erfüllen, ist derjenige exakt, für den die Ergänzungsenergie ein Minimum annimmt.

---

[1]) Hierbei kann meist der zweite Term weggelassen werden, da die f_i im allgemeinen fest vorgegeben sind.

[2]) Dieser Sachverhalt wird in der Literatur mitunter als Prinzip von C a s t i g l i a n o bezeichnet.

Im Sonderfall, daß die p_i auf der gesamten Oberfläche $A_\sigma + A_u$ vorgegeben sind, verschwinden die δp_i auch auf A_u und wenn ferner $\delta f_i = 0$ ist, folgt aus (4.45)

$$\delta \Pi^{*(a)} = 0$$

und somit

$$\delta \Pi^* = \delta U^* = 0 \tag{4.48}$$

(Prinzip vom stationären Wert bzw. Minimum der Verzerrungsergänzungsenergie).

Als das zu (4.37) duale zweite klassische Funktional der Elastizitätstheorie bezeichnet man

$$\Pi^*(\sigma_{ij}) = \int_V \bar{U}^* dV - \int_{A_u} p_i u_i dA \tag{4.49}$$

wobei die Existenz der Verzerrungsergänzungsenergie vorausgesetzt ist und die Nebenbedingungen

$$\sigma_{ij,j} + f_i = 0 \quad \text{in } V \qquad \text{sowie } p_i = \bar{p}_i \text{ auf } A_\sigma$$

gelten. Das Funktional Π^* ist mit dem Prinzip der virtuellen Kräfte verküpft.

Man gelangt auch hier wieder zu erweiterten Funktionalen, indem die Nebenbedingungen in das klassische Funktional eingebaut werden.

Als Beispiel sei das (ursprüngliche) R e i s s n e r sche Funktional betrachtet

$$J^* = \int_V [\sigma_{ij}\epsilon_{ij} - \bar{U}^*(\sigma) - f_i u_i] dV - \int_{A_\sigma} \bar{p}_i u_i dA - \int_{A_u} p_i(u_i - \bar{u}_i) dA. \tag{4.50}$$

Die Bedingung für die Stationarität $\delta J^* = 0$ liefert zunächst

$$\int_V \left(\sigma_{ij}\delta\epsilon_{ij} + \epsilon_{ij}\delta\sigma_{ij} - \frac{\partial U^*}{\partial \sigma_{ij}} \delta\sigma_{ij} - f_i \delta u_i \right) dV$$
$$- \int_{A_\sigma} \bar{p}_i \delta u_i dA - \int_{A_u} \delta p_i (u_i - \bar{u}_i) dA = 0$$

wobei $\delta\bar{p}_i = 0$ auf A_σ, $\delta\bar{u}_i$ auf A_u.

Nach einigen Umformungen ergibt sich schließlich

$$\int_V \left(\epsilon_{ij} - \frac{\partial U^*}{\partial \sigma_{ij}} \right) \delta\sigma_{ij} dV - \int_V (\sigma_{ij,j} + f_i) \delta u_i dV$$
$$+ \int_{A_\sigma} (p_i - \bar{p}_i) \delta u_i dA - \int_{A_u} \delta p_i (u_i - \bar{u}_i) dA = 0. \tag{4.51}$$

Dies liefert wieder das Stoffgesetz und die Gleichgewichtsbedingungen, ferner die Randbedingungen der Spannungen auf A_σ und die der Verschiebungen auf A_u.

Wird im R e i s s n e r schen Funktional nur σ_{ij} variiert (d. h. ist $\delta u_i = 0$), so ergibt sich daraus wieder das Prinzip der stationären potentiellen Ergänzungsenergie.

Der große Vorteil der erweiterten Funktionale liegt aber darin, daß Verschiebungen und Spannungen gleichzeitig und voneinander unabhängig variiert werden können, so daß die bei den klassischen Funktionalen unumgänglichen Einschränkungen bei den zu variierenden Funktionen entfallen.

Es sind zahlreiche, sehr allgemeine Funktionale bekannt, die für Näherungsmethoden auf vielen Gebieten der Kontinuumsmechanik angewendet werden. Für weitere Einzelheiten muß auf die Speziallliteratur verwiesen werden[1]).

4.4.3 Sätze von Castigliano, Engesser und Menabrea

Auf dem Prinzip der virtuellen Arbeit bzw. auf den Minimumprinzipien fußen einige wichtige Arbeitssätze, die insbesondere in der Festigkeitslehre bei der Berechnung der Verformungen in statisch bestimmten Systemen sowie zur Ermittlung der Auflagerreaktionen in statisch unbestimmten Systemen von praktischer Bedeutung sind.

Zugrundegelegt wird ein elastischer Körper in stabilem Gleichgewicht, der in kleinen Teilen seiner Oberfläche unverschieblich gelagert ist (Fig. 4.4). Volumenkräfte sind häufig vernachlässigbar und die Belastung durch Oberflächenkräfte ist infolge konzentrierter Kräfte $F_{(r)}$ (Einzelkräfte) bzw. konzentrierter Momente $M_{(s)}$ (realisierbar z. B. durch Kräftepaare) gegeben[2]).

Die den Kräften $F_{(r)}$ entsprechenden Verschiebungen sind $d_{(r)}$, die den Momenten $M_{(s)}$ entsprechenden Verdrehungen $\varphi_{(s)}$.

Die Spannungen und Verzerrungen sowie die Verzerrungsenergie ergeben sich dann als Funktionen der $d_{(r)}$ und $\varphi_{(s)}$.

Der erste Satz von Castigliano lautet

$$\frac{\partial U}{\partial d_{(r)}} = F_{(r)} \quad \text{bzw.} \quad \frac{\partial U}{\partial \varphi_{(s)}} = M_{(s)}. \tag{4.52}$$

Die Herleitung erfolgt mit dem Prinzip der virtuellen Arbeit, wenn man nur eine einzige virtuelle Verschiebung $\delta d_{(r)}$ in Richtung einer Kraft $F_{(r)}$ betrachtet. Dann gilt

$$\delta U = F_{(r)} \delta d_{(r)}$$

woraus sich im Grenzübergang die erste Beziehung (4.52) ergibt.

Die zweite Beziehung (4.52) folgt analog.

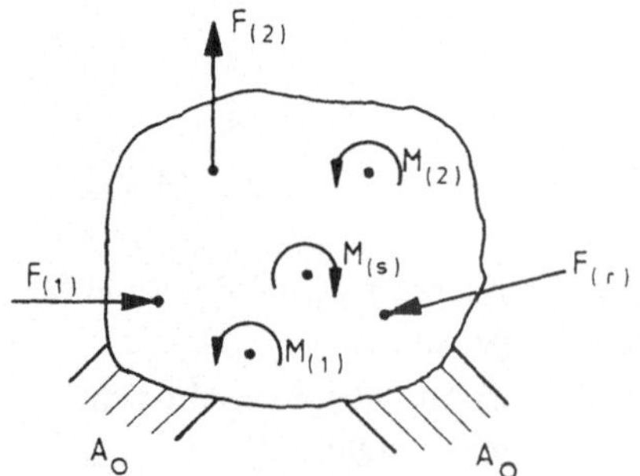

Fig. 4.4
Elastischer Körper bei Belastung durch Einzelkräfte und Einzelmomente

[1]) Vgl. z. B. [12], [B 45].

[2]) Die eingeklammerten Indizes bedeuten jetzt eine Numerierung der Kräfte und Momente.

Diese Herleitung beruht auf dem Prinzip der virtuellen Arbeit im Gleichgewichtsfall und setzt die Existenz der Verzerrungsenergie $U = U(d_{(r)})$ voraus. Der Satz gilt daher auch für nichtlinear-elastisches Materialverhalten.

Der erste Satz von Castigliano kann z. B. zur Berechnung statisch unbestimmter Tragwerke herangezogen werden, seine praktische Bedeutung in den Anwendungen ist aber gering.

Größere Bedeutung kommt dem zweiten Satz von Castigliano zu. Er lautet für linear-elastisches Material

$$\frac{\partial U}{\partial F_{(r)}} = d_{(r)} \quad \text{bzw.} \quad \frac{\partial U}{\partial M_{(s)}} = \varphi_{(s)} \tag{4.53}$$

wobei nun $U = U(F, M)$ die Verzerrungsenergie bei Gültigkeit des Hookeschen Gesetzes, ausgedrückt durch die äußeren Kräfte und Momente, bedeutet.

Mit diesem Satz lassen sich Verformungen an den Angriffspunkten der Lasten bei statisch bestimmten und statisch unbestimmten Tragwerken in einfacher Weise berechnen. Zur Berechnung der Verformungen an beliebigen Punkten werden fiktive Hilfskräfte (Hilfsmomente) eingeführt, die hinterher wieder Null gesetzt werden.

Ein Sonderfall des zweiten Satzes von Castigliano liegt mit dem Satz von Menabrea vor, der zur Berechnung statisch unbestimmter Auflagerreaktionen in linear-elastischen Systemen Anwendung findet:

$$\frac{\partial U}{\partial X_{(t)}} = 0. \tag{4.54}$$

Hierbei sind $X_{(t)}$ die statisch unbestimmten Auflagerreaktionen (Kräfte oder Momente) und $U = U(F, M, X_{(t)})$ ist die durch die äußeren Lasten und die statisch unbestimmten Reaktionen ausgedrückte Verzerrungsenergie.

Der zweite Satz von Castigliano ist eine spezielle Formulierung des allgemeineren Satzes von Engesser[1]). Dieser beruht auf dem Prinzip der virtuellen Ergänzungsarbeit und lautet

$$\frac{\partial U^*}{\partial F_{(r)}} = d_{(r)} \quad \text{bzw.} \quad \frac{\partial U^*}{\partial M_{(s)}} = \varphi_{(s)}. \tag{4.55}$$

Hierbei ist U^* die Verzerrungsergänzungsenergie (komplementäre Verzerrungsenergie) und die Beziehungen (4.55) gelten allgemein für nicht-linear elastisches Material.

Die entsprechende Verallgemeinerung[2]) von (4.54) lautet

$$\frac{\partial U^*}{\partial X_{(t)}} = 0. \tag{4.56}$$

---

[1]) Die beiden Sätze von Castigliano finden sich in seinem Buch von 1879 [A 1], der Satz von Menabrea wurde 1858 veröffentlicht, die Verallgemeinerung von Engesser stammt aus dem Jahr 1889 [13].

[2]) Mitunter auch als zweiter Satz von Engesser bezeichnet.

Die Herleitung des Satzes von Engesser (für fehlende Volumenkräfte) erfolgt mit dem Prinzip der virtuellen Kräfte, wenn man nur eine einzige virtuelle Änderung $\delta F_{(r)}$ betrachtet. Bedeutet $d_{(r)}$ die Verschiebungskomponente im Angriffspunkt von $F_{(r)}$ in Richtung von $F_{(r)}$, dann gilt

$$\delta U^* = \frac{\partial U^*}{\partial F_{(r)}} \delta F_{(r)} = d_{(r)} \delta F_{(r)}$$

woraus sich (4.55) ergibt.

4.4.4 Reziprozitätssätze

Mit dem Arbeitsbegriff lassen sich für linear-elastisches Material einige wichtige Sätze herleiten, die in den Anwendungen sehr nützlich sind.

4.4.4.1 Satz von Betti. Es handelt sich um einen allgemeinen Reziprozitätssatz, der die Gleichgewichtszustände eines linear-elastischen Körpers unter verschiedenen äußeren Belastungen miteinander verknüpft [14].

Für einen elastischen Körper (Volumen V, Oberfläche A) werden zwei Gleichgewichtszustände (gekennzeichnet durch I und II) betrachtet

$$u_i^I \quad \epsilon_{ij}^I \quad \sigma_{ij}^I \quad \text{infolge } f_i^I \text{ und } p_i^I$$

sowie $$u_i^{II} \quad \epsilon_{ij}^{II} \quad \sigma_{ij}^{II} \quad \text{infolge } f_i^{II} \text{ und } p_i^{II}.$$

Zunächst gilt die Identität

$$\sigma_{ij}^I \epsilon_{ij}^{II} = \sigma_{ij}^{II} \epsilon_{ij}^I \tag{4.57}$$

die sich mit den linearen Spannungs-Verzerrungsbeziehungen

$$\sigma_{ij}^I = E_{ijk\ell} \epsilon_{k\ell}^I \quad \text{bzw.} \quad \sigma_{ij}^{II} = E_{ijk\ell} \epsilon_{k\ell}^{II}$$

sofort verifizieren läßt (mit der Symmetrie $E_{ijk\ell} = E_{k\ell ij}$).

Aus (4.57) folgt

$$\int_V \sigma_{ij}^I \epsilon_{ij}^{II} dV = \int_V \sigma_{ij}^{II} \epsilon_{ij}^I dV \tag{4.57'}$$

und dies ist bereits eine spezielle Form des Satzes von Betti.

Die linke Seite von (4.57′) wird umgeformt gemäß

$$\int_V \sigma_{ij}^I \frac{1}{2}(u_{i,j}^{II} + u_{j,i}^{II}) dV = \int_V \sigma_{ij}^I u_{i,j}^{II} dV$$

$$= \int_V (\sigma_{ij}^I u_i^{II})_{,j} dV - \int_V \sigma_{ij,j}^I u_i^{II} dV.$$

Mit dem Satz von Gauß und den Gleichgewichtsbedingungen folgt

$$\int_V \sigma_{ij}^I \epsilon_{ij}^{II} dV = \int_A p_i^I u_i^{II} dA + \int_V f_i^I u_i^{II} dV.$$

Die rechte Seite von (4.57′) kann analog umgeformt werden und es ergibt sich der Satz von Betti

$$\int_A p_i^I u_i^{II} dA + \int_V f_i^I u_i^{II} dV = \int_A p_i^{II} u_i^I dA + \int_V f_i^{II} u_i^I dV \qquad (4.58)$$

(mitunter auch als Betti-Rayleighscher Reziprozitätssatz bezeichnet).

Die Aussage des Satzes lautet:

Die Arbeit des äußeren Kraftsystems I *an den Verschiebungen des Systems* II *ist gleich der Arbeit des äußeren Kraftsystems* II *an den Verschiebungen des Systems* I.

Die Bedeutung des Satzes von Betti liegt darin, daß man für eine beliebige Wahl des Systems II eine Beziehung zwischen den eingeprägten Kräften und den Verschiebungen (System I) eines elastischen Körpers erhält. Das System II (Hilfssystem) kann dabei sehr einfach gewählt werden (z. B. konstanter Spannungszustand) und der Satz liefert dann aufschlußreiche Eigenschaften der Lösung I.

In der Form (4.57′) oder (4.58) ist der Satz von Betti wichtig zur Aufstellung von Integraldarstellungen der linearen Elastizitätstheorie, außerdem dient er als Ausgangspunkt für die sog. Randintegralgleichungsmethode[1]).

Der Satz von Betti gilt entsprechend, wenn der elastische Körper durch konzentrierte Kräfte (Einzelkräfte) belastet ist (vgl. Fig. 4.5).

Bei fehlenden Massenkräften, wenn z. B. nur zwei Einzelkräfte in den Punkten P und Q wirken, gilt gemäß (4.58)

$$F^I d^{II} = F^{II} d^I$$

wobei d^{II} die Verschiebung des Angriffspunkts von F^I (in Richtung von F^I) infolge der Kraft F^{II}, entsprechend d^I die Verschiebung des Angriffspunkts von F^{II} (in Richtung von F^{II}) infolge der Kraft F^I ist.

Wirken mehrere Kräfte, ergibt sich

$$\sum_r F_{(r)}^I d_{(r)}^{II} = \sum_s F_{(s)}^{II} d_{(s)}^I . \qquad (4.59)$$

Entsprechend Zusammenhänge gelten auch für konzentrierte Momente und Drehungen.

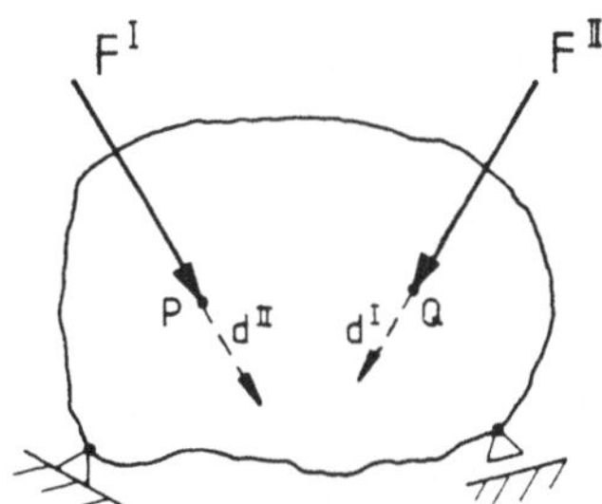

Fig. 4.5
Zum Satz von Betti

[1]) Diese stellt neben der Methode der finiten Elemente ein bedeutsames numerisches Verfahren zur Lösung komplizierter Elastizitätsprobleme dar. Vgl. Abschn. 6.5.3.

4.4.4.2 Satz von Maxwell. Wenn im Beispiel von Fig. 4.5 die beiden Einzelkräfte gleich groß sind, dann sind auch die entsprechenden Verschiebungen gleich. Diese Aussage läßt sich verallgemeinern für den Fall mehrerer Einzelkräfte und Momente und führt zum Satz von M a x w e l l über die Symmetrie der Einflußzahlen, der eine direkte Folge des Satzes von B e t t i ist.

Zur Erläuterung wird ein durch Einzelkräfte und Momente belasteter elastischer Biegebalken betrachtet.

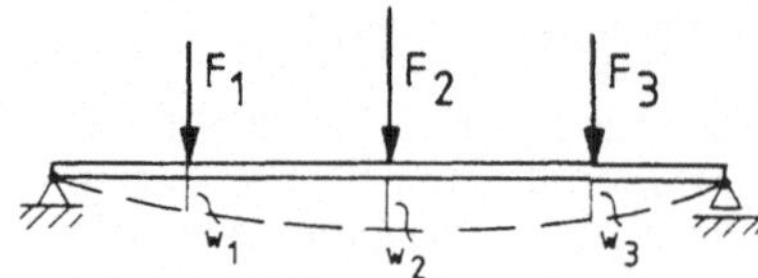

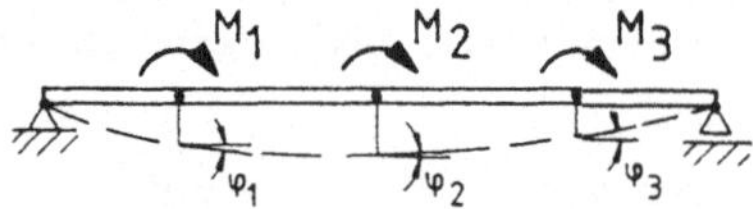

Fig. 4.6
Elastischer Balken bei Belastung durch Einzelkräfte und Einzelmomente

Zwischen den Durchsenkungen an den Kraftangriffspunkten 1, 2, 3 . . . (Fig. 4.6) und den Kräften besteht der lineare Zusammenhang

$$w_r = \sum_s \alpha_{rs} F_s \tag{4.60}$$

entsprechend für die Verdrehungen und Momente

$$\varphi_r = \sum_s \beta_{rs} M_s . \tag{4.61}$$

Die Koeffizienten α_{rs} bzw. β_{rs} werden als Nachgiebigkeitseinflußzahlen bezeichnet. Ferner gelten die reziproken Beziehungen

$$F_r = \sum_s a_{rs} w_s \quad \text{bzw.} \quad M_s = \sum_s b_{rs} \varphi_s$$

wobei die Koeffizienten a_{rs} bzw. b_{rs} als inverse Einflußzahlen oder Steifigkeitseinflußzahlen (Federkonstanten) bezeichnet werden.

Aufgrund des Satzes von B e t t i folgt, daß die Einflußzahlen stets symmetrisch sind

$$\begin{aligned} \alpha_{rs} &= \alpha_{sr} \qquad & a_{rs} &= a_{sr} \\ \beta_{rs} &= \beta_{sr} \qquad & b_{rs} &= b_{sr} \end{aligned} \tag{4.62}$$

(Satz von M a x w e l l).

Da andererseits die Kräfte am Balken auch Verdrehungen bzw. die Momente auch Durchsenkungen erzeugen, erweitern sich die obigen Beziehungen zu

$$w_r = \sum_s (\alpha_{rs} F_s + \gamma_{rs} M_s) \qquad \varphi_r = \sum_s (\delta_{rs} F_s + \beta_{rs} M_s)$$

bzw. $$F_r = \sum_s (a_{rs} w_s + c_{rs} \varphi_s) \qquad M_r = \sum_s (d_{rs} w_s + b_{rs} \varphi_s).$$

Hierbei gilt für die „gemischten" Einflußzahlen

$$\gamma_{rs} = \delta_{sr} \quad \text{bzw.} \quad c_{rs} = d_{sr}. \tag{4.63}$$

Falls linear-elastisches Verhalten vorliegt, gelten die hier am Biegebalken erläuterten Zusammenhänge zwischen Belastungen und Verformungen für alle Belastungsarten und man kann entsprechende Einflußzahlen definieren. In der Statik und Kinetik von Tragwerken und Strukturen erweisen sich die Einflußzahlen von großem praktischen Nutzen.

Zur Berechnung der Einflußzahlen kann dabei vorteilhaft der zweite Satz von Castigliano herangezogen werden.

5 Allgemeine Lösungsansätze für die Grundgleichungen

Es existieren keine allgemeinen Lösungen und auch keine in allen Fällen anwendbaren Lösungsmethoden für die Navierschen und die Beltrami-Michellschen Gleichungen (sog. Grundgleichungen der Elastizitätstheorie).

Allerdings sind diese Gleichungen der Ausgangspunkt für zahlreiche Lösungsansätze, die weitreichende Verwendung bei speziellen Elastizitätsproblemen haben (und die mitunter als „allgemeine" Lösungen bezeichnet werden). Von großer Bedeutung ist die Linearität der Grundgleichungen, da sie die Möglichkeit der Superposition eröffnet.

Man kann ferner ohne Einschränkung der Allgemeingültigkeit die Volumenkräfte (meistens Schwerkraft oder Zentrifugalkraft, z. B. bei rotierenden Körpern) außerachtlassen. Dafür lassen sich dann Partikulärlösungen (die nicht den Randbedingungen genügen müssen!) angeben, die mit den Lösungen der homogenen Gleichungen (welche die Randbedingungen der Spannungen oder Verschiebungen erfüllen) überlagert werden.

Ein aussichtsreicher Weg zur Gewinnung von Lösungsansätzen der Grundgleichungen besteht in der Einführung von Hilfsfunktionen, die mit den Verschiebungen oder den Spannungen verknüpft sind. Man spricht von Verschiebungs- bzw. Spannungsfunktionen, wiewohl in den Bezeichnungen im Schrifttum hier keine Einheitlichkeit herrscht und die verschiedenen möglichen Ansätze zum Teil miteinander in Zusammenhang stehen.

5.1 Verschiebungsfunktionen

Ausgangspunkt sind die Navierschen Gleichungen für die Verschiebungen (ohne Volumenkräfte)

$$u_{i,jj} + \frac{1}{1-2\nu} u_{j,ji} = 0. \tag{5.1}$$

Als Verschiebungsfunktionen verwendet man Potential- oder Bipotentialfunktionen.

Solche können meist einfacher gefunden werden als direkte Lösungen der komplizierten Gleichungen (5.1).

Die Komponenten des Verschiebungsvektors selbst sind Bipotentialfunktionen, d. h. es gilt $\Delta\Delta u_i = 0$, und sie werden dargestellt als Kombination von Ableitungen der Verschiebungsfunktionen. Diese müssen dann die Potential- bzw. die Bipotentialgleichung erfüllen. Solche Funktionen sind in großer Anzahl bekannt, die Hauptschwierigkeiten bestehen allemal im Anpassen an die Randbedingungen.

5.1.1 Skalar- und Vektorpotentiale

Für jedes stetige Vektorfeld, das im Unendlichen hinreichend stark verschwindet, gilt die allgemeine Darstellung

$$u_i = \phi_{,i} + \epsilon_{ijk}\psi_{k,j} \tag{5.2}$$

bzw. symbolisch

$$\vec{u} = \operatorname{grad} \phi + \operatorname{rot} \vec{\psi}$$

(Helmholtzscher Satz oder Kelvinsche Zerlegung).

Es handelt sich um die Überlagerung eines wirbelfreien und eines quellenfreien Felds, da die bekannten Beziehungen gelten

$$\operatorname{rot} \operatorname{grad} \phi \equiv 0, \qquad \operatorname{div} \operatorname{rot} \vec{\psi} \equiv 0. \tag{5.3}$$

Die skalare Funktion ϕ wird als Skalarpotential, die Vektorfunktion ψ_i als Vektorpotential bezeichnet. Zur eindeutigen Festlegung von ψ_i setzt man ohne Einschränkung der Allgemeingültigkeit

$$\psi_{i,i} = 0 \quad \text{oder} \quad \operatorname{div} \vec{\psi} = 0. \tag{5.4}$$

Versteht man unter u_i den Verschiebungsvektor, so folgt aus (5.2) durch Divergenzbildung

$$u_{i,i} = \epsilon_{ii} = \phi_{,ii} + \epsilon_{ijk}\psi_{k,ji} = \phi_{,ii}$$

d. h. für die Dehnungssumme (Volumendehnung) gilt

$$e = \phi_{,ii} = \Delta\phi. \tag{5.5}$$

Andererseits liefert Rotationsbildung von (5.2) mit (5.3) und (5.4)

$$\begin{aligned} \epsilon_{ijk}u_{k,j} &= \epsilon_{ijk}\phi_{,kj} + \epsilon_{ijk}\epsilon_{k\ell m}\psi_{m,\ell j} \\ &= (\delta_{i\ell}\delta_{jm} - \delta_{im}\delta_{j\ell})\psi_{m,\ell_j} = -\psi_{i,jj} \end{aligned}$$

d. h. es gilt nach (1.68) der Zusammenhang mit dem Drehvektor

$$2w_i = -\psi_{i,jj}. \tag{5.6}$$

Wird (5.2) und (5.5) in die Navierschen Gleichungen eingesetzt

$$\phi_{,ijj} + \epsilon_{ijk}\psi_{k,j\ell\ell} + \frac{1}{1-2\nu}\phi_{,jji} = 0$$

so folgt $\left(1+\frac{1}{1-2\nu}\right)\phi_{,ijj}+\epsilon_{ijk}\psi_{k,\ell\ell j}=0$

oder $\frac{2-2\nu}{1-2\nu}(\Delta\phi)_{,i}+\epsilon_{ijk}(\Delta\psi_k)_{,j}=0.$ (5.7)

Alle Funktionen (Skalar- bzw. Vektorpotentiale) ϕ und ψ_k, die diesen Gleichungen genügen, liefern mit (5.2) ein Verschiebungsfeld, das die Navierschen Gleichungen erfüllt[1]).
Spezielle Lösungen von (5.7) sind

$$\Delta\phi = \text{const}, \qquad \Delta\psi_k = \text{const} \tag{5.8}$$

(hierbei handelt es sich natürlich nicht um die allgemeine Lösung).

5.1.2 Lamésches Dehnungspotential

Wählt man aus (5.8)

$$\Delta\phi = \text{const} \qquad \psi_k = 0 \tag{5.9}$$

dann sind die Verschiebungen allein aus einer skalaren Funktion ableitbar mit dem Ansatz

$$2Gu_i = \phi_{,i} \tag{5.10}$$

wobei ϕ als Lamésches Dehnungspotential bezeichnet wird (1852 hat Lamé Lösungen dieser Form untersucht).
Aus (5.10) ergeben sich

$$2Ge = \Delta\phi \qquad \epsilon_{ij} = \frac{1}{2G}\phi_{,ij} \tag{5.11}$$

und für die Spannungen

$$\sigma_{ij} = \phi_{,ij} + \frac{\nu}{1-2\nu}\delta_{ij}\Delta\phi \quad \text{oder} \quad \sigma_{ij} = \phi_{,ij} + \lambda\delta_{ij}e. \tag{5.12}$$

Als spezielle Lösung für (5.9) kann man setzen

$$\Delta\phi = 0 \tag{5.13}$$

dann erfüllt das Dehnungspotential die Laplacesche Potentialgleichung und ϕ ist eine Potentialfunktion (von denen sehr viele bekannt sind).
Es folgen dann

$$e = 0, \qquad \sigma_{ij} = \phi_{,ij} \tag{5.14}$$

und für ϕ ist die Bezeichnung Spannungsfunktion angebracht.

---

[1]) Divergenzbildung von (5.7) liefert $\Delta\Delta\phi = 0$, Rotationsbildung $\Delta\Delta\psi_k = 0$, d. h. bei ϕ und den Kartesischen Komponenten ψ_k handelt es sich um Bipotentialfunktionen.

Für praktische Anwendungen sind diese Beziehungen in krummlinigen Koordinaten sehr nützlich. Es ergeben sich z. B. für Zylinderkoordinaten r, φ, z

$$\Delta\phi \equiv \left(\frac{\partial^2}{\partial r^2} + \frac{1}{r}\frac{\partial}{\partial r} + \frac{1}{r^2}\frac{\partial^2}{\partial \varphi^2} + \frac{\partial^2}{\partial z^2}\right)\phi = 0$$

$$2Gu_r = \frac{\partial \phi}{\partial r} \qquad 2Gu_\varphi = \frac{1}{r}\frac{\partial \phi}{\partial \varphi} \qquad 2Gu_z = \frac{\partial \phi}{\partial z}$$

$$\sigma_{rr} = \frac{\partial^2 \phi}{\partial r^2} \qquad \sigma_{\varphi\varphi} = \frac{1}{r}\frac{\partial \phi}{\partial r} + \frac{1}{r^2}\frac{\partial^2 \phi}{\partial \varphi^2} \qquad \sigma_{zz} = \frac{\partial^2 \phi}{\partial z^2}$$

$$\tau_{r\varphi} = \frac{\partial^2}{\partial r \partial \varphi}\left(\frac{\phi}{r}\right) \qquad \tau_{\varphi z} = \frac{1}{r}\frac{\partial^2 \phi}{\partial \varphi \partial z} \qquad \tau_{rz} = \frac{\partial^2 \phi}{\partial r \partial z}.$$

Speziell für axialsymmetrische Probleme ohne Abhängigkeit von der z-Richtung ist $\phi = \phi(r)$ und die Potentialgleichung (5.13) wird

$$\frac{d^2\phi}{dr^2} + \frac{1}{r}\frac{d\phi}{dr} = 0.$$

Sie hat als allgemeine Lösung

$$\phi = A \ln r + Br^2$$

(A, B sind Konstanten).

In Kugelkoordinaten R, ϑ, φ für den speziellen Fall, daß keine Abhängigkeit vom Winkel φ besteht (Rotationssymmetrie), ist $\phi = \phi(R, \vartheta)$.

Die Potentialgleichung (5.13) lautet dann

$$\Delta\phi \equiv \left(\frac{\partial^2}{\partial R^2} + \frac{2}{R}\frac{\partial}{\partial R} + \frac{\cot\vartheta}{R^2}\frac{\partial}{\partial \vartheta} + \frac{1}{R^2}\frac{\partial^2}{\partial \vartheta^2}\right)\phi = 0$$

und für die Verschiebungs- und Spannungskomponenten folgen

$$2Gu_R = \frac{\partial \phi}{\partial R} \qquad 2Gu_\vartheta = \frac{1}{R}\frac{\partial \phi}{\partial \vartheta} \qquad u_\varphi = 0$$

$$\sigma_{RR} = \frac{\partial^2 \phi}{\partial R^2} \qquad \sigma_{\vartheta\vartheta} = \frac{1}{R}\frac{\partial \phi}{\partial R} + \frac{1}{R^2}\frac{\partial^2 \phi}{\partial \vartheta^2}$$

$$\sigma_{\varphi\varphi} = \frac{1}{R}\frac{\partial \phi}{\partial R} + \frac{\cot\vartheta}{R^2}\frac{\partial \phi}{\partial \vartheta} \qquad \tau_{R\vartheta} = \frac{\partial^2}{\partial R \partial \vartheta}\left(\frac{\phi}{R}\right).$$

Abschließend wird als für die Anwendungen wichtiges Beispiel ein langer Hohlzylinder (Außen- bzw. Innenradius r_a bzw. r_i) unter konstantem Innen- und Außendruck p_i und p_a betrachtet.

Das L a m é sche Dehnungspotential hierfür ist

$$\phi = C_1 \ln\left(\frac{r}{a}\right) + C_2 r^2 \tag{5.15}$$

(der zweite Anteil entspricht einer homogenen Spannungsverteilung). Es ist keine Abhängigkeit von φ und z vorhanden, die einzig auftretenden Spannungen sind

$$\sigma_{rr} = \frac{d^2\phi}{dr^2} = -\frac{C_1}{r^2} + 2C_2 \qquad \sigma_{\varphi\varphi} = \frac{1}{r}\frac{d\phi}{dr} = \frac{C_1}{r^2} + 2C_2. \tag{5.16}$$

Die Konstanten werden aus den Randbedingungen ermittelt, es folgen schließlich

$$\begin{aligned} \sigma_{rr} &= -p_i \frac{\left(\frac{r_a}{r}\right)^2 - 1}{\left(\frac{r_a}{r_i}\right)^2 - 1} - p_a \frac{1 - \left(\frac{r_i}{r}\right)^2}{1 - \left(\frac{r_i}{r_a}\right)^2} \\ \sigma_{\varphi\varphi} &= p_i \frac{\left(\frac{r_a}{r}\right)^2 + 1}{\left(\frac{r_a}{r_i}\right)^2 - 1} - p_a \frac{1 + \left(\frac{r_i}{r}\right)^2}{1 - \left(\frac{r_i}{r_a}\right)^2}. \end{aligned} \tag{5.17}$$

Diese sog. L a m é sche Lösung spielt auch bei der Behandlung ebener Elastizitätsprobleme eine Rolle (vgl. Abschn. 8.5.2).

Mit dem L a m é schen Dehnungspotential lassen sich weitere elementare Lösungen gewinnen, z. B.

für Kugel- und Hohlkugelprobleme mit

$$\phi = \frac{A}{R} \qquad A = \text{const}, \qquad R^2 = x^2 + y^2 + z^2$$

für Rotationskörper (z als Drehachse) mit

$$\phi = A \ln(R + z).$$

5.1.3 Galerkinscher Vektor

Während beim L a m é schen Dehnungspotential die Verschiebungen mit ersten Ableitungen einer Skalarfunktion dargestellt werden, können allgemeinere Lösungen mit weitergehender Anwendung gewonnen werden, wenn man höhere Ableitungen einer Vektorfunktion verwendet.

In den N a v i e r schen Gleichungen treten gerade zwei von den Koordinatenrichtungen unabhängige Differentialoperationen zweiter Ordnung auf.

Auf diese naheliegende Weise wurde von Galerkin [15][1]) ein allgemeiner Lösungsansatz

$$u_i = kF_{i,jj} - F_{j,ji} \tag{5.18}$$

(k ist eine Konstante) eingeführt und die drei Funktionen F_x, F_y, F_z als Dehnungsfunktionen bezeichnet, mit denen die Verschiebungen ausgedrückt werden. Die Interpretation dieser Funktionen als Komponenten eines Vektors stammt übrigens von Papkovich [16]. Galerkin gelangte zu seinem Ergebnis auf etwas anderem Weg als nachfolgend dargestellt.

Auf den Ansatz (5.18) wird man geführt, wenn man das Vektorpotential ψ_i im Helmholtzschen Satz auf ein anderes Vektorpotential gemäß

$$\psi_k = -\epsilon_{k\ell m} k\bar{F}_{m,\ell} \tag{5.19}$$

zurückführt.

Aus $\quad u_i = \phi_{,i} + \epsilon_{ijk}\psi_{k,j}$

folgt dann

$$u_i = \phi_{,i} - \epsilon_{ijk}\epsilon_{k\ell m} k\bar{F}_{m,\ell j} = \phi_{,i} - k\bar{F}_{j,ji} + k\bar{F}_{i,jj}. \tag{5.20}$$

Hierbei ist $k\bar{F}_{j,j}$ eine skalare Funktion, die derart gewählt werden kann, so daß ϕ nicht mehr vorkommt. Aus (5.20) folgt dann (5.18).

Eingesetzt in die Navierschen Gleichungen ergibt sich

$$kF_{i,jj\ell\ell} - F_{j,ji\ell\ell} + \frac{1}{1-2\nu}(kF_{k,jjk} - F_{j,jkk})_{,i}$$

$$= kF_{i,jj\ell\ell} - F_{j,\ell\ell ji} + \frac{k-1}{1-2\nu} F_{i,kkji} = 0$$

oder $\quad kF_{i,jj\ell\ell} + \left(\frac{k-1}{1-2\nu} - 1\right) F_{j,kkji} = 0.$

Der zweite Term fällt weg, wenn man für die Konstante $k = 2(1-\nu)$ setzt. Damit erfüllt der Ansatz von Galerkin in der Form

$$2Gu_i = 2(1-\nu)H_{i,jj} - H_{j,ji} \tag{5.21}$$

die Navierschen Gleichungen, wofern die Komponenten des Galerkinschen Vektors (der jetzt in H_i umbenannt ist) die Bipotentialgleichung

$$H_{i,jjkk} = 0 \tag{5.22}$$

erfüllen.

[1]) Bei kritischer Betrachtung der Quellen stellt man fest, daß dieser Lösungsansatz bereits Boussinesq (1885) bekannt war und 1889 von Somigliana wiederentdeckt wurde (vgl. [A 32]). Trotzdem hat sich die Bezeichnung Galerkinsche Lösung eingebürgert.

Beim G a l e r k i n schen Vektor handelt es sich also um eine biharmonische Vektorfunktion in Kartesischen Koordinaten. Die Lösung der N a v i e r schen Gleichungen ist damit zurückgeführt auf die Ermittlung der drei Funktionen H_i.

Im Fall nichtverschwindender Volumenkräfte ergibt sich an Stelle von (5.22) die inhomogene Gleichung

$$H_{i,jjkk} = -\frac{f_i}{1-\nu}.$$

Jede Komponente des G a l e r k i n schen Vektors erfüllt eine Gleichung, die von den beiden anderen Komponenten unabhängig ist.

Mit (5.21) folgt für die Dehnungssumme

$$2Ge = 2Gu_{k,k} = (1-2\nu)H_{k,k\ell\ell} \tag{5.23}$$

und für die Spannungen mittels des H o o k e schen Gesetzes

$$\sigma_{ij} = \left(\nu\delta_{ij}\frac{\partial}{\partial x_\ell}\frac{\partial}{\partial x_\ell} - \frac{\partial}{\partial x_i}\frac{\partial}{\partial x_j}\right)H_{k,k} + (1-\nu)(H_{i,j} + H_{j,i})_{,kk} \tag{5.24}$$

ferner für die Spannungssumme

$$s = \sigma_{kk} = (1+\nu)H_{k,k\ell\ell}. \tag{5.25}$$

Ausführlich lauten die Gln. (5.21), (5.23), (5.24) und (5.25) in Kartesischen Koordinaten

$$2Gu_1 = 2(1-\nu)\Delta H_1 - \frac{\partial}{\partial x_1}\left(\frac{\partial H_1}{\partial x_1} + \frac{\partial H_2}{\partial x_2} + \frac{\partial H_3}{\partial x_3}\right)$$

usw. (zyklische Vertauschung der Indizes)

$$2Ge = (1-2\nu)\Delta\left(\frac{\partial H_1}{\partial x_1} + \frac{\partial H_2}{\partial x_2} + \frac{\partial H_3}{\partial x_3}\right)$$

$$\sigma_{11} = \left(\nu\Delta - \frac{\partial^2}{\partial x_1^2}\right)\left(\frac{\partial H_1}{\partial x_1} + \frac{\partial H_2}{\partial x_2} + \frac{\partial H_3}{\partial x_3}\right) + 2(1-\nu)\,\Delta\frac{\partial H_1}{\partial x_1} \quad \text{usw.}$$

$$s = (1+\nu)\Delta\left(\frac{\partial H_1}{\partial x_1} + \frac{\partial H_2}{\partial x_2} + \frac{\partial H_3}{\partial x_3}\right)$$

mit $\Delta(\ldots) = \left(\frac{\partial^2}{\partial x_1^2} + \frac{\partial^2}{\partial x_2^2} + \frac{\partial^2}{\partial x_3^2}\right)(\ldots)$.

Der Lösungsansatz mit dem G a l e r k i n schen Vektor ist hauptsächlich zur Behandlung dreidimensionaler Probleme geeignet. Zu den elementaren Elastizitätsproblemen, die damit gelöst werden können, gehören:

– Einzelkraft im unendlich ausgedehnten Medium (Problem von K e l v i n),
– Normal- bzw. Tangentialkraft an der Oberfläche des unendlichen Halbraums (Problem von B o u s s i n e s q bzw. C e r r u t i),
– Einzelkraft im Innern des unendlichen Halbraums (Problem von M i n d l i n).

Von diesen Lösungen sowie alternativen Lösungsmethoden wird später noch die Rede sein (vgl. Abschn. 9).

5.1.4 Sonderfälle des Galerkinschen Vektors, Lovesche Verschiebungsfunktion

Sind die Komponenten H_i des G a l e r k i n schen Vektors nicht nur biharmonische, sondern auch harmonische Funktionen, d. h. gilt

$$\Delta H_i = 0 \tag{5.26}$$

dann vereinfacht sich (5.21) zu

$$2Gu_i = -H_{j,ji}. \tag{5.27}$$

Der Vergleich mit (5.10) zeigt, daß dann gemäß

$$H_{j,j} = -\phi \tag{5.28}$$

ein Zusammenhang mit dem L a m é schen Dehnungspotential besteht.

In manchen Fällen ist es möglich, einen G a l e r k i n schen Vektor als Summe einer biharmonischen und einer harmonischen Vektorfunktion aufzubauen (einige der am Ende des letzten Abschnitts erwähnten Probleme können auf diese Weise gelöst werden).

Ein weiterer Sonderfall liegt vor, wenn der G a l e r k i n sche Vektor nur eine Komponente, und zwar in x_3-Richtung

$$H_3 = aZ, \qquad H_1 = H_2 = 0 \tag{5.29}$$

besitzt. Hierfür gilt

$$\Delta\Delta Z = 0$$

in Kartesischen oder Zylinderkoordinaten (x_3 ist eine geradlinige Koordinate)[1]).

Der Ansatz für die Verschiebungen wird in Kartesischen Koordinaten (x, y, z)

$$\begin{aligned} &2Gu_x = -\frac{\partial^2 Z}{\partial x \partial y} \qquad 2Gu_y = -\frac{\partial^2 Z}{\partial y \partial z} \\ &2Gu_z = \left[2(1-\nu)\Delta - \frac{\partial^2}{\partial z^2}\right] Z \end{aligned} \tag{5.30}$$

mit $\quad \Delta(\ldots) = \left(\frac{\partial^2}{\partial x^2} + \frac{\partial^2}{\partial y^2} + \frac{\partial^2}{\partial z^2}\right)$

entsprechend in Kreiszylinderkoordinaten (r, φ, z)

$$\begin{aligned} &2Gu_r = -\frac{\partial^2 Z}{\partial r \partial z} \qquad 2Gu_\varphi = -\frac{1}{r}\frac{\partial^2 Z}{\partial \varphi \partial z} \\ &2Gu_z = \left[2(1-\nu)\Delta - \frac{\partial^2}{\partial z^2}\right] Z \end{aligned} \tag{5.31}$$

---

[1]) Falls Volumenkräfte vorliegen, ist nur eine Volumenkraftkomponente in x_3-Richtung zulässig. Im übrigen können auch elliptische oder parabolische Zylinderkoordinaten zugrundegelegt werden.

mit $\Delta(\ldots) = \left(\frac{\partial^2}{\partial r^2} + \frac{1}{r}\frac{\partial}{\partial r} + \frac{1}{r^2}\frac{\partial^2}{\partial \varphi^2} + \frac{\partial^2}{\partial z^2}\right)(\ldots)$.

Ferner ist

$$2Ge = (1-2\nu)\Delta\frac{\partial Z}{\partial z} . \tag{5.32}$$

Mit dem H o o k e schen Gesetz folgen in Kartesischen Koordinaten

$$\begin{aligned}
\sigma_{xx} &= \frac{\partial}{\partial z}\left(\nu\Delta - \frac{\partial^2}{\partial x^2}\right)Z \\
\sigma_{yy} &= \frac{\partial}{\partial z}\left(\nu\Delta - \frac{\partial^2}{\partial y^2}\right)Z \\
\sigma_{zz} &= \frac{\partial}{\partial z}\left(\nu\Delta - \frac{\partial^2}{\partial z^2}\right)Z \\
\tau_{xy} &= -\frac{\partial^3 Z}{\partial x \partial y \partial z} \\
\tau_{yz} &= \frac{\partial}{\partial x}\left[(1-\nu)\Delta - \frac{\partial^2}{\partial z^2}\right]Z \\
\tau_{zx} &= \frac{\partial}{\partial y}\left[(1-\nu)\Delta - \frac{\partial^2}{\partial z^2}\right]Z
\end{aligned} \tag{5.33}$$

und in Zylinderkoordinaten

$$\begin{aligned}
\sigma_{rr} &= \frac{\partial}{\partial z}\left(\nu\Delta - \frac{\partial^2}{\partial r^2}\right)Z \\
\sigma_{\varphi\varphi} &= \frac{\partial}{\partial z}\left(\nu\Delta - \frac{1}{r}\frac{\partial}{\partial r} - \frac{1}{r^2}\frac{\partial^2}{\partial \varphi^2}\right)Z \\
\sigma_{zz} &= \frac{\partial}{\partial z}\left[(2-\nu)\Delta - \frac{\partial^2}{\partial z^2}\right]Z \\
\tau_{r\varphi} &= -\frac{\partial^3}{\partial r \partial \varphi \partial z}\left(\frac{Z}{r}\right) \\
\tau_{\varphi z} &= \frac{1}{r}\frac{\partial}{\partial \varphi}\left[(1-\nu)\Delta - \frac{\partial^2}{\partial z^2}\right]Z \\
\tau_{zr} &= \frac{\partial}{\partial r}\left[(1-\nu)\Delta - \frac{\partial^2}{\partial z^2}\right]Z .
\end{aligned} \tag{5.34}$$

Ferner ist

$$s = (1 + \nu)\Delta \frac{\partial Z}{\partial z} \tag{5.35}$$

wobei jeweils die entsprechenden Ausdrücke für die L a p l a c e - Operatoren zu verwenden sind.

Im Fall von Umdrehungskörpern mit rotationssymmetrischer Belastung wird

$$Z = Z(r, z) \tag{5.36}$$

und die Beziehungen (5.31) und (5.34) vereinfachen sich entsprechend. Die Funktion Z ist dann identisch mit der L o v e schen Verschiebungsfunktion, die zur Lösung verschiedener Probleme eingeführt wurde.

Für Kugelkoordinaten R, ϑ, φ im speziellen Fall, daß keine Abhängigkeit vom Winkel φ besteht, ist die L o v e sche Verschiebungsfunktion $Z = Z(R, \vartheta)$.

5.1.5 Lösungsansatz von Papkovich und Neuber

Während beim Lösungsansatz von G a l e r k i n zur Integration der N a v i e r schen Gleichungen Bipotentialfunktionen herangezogen werden, sollen jetzt die Lösungen aus Potentialfunktionen (wie sie in Sonderfällen schon für das Skalar- und Vektorpotential gemäß (5.2) eingesetzt wurden) aufgebaut werden.

Der Verschiebungsvektor wird dargestellt durch eine Kombination von Potentialfunktionen in der Form

$$u_i = A(\phi_0 + x_j\phi_j)_{,i} + B\phi_i \tag{5.37}$$

mit $\phi_{0,ii} = 0 \qquad \phi_{i,jj} = 0$

(A und B sind Konstanten),

Dieser Ansatz wurde von P a p k o v i c h [17] und unabhängig von N e u b e r [18] auf verschiedenen Wegen gefunden, im Spezialfall der Rotationssymmetrie hat B o u s - s i n e s q (1885) eine entsprechende Lösung angegeben.

Wie M i n d l i n [19] gezeigt hat, besteht ein enger Zusammenhang der P a p k o v i c h - N e u b e r schen Lösung mit dem G a l e r k i n schen Vektor.

Auf diese Weise soll im folgenden, ausgehend von (5.21) die Lösung dargestellt werden. Setzt man

$$H_{i,jj} = 2\phi_i \quad \text{und} \quad H_{j,j} = \psi \tag{5.38}$$

so wird der G a l e r k i n sche Ansatz

$$2Gu_i = 2(1 - \nu)H_{i,jj} - H_{j,ji}. \tag{5.39}$$

Wegen $H_{i,jj\ell\ell} = 0$ folgt

$$\phi_{i,jj} = 0 \tag{5.40}$$

d. h. ϕ_i ist eine harmonische Funktion.

Außerdem gilt

$$H_{i,ijj} = 2\phi_{i,i} = \psi_{,ii}$$

und wegen (5.40) folgt

$$\psi_{,iijj} = 0 \tag{5.41}$$

d. h. ψ ist eine biharmonische Funktion.

Wie man sich leicht überzeugt, hat die Diff.-Gl.

$$\psi_{,ii} = 2\phi_{i,i}$$

als allgemeine Lösung

$$\psi = x_i\phi_i + \phi_0 \tag{5.42}$$

wobei ϕ_0 eine beliebige harmonische Funktion bedeutet. Man erkennt in (5.42) die Tatsache, daß jede biharmonische Funktion durch harmonische Funktionen dargestellt werden kann[1]). Eingesetzt in (5.39) ergibt sich

$$2Gu_i = 4(1-\nu)\phi_i - (x_j\phi_j + \phi_0)_{,i}. \tag{5.43}$$

Dies ist der Lösungsansatz von Papkovich und Neuber. Eine alternative Form lautet

$$2Gu_i = (3-4\nu)\phi_i - x_j\phi_{j,i} - \phi_{0,i}. \tag{5.43'}$$

Im allgemeinen Fall ergibt sich somit, daß durch vier harmonische Funktionen ein Verschiebungsfeld dargestellt werden kann, das den Navierschen Gleichungen genügt. Wie von Neuber gezeigt wurde, kann die Anzahl der benötigten harmonischen Funktionen auf drei reduziert werden (sog. „Dreifunktionenansatz"). Mit der Substitution

$$\phi_0 = 4(1-\nu)\bar{\phi}_0 - x_j\bar{\phi}_{0,j} \qquad \phi_i = \bar{\phi}_i + \bar{\phi}_{0,i} \tag{5.44}$$

kann ϕ_0 eliminiert werden und es folgt aus (5.43')

$$2Gu_i = (3-4\nu)\bar{\phi}_i - x_j\bar{\phi}_{j,i} \tag{5.45}$$

Die Bedingung für die Existenz der zu ϕ_i bzw. ϕ_0 zugeordneten harmonischen Funktionen $\bar{\phi}_i$ muß dabei nachgewiesen werden. Hierüber lese man in der Originalliteratur[2]) nach.

Aus dem Ansatz von Papkovich und Neuber (5.43) ergibt sich für die Dehnungssumme

$$2Ge = 2(1-2\nu)\phi_{i,i} = (1-2\nu)N_{,ii} \tag{5.46}$$

wobei die Abkürzung

$$N = x_j\phi_j + \phi_0 \tag{5.47}$$

eingeführt wurde.

---

1) Mit der Einschränkung, daß es sich um einfach zusammenhängende Bereiche handelt, in denen die Funktionen definiert sind.

2) Siehe auch [A 14] S. 331.

Mit dem H o o k e schen Gesetz folgen für die Spannungen

$$\sigma_{ij} = 2(1-\nu)(\phi_{i,j} + \phi_{j,i}) - N_{,ij} + \nu\delta_{ij}N_{,kk}. \tag{5.48}$$

Ausführlich lauten die Beziehungen (5.43) des Ansatzes von P a p k o v i c h und N e u b e r in Kartesischen Koordinaten x, y, z

$$2Gu_x = 4(1-\nu)\phi_x - \frac{\partial N}{\partial x} \tag{5.49}$$

usw. (zyklische Vertauschung der Indizes) mit

$$N = x\phi_x + y\phi_y + z\phi_z + \phi_0.$$

Für die Dehnungssumme ergibt sich

$$2Ge = 2(1-2\nu)\left(\frac{\partial\phi_x}{\partial x} + \frac{\partial\phi_y}{\partial y} + \frac{\partial\phi_z}{\partial z}\right) = (1-2\nu)\Delta N \tag{5.50}$$

für die Spannungen folgen

$$\begin{aligned} \sigma_{xx} &= 4(1-\nu)\frac{\partial\phi_x}{\partial x} + \left(\nu\Delta - \frac{\partial^2}{\partial x^2}\right)N \\ &= 2(1-\nu)\left(\frac{\partial\phi_x}{\partial x} - \frac{\partial\phi_y}{\partial y} - \frac{\partial\phi_z}{\partial z}\right) + \left(\frac{\partial^2}{\partial y^2} + \frac{\partial^2}{\partial z^2}\right)N \quad \text{usw.} \\ \tau_{xy} &= 2(1-\nu)\left(\frac{\partial\phi_x}{\partial y} + \frac{\partial\phi_y}{\partial x}\right) - \frac{\partial^2 N}{\partial x\partial y} \quad \text{usw.} \end{aligned} \tag{5.51}$$

Wesentlich am Lösungsansatz von P a p k o v i c h und N e u b e r ist, daß er auf krummlinige Koordinaten[1]) transformiert werden kann und in dieser Hinsicht dem Ansatz von G a l e r k i n überlegen ist, der sich außer in Zylinderkoordinaten als sehr unhandlich erweist.

Der Ansatz (5.43) lautet beispielsweise in Kreiszylinderkoordinaten r, φ, z

$$2Gu_r = 4(1-\nu)[\phi_1\cos\varphi + \phi_2\sin\varphi] - \frac{\partial N}{\partial r}$$

$$2Gu_\varphi = 4(1-\nu)[-\phi_1\sin\varphi + \phi_2\cos\varphi] - \frac{1}{r}\frac{\partial N}{\partial\varphi}$$

$$2Gu_z = 4(1-\nu)\phi_3 - \frac{\partial N}{\partial z}$$

mit $\quad N = \phi_0 + \phi_1 r\cos\varphi + \phi_2 r\sin\varphi + \phi_3 z$

[1]) Auf diesem Weg gelang es N e u b e r , erstmalig wichtige Probleme der räumlichen Spannungskonzentration in Rotationsellipsoidkoordinaten (Sphäroidkoordinaten) zu lösen (vgl. Abschn. 9).

und in Kugelkoordinaten R, ϑ, φ

$$2Gu_R = 4(1-\nu)[(\phi_1 \cos\varphi + \phi_2 \sin\varphi)\sin\vartheta + \phi_3 \cos\vartheta] - \frac{\partial N}{\partial R}$$

$$2Gu_\vartheta = 4(1-\nu)[(\phi_1 \cos\varphi + \phi_2 \sin\varphi)\cos\vartheta - \phi_3 \sin\vartheta] - \frac{1}{R}\frac{\partial N}{\partial\vartheta}$$

$$2Gu_\varphi = 4(1-\nu)[-\phi_1 \sin\varphi + \phi_2 \cos\varphi] - \frac{1}{R\sin\vartheta}\frac{\partial N}{\partial\varphi}$$

mit $N = \phi_0 + R[(\phi_1 \cos\varphi + \phi_2 \sin\varphi)\sin\vartheta + \phi_3 \cos\vartheta]$.

Hervorzuheben ist ferner, daß beim Ansatz von Papkovich und Neuber die Navierschen Gleichungen durch harmonische Funktionen (Potentialfunktionen) erfüllt werden, von denen eine Vielzahl bekannt ist.

Die Schwierigkeiten liegen aber auch hier in der Befriedigung der Randbedingungen. Die an sich recht harmlos erscheinende Randbedingung beim ersten Randwertproblem (Formel von Cauchy)

$$p_i = \sigma_{ij} n_i$$

nimmt mit dem Ansatz von Papkovich und Neuber die Form

$$2G[\phi_{0,ij} - 2\nu\delta_{ij}\phi_{k,k} - (1-2\nu)(\phi_{i,j} + \phi_{j,i}) + x_k\phi_{k,ij}]n_j = p_i$$

an und man erkennt daran die Schwierigkeit der elastischen Randwertprobleme gegenüber den Standardrandwertproblemen der Potentialtheorie.

Gegenüber dem Galerkinschen Ansatz spricht für den Ansatz von Papkovich und Neuber, daß nur vier (drei) harmonische Funktionen statt dreier biharmonischer (oder entsprechend sechs harmonischer) Funktionen benötigt werden, ferner daß die Verschiebungen durch erste Ableitungen statt durch zweite Ableitungen aus den Ansatzfunktionen hervorgehen.

5.1.6 Rotationssymmetrische Probleme, Lösungsansatz von Boussinesq

Wie bereits erwähnt, wurde die Idee des Lösungsansatzes von Papkovich und Neuber schon lange vorher von Boussinesq für den Sonderfall der torsionslosen Rotationssymmetrie angewendet.

Es sind dann bei Zugrundelegung von Zylinderkoordinaten r, φ, z die harmonischen Funktionen ϕ_i und ϕ_0 nur abhängig von r und z, die Ableitungen nach φ entfallen und die Verschiebung u_φ verschwindet.

Mithin gilt

$$\phi_1 = \phi_2 = 0 \qquad \phi_3 = \phi_3(r, z) \qquad \phi_0 = \phi_0(r, z) \tag{5.52}$$

ferner ist

$$N = \phi_0 + z\phi_3.$$

Damit ergibt sich der spezielle Lösungsansatz ($\phi_3 = \phi_z$)

$$2Gu_r = -\frac{\partial N}{\partial r}$$
$$2Gu_z = 4(1-\nu)\phi_z - \frac{\partial N}{\partial z}. \tag{5.53}$$

Es folgen daraus für die Dehnungssumme

$$2Ge = (1-2\nu)\Delta N = 2(1-2\nu)\frac{\partial \phi_z}{\partial z} \tag{5.54}$$

und mit dem Hooke schen Gesetz für die Spannungen

$$\sigma_{rr} = 2\nu\frac{\partial \phi_z}{\partial z} - \frac{\partial^2 N}{\partial r^2}$$
$$\sigma_{\varphi\varphi} = 2\nu\frac{\partial \phi_z}{\partial z} - \frac{1}{r}\frac{\partial N}{\partial r}$$
$$\sigma_{zz} = 2(2-\nu)\frac{\partial \phi_z}{\partial z} - \frac{\partial^2 N}{\partial z^2} \tag{5.55}$$
$$\tau_{rz} = 2(1-\nu)\frac{\partial \phi_z}{\partial r} - \frac{\partial^2 N}{\partial r \partial z}.$$

Mit diesem Lösungsansatz wurde erstmalig das Problem der normalen Einzelkraft am Rand des elastischen Halbraums (Problem von Boussinesq, vgl. Abschn. 9.2) gelöst.

Bemerkung: So wie in den meisten Fällen der Ansatz von Papkovich und Neuber dem Galerkin schen Ansatz vorzuziehen ist, erweist sich für rotationssymmetrische Probleme die Boussinesq sche Lösung besser als die Love sche Verschiebungsfunktion.

5.2 Spannungsfunktionen

Eine weitere Möglichkeit, die Grundgleichungen der Elastizitätstheorie zu vereinfachen, eröffnet sich durch Einführung von Spannungsfunktionen.

Ausgangspunkt sind die Gleichgewichtsbedingungen (Volumenkräfte außerachtgelassen)

$$\sigma_{ij,j} = 0 \tag{5.56}$$

bzw. die sich mit den Verträglichkeitsbedingungen ergebenden Beltrami schen Gleichungen

$$\sigma_{ij,\varrho\varrho} + \frac{1}{1+\nu} s_{,ij} = 0. \tag{5.57}$$

Letztere sind mathematisch sehr schwierig zu behandeln, weswegen Hilfsfunktionen verwendet werden, mit denen (5.56) identisch erfüllt wird.

Erstmalig wurde dies von Airy [20] 1863 durchgeführt, der für den Sonderfall zweidimensionaler Spannungszustände die Spannungskomponenten mittels einer skalaren Ortsfunktion dargestellt hat, ohne jedoch dies zur Lösung von Elastizitätsproblemen anzuwenden (siehe Abschn. 8.2).

Dreidimensionale Verallgemeinerungen stammen von Maxwell [21] und alternativ von Morera [22].

5.2.1 Maxwellsche Spannungsfunktionen

Unter Zugrundelegung Kartesischer Koordinaten werden drei räumliche Skalarfunktionen U_{11}, U_{22}, U_{33} eingeführt und mit dem Ansatz

$$\begin{aligned} \sigma_{11} &= U_{22,33} + U_{33,22} \\ \sigma_{22} &= U_{33,11} + U_{11,33} \\ \sigma_{33} &= U_{11,22} + U_{22,11} \\ \sigma_{12} &= -U_{33,12} \qquad \sigma_{23} = -U_{11,23} \qquad \sigma_{31} = -U_{22,13} \end{aligned} \tag{5.58}$$

werden die Gleichgewichtsbedingungen identisch erfüllt.

Bei der Wahl der Spannungsfunktionen bleibt eine gewisse Willkürlichkeit. Jedenfalls muß der Ansatz den Beltramischen Gleichungen genügen, eingesetzt in (5.57) ergeben sich

$$[(1+\nu)\Delta U_{22} - s]_{,33} + [(1+\nu)\Delta U_{33} - s]_{,22} = 0$$

usw. (zyklische Vertauschung der Indizes) bzw.

$$-[(1+\nu)\Delta U_{33} - s]_{,12} = 0 \tag{5.59}$$

usw. (zyklische Vertauschung der Indizes), wobei $s_{,ii} = 0$ benützt wurde.

Aufgrund der Eigenschaften der Spannungsfunktionen ergeben sich daraus die drei unabhängigen Beziehungen[1])

$$\Delta U_{11} = \Delta U_{22} = \Delta U_{33} = \frac{s}{1+\nu}$$

bzw. $$\Delta U_{11} = \Delta U_{22} = \Delta U_{33} = \frac{U_{11,11} + U_{22,22} + U_{33,33}}{2-\nu}\,. \tag{5.60}$$

Aus der ersten dieser Gleichungen folgt

$$(1+\nu)(U_{11,11} - U_{22,11} - U_{33,11}) = s - (1+\nu)(\sigma_{22} + \sigma_{33}) = E\epsilon_{11} \tag{5.61}$$

[1]) Vgl. z. B. [A 18], S. 128.

wobei das H o o k e sche Gesetz

$$\epsilon_{ij} = \frac{1}{E}(\sigma_{ij} - \nu\delta_{ij}s)$$

verwendet wurde. Zwei entsprechende Gleichungen erhält man durch zyklische Vertauschung der Indizes.

Durch Integration ergibt sich aus diesen Beziehungen folgende Darstellung für die Verschiebungen

$$u_1 = \frac{1+\nu}{E}(U_{11} - U_{22} - U_{33})_{,1} \qquad (5.62)$$

usw. (zyklische Vertauschung der Indizes).

Es gibt immer drei solcher Spannungsfunktionen, mit denen die Gleichgewichtsbedingungen und die Verträglichkeitsbedingungen erfüllt sind.

Zur Lösung von Elastizitätsproblemen ist der M a x w e l l sche Ansatz kaum verwertbar, außerdem gelten die Beziehungen nur in Kartesischen Koordinaten.

5.2.2 Morerasche Spannungsfunktionen

Ein alternativer Ansatz, ebenfalls mit drei skalaren Spannungsfunktionen $U_{12} = U_{21}$, $U_{23} = U_{32}$, $U_{31} = U_{13}$, wurde von M o r e r a ausgestellt

$$\begin{aligned} \sigma_{11} &= -2U_{23,23} \quad \text{usw.} \\ \sigma_{12} &= (U_{23,1} + U_{31,2} - U_{12,3})_{,3} \quad \text{usw.} \end{aligned} \qquad (5.63)$$

(zyklische Vertauschung der Indizes).

Diese Spannungsfunktionen können ebenfalls willkürlich gewählt werden, aber auch sie müssen die B e l t r a m i schen Gleichungen erfüllen. Allerdings läßt sich dies nicht mehr so einfach darstellen wie bei den M a x w e l l schen Spannungsfunktionen.

Der Ansatz (5.63) gilt ebenfalls nur in Kartesischen Koordinaten und erweist sich als wenig brauchbar für elastizitätstheoretische Lösungen.

5.2.3 Allgemeiner Ansatz von Beltrami, Finzi und Weber

Ein Ansatz[1]) zur Erfüllung der Gleichgewichtsbedingungen, der nicht auf Kartesische Koordinaten beschränkt ist, ergibt sich aus der Überlagerung der Spannungsfunktionen von M a x w e l l und M o r e r a.

---

[1]) Dieser Ansatz stammt eigentlich von B e l t r a m i [23], er wird manchmal in der Literatur F i n z i [24] zugeschrieben, der ihn aber erst 1934 angegeben hat. 1948 wurde der Ansatz von C. W e b e r [25] wiederentdeckt.

Der Ansatz lautet

$$\sigma_{11} = U_{22,33} + U_{33,22} - 2U_{23,23} \quad \text{usw.}$$
$$\sigma_{12} = U_{23,13} + U_{31,23} - U_{12,33} - U_{33,12} \quad \text{usw.} \tag{5.64}$$

(zyklische Vertauschung der Indizes).

Die auftretenden sechs räumlichen Spannungsfunktionen erweisen sich als Komponenten des symmetrischen Spannungsfunktionentensors

$$U_{ij} = U_{ji}.$$

Allgemein läßt sich (5.64) schreiben

$$\sigma_{ij} = \epsilon_{imr}\epsilon_{jns}U_{rs,mn} \tag{5.65}$$

oder symbolisch

$$\sigma_{ij} = (\text{Ink } \underset{\sim}{U})_{ij}$$

mit dem Operator Ink (. . .) als „Inkompatibilität von (. . .)".[1]) Der allgemeine Ansatz (5.65) gilt als Tensorgleichung in allen Koordinatensystemen, außerdem gilt er als allgemeine Lösung der Gleichgewichtsbedingungen für $\sigma_{ij} = \sigma_{ji}$ und ist somit nicht auf elastisches Materialverhalten beschränkt.

Dieser Ansatz wird gewonnen, indem man die Existenz von Größen A_{ij} annimmt, mit denen gemäß

$$\sigma_{ij} = \epsilon_{jst}A_{it,s} \tag{5.66}$$

die Gleichgewichtsbedingungen erfüllt werden.

Mit der Symmetriebedingung für die Spannungen folgt aus (5.66) dann (5.65).

Speziell ergibt sich aus dem B e l t r a m i - F i n z i schen Ansatz (5.65)

mit $U_{ij} = 0$ für $i \neq j$ der M a x w e l l sche Ansatz

mit $U_{11} = U_{22} = U_{33} = 0$ der M o r e r a sche Ansatz.

Die Brauchbarkeit des Ansatzes (5.65) zur Lösung praktischer Elastizitätsprobleme ist gleichfalls sehr gering, da die Diff.-Gl., denen die Spannungsfunktionen genügen müssen, äußerst kompliziert sind.

Hingegen haben die Spannungsfunktionen große Bedeutung auf dem relativ neuen Gebiet der Kontinuumstheorie der Versetzungen, das nicht mehr zur klassischen Elastizitätstheorie zu rechnen ist. Die Verzerrungen sind hierbei nicht mehr aus einem Verschiebungsfeld ableitbar und zur Berechnung der Eigenspannungen aus einem räumlichen Feld von Versetzungen[2]) sind die Spannungsfunktionen unerläßlich vgl. [B 24].

---

[1]) Vgl. Abschn. 1.3.6.1.

[2]) Siehe z. B. [B 24].

Wie von verschiedenen Autoren [26], [27] gezeigt wurde, besteht ein enger Zusammenhang zwischen den Maxwell-Morearaschen Spannungsfunktionen und den Papkovich-Neuberschen Verschiebungsfunktionen.

Abschließend sei erwähnt, daß es nicht in den Rahmen dieses Buches fällt, das Problem der Vollständigkeit der genannten Lösungsansätze für die Verschiebungen und Spannungen, insbesondere auch ihre Abhängigkeit von den Stoffgesetzen, zu erörtern. Hinweise auf diese theoretisch interessanten Fragen finden sich z. B. in [A 32].

6 Überblick über weitere Lösungsverfahren der Elastizitätstheorie

Wie bereits erwähnt wurde, ist es sehr schwierig, exakte Lösungen der Grundgleichungen mit vorgeschriebenen Randbedingungen zu gewinnen. Gleichwohl ist es mit den im vorigen Abschnitt behandelten allgemeinen Lösungsansätzen möglich, in zahlreichen Fällen fundamentale und für die Anwendung bedeutsame Probleme der Elastizitätstheorie zu lösen.

Daneben gibt es weitere exakte sowie approximative, analytische und numerische Lösungsverfahren, die in vielen Fällen zum Ziel führen. Den numerischen Näherungsmethoden kommt dabei wegen der ständigen Weiterentwicklung der automatischen Rechenanlagen („Computer") eine steigende Bedeutung zu. Jedoch fußen alle diese Methoden immer auf den exakten Gesetzen der Mechanik, deren Kenntnis für das Verstehen der Näherungsmethoden daher unerläßlich ist.

Ohne zu sehr ins Detail zu gehen, sollen nachfolgend etliche der Lösungsverfahren für räumliche und ebene Probleme besprochen werden.

6.1 Inverse und semi-inverse Methode

Als inverse Methode wird das Vorgehen bezeichnet, daß man eine spezielle Lösung vorab kennt (oder erraten hat), und nachher verifiziert, welches Problem damit gelöst werden kann. Dies bedeutet, daß ausgehend von der Lösung nachgeprüft wird, welche Randbedingungen erfüllt werden können und ob sich mögliche Belastungsfälle daraus ergeben. Dieses Verfahren, das eine gewisse Intuition voraussetzt, führte auf die Lösung zahlreicher elementarer Probleme.

Eine Weiterführung stellt die auf St. Venant zurückgehende semiinverse Methode dar, die vielfältige Anwendung gefunden hat. Es wird dabei nicht versucht, simultan alle Grundgleichungen sowie die Randbedingungen zu erfüllen, vielmehr werden plausible Annahmen über Verformungs- oder Spannungsgrößen getroffen, die dann in die Grundgleichungen eingeführt werden. Dadurch ergeben sich einfachere Diff.-Gl., aus denen die noch fehlenden Bestimmungsgrößen ermittelt werden. Wenn mittels der Annahmen alle Grundgleichungen erfüllt sowie die Randbedingungen befriedigt werden können, garantiert der Eindeutigkeitssatz für die elastizitätstheoretischen Lösungen, daß die Annahmen korrekt waren und mithin die exakte Lösung des Problems vorliegt.

Auf diesem Weg wurde 1855 erstmals das Torsionsproblem für prismatische Stäbe mit beliebigem Querschnitt von St. Venant exakt gelöst (Navier war vordem an der Lösung dieses Problems infolge unzutreffender Annahmen gescheitert).

In diesem Zusammenhang sei das wichtige Prinzip von St. Venant oder „Prinzip von der elastischen Gleichwertigkeit statisch äquivalenter Belastungssysteme" genannt, das sich z. B. folgendermaßen formulieren läßt:

Bei einem Körper im Gleichgewicht sind die Wirkungen zweier verschiedener, jedoch statisch äquivalenter und in einem kleinen Bereich wirkender, Belastungssysteme für diejenigen Teile des Körpers gleich, die genügend weit von der Belastungsstelle entfernt sind.

Statisch äquivalente Belastungssysteme sind dabei solche, die gleiche resultierende Kraft und gleiches resultierendes Moment ergeben.

Das Prinzip von St. Venant ist vor allem durch die Erfahrung gerechtfertigt. Obige Formulierung erscheint wenig präzise und es hat auch nicht an Versuchen gefehlt, mathematische Interpretationen zu geben[1]).

Wesentlich ist für die praktische Anwendung, daß sich in manchen Fällen Belastungssysteme durch einfachere, statisch äquivalente ersetzen lassen. Auf diese Weise können mitunter Schwierigkeiten bei der Erfüllung von Randbedingungen umgangen werden. Man gelangt zwar zu Näherungslösungen, die aber dennoch meist genügend genau sind.

Verschiedene Anwendungen der semi-inversen Methode werden später noch besprochen.

6.2 Methode der komplexen Spannungsfunktionen in der ebenen Elastizitätstheorie

Für die wichtige Klasse von ebenen (zweidimensionalen) Elastizitätsproblemen hängen die Verschiebungen, Verzerrungen und Spannungen nur von zwei Koordinaten in der Ebene ab. Die Grundgleichungen, ebenso wie die in Abschn. 5 besprochenen allgemeinen Lösungsansätze ergeben sich durch Spezialisierungen aus denen des dreidimensionalen Kontinuums. Dies wird in Abschn. 8 ausführlich behandelt. Die Verwendung von Spannungsfunktionen hat in der ebenen Elastizitätstheorie große praktische Bedeutung. Besonders die Einführung komplexer Veränderlicher und die Anwendung funktionentheoretischer Methoden hat hierbei zu einem fruchtbaren und weitreichenden Lösungsverfahren geführt.

Es geht im wesentlichen zurück auf Kolossoff [30] und wurde später von Muskhelischwili[2]) ausgebaut. Das Verfahren fußt darauf, daß jede biharmonische Funktion durch zwei analytische Funktionen einer komplexen Veränderlichen dargestellt werden kann. Bei Verwendung Kartesischer Koordinaten $x_1 = x$, $x_2 = y$ lassen sich die Spannungs- bzw. Verschiebungskomponenten im ebenen Fall

$$\sigma_{xx}, \sigma_{yy}, \tau_{xy} \quad \text{bzw.} \quad u_x = u, u_y = v$$

---

[1]) Vgl. [A 2], [28], [29].

[2]) Vgl. auch [31], [32] sowie [A 7] und [A 30].

als Funktionen der komplexen Veränderlichen $z = x + iy$ bzw. $\bar{z} = x - iy$ (mit $i = \sqrt{-1}$ und einem Querstrich zur Kennzeichnung der konjugiert komplexen Größen) auffassen. Bekanntlich sind Real- und Imaginärteil jeder komplexwertigen analytischen Funktion

$$f(z) = U(x, y) + iV(x, y)$$

ebene harmonische Funktionen, wobei die Cauchy-Riemann schen Diff.-Gl.

$$\frac{\partial U}{\partial x} = \frac{\partial V}{\partial y} \qquad \frac{\partial U}{\partial y} = -\frac{\partial V}{\partial x}$$

gelten.

Hieraus folgt unmittelbar, daß sich jede reelle harmonische Funktion in der Ebene allgemein darstellen läßt gemäß

$$H(z, \bar{z}) = \phi(z) + \bar{\phi}(\bar{z}) = 2 \operatorname{Re} \{\phi(z)\} \tag{6.1}$$

mit $\phi(z)$ als einer analytischen Funktion.

Diese Tatsache kann erfolgreich bei der Formulierung und Lösung des Torsionsproblems angewendet werden (vgl. Abschn. 7.5).

Andererseits läßt sich zeigen, daß für jede reelle biharmonische Funktion in der Ebene die allgemeine Darstellung (Formel von Goursat)

$$F(z, \bar{z}) = \frac{1}{2} [\bar{z}\phi(z) + z\bar{\phi}(\bar{z}) + \chi(z) + \bar{\chi}(\bar{z})] = \operatorname{Re} \{\bar{z}\phi(z) + \chi(z)\} \tag{6.2}$$

mittels zweier analytischer Funktionen $\phi(z)$ und $\chi(z)$ gilt.

Dies entspricht der allgemeinen Lösung der biharmonischen Diff.-Gl.

$$\Delta\Delta F(x, y) = 0$$

in der Ebene.

Insbesondere läßt sich jede ebene biharmonische Spannungsfunktion in der Form (6.2) darstellen. Das ebene Problem der Elastizitätstheorie kann damit auf die Bestimmung zweier analytischer Funktionen zurückgeführt werden. Auf diesem Weg hat 1909 Kolossoff erstmalig wichtige Spannungsprobleme (z. B. Spannungskonzentration an einer elliptischen Öffnung in der unendlich ausgedehnten gezogenen Scheibe) gelöst. Das Verfahren wurde später unabhängig von Stevenson [33] wiederentdeckt.

Die Spannungs- und Verschiebungskomponenten hängen mit den komplexen Spannungsfunktionen $\phi(z)$ und $\psi(z)$ (die manchmal auch als komplexe Potentiale bezeichnet werden) gemäß der Kolossoff schen Formeln

$$\begin{aligned} \sigma_{xx} + \sigma_{yy} &= 2[\phi'(z) + \bar{\phi}'(\bar{z})] = 4 \operatorname{Re} \{\phi'(z)\} \\ \sigma_{xx} - \sigma_{yy} + 2i\tau_{xy} &= -2[z\bar{\phi}''(\bar{z}) + \bar{\psi}(\bar{z})] \\ 2G(u + iv) &= \kappa\phi(z) - z\bar{\phi}'(\bar{z}) - \bar{\psi}(\bar{z}) \end{aligned} \tag{6.3}$$

zusammen. Hierbei enthält κ die elastischen Konstanten, ferner ist $\chi'(z) = \psi(z)$ eingeführt und die Striche bedeuten wie üblich Ableitungen nach dem Argument der Funktion.

Wenn die komplexen Spannungsfunktionen bekannt sind, liefern die Real- und Imaginärteile der Beziehungen (6.3) die reellen physikalischen Größen, d. h. Spannungen und Verschiebungen. Zur Bestimmung der komplexen Spannungsfunktionen werden allgemeine Sätze der Funktionentheorie herangezogen, wobei ein wichtiges Hilfsmittel zur Berechnung die sog. Cauchy schen Integrale sind. Die Lösungen ergeben sich teils auf elemantare Weise, teils durch Auflösung komplizierter Integralgleichungen. Für viele Probleme kann das Verfahren der komplexen Spannungsfunktionen als eine „direkte" Methode angesehen werden.

Wegen der durch komplexe analytische Funktionen vermittelten konformen Abbildung ist das Verfahren bestens geeignet, den Rechnungsgang in krummlinigen Koordinaten auszuführen. Solche, der jeweiligen Berandung angepaßten Koordinaten sind für exakte oder näherungsweise Behandlung zahlreicher Elastizitätsprobleme sehr zweckmäßig (siehe Abschn. 8.4.4.1).

Es ist noch zu erwähnen, daß die komplexen Spannungsfunktionen von Kolossoff und Muskhelischwili nicht nur mit der reellen Airy schen Spannungsfunktion in direktem Zusammenhang stehen, sondern daß auch Verbindungen zu den Papkovich-Neuber schen Lösungsfunktionen für den ebenen Fall bestehen.

Eine auf Sobrero [34] zurückgehende Methode, ebene Elastizitätsprobleme mit hyperkomplexen Spannungsfunktionen zu behandeln, hat wenig Erfolg gebracht (vgl. hierzu [35], [36]).

6.3 Lösungen mit Integraltransformationen

Vor allem für ebene, aber auch für räumliche Elastizitätsprobleme liefert die Anwendung von Integraltransformationen ein nützliches Lösungsverfahren. Wesentlich ist dabei, daß die Zahl der unabhängigen Veränderlichen in einer partiellen Diff.-Gl. vorübergehend verringert werden kann. Die Rolle der betreffenden unabhängigen Veränderlichen wird dabei von einem Parameter übernommen und es gelingt auf diese Weise, partielle Diff.-Gl. mehrerer Veränderlicher in gewöhnliche Diff.-Gl. überzuführen.

6.3.1 Allgemeines über Integraltransformationen

Zunächst wird die eindimensionale Integraltransformation betrachtet. Sie ist für eine Funktion f(x) definiert durch die Integralgleichung[1])

$$J\{f(x)\} = \bar{f}(\lambda) = \int_a^b f(x)K(\lambda, x)\,dx \qquad (6.4)$$

wobei $K(\lambda, x)$ als Kern der Integraltransformation eine gegebene Funktion von x und dem Parameter λ ist. Bei endlichen Integrationsgrenzen bezeichnet man (6.4) als endliche Integraltransformation. Bei Anwendungen ist häufig $a = 0$, $b = \infty$ bzw. $a = -\infty$ sowie $b = \infty$.

---

[1]) Dabei sind an die zu transformierenden Funktionen im allgemeinen gewisse einschränkende Forderungen zu stellen.

Das zu lösende Problem wird in ein Problem für die sog. Transformierte $\bar{f}(\lambda) = J\{f(x)\}$ der unbekannten Funktion überführt. Maßgebend ist der Gesichtspunkt, daß dies Problem einfacher zu lösen ist als das für die ursprüngliche Funktion. Es ergeben sich also zunächst Hilfslösungen in der Form $\bar{f}(\lambda)$. Aus diesen folgt dann durch Rücktransformation mittels der inversen Transformation $J^{-1}\{f(\lambda)\}$ die gesuchte Lösung f(x). Die Rücktransformation beinhaltet dabei im allgemeinen die Auflösung von Integralgleichungen, was exakt oder oftmals nur angenähert numerisch erfolgen kann.

Man definiert je nach dem Kern verschiedene Integraltransformationen, z. B.

Laplace-Transformation

$$K(\lambda, x) = e^{-\lambda x}$$

Fourier-Exponential-Transformation

$$K(\lambda, x) = e^{i\lambda x} \qquad i = \sqrt{-1}$$

Mellin-Transformation

$$K(\lambda, x) = x^{\lambda-1}$$

Hankel- oder Bessel-Transformation

$$K(\lambda, x) = J_n(\lambda x)x$$

wobei $J_n(\lambda x)$ die Besselschen Funktionen 1. Art der Ordnung n bedeuten.

Zur Lösung von Elastizitätsproblemen spielen besonders die drei letztgenannten Transformationen eine Rolle.

Die Fourier-Transformation ist nicht nur eine der ältesten, sondern wegen der vielseitigen Anwendungsfähigkeit auch eine der wichtigsten Integraltransformationen. Die klassische Fourier-Exponential-Transformation (mit reellem Parameter λ) ist definiert durch

$$F\{f(x)\} = \bar{f}(\lambda) = \frac{1}{\sqrt{2\pi}} \int_{-\infty}^{\infty} f(x) e^{i\lambda x} dx. \tag{6.5}$$

Vorausgesetzt wird, daß die Originalfunktionen absolut integrierbar sind, d. h.

$$\int_{-\infty}^{\infty} |f(x)| dx < \infty.$$

Die Funktionen f(x) müssen also im Unendlichen verschwinden, ferner dürfen sie nur eine begrenzte Anzahl von Extrema und endlichen Sprungstellen und keine unendliche Sprungstelle aufweisen (sog. Dirichlet-Bedingung)[1]).

Die Rücktransformationsformel für (6.5) lautet

$$F^{-1}\{\bar{f}(\lambda)\} = f(x) = \frac{1}{\sqrt{2\pi}} \int_{-\infty}^{\infty} \bar{f}(\lambda) e^{-ix\lambda} d\lambda. \tag{6.6}$$

[1]) Durch diese strengen Einschränkungen ist die Anwendbarkeit der klassischen Fourier-Transformation begrenzt (vgl. Abschn. 8.6).

Bezüglich ihrer Herleitung, die mit dem Fourierschen Integraltheorem erfolgt, muß auf mathematische Lehrbücher verwiesen werden[1]).

Manchmal findet man im Schrifttum anstatt des Faktors $1/\sqrt{2\pi}$ in der Transformations- sowie der Rücktransformationsformel nur den Faktor $1/2\pi$ in der Rücktransformationsformel (oder der Faktor 2π ist im Exponenten des Kerns untergebracht). Ebenso findet man bei manchen Autoren die Exponenten der Transformationsformeln mit entgegengesetzten Vorzeichen als hier angegeben. Im Schrifttum herrscht keine Einheitlichkeit, es wird die Formulierung von Sneddon gewählt.

Neben der Fourier-Exponential-Transformation (6.5) kommen für gerade bzw. ungerade Funktionen die Fourier-Kosinus- bzw. Sinus-Transformation

$$\left.\begin{array}{l} F_c\{f(x)\} \\ F_s\{f(x)\} \end{array}\right\} = \bar{f}(\lambda) = \sqrt{\frac{2}{\pi}} \int_0^\infty f(x) \begin{array}{c}\cos\\ \sin\end{array} (\lambda x)\,dx \tag{6.7}$$

mit den Rücktransformationsformeln

$$\left.\begin{array}{l} F_c^{-1}\{\bar{f}(\lambda)\} \\ F_s^{-1}\{\bar{f}(\lambda)\} \end{array}\right\} = f(x) = \sqrt{\frac{2}{\pi}} \int_0^\infty \bar{f}(\lambda) \begin{array}{c}\cos\\ \sin\end{array} (x\lambda)\,d\lambda \tag{6.8}$$

in Betracht.

Da die Fourier-Transformation zur Lösung von Differentialgleichungen herangezogen werden soll, ist die Kenntnis der Transformation für die Ableitung einer Funktion wichtig. Aus (6.5) erhält man durch partielle Integration der rechten Seite (mit der Voraussetzung $f(x) \to 0$ für $x \to \pm\infty$)

$$F\{f(x)\} = -\frac{1}{i\lambda\sqrt{2\pi}} \int_{-\infty}^{\infty} f'(x) e^{i\lambda x} dx$$

oder
$$F\{f'(x)\} = \frac{1}{\sqrt{2\pi}} \int_{-\infty}^{\infty} f'(x) e^{i\lambda x} dx = -i\lambda F\{f(x)\}. \tag{6.9}$$

Die Fourier-Transformierte der Ableitung einer Funktion läßt sich somit durch die Transformierte der Funktion selbst ausdrücken. Für höhere Ableitungen ergibt sich entsprechend[2])

$$\frac{1}{\sqrt{2\pi}} \int_{-\infty}^{\infty} \frac{d^m}{dx^m} f(x) e^{i\lambda x} dx = \frac{(-i\lambda)^m}{\sqrt{2\pi}} \int_{-\infty}^{\infty} f(x) e^{i\lambda x} dx$$

oder
$$F\left\{\frac{d^m}{dx^m} f(x)\right\} = \bar{f}^{(m)}(\lambda) = (-i\lambda)^m \bar{f}(\lambda). \tag{6.10}$$

1) Vgl. z. B. [B 41].

2) Mit der Forderung, daß die ersten $(m-1)$ten Ableitungen von $f(x)$ für $x \to \pm\infty$ verschwinden. Sind die Funktionen überdies beliebig oft differenzierbar und verschwinden samt ihren Ableitungen im Unendlichen, bezeichnet man sie mitunter als Grundfunktion.

Beiläufig sei erwähnt, daß für die Fourier-Transformation des Produkts zweier Funktionen f(x) und g(x) der sog. Faltungssatz

$$\int_{-\infty}^{\infty} \bar{f}(\lambda)\bar{g}(\lambda)e^{-ix\lambda}d\lambda = \int_{-\infty}^{\infty} g(\xi)f(x-\xi)d\xi$$

gilt, wobei

$$\frac{1}{\sqrt{2\pi}}\int_{-\infty}^{\infty} g(\xi)f(x-\xi)d\xi = f * g$$

als Faltungsprodukt (oder Konvolution) der Funktionen f und g im Intervall $(-\infty, \infty)$ bezeichnet wird.

Die zweidimensionale Fourier-Transformation, d. h. die Transformation einer gegebenen Funktion f(x, y) zweier unabhängiger Veränderlicher (bezüglich jeder der unabhängigen Veränderlichen) ergibt sich durch aufeinanderfolgende Anwendung der eindimensionalen Transformation.

Z. B. ergibt sich bezüglich der Koordinate x

$$\mathbf{F}\{f(x,y)\} = \bar{f}(\lambda,y) = \frac{1}{\sqrt{2\pi}}\int_{-\infty}^{\infty} f(x,y)e^{i\lambda x}dx \tag{6.11}$$

wofür man zur Verdeutlichung mitunter

$$\mathbf{F}\{f(x,y);\, x\to\lambda\} = \bar{f}(\lambda,y)$$

bzw. für die Rücktransformation

$$\mathbf{F}^{-1}\{\bar{f}(\lambda,y);\, \lambda\to x\} = f(x,y)$$

schreibt.

Die nochmalige Transformation bezüglich y ergibt aus (6.11)

$$\mathbf{F}\{\bar{f}(\lambda,y);\, y\to\mu\} = \frac{1}{\sqrt{2\pi}}\int_{-\infty}^{\infty} \bar{f}(\lambda,y)e^{i\mu y}dy$$

oder

$$\bar{\bar{f}}(\lambda,\mu) = \frac{1}{2\pi}\int_{-\infty}^{\infty}\int_{-\infty}^{\infty} f(x,y)e^{i(\lambda x+\mu y)}dxdy. \tag{6.12}$$

Dies ist die zweidimensionale Fourier-Transformation mit der Rücktransformationsformel

$$\mathbf{F}^{-1}\{\bar{\bar{f}}(\lambda,\mu)\} = f(x,y) = \frac{1}{2\pi}\int_{-\infty}^{\infty} \bar{\bar{f}}(\lambda,\mu)e^{-i(x\lambda+y\mu)}d\lambda d\mu \tag{6.13}$$

Für die partiellen Ableitungen bezüglich einer der Veränderlichen gilt in diesem Fall

$$\mathbf{F}\left\{\frac{\partial^m}{\partial x^m}f(x,y);\, x\to\lambda\right\} = \frac{1}{\sqrt{2\pi}}\int_{-\infty}^{\infty}\frac{\partial^m}{\partial x^m}f(x,y)e^{i\lambda x}dx$$

$$= \bar{f}^{(m)}(\lambda,y) = (-i\lambda)^m\bar{f}(\lambda,y) \tag{6.14}$$

bzw. $$\mathbf{F}\left\{\frac{\partial^n}{\partial y^n} f(x,y); y \to \mu\right\} = \frac{1}{\sqrt{2\pi}} \int_{-\infty}^{\infty} \frac{\partial^n}{\partial y^n} f(x,y) e^{i\mu y} dy = \tilde{f}^{(n)}(x,\mu) = (-i\mu)^n \tilde{f}(x,\mu)$$

und für gemischte partielle Ableitungen

$$\mathbf{F}\left\{\frac{\partial^m}{\partial x^m}\frac{\partial^n}{\partial y^n} f(x,y)\right\} = \frac{1}{2\pi} \int_{-\infty}^{\infty}\int_{-\infty}^{\infty} \frac{\partial^m}{\partial x^m}\frac{\partial^n}{\partial y^n} f(x,y) e^{i(\lambda x + \mu y)} dx dy$$

$$= \bar{\tilde{f}}^{(m)(n)}(\lambda,\mu) = (-i\lambda)^m(-i\mu)^n \bar{\tilde{f}}(\lambda,\mu). \tag{6.15}$$

Ganz entsprechend läßt sich die dreidimensionale F o u r i e r - Transformation

$$\mathbf{F}\{f(x,y,z)\} = \bar{\bar{\tilde{f}}}(\lambda,\mu,\nu) = \frac{1}{(2\pi)^{3/2}} \iiint_{-\infty}^{\infty} f e^{i(\lambda x + \mu y + \nu z)} dx dy dz$$

bzw. deren Rücktransformation

$$\mathbf{F}^{-1}\{\bar{\bar{\tilde{f}}}(\lambda,\mu,\nu)\} = f(x,y,z) = \frac{1}{(2\pi)^{3/2}} \iiint_{-\infty}^{\infty} \bar{\bar{\tilde{f}}} e^{-i(x\lambda + y\mu + z\nu)} d\lambda d\mu d\nu$$

bilden.

Man erkennt, wie jeweils eine der unabhängigen Veränderlichen nach Ausführung der Transformation ausgeschieden und ihre Rolle von einem Parameter übernommen wird.

Neben der klassischen reellen F o u r i e r - Transformation gemäß (6.5) spielt heute in der Anwendung die komplexe F o u r i e r - Transformation eine wichtige Rolle [37]. Die einschränkenden Forderungen für die zu transformierenden Originalfunktionen können dabei abgeschwächt werden

Man betrachtet die F o u r i e r - Transformierte als eine analytische Funktion, geht also von reellen Parameterwerten λ zu komplexen Werten $\alpha = \sigma + i\tau$ über.

Für reelle Funktionen f(x, y) mit den Eigenschaften

$$|f(x,y)| \leqslant \begin{matrix} a e^{\tau_- x} \\ b e^{\tau_+ x} \end{matrix} \quad \text{für} \quad \begin{matrix} x \to \infty \\ x \to -\infty \end{matrix}$$

lautet die komplexe F o u r i e r - Transformation

$$\mathbf{F}\{f(x,y); x \to \alpha\} = \hat{f}(\alpha,y) = \frac{1}{\sqrt{2\pi}} \int_{-\infty}^{\infty} f(x,y) e^{i(\sigma + i\tau)x} dx$$

wobei nun $\hat{f}(\alpha, y)$ eine im sog. Regularitätsstreifen $\tau_- < \tau < \tau_+$ analytische Funktion darstellt.

Für jedes τ_0 aus dem Regularitätsstreifen gilt die Rücktransformationsformel

$$\mathbf{F}^{-1}\{\hat{f}(\alpha,y); \alpha \to x\} = f(x,y) = \frac{1}{\sqrt{2\pi}} \int_{-\infty + i\tau_0}^{\infty + i\tau_0} \hat{f}(\alpha,y) e^{-ix\alpha} d\alpha.$$

Diese ist für die Anwendungen viel weniger restriktiv als die klassische Rücktransformation (6.6).

Entsprechend (6.10) gilt hier die Differentiationsformel

$$F\left\{\frac{\partial^m}{\partial x^m} f(x, y); x \to \alpha\right\} = \hat{f}^{(m)}(\alpha, y) = (-i\alpha)^m \hat{f}.$$

6.3.2 Anwendungen auf Elastizitätsprobleme

Je nach der Problemstellung können mit den verschiedenen Integraltransformationen Lösungen elastizitätstheoretischer Probleme gewonnen werden. Es ergeben sich hierbei exakte Lösungen für die Spannungen und Verschiebungen in Form uneigentlicher Integrale, deren Konvergenz gesichert ist. Normalerweise müssen diese numerisch ausgewertet werden, nur in Sonderfällen ist eine Rücktransformation in geschlossener Form möglich. Einige Beispiele werden in den späteren Abschn. 8.6 und 9.6 behandelt.

Bei ebenen Problemen können mit der Fourier-Transformation Lösungen des ersten und zweiten Randwertproblems für unendliche sowie halbunendliche Bereiche, mit der Fourier-Sinus- und Kosinus-Transformation solche für Scheibenstreifen endlicher Breite, aber auch für geschichtete Scheiben aufgestellt werden. Zur Behandlung in ebenen Polarkoordinaten ist die Mellin-Transformation geeignet, hiermit ergeben sich z. B. Lösungen für keilförmige Bereiche. Es besteht übrigens ein enger Zusammenhang zwischen der Mellin-Transformation und der komplexen Fourier-Transformation.

Dreidimensionale rotationssymmetrische Probleme lassen sich mit der Hankel-Transformation lösen, z. B. für den axialsymmetrisch belasteten Halbraum bei Belastung durch Kräfte normal zum Rand aber auch bei Belastung durch eine Einzelkraft im Innern (Problem von Mindlin). Für Probleme bei Voll- und Hohlkegeln unter verschiedenen Randbelastungen kann auch die mehrdimensionale Fourier-Transformation herangezogen werden.

Zu betonen ist, daß sowohl im ebenen wie im räumlichen Fall auch gemischte Randwertprobleme, z. B. Stempelprobleme oder allgemeine Kontaktprobleme durch Integraltransformationen einer Lösung zugänglich gemacht werden können. Das Verfahren ist hier im allgemeinen sehr schwierig, da die Formulierung der Randbedingungen auf sog. duale Integralgleichungen führt, deren Lösung (falls sie überhaupt geschlossen gelingt) nicht immer einfach ist. Als ein wichtiges Verfahren ist hier noch die sog. Wiener-Hopf-Technik (vgl. hierzu [B 43]) zu nennen. Auch Lösungen von elementaren Rißproblemen, die als wichtige Grundlage für die linear-elastische Bruchmechanik dienen, können für den ebenen und räumlichen Fall (sog. Griffith-Riß oder „penny-shaped crack") mittels Integraltransformation gewonnen werden[1]).

6.4 Näherungs- und numerische Verfahren

Die Möglichkeiten für exakte Lösungen von Elastizitätsproblemen sind beschränkt. Sowohl bei dreidimensionalen als auch bei ebenen Problemen lassen sich exakte Lösungen nach den bisher geschilderten Methoden nur für geometrisch einfache Berandungen (und auch hier meist nur bei unendlichen oder halbunendlichen Bereichen) gewinnen.

[1]) Siehe [B 30].

Sehr schwierig oder nahezu unmöglich sind in jedem Fall exakte Lösungen für Bereiche mit endlichen Abmessungen. Die Hauptschwierigkeiten bereitet dabei nicht die Bereitstellung von Lösungsfunktionen als vielmehr deren Anpassung an die Randbedingungen. Man hat aus diesem Grund schon frühzeitig die Notwendigkeit wirksamer Näherungsverfahren erkannt.

Solche lassen sich im wesentlichen in analytische (kontinuierliche) und diskrete (diskontinuierliche) Verfahren einteilen, wobei auch gemischte Verfahren möglich sind.

Die analytischen Verfahren, bei denen die unabhängigen Veränderlichen stetig variierbar bleiben, fußen im wesentlichen darauf, daß die unendlich vielen Freiheitsgrade des Kontinuums auf endlichviele reduziert werden. Dabei werden durch mathematische „Vereinfachungen" die Lösungsfunktionen derart ermittelt, daß sie den tatsächlichen Lösungen möglichst nahekommen, d. h. den Bedingungen des vorliegenden Problems bestmöglich genügt wird. Als Grundlage für diese Methoden dienen hauptsächlich die Energie- und Variationsprinzipien der Mechanik und die Methoden werden daher oft auch als Variationsmethoden bezeichnet. Eine grundlegende und gleichzeitig auch die am längsten bekannte Methode dieser Art ist das Ritzsche Verfahren[1]).

Das Ritzsche Verfahren erfuhr verschiedene Abwandlungen und Weiterentwicklungen und die zugrundeliegende Idee findet sich in modifizierter Form in der Methode der finiten Elemente wieder, die wohl heute als das wichtigste Näherungsverfahren für Feldprobleme aller Art angesehen werden kann.

Bei den diskreten Näherungsverfahren werden von vornherein die unbekannten Funktionen durch die Funktionswerte in diskreten Punkten ersetzt. Auf verschiedenen Wegen werden dann direkte Näherungslösungen der maßgebenden Grundgleichungen erhalten, wobei im Verlauf der Rechnung stets mit numerischen Werten der wichtigen Veränderlichen operiert wird. Mitunter erweist es sich als Nachteil, daß keine analytischen Ausdrücke („Formeln") für die Abhängigkeit der Veränderlichen untereinander mehr vorliegen. Man erhält nur noch Zahlenwerte der gesuchten Funktionen in bestimmten Punkten (die Verfahren werden deshalb auch als Netzverfahren bezeichnet). Dies ist oft bei Anwendungen der Elastizitätstheorie auf praktische Probleme nicht sehr störend, da ohnehin meistens die Randwerte, z. B. der Belastung, nur aus Messungen in endlich vielen Punkten eines Bauteils bekannt sind.

Das am längsten bekannte und weitreichend anwendbare diskrete Näherungsverfahren ist die Methode der endlichen Differenzen mit verschiedenen Abwandlungen. Die grundlegenden Diff.-Gl. und die Randbedingungen werden dabei in Differenzengleichungen umgewandelt.

Gemeinsam ist allen Näherungsverfahren, daß sie auf die Auflösung algebraischer Gleichungssysteme hinauslaufen, wobei es sich bei den diskreten Methoden oftmals um sehr große Gleichungssysteme mit entsprechend vielen Unbekannten handelt. Hier hat insbesondere die Einsatzmöglichkeit leistungsstarker automatischer Rechenanlagen („Computer") große Fortschritte erbracht. Dies gilt vor allem für die bereits genannte Methode der finiten Elemente, die ebenso wie das Randintegralgleichungsverfahren („Boundary Integral Equation Method") zwischen die analytischen und die Netzmethoden zu stellen ist.

---

[1]) Die zugrundelegende Idee wurde in den Grundzügen bereits 1877 von Lord Rayleigh zur näherungsweisen Ermittlung von Eigenfrequenzen bei mechanischen Schwingungssystemen angewendet. Deshalb findet man häufig die Bezeichnung Rayleigh-Ritzsches Verfahren.

6.4.1 Analytische Näherungsverfahren

Verschiedene dieser Verfahren hängen mit Variationsformulierungen zusammen und beruhen darauf, daß eine enge Beziehung zwischen Variationsproblemen und zugehörigen Randwertproblemen aufgrund der Euler-Lagrangeschen Diff.-Gl. besteht. Dieser wechselseitige Zusammenhang hat große theoretische Bedeutung (vgl. Abschn. 4). Es ist immer möglich, zu einem Randwertproblem das zugehörige Variationsproblem zu formulieren und eine Lösung dafür zu suchen. Hierbei wurden numerische Methoden entwickelt, um das Variationsproblem ohne Verwendung der Euler-Lagrangeschen Diff.-Gl. mittels der sog. direkten Methoden der Variationsrechnung zu behandeln.

6.4.1.1 Ritzsches Verfahren. Das Verfahren soll kurz im eindimensionalen Fall erläutert werden. Es besteht die Aufgabe, die unbekannte Funktion y(x) zu ermitteln, die das Variationsproblem

$$J\{y(x)\} = \int_a^b F(x, y, y')\,dx = \text{Extr.} \tag{6.16}$$

mit den Randbedingungen

$$y(a) = y_a \qquad y(b) = y_b$$

erfüllt. Diese Funktion y(x) wird als Extremale des Variationsproblems bezeichnet.

Im Funktional $J\{y(x)\}$ ist F eine gegebene Funktion der Argumente, die Striche bedeuten dabei Ableitungen nach der unabhängigen Veränderlichen x (es können auch höhere Ableitungen vorkommen).

Von Ritz stammt der Vorschlag, angenäherte Lösungen für die Extremale mit einer konvergenten Folge von Näherungen $\tilde{y}_0, \tilde{y}_1 \dots \tilde{y}_n$ (sog. „Minimalfolge“) zu konstruieren. Hierfür wird der sog. Ritz-Ansatz

$$\tilde{y}_N = \varphi_0(x) + \sum_{k=1}^{N} c_k \varphi_k(x) \tag{6.17}$$

verwendet, wobei die bekannten Funktionen $\varphi_0(x)$ bzw. $\varphi_k(x)$ als Koordinatenfunktionen bezeichnet werden und die c_k reelle Parameter (Ritz-Parameter) sind.

Dabei gilt

$$\varphi_0(a) = y_a \qquad \varphi_0(b) = y_b$$

d. h. die Funktion $\varphi_0(x)$ befriedigt die inhomogenen Randbedingungen (sie entfällt, falls keine inhomogenen Randbedingungen vorliegen) während die übrigen Koordinatenfunktionen so zu wählen sind, daß

$$\varphi_k(a) = 0 \qquad \varphi_k(b) = 0.$$

Der Ritz-Ansatz (6.17) erfüllt dann unabhängig von den Parametern c_k die Randbedingungen des Problems.

Wichtig für die numerische Durchführung und für günstiges Konvergenzverhalten der Ritzschen Gleichungen ist, solche Koordinatenfunktionen heranzuziehen, die Teil eines linear unabhängigen und vollständigen unendlichen Funktionensystems sind.

Die lineare Unabhängigkeit bedeutet, daß keine der Ansatzfunktionen eine Linearkombination einer endlichen Zahl der anderen Funktionen darstellt, während die Vollständigkeit besagt, daß sich jede Funktion f(x) mit beliebiger Genauigkeit durch eine Linearkombination endlich vieler Funktionen annähern läßt.

Die Vollständigkeit der Ansatzfunktionen ist von grundsätzlicher Bedeutung, da ansonsten grobe Fehler bei den Ergebnissen entstehen und die Näherungen auch bei großer Gliederzahl stark von der exakten Lösung abweichen können.

Bei den Anwendungen wählt man als Koordinatenfunktionen zweckmäßig Folgen trigonometrischer Funktionen oder Potenzfunktionen.

Mit dem Ansatz (6.17) ergibt sich für das Funktional in (6.16)

$$J\{\tilde{y}_N\} = \int_a^b F(x, \tilde{y}_N, \tilde{y}'_N)\,dx$$

und nach Ausführung der Integration lautet das Variationsproblem

$$J(c_1, c_2 \ldots c_N) = \text{Extr.} \tag{6.18}$$

Das Funktional wird zu einer Funktion der Ritz-Parameter, die dann aus den Forderungen

$$\frac{\partial J}{\partial c_1} = 0 \qquad \frac{\partial J}{\partial c_2} = 0 \ldots \qquad \frac{\partial J}{\partial c_N} = 0 \tag{6.19}$$

bestimmt werden können. Falls es sich um quadratische Funktionale im Variationsproblem handelt, ergeben sich aus (6.19) lineare Gleichungen zur Ermittlung der c_k.

Die auf diese Weise aufgebauten Näherungslösungen $\tilde{y}_1, \tilde{y}_2 \ldots \tilde{y}_N$ liefern eine Minimalfolge

$$J\{\tilde{y}_1\} \geqslant J\{\tilde{y}_2\} \ldots \geqslant J\{\tilde{y}_N\} \geqslant m \tag{6.20}$$

wobei $J\{y^*\} = m$ der exakten Lösung $y^*(x)$ für die Extremale des Variationsproblems (6.16) entspricht.

Leider herrscht aber keine Gewißheit, ob die solchermaßen gebildete Minimalfolge wirklich zum „richtigen“ Ergebnis konvergiert (auch wenn die Existenz einer Lösung an sich feststeht). Es gilt zwar

$$\lim_{N \to \infty} J\{\tilde{y}_N\} = m$$

aber dies hat nicht im allgemeinen auch

$$\lim_{N \to \infty} \tilde{y}_N = y^*$$

zur Folge.

Trotzdem wird die Lösung $\tilde{y}_N$ als brauchbare Näherung für die Extremale angesehen, wobei man sich meist auf wenige Glieder beschränken kann.

Das Ritzsche Verfahren erweist sich für praktische Probleme als nützlich, selbst wenn die Konvergenzbedingungen schwierig zu prüfen sind und verwertbare Abschätzungen nur für einen engen Problemkreis vorliegen[1]).

Man strebt zweckmäßig eine praktische Konvergenz an und versucht, mit wenigen Koordinatenfunktionen Näherungslösungen hinreichender Genauigkeit zu gewinnen. Wichtig ist hierbei die geeignete Wahl des Funktionensystems unter besonderer Berücksichtigung des zugrundeliegenden Funktionals.

6.4.1.2 Erweiterungen und Abwandlungen des Ritzschen Verfahrens. Zunächst sei bemerkt, daß sich das Ritzsche Verfahren analog für zweidimensionale Probleme durchführen läßt. Für das zugrundeliegende Variationsproblem

$$J\{u(x, y)\} = \int\int F\left(x, y, u, \frac{\partial u}{\partial x}, \frac{\partial u}{\partial y}\right) dxdy = \text{Extr.} \tag{6.21}$$

mit entsprechenden Randbedingungen verwendet man den Ritz-Ansatz

$$\tilde{u}(x, y) = \varphi_0(x, y) + \sum_{k=1}^{N} c_k \varphi_k(x, y) \tag{6.22}$$

und erhält wiederum die unbekannten Parameter aus

$$\frac{\partial J\{\tilde{u}\}}{\partial c_k} = 0 \qquad (k = 1 \ldots N). \tag{6.23}$$

Es gelten analoge Bemerkungen und Vorbehalte wie in Abschn. 6.4.1.1 bereits erwähnt.

Die Wahl geeigneter Koordinatenfunktionen und die Anpassung an die Randbedingungen ist naturgemäß hier schwieriger als im eindimensionalen Fall.

Ferner ist generell zu bemerken, daß die Konvergenzeigenschaften des Ritzschen Verfahrens sich mit der Erhöhung der Zahl unabhängiger Veränderlicher verschlechtern.

Eine Abwandlung des Verfahrens für den Fall mehrerer unabhängiger Veränderlicher hat Kantorovich 1932 vorgeschlagen. An Stelle der konstanten Parameter bei den Koordinatenfunktionen treten unbekannte Funktionen einer der unabhängigen Veränderlichen. Dadurch wird eine größere Flexibilität erreicht und man kann genauere Näherungen erwarten.

Angewendet z. B. auf das Variationsproblem (6.21) wird ein Ansatz in der Form

$$\tilde{u}_N(x, y) = \sum_{k=1}^{N} a_k(x)\varphi_k(x, y)$$

mit nichtkonstanten Koeffizienten $a_k(x)$ herangezogen.

---

[1]) Es gibt diesbezügliche Sätze, z. B. von Krylov (1918). Eine zusammenfassende Betrachtung findet man in [B 42].

Die Größen $a_k(x)\varphi_k(x, y)$ erfüllen die gleichen Randbedingungen wie u(x, y). Nach Einsetzen in das Funktional in (6.21) und Ausführung der Integration bezüglich y ergibt sich

$$J\{\tilde{u}_N\} = J\{\sum_k a_k(x)\varphi_k(x, y)\} = \int F^*[a_k(x), a_k'(x), x]\,dx \qquad (6.24)$$

d. h. ein neues Funktional, das nur abhängig von Funktionen einer Veränderlichen ist. Die Funktionen $a_k(x)$ werden so bestimmt, daß sie das Funktional (6.24) minimieren.

Mittels dieser Methode konnten etliche, auch dreidimensionale Elastizitätsprobleme gelöst werden (siehe [B 42]).

Die allgemeine Betrachtung des Ritz schen Verfahrens lehrt, daß sich zur näherungsweisen Lösung des Variationsproblems J {y} = Min. die Minimalfolge (6.20) ergibt. Während sich somit beim Ritz schen Verfahren eine Minimalfolge oberer Schranken für den Wert des Funktionals ergibt, verfolgte Trefftz [38] in seinem „Gegenstück zum Ritz schen Verfahren" das Ziel, eine Minimalfolge entsprechender unterer Schranken

$$J\{\tilde{z}_1\} \leqslant J\{\tilde{z}_2\} \ldots \leqslant J\{\tilde{z}_N\} \leqslant m$$

zu konstruieren, um damit eine Eingrenzung des exakten Werts des Funktionals zu gewinnen.

Hierzu wird ebenfalls ein Ansatz analog dem Ritz - Ansatz verwendet, wobei aber die Koordinatenfunktionen nunmehr nur die grundlegenden Diff.-Gl. (bzw. Euler schen Gln. des Variationsproblems) erfüllen müssen. Die unbestimmten Koeffizienten werden aus den Randbedingungen ermittelt.

Dies Verfahren von Trefftz arbeitet sehr effektiv, es konnten bestimmte Elastizitätsprobleme (z. B. bei Torsion) gelöst werden, wobei es möglich war, die Fehler der Approximation anzugeben. Als Nachteil gegenüber dem Ritz schen Verfahren erweist sich die langsamere Konvergenz.

Schließlich ist noch das Bubnov-Galerkin sche Verfahren[1]) zu erwähnen. Es hat zwar keinen direkten Bezug zu einem Variationsproblem im Sinn des Ritz schen Verfahrens, bietet dafür aber weitere Anwendungsmöglichkeiten auf verschiedenen Gebieten der Physik (auch für nichtlineare Probleme). Bezüglich weiterer Einzelheiten sei auf [B 42] verwiesen.

Abschließend ist festzuhalten, daß bei den bisher besprochenen Näherungsverfahren, die auf einer Verringerung der Anzahl der Freiheitsgrade beruhen, immer ein Ersatzsystem gebildet wird, dessen Steifigkeit größer als die des wirklichen Systems ist. Die auf diesen Wegen näherungsweise berechneten Verformungen sind daher immer kleiner als die exakten bzw. wirklichen Verformungen.

Werden dann aus Verformungen die Spannungen berechnet, kann im allgemeinen nicht mehr angegeben werden, nach welcher Richtung die Fehler auftreten.

---

[1]) Erstmals wurde die Idee von I. G. Bubnov 1913 auf elastizitätstheoretische Probleme angewendet, dann 1915 von Galerkin verallgemeinert. Generell kann das Verfahren als Methode der gewichteten Residuen bezeichnet werden.

6.4.2 Methode der finiten Elemente (MFE)

Diesem Verfahren liegt eine Diskretisierung des zu lösenden Problems zugrunde, die allerdings anderer Art ist als beim Differenzenverfahren. Klassische Vorläufer der MFE waren die Näherungsverfahren in der Elastizitätstheorie mittels der sog. Fachwerkanalogie, wie sie von Hrennikoff [39] und McHenry [40] vorgeschlagen wurden.

Dabei werden elastische Scheiben durch Stabmodelle ersetzt und der Spannungszustand im elastischen Kontinuum durch statisch gleichwertige Kräfte in den Stabendpunkten dargestellt.

Durch Anwendung von Rechenmethoden der Stabstatik auf das Modell ließen sich Scheiben-, Platten- und Schalenprobleme näherungsweise lösen. Als dann seit etwa 1950 leistungsstarke automatische Rechenanlagen verfügbar waren, nahm die Entwicklung der Matrixmethoden der Elastostatik zur Berechnung komplizierter Konstruktionen ihren Anfang. Verschiedene Rechenverfahren zur Behandlung hochgradig statisch unbestimmter Systeme entstanden. Die Matrix-Verschiebungs- und Kraftmethoden wurden insbesondere von Argyris [B 19] zu leistungsfähigen allgemeinen Berechnungsverfahren für die Statik und Dynamik von komplizierten Strukturen (z. B. Flugzeugkonstruktionen) ausgebaut.

Etwa zur gleichen Zeit erfuhren diese Methoden eine Art Verallgemeinerung dadurch, daß man ein Kontinuum gedanklich in endlich viele Teile zerlegte und darauf die Rechenverfahren der Matrixmethoden anwandte.

In verschiedenen Arbeiten ([41], [42]) tauchte erstmals der Begriff „finite Elemente" auf und die Anwendung des Verfahrens erfolgte zunächst für ebene Elastizitätsprobleme mit dreieckigen oder viereckigen einfachen Elementen.

Um das Wesentliche der MFE deutlich herauszuarbeiten, soll zunächst am Beispiel ebener Elastizitätsprobleme die sog. Verschiebungsmethode besprochen werden, die rein intuitiv aus den Matrixmethoden der Statik entwickelt wurde. Später soll noch gezeigt werden, wie die MFE als Variationsmethode ihre strenge mechanisch-mathematische Begründung erfahren hat.

6.4.2.1 Verschiebungsmethode der MFE. Es werden zweidimensionale (ebene) Probleme betrachtet, wobei hier die einfachere Schreibweise für die Koordinaten $x_1 = x$, $x_2 = y$, ferner die Verschiebungen $u_1 = u$, $u_2 = v$ und die Spannungen $\sigma_{11} = \sigma_{xx}$, $\sigma_{22} = \sigma_{yy}$, $\sigma_{12} = \tau_{xy}$ eingeführt wird.

Das vorliegende Kontinuum wird gemäß Fig. 6.1 durch gedachte Linien in finite Elemente beliebiger Gestalt (z. B. Dreiecke) zerlegt. Diese müssen keineswegs gleiche Größe oder Gestalt haben und können gerad- oder krummlinig berandet sein.

Die einzelnen Elemente hängen in endlich vielen Knotenpunkten miteinander zusammen, die Knotenpunkte liegen im einfachsten Fall in den Elementecken, können aber bei komplizierteren finiten Elementen auch auf den Elementrändern liegen.

Die Verschiebungen der Knotenpunkte werden als grundlegende Unabhängige betrachtet („Verschiebungsmethode") und die Verformungen und Belastungen der einzelnen Elemente werden näherungsweise durch die Verschiebungen der Knotenpunkte und durch dort wirkende Kräfte dargestellt.

Es ergibt sich ein idealisiertes Kontinuum, dessen physikalische Eigenschaften derart bestimmt werden, daß sie mit denen des wirklichen Kontinuums möglichst gut übereinstimmen. Aus den Näherungen für die einzelnen Elemente gewinnt man dann eine Näherungslösung für das idealisierte Gesamtgebilde.

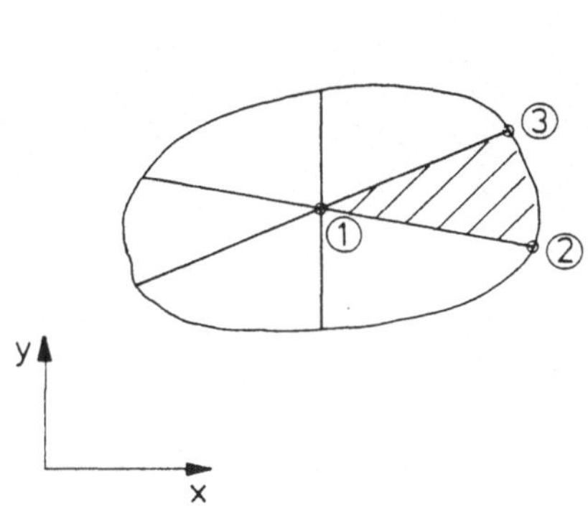

Fig. 6.1 Einteilung einer ebenen Scheibe in finite Elemente (Knotenpunkte ①, ②, ③)

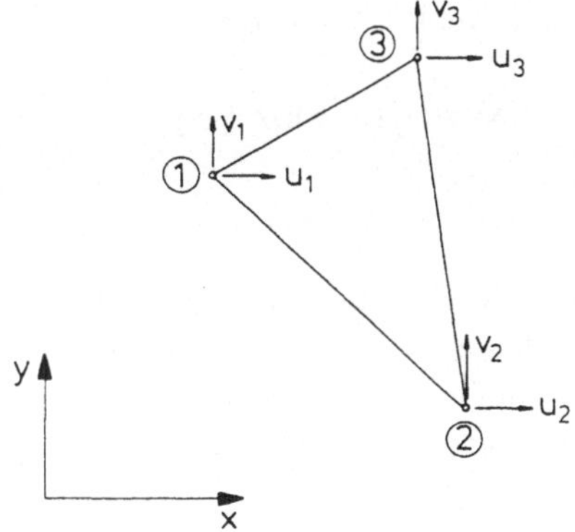

Fig. 6.2 Knotenpunktverschiebungen beim einfachen Dreieckelement

Da die wirkliche Verformung eines finiten Elements unbekannt ist, werden für die Verschiebungen einfache Funktionen angenommen, mit denen der Verschiebungszustand durch die Knotenpunktverschiebungen darstellbar ist.

Der einfachstmögliche Verschiebungsansatz ist linear in den Koordinaten[1])

$$u(x, y) = \alpha_1 + \alpha_2 x + \alpha_3 y, \qquad v(x, y) = \alpha_4 + \alpha_5 x + \alpha_6 y \tag{6.25}$$

mit $\alpha_1 \ldots \alpha_6$ als Konstanten.

Für das einfache Dreieckelement (Fig. 6.2) erhält man daraus mit den Knotenpunktkoordinaten x_i, y_i ($i = 1, 2, 3$) die Knotenpunktverschiebungen

$$\begin{aligned} u_i &= \alpha_1 + \alpha_2 x_i + \alpha_3 y_i \\ v_i &= \alpha_4 + \alpha_5 x_i + \alpha_6 y_i . \end{aligned} \tag{6.26}$$

In der Formulierung der MFE ist die Matrixschreibweise[2]) sehr zweckmäßig. Werden die Verschiebungen im Element in der Spaltenmatrix $\underline{u}$, die Knotenpunktverschiebungen $\underline{d}_i$ (für das einfache Dreieckelement) in der Spaltenmatrix $\underline{d}$ zusammengefaßt

$$\underline{u} = \begin{bmatrix} u(x, y) \\ v(x, y) \end{bmatrix} \qquad \underline{d}_i = \begin{bmatrix} u_i \\ v_i \end{bmatrix} (i = 1, 2, 3) \qquad \underline{d} = \begin{bmatrix} \underline{d}_1 \\ \underline{d}_2 \\ \underline{d}_3 \end{bmatrix}$$

läßt sich der Verschiebungsansatz in der Form

$$\underline{u} = \underline{\underline{N}}\,\underline{d} \tag{6.27}$$

darstellen, wobei $\underline{\underline{N}}$ als die Matrix der Formfunktionen bezeichnet wird.

---

[1]) Dieser Ansatz erfaßt gleichzeitig die möglichen Starrkörperbewegungen eines Elements, die keine Verzerrungen zur Folge haben.

[2]) Nachfolgend werden Spaltenmatrizen durch einfache, Rechteck- oder Quadratmatrizen durch zweifache Unterstreichung gekennzeichnet.

Eine einfache Rechnung liefert für die Formfunktionen hier

$$N_i = \frac{1}{2A}(a_i + b_i x + c_i y) \qquad i = 1, 2, 3$$

mit $\quad a_1 = x_2 y_3 - x_3 y_2, \qquad b_1 = y_2 - y_3, \qquad c_1 = x_3 - x_2 \quad$ usw.

wobei A die Dreieckfläche bedeutet.

Man erkennt, daß die Verschiebungen in einem Element eindeutig durch die Knotenpunktverschiebungen ausgedrückt sind und daß die Verträglichkeit der Verschiebungen an zwei Nachbarelementen erfüllt ist.

Der Verschiebungsansatz in der Form (6.27) gilt allgemein, für ebene wie räumliche Elemente mit beliebiger Zahl von Knotenpunkten, wenn die Matrizen entsprechend erweitert werden.

Durch Ableitung der Verschiebungen ergeben sich die Verzerrungen, d. h.

$$\underline{\epsilon} = \underline{\underline{B}}\,\underline{d} \tag{6.28}$$

mit
$$\underline{\epsilon} = \begin{bmatrix} \epsilon_{xx} \\ \epsilon_{yy} \\ \gamma_{xy} \end{bmatrix} = \begin{bmatrix} \dfrac{\partial u}{\partial x} \\ \dfrac{\partial v}{\partial y} \\ \dfrac{\partial u}{\partial y} + \dfrac{\partial v}{\partial x} \end{bmatrix}$$

$$\underline{\underline{B}} = \begin{bmatrix} \dfrac{\partial N_1}{\partial x} & 0 & \dfrac{\partial N_2}{\partial x} & 0 & \dfrac{\partial N_3}{\partial x} & 0 \\ 0 & \dfrac{\partial N_1}{\partial y} & 0 & \dfrac{\partial N_2}{\partial y} & 0 & \dfrac{\partial N_3}{\partial y} \\ \dfrac{\partial N_1}{\partial y} & \dfrac{\partial N_1}{\partial x} & \dfrac{\partial N_2}{\partial y} & \dfrac{\partial N_2}{\partial x} & \dfrac{\partial N_3}{\partial y} & \dfrac{\partial N_3}{\partial x} \end{bmatrix}.$$

Die in der Spaltenmatrix

$$\underline{\sigma} = \begin{bmatrix} \sigma_{xx} \\ \sigma_{yy} \\ \tau_{xy} \end{bmatrix}$$

zusammengefaßten Spannungskomponenten hängen mit den Verzerrungen gemäß dem Hookeschen Gesetz

$$\underline{\sigma} = \underline{\underline{E}}\,\underline{\epsilon} \tag{6.29}$$

zusammen, wobei z. B. für den ebenen Spannungszustand (vgl. Abschn. 8.1.2)

$$\underline{\underline{E}}_{ESZ} = \frac{E}{1-\nu^2}\begin{bmatrix} 1 & \nu & 0 \\ \nu & 1 & 0 \\ 0 & 0 & \frac{1-\nu}{2} \end{bmatrix}.$$

Für den Zusammenhang zwischen Spannungen und Knotenpunktverschiebungen folgt damit

$$\underline{\sigma} = \underline{\underline{E}}\underline{\epsilon} = \underline{\underline{E}}\underline{\underline{B}}\underline{d} = \underline{\underline{S}}\underline{d} \tag{6.30}$$

wobei $\underline{\underline{S}}$ als Spannungsmatrix bezeichnet wird.

Das Verformungsverhalten eines Elements wird nun näherungsweise mit den Knotenpunktverschiebungen und entsprechenden, in den Knoten wirkenden Knotenpunktkräften dargestellt. Jede Knotenpunktkraft (für das einfache Dreieckelement) $\underline{F}_i$ hat dieselbe Zahl von Komponenten wie die entsprechende Knotenpunktverschiebung $\underline{d}_i$, sie sind außerdem nach den gleichen Richtungen geordnet.

Für ein Element gilt

$$\underline{F}_i = \begin{bmatrix} F_{xi} \\ F_{yi} \end{bmatrix} (i = 1, 2, 3) \qquad \underline{F} = \begin{bmatrix} F_1 \\ F_2 \\ F_3 \end{bmatrix}. \tag{6.31}$$

Die Knotenpunktkräfte sind den Spannungen im Element statisch gleichwertig. Zu ihrer Ermittlung dient die Gleichgewichtsbetrachtung am Element. Bei fehlenden Volumen- und Oberflächenkräften sind die Knotenpunktkräfte die einzigen äußeren Lasten am Element[1]).

Zur Gleichgewichtsbetrachtung kann z. B. der Arbeitssatz[2]) herangezogen werden, d. h.

$$\frac{1}{2}\underline{d}^T\underline{F} = \frac{1}{2}\int_V \underline{\epsilon}^T\underline{\sigma}dV. \tag{6.32}$$

Mit (6.28) und (6.29) folgt

$$\underline{\epsilon}^T\underline{\sigma} = (\underline{\underline{B}}\underline{d})^T\underline{\underline{E}}\underline{\underline{B}}\underline{d}$$

und damit[3])

$$\underline{F} = \int_V \underline{\underline{B}}^T\underline{\underline{E}}\underline{\underline{B}}dV\underline{d}. \tag{6.33}$$

Diese Beziehung ist die Steifigkeitsbeziehung für ein Element. Man schreibt hierfür

$$\underline{F} = \underline{\underline{k}}\underline{d} \tag{6.34}$$

---

[1]) Ansonsten können den Volumen- und Oberflächenkräften statisch gleichwertige zugeordnete Knotenpunktkräfte ermittelt werden.

[2]) Das Symbol $\underline{d}^T$ bedeutet die zu $\underline{d}$ transponierte Matrix.

[3]) Man beachte die Matrixrechenregel $(\underline{\underline{A}}\underline{\underline{B}})^T = \underline{\underline{B}}^T\underline{\underline{A}}^T$.

wobei

$$\underline{\underline{k}} = \int_V \underline{\underline{B}}^T \underline{\underline{E}}\,\underline{\underline{B}}\,dV \tag{6.35}$$

die Steifigkeitsmatrix bedeutet, die immer symmetrisch ist.

Die Beziehungen (6.33) bis (6.35) gelten wiederum allgemein für beliebige Elementformen und beliebige (verträgliche) Verschiebungsansätze.

Im Fall des einfachen Dreieckelements mit linearem Verschiebungsansatz ist die Matrix $\underline{\underline{B}}$ konstant, es ergibt sich

$$\underline{\underline{k}} = At\underline{\underline{B}}^T \underline{\underline{E}}\,\underline{\underline{B}}$$

für konstante Elementdicke t und Fläche A des Dreiecks.

Kennt man die Steifigkeitsmatrizen für alle Elemente, so wird damit die Gesamtsteifigkeitsbeziehung für das idealisierte Kontinuum erstellt[1]). Zur Erfüllung des Gleichgewichts im Gesamtkontinuum werden die Gleichgewichtsbedingungen an jedem Knotenpunkt formuliert.

Zunächst werden sämtliche Knotenpunktverschiebungen in einer Spaltenmatrix

$$\underline{r} = \begin{bmatrix} \underline{r}_1 \\ \underline{r}_2 \\ \vdots \\ \underline{r}_m \end{bmatrix} \quad \text{mit } \underline{r}_i = \underline{d}_i = \begin{bmatrix} u_i \\ v_i \end{bmatrix}, (i = 1 \ldots m)$$

angeordnet, wobei m die Gesamtzahl der Knotenpunkte bedeutet. Dies ist mit einer Umnumerierung der Elementknotenpunkte verbunden, so daß die Verschiebungen jedes Knotenpunkts nur noch einmal in der Spaltenmatrix $\underline{r}$ vorkommen.

Die äußeren Lasten, die nur in den Knotenpunkten angreifen sollen, werden in einer Spaltenmatrix

$$\underline{R} = \begin{bmatrix} \underline{R}_1 \\ \underline{R}_2 \\ \vdots \\ \underline{R}_m \end{bmatrix} \quad \text{mit } \underline{R}_i = \begin{bmatrix} R_{xi} \\ R_{yi} \end{bmatrix}, (i = 1 \ldots m)$$

zusammengefaßt.

Man erhält dann aus den Elementsteifigkeitsbeziehungen

$$\underline{F}^{(j)} = \underline{\underline{k}}^{(j)} \underline{d}^{(j)} \qquad (j = 1, \ldots n)$$

(n ist die Zahl der finiten Elemente) mittels der Gleichgewichtsbedingungen an allen

[1]) Zur Berechnung der Elementeigenschaften verwendet man meist zweckmäßige örtliche Koordinaten für jedes Element. Die Betrachtung des Gesamtkontinuums erfolgt bezüglich eines entsprechenden globalen Koordinatensystems. Es sind also diesbezügliche Koordinatentransformationen einzuschalten.

Knotenpunkten

$$\sum_j \underline{F}_i^{(j)} = \underline{R}_i \qquad (j = 1 \ldots m) \tag{6.36}$$

(wobei die Summation über alle am betreffenden Knotenpunkt zusammenhängenden Elemente erstreckt wird und die inneren Knotenpunktkräfte dabei verschwinden) schließlich die Gesamtsteifigkeitsbeziehung

$$\underline{\underline{K}}\,\underline{r} = \underline{R}. \tag{6.37}$$

Die hierin vorkommende Gesamtsteifigkeitsmatrix $\underline{\underline{K}}$, die ebenfalls immer symmetrisch ist, wird durch Überlagerung der Elementsteifigkeitsmatrizen gemäß der Summation in (6.36) gebildet.

Die auf diese Weise entstandene Gesamtsteifigkeitsmatrix ist zunächst singulär[1]), da mit der Gesamtsteifigkeitsbeziehung (6.37) das Gesamtkontinuum als freier Körper beschrieben wird, dessen Knotenpunktverschiebungen in keiner Weise beschränkt sind. Durch Festlegung geeigneter Rand- und Auflagerbedingungen ergibt sich die sog. reduzierte Steifigkeitsmatrix $\underline{\underline{K}}_{red}$, die nichtsingulär ist und invertiert werden kann.

Die Lösung des durch (6.37) gegebenen Gleichungssystems stellt sich formal dar als

$$\underline{r} = \underline{\underline{K}}_{red}^{-1}\,\underline{R} \tag{6.38}$$

Kennt man die Knotenpunktverschiebungen, so können mit (6.28) und (6.30) Näherungswerte für die Verzerrungen und Spannungen in jedem Element berechnet werden.

Die gesamte Berechnung eines Elastizitätsproblems ergibt sich als Aufeinanderfolge matrixalgebraischer Rechenschritte, die für eine automatische Rechenanlage in geeigneter Weise programmiert werden können.

Wie bei anderen numerischen Verfahren läuft die MFE auf die Auflösung eines großen Gleichungssystems mit vielen Unbekannten hinaus, wofür es zahlreiche Algorithmen (direkte oder iterative Rechenmethoden) gibt.

6.4.2.2 Die MFE als Variationsmethode. Mit der im vorigen Abschnitt geschilderten Verschiebungsmethode der MFE wurden in den Anfangszeiten der Anwendungen bei elastischen Problemen beachtliche Erfolge erzielt obwohl wenig Aussagen über die Konvergenz des Verfahrens vorlagen.

Nachdem sich die Brauchbarkeit der MFE an vielen Beispielen gezeigt hatte, wurden die zugrundeliegenden Zusammenhänge mit den Energieprinzipien diskutiert. Die Verbindung der MFE mit dem klassischen Ritz-Verfahren trat klar zutage. Dadurch ergeben sich allgemeine und weitreichende Formulierungen, außerdem findet das Verfahren eine strenge mathematische und mechanische Begründung und es können allgemeine Aussagen über die Konvergenz gewonnen werden (vgl. [43], [44].

Für das Gesamtkontinuum gilt ein Verschiebungsansatz für alle Elemente

$$\underline{u} = \underline{\underline{\tilde{N}}}\,\underline{r} \tag{6.39}$$

[1]) D. h. die Determinante der Matrix verschwindet, so daß keine inverse Matrix gebildet werden kann.

der an den Elementgrenzen verträgliche Verschiebungen liefert. In $\underline{r}$ sind sämtliche Knotenpunktverschiebungen zusammengefaßt, die Matrix $\underline{\underline{\tilde{N}}}$ enthält als Untermatrizen alle Formfunktionsmatrizen der einzelnen Elemente.

Zur näherungsweisen Erfüllung der Gleichgewichtsbedingung wird das Prinzip vom Minimum der gesamten potentiellen Energie (vgl. Abschn. 4.4) herangezogen und liefert dann die Gesamtsteifigkeitsbeziehung für das betrachtete Kontinuum.

Aus (6.39) folgen dann

$$\underline{\epsilon} = \underline{\underline{\tilde{B}}}\underline{r} \quad \text{und} \quad \underline{\sigma} = \underline{\underline{E}}\underline{\underline{\tilde{B}}}\underline{r} \tag{6.40}$$

für die Verzerrungen und Spannungen.

Die äußeren Kräfte, die nur in den Knotenpunkten angreifen sollen, werden wiederum in einer Spaltenmatrix $\underline{R}$ zusammengefaßt.

Gemäß (4.37) ergibt sich in diesem Fall die gesamte potentielle Energie (Volumenkräfte sind außerachtgelassen) in Matrixform

$$\Pi = \frac{1}{2} \int_V \underline{\epsilon}^T \underline{\sigma} dV - \underline{r}^T \underline{R}$$

bzw. mit (6.40)

$$\Pi = \frac{1}{2} \int_V \underline{r}^T \underline{\underline{\tilde{B}}}\underline{\underline{E}}\underline{\underline{\tilde{B}}}\underline{r} dV - \underline{r}^T \underline{R}. \tag{6.41}$$

Dies bedeutet, daß die potentielle Energie mittels der finiten Elemente näherungsweise durch die Knotenpunktverschiebungen ausgedrückt wird.

Die unbekannten Parameter des Verschiebungsansatzes (6.39), d.h. die Knotenpunktverschiebungen bestimmen sich aus der Forderung, daß die angenäherte potentielle Energie (6.41) zu einem Minimum wird (m = Anzahl der Knotenpunkte), d. h.

$$\frac{\partial \Pi}{\partial \underline{r}} = \begin{bmatrix} \dfrac{\partial \Pi}{\partial \underline{r}_1} \\ \dfrac{\partial \Pi}{\partial \underline{r}_2} \\ \vdots \\ \dfrac{\partial \Pi}{\partial \underline{r}_m} \end{bmatrix} = 0.$$

Mit der Gesamtsteifigkeitsmatrix

$$\underline{\underline{K}} = \int_V \underline{\underline{\tilde{B}}}^T \underline{\underline{E}}\underline{\underline{\tilde{B}}} dV$$

erhält man dann wiederum die grundlegenden Gleichungen (6.37) zur Berechnung der unbekannten Knotenpunktverschiebungen.

Alternative Formulierungen der MFE sind möglich nach dem Grundsatz, daß bei jedem exakten oder näherungsweisen Lösungsverfahren der Elastizitätstheorie die Gleichgewichts- und die Verträglichkeitsbedingungen zu erfüllen sind.

In der oben geschilderten Verschiebungsmethode wird eine verträgliche Verschiebungsverteilung angenommen, für die Näherungslösung ist dann die approximative Erfüllung der Gleichgewichtsbedingungen maßgebend.

In der dazu dualen Variationsformulierung, die als Kraft- oder Gleichgewichtsmethode bezeichnet wird, werden für die Elemente Spannungsverteilungen angenommen, die den Gleichgewichtsbedingungen genügen. Die kinematische Verträglichkeit wird approximativ mit dem Prinzip der virtuellen Kräfte, d. h., über eine Minimierung der potentiellen Ergänzungsenergie befriedigt.

Man erkennt, wie die beiden in Abschn. 4.4.1 und 4.4.2 besprochenen klassischen Funktionale (4.37) und (4.49) als Grundlage für die Variationsformulierung der MFE herangezogen werden können.

Eine Weiterentwicklung stellt die sog. Hybridspannungsmethode dar. Für jedes Element werden Spannungsansätze verwendet, die den Gleichgewichtsbedingungen im Element genügen. Unabhängig davon werden für die Elementränder verträgliche Verschiebungsansätze gewählt, wobei die Randverschiebungsverteilungen eindeutig durch die Knotenpunktverschiebungen festgelegt sein müssen.

Zur Variationsformulierung wird mit dem Prinzip vom Minimum der potentiellen Energie und dem Prinzip vom Minimum der Ergänzungsenergie operiert oder es wird ein erweitertes Variationsprinzip, das Prinzip der modifizierten Ergänzungsenergie nach Pian herangezogen [44], [45].

Es gibt Fälle, wo sich die Hybridmethode bezüglich Rechenaufwand und erzielter Genauigkeit der Verschiebungsmethode als überlegen erweist, doch trifft dies nicht generell zu.

Abschließend kann festgestellt werden, daß heute mit der MFE viele ebene und räumliche Elastizitätsprobleme mit großer Genauigkeit gelöst werden können, wobei z. T. sehr kompliziert geformte ebene oder dreidimensionale Elemente verwendet werden. Zu erwähnen ist die weite Anwendbarkeit, die über den Rahmen der linearen Elastizitätstheorie hinausgeht.

6.4.3 Randintegralgleichungsverfahren („Boundary Element Method", kurz BEM)

Es handelt sich ebenfalls um ein Diskretisierungsverfahren, das in neuerer Zeit neben die MFE getreten ist und erfolgreich zur Lösung von Elastitzitätsproblemen eingesetzt wird.

Grundsätzlich besteht das Verfahren darin, die elastischen Grundgleichungen, die das Verhalten der unbekannten Funktionen im Inneren und am Rand des betrachteten Bereichs beschreiben, in eine Integralgleichung überzuführen. Die unbekannten Randwerte werden über eine Randintegralgleichung mit den bekannten Randwerten verknüpft. In der sog. direkten Potentialmethode wurde dies erstmals auf Torsionsprobleme angewendet (vgl. [46]). Eine Weiterführung dieser Arbeiten ist das Integralgleichungsverfahren von Rizzo [47] für ebene Elastizitätsprobleme, das dann von Cruse [48] auf räumliche Probleme erweitert wurde. Für weitere Details muß an dieser Stelle auf die neuere Literatur verwiesen werden (vgl. z. B. [49], [50]). Es soll aber der besondere Vorteil der BEM nicht unerwähnt bleiben, daß nämlich im Gegensatz zur MFE nur jeweils die Oberfläche des betrachteten elastischen Körpers diskretisiert werden muß. Dadurch ergeben sich wesentlich weniger Knotenpunkte und zu ermittelnde Unbekannte als bei einem Netz mit finiten Elementen. Die Näherungen und Lösungen werden nur für die Oberflächengrößen vorgenommen, ein räumliches Problem wird damit auf die Betrachtung der Oberfläche zurückgeführt, d. h. die Dimension des Problems wird um eine Stufe verringert.

Ohne auf Details zur numerischen Behandlung näher einzugehen, sei festgehalten, daß das algebraisierte Gleichungssystem bei der BEM zwar wesentlich kleiner ist als bei gleichgearteten Problemen der MFE, hingegen die Koeffizientenmatrix des Gleichungssystems voll besetzt, nicht symmetrisch und auch nicht notwendigerweise positiv definit ist. Mit Hilfe der sog. Substrukturtechnik kann allerdings eine Bandstruktur der Koeffizientenmatrix erreicht werden, so daß grundsätzlich die Lösung von Problemen mit beliebiger Anzahl von Freiheitsgraden möglich ist.

Mit Recht kann allerdings gesagt werden, daß die MFE und die BEM zu den effektivsten numerischen Näherungsverfahren gehören, über die wir heute verfügen und daß sich beide Methoden bestens ergänzen und kombiniert zur Anwendung gelangen können. Beide Lösungsmethoden setzen jedoch den Einsatz leistungsfähiger automatischer Rechenanlagen voraus.

Abschließend sei noch angemerkt, daß sich sowohl die MFE und die BEM, als auch die verschiedenen vorher besprochenen Näherungsverfahren als Sonderfälle eines Vorgehens, das man heute als Methode der gewichteten Residuen bezeichnet, einordnen lassen, vgl. [B 23].

7 Eindimensionale Probleme: Axialbelastung, Biegung und Torsion prismatischer Stäbe

Für technische Anwendungen der Elastizitätstheorie spielen eindimensionale feste Körper eine wichtige Rolle. Es handelt sich um Körper, die im wesentlichen nur in einer Richtung ausgedehnt und deren Querschnittsabmessungen klein gegen die Längsausdehnung sind. Solche prismatischen Stäbe (mit geradliniger Achse und konstantem Querschnitt beliebiger Form) werden auch als Balken bezeichnet. Sie sind nicht nur die einfachsten sondern auch die wichtigsten Bauelemente, für die schon frühzeitig vereinfachte Näherungslösungen aufgestellt wurden.

7.1 Problem von St. Venant für homogene prismatische Körper (Zylinder)

Anstelle der allgemeinen Koordinaten x_i ($i = 1, 2, 3$) werden hier wieder die Bezeichnungen $x_1 = x$, $x_2 = y$, $x_3 = z$ usw. verwendet.

Zugrundegelegt wird ein prismatischer Körper der Länge ℓ, der an seinen Endquerschnitten durch resultierende Kräfte Q_x, Q_y, F_z sowie durch resultierende Momente M_x, M_y, M_z belastet ist (Fig. 7.1).

Die Vorgabe der resultierenden Kräfte und Momente an einem Ende des prismatischen Körpers bestimmt auch die entsprechenden Größen am anderen Ende, da es sich bei den Belastungen um Gleichgewichtsgruppen handeln soll (d. h. die Starrkörpergleichgewichtsbedingungen sind insgesamt erfüllt). Von Volumenkräften wird abgesehen, die Mantelflächen des prismatischen Körpers sind frei von äußeren Spannungen.

Die solcherart formulierte Aufgabe wird nach Clebsch als Problem von St. Venant bezeichnet und ist in ihrer allgemeinen dreidimensionalen Formulierung eine der schwierigsten der Elastizitätstheorie. Eine Überwindung der mathematischen Schwierigkeiten ist möglich mit Hilfe des Prinzips von St. Venant (vgl. Abschn. 6.1), als Lösungsmethode bietet sich die sog. semi-inverse Methode an.

Der einfachste (fast triviale) Fall liegt bei Belastung durch axiale Zug- oder Druckkräfte vor, im Fall der Belastung durch Endmomente M_x und M_y ergibt sich die sog. reine Biegung, während es sich bei Belastung durch Kräfte Q_x und Q_y um Querkraftbiegung handelt. Bei Belastung durch M_z wird der prismatische Körper auf reine Torsion (verwölbungsunbehindert) beansprucht. Alle diese Fälle (Fig. 7.1) sind von großer praktischer Bedeutung und werden elementar in der technischen Festigkeitslehre behandelt.

Die erstmalige Lösung mittels der semi-inversen Methode stammt von St. Venant.
Es werden Annahmen für die Spannungen getroffen derart, daß alle Grundgleichungen, d. h.

- Gleichgewichtsbedingungen
- Kinematische Gleichungen
- Hookesches Gesetz
- Randbedingungen an der Mantelfläche und an den Endquerschnitten
- Verträglichkeitsbedingungen

erfüllt sind.

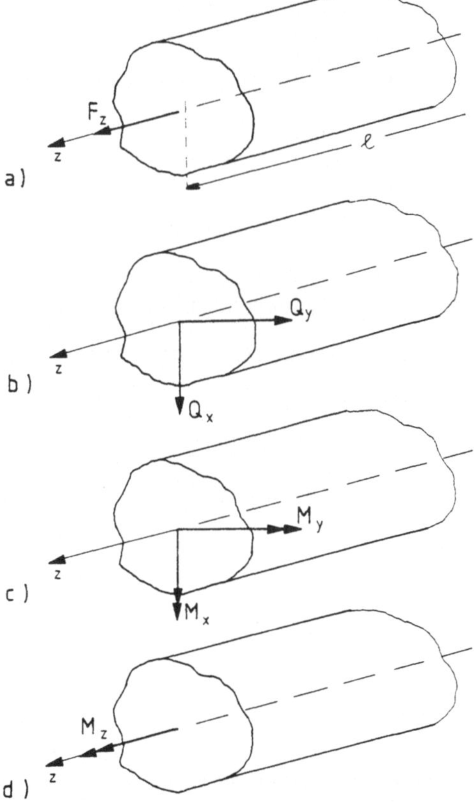

Fig. 7.1
Belastungen der Endquerschnitte eines prismatischen Körpers beim Problem von St. Venant

Wird der betrachtete prismatische Körper als genügend lang (gegenüber den linearen Abmessungen des Querschnitts) angenommen, braucht die genaue Verteilung der Spannungen an den Endquerschnitten nicht bekannt zu sein. Es genügt die Kenntnis der resultierenden Kräfte und Momente, die dort angreifen, da nur diese die Lösung im gesamten Körper, außer in kleinen Gebieten nahe den Endquerschnitten, bestimmen.

In den meisten Fällen von praktischer Bedeutung ist ohnehin die wirkliche Verteilung der Spannungen an den Lasteinleitungsstellen nicht bekannt, so daß hier mittels des Prinzips von St. Venant die Lösungen auf zahlreiche mögliche Belastungsfälle übertragen werden können.

Zunächst werden die zu erfüllenden Grundgleichungen in der hier zutreffenden Form ausführlich geschrieben zusammengestellt (mit $\tau_{xy} = \tau_{yx}$ usw.).

Gleichgewichtsbedingungen

$$\begin{aligned} \frac{\partial \sigma_{xx}}{\partial x} + \frac{\partial \tau_{xy}}{\partial y} + \frac{\partial \tau_{xz}}{\partial z} &= 0 \\ \frac{\partial \tau_{yx}}{\partial x} + \frac{\partial \sigma_{yy}}{\partial y} + \frac{\partial \tau_{yz}}{\partial z} &= 0 \\ \frac{\partial \tau_{zx}}{\partial x} + \frac{\partial \tau_{zy}}{\partial y} + \frac{\partial \sigma_{zz}}{\partial z} &= 0 \end{aligned} \tag{7.1}$$

kinematische Gleichungen, kombiniert mit Hooke schem Gesetz

$$\epsilon_{xx} = \frac{\partial u}{\partial x} = \frac{1}{E}\,[\sigma_{xx} - \nu(\sigma_{yy} + \sigma_{zz})] \quad \text{usw.} \tag{7.2}$$

$$\gamma_{xy} = \frac{\partial u}{\partial y} + \frac{\partial v}{\partial x} = \frac{\tau_{xy}}{G} \quad \text{usw.}$$

(zyklische Vertauschung der Indizes)

Randbedingungen auf der Mantelfläche[1])

$$\begin{aligned} \sigma_{xx} \cos(n, x) + \tau_{xy} \cos(n, y) &= 0 \\ \tau_{yx} \cos(n, x) + \sigma_{yy} \cos(n, y) &= 0 \\ \tau_{zx} \cos(n, x) + \tau_{zy} \cos(n, y) &= 0 \end{aligned} \tag{7.3}$$

Ferner sind an den Endquerschnitten $z = 0, z = \ell$ die Spannungen

$$\tau_{zx}(x, y) \qquad \tau_{zy}(x, y) \qquad \sigma_{zz}(x, y)$$

vorgegebene Funktionen von x und y.

[1]) Die Richtungskosinus entsprechen den Komponenten des Normaleneinheitsvektors.

Des weiteren müssen die Verträglichkeitsbedingungen, ausgedrückt in den Spannungen (Beltramische Gleichungen)

$$\Delta\sigma_{xx} + \frac{1}{1+\nu}\frac{\partial^2 s}{\partial x^2} = 0 \quad \text{usw.}$$
$$\Delta\tau_{xy} + \frac{1}{1+\nu}\frac{\partial^2 s}{\partial x \partial y} = 0 \quad \text{usw.} \qquad (7.4)$$

(zyklische Vertauschung der Indizes) erfüllt sein.

Die Annahme von St. Venant zur Lösung der in Fig. 7.1 dargestellten Probleme besagt, daß die in Richtung der Stabachse verlaufenden „Fasern“ (dünne Längsprismen) keinen Querdruck oder Querzug aufeinander ausüben und keine Schubkräfte in Querrichtung übertragen werden. Dies bedeutet, daß für alle Probleme

$$\sigma_{xx} = \sigma_{yy} = \tau_{xy} = 0 \qquad (7.5)$$

gesetzt werden kann[1]).

Die Beziehungen für die resultierenden Kräfte und Momente in den Endquerschnitten (Querschnittsfläche A) lauten

$$Q_x = \int_A \tau_{zx} dA \qquad Q_y = \int_A \tau_{zy} dA \qquad F_z = \int_A \sigma_{zz} dA$$

sowie $M_x = \int_A \sigma_{zz} y dA \qquad M_y = -\int_A \sigma_{zz} x dA$

$$M_z = \int_A (\tau_{zy} x - \tau_{zx} y)\, dA. \qquad (7.6)$$

Zunächst wird der einfachste Fall der axialen Zug- oder Druckbelastung behandelt, anschließend die reine Biegung und reine Torsion und schließlich die Querkraftbiegung.

7.2 Axialbelastung

Für die axiale Kraftresultierende gilt

$$F_z = \int_A \sigma_{zz} dA = \int_A p_z(x, y) dA \qquad (7.7)$$

wobei gemäß dem Prinzip von St. Venant verschiedene Verteilungen $p_z(x, y)$ in den Endquerschnitten möglich sind (vgl. Fig. 7.2).

Sofern diese Spannungsverteilungen im Integral (7.7) dieselbe Kraftresultierende ergeben, handelt es sich um statisch äquivalente Belastungssysteme im Sinn des Prinzips von St. Venant.

---

[1]) Eine äquivalente Annahme (nach W. Voigt bzw. J. H. Michell), die zum gleichen Ergebnis führt, beinhaltet, daß der Spannungszustand unabhängig von der Längskoordinate (bei axialer Belastung, reiner Biegung und Torsion) bzw. davon linear abhängig (bei Querkraftbiegung) ist.

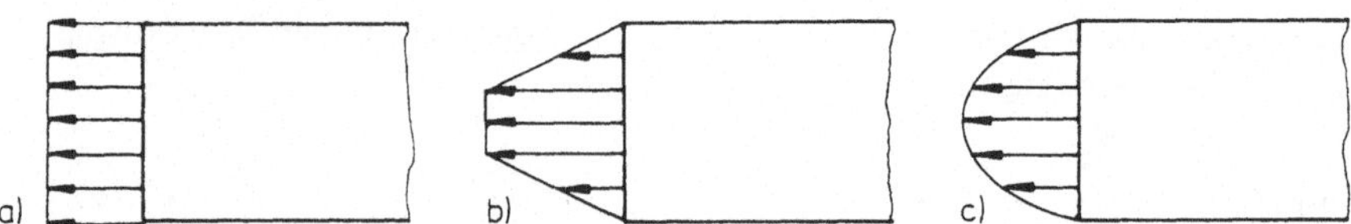

Fig. 7.2 Verschiedene Möglichkeiten der Spannungsverteilung über den Endquerschnitt bei Axialbelastung

Die einfache Verteilung in Fig. 7.2a bedeutet für $z = \ell$

$$\sigma_{zz} = \frac{F_z}{A} = \text{const}$$

$$\tau_{zx} = \tau_{zy} = 0.$$

Für die Momente ergibt sich gemäß (7.6)

$$M_x = M_y = M_z = 0$$

wenn die z-Achse durch die Querschnittsschwerpunkte verläuft, da dann für die sog. statischen Momente des Querschnitts

$$\int_A x dA = \int_A y dA = 0$$

gilt.

Wie man sofort erkennt, sind die Gleichgewichtsbedingungen (7.1) sowie die Randbedingungen (7.3) erfüllt.

Aus (7.2) folgen

$$\epsilon_{xx} = \frac{\partial u}{\partial x} = -\frac{\nu}{E}\sigma_{zz}, \qquad \epsilon_{yy} = \frac{\partial v}{\partial y} = -\frac{\nu}{E}\sigma_{zz}, \qquad \epsilon_{zz} = \frac{\partial w}{\partial z} = \frac{\sigma_{zz}}{E}$$

bzw. nach Integration für die Verschiebungen

$$u = -\frac{\nu}{E}\sigma_{zz}x, \qquad v = -\frac{\nu}{E}\sigma_{zz}y, \qquad w = \frac{\sigma_{zz}}{E}z \tag{7.8}$$

(wobei Starrkörperverschiebungen des Stabs ignoriert sind).

Ferner ergibt sich

$$\gamma_{xy} = \gamma_{yz} = \gamma_{zx} = 0.$$

Da alle maßgebenden Grundgleichungen erfüllt sind, liegt somit die exakte Lösung des Problems im Sinne von St. V e n a n t vor. Der erfaßte Fall des sog. einachsigen Spannungszustands spielt in den Anwendungen eine wichtige Rolle. Unabhängig von der Lasteinleitung stellt sich in einem axial gezogenen Stab in mäßiger Entfernung von den Lasteinleitungsstellen der homogene Spannungszustand σ_{zz} = const ein.

Erfährt der Querschnitt örtlich abrupte Änderungen (z. B. infolge Bohrungen oder Einkerbungen), so wird die gleichmäßige Spannungsverteilung gestört, es treten dann Spannungskonzentrationen im Querschnitt auf. Diese sog. Kerbwirkung[1]) ist wiederum örtlich begrenzt, es gilt dafür das N e u b e r sche Abklingungsgesetz.

Die Richtungsumkehr der Axialkraft F_x ergibt eine Druckbeanspruchung des prismatischen Stabs. Bei technischen Anwendungen ist zu beachten, daß bei sehr schlanken gedrückten Stäben die Gleichgewichtslage instabil werden kann. Es besteht die Gefahr des Ausknickens, die gesondert untersucht werden muß. Hiermit befaßt sich die Stabilitätstheorie, die in diesem Buch jedoch nicht behandelt wird.

7.3 Reine Biegung

Es wird zunächst ein beliebig unsymmetrischer Stabquerschnitt angenommen. Dieser Fall entspricht der sog. schiefen Biegung. Im Endquerschnitt $z = \ell$ wirkt ein resultierendes Moment um die y-Achse (Fig. 7.3a)

$$M_y = M = -\int_A \sigma_{zz} x \, dA \tag{7.9}$$

während alle übrigen Kraft- und Momentenresultierenden verschwinden, d. h. $\tau_{zx} = \tau_{zy} = 0$.

Mit der Annahme einer linearen Spannungsverteilung

$$\sigma_{zz} = ax + by \qquad (a = \text{const}, b = \text{const}) \tag{7.10}$$

werden die Gleichgewichtsbedingungen (7.1) sowie die Randbedingungen (7.3) identisch erfüllt.

Wenn nachgewiesen wird, daß die Spannungsverteilung (7.10) eine Endquerschnittsbelastung ergibt, die dem Moment M statisch äquivalent ist, liegt die exakte Lösung des Biegeproblems vor.

Die Beziehungen (7.6) liefern, wenn die z-Achse Schwerachse ist

$$Q_x = Q_y = 0 \qquad F_z = a \int_A x \, dA + b \int_A y \, dA = 0 \tag{7.11}$$

ferner

$$\begin{aligned} M_x &= a \int_A xy \, dA + b \int_A y^2 dA = 0 \\ -M_y &= a \int_A x^2 dA + b \int_A xy \, dA = -M \end{aligned} \tag{7.12}$$

$$M_z = 0.$$

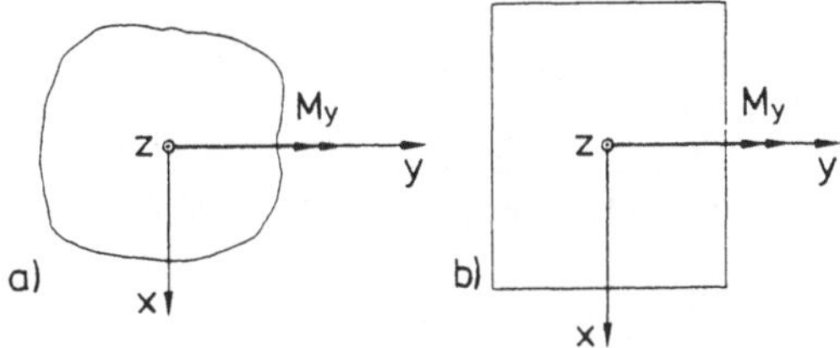

Fig. 7.3
Belastung des Endquerschnitts bei reiner Biegung, (a beliebiger Querschnitt, b doppeltsymmetrischer Querschnitt)

---

[1]) Vgl. hierzu z. B. [B 14], [B 15], [B 16].

Aus (7.12) folgen zur Ermittlung der Konstanten a und b die Beziehungen

$$-aJ_{xy} + bJ_{xx} = 0 \qquad aJ_{yy} - bJ_{xy} = -M \tag{7.13}$$

wobei die Größen

$$J_{xx} = \int_A y^2 dA \qquad J_{yy} = \int_A x^2 dA \qquad J_{xy} = J_{yx} = -\int_A xy dA$$

die axialen Flächenträgheitsmomente bzw. Deviationsmomente der Querschnittsfläche A bedeuten.

Es ergeben sich

$$a = -\frac{J_{xx}}{J_{xx}J_{yy} - J_{xy}^2} M, \qquad b = -\frac{J_{xy}}{J_{xx}J_{yy} - J_{xy}^2} M \tag{7.14}$$

und damit für die Spannungsverteilung

$$\sigma_{zz} = -\frac{J_{xx}x + J_{xy}y}{J_{xx}J_{yy} - J_{xy}^2} M. \tag{7.15}$$

Im weiteren soll der Fall betrachtet werden, daß die x- und die y-Achse Biegehauptachsen des Querschnitts sind, d. h. daß die Deviationsmomente J_{xy} verschwinden (Fig. 7.3b). Dann vereinfacht sich (7.15) zu

$$\sigma_{zz} = -\frac{M}{J_{yy}} x \tag{7.16}$$

und man erkennt, daß eine in jedem Querschnitt von z unabhängige lineare Verteilung der Normalspannung (Fig. 7.4) vorliegt, deren Resultierende in den Endquerschnitten dem Moment M statisch äquivalent ist.

Die „Fasern" des Stabs werden für $x < 0$ verlängert, für $x > 0$ verkürzt. Dazwischen liegt in der y-z-Ebene die sog. neutrale Schicht, die unverzerrt bleibt.

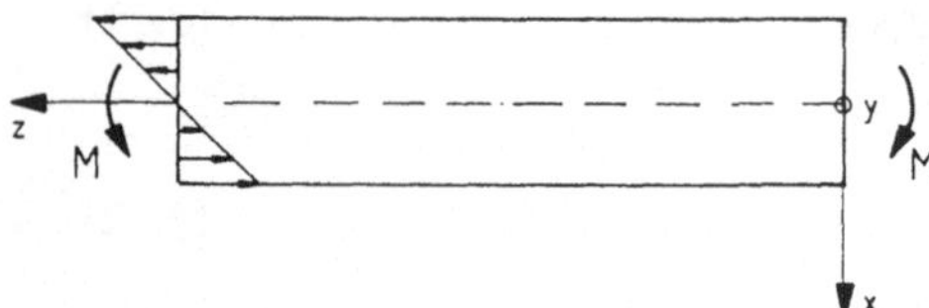

Fig. 7.4
Lineare Spannungsverteilung bei reiner Biegung

7.3.1 Verformungen bei reiner Biegung

Für die Verzerrungen folgen aus (7.2)

$$\begin{aligned} &\frac{\partial u}{\partial x} = \frac{\partial v}{\partial y} = \frac{\nu M}{EJ_{yy}} x \qquad \frac{\partial w}{\partial z} = -\frac{M}{EJ_{yy}} x \\ &\frac{\partial u}{\partial y} + \frac{\partial v}{\partial x} = 0 \qquad \frac{\partial v}{\partial z} + \frac{\partial w}{\partial y} = 0 \qquad \frac{\partial w}{\partial x} + \frac{\partial u}{\partial z} = 0. \end{aligned} \tag{7.17}$$

Daraus können die Verschiebungen durch Integration gewonnen werden.

Zunächst ergeben sich aus der zweiten bzw. fünften und vierten Beziehung (7.17)

$$w = -\frac{M}{EJ_{yy}} xz + w_0(x, y) \tag{7.18}$$

bzw. $$u = \frac{M}{2EJ_{yy}} z^2 - z\frac{\partial w_0}{\partial x} + u_0(x, y) \qquad v = -z\frac{\partial w_0}{\partial y} + v_0(x, y) \tag{7.19}$$

mit den Integrationsfunktionen $u_0(x, y)$, $v_0(x, y)$, $w_0(x, y)$.
Die erste Beziehung (7.17) und (7.19) liefern

$$\begin{aligned}\frac{\partial u}{\partial x} &= \frac{\nu M}{EJ_{yy}} x = -z\frac{\partial^2 w_0}{\partial x^2} + \frac{\partial u_0}{\partial x}\\ \frac{\partial v}{\partial y} &= \frac{\nu M}{EJ_{yy}} x = -z\frac{\partial^2 w_0}{\partial y^2} + \frac{\partial v_0}{\partial y}\end{aligned} \tag{7.20}$$

und man erkennt, daß

$$\frac{\partial^2 w_0}{\partial x^2} = \frac{\partial^2 w_0}{\partial y^2} = 0. \tag{7.21}$$

Aus der Integration von (7.20) folgen somit

$$u_0 = \frac{\nu M}{2EJ_{yy}} x^2 + f_2(y) \qquad v_0 = \frac{\nu M}{EJ_{yy}} xy + f_1(x). \tag{7.22}$$

Ferner erhält man aus (7.19)

$$\frac{\partial u}{\partial y} = -z\frac{\partial^2 w_0}{\partial x \partial y} + \frac{\partial u_0}{\partial y} \qquad \frac{\partial v}{\partial x} = -z\frac{\partial^2 w_0}{\partial y \partial x} + \frac{\partial v_0}{\partial x}$$

und mit (7.22) aus der dritten Beziehung (7.17)

$$-2z\frac{\partial^2 w_0}{\partial x \partial y} + \frac{\nu M}{EJ_{yy}} y + \frac{df_1}{dx} + \frac{df_2}{dy} = 0. \tag{7.23}$$

Da nur der erste Term von (7.23) von z abhängt, muß gelten

$$\frac{\partial^2 w_0}{\partial x \partial y} = 0 \tag{7.24}$$

und es bleibt

$$\frac{df_2}{dy} + \frac{\nu M}{EJ_{yy}} y = -\frac{df_1}{dx}.$$

Die linke und die rechte Seite müssen beide gleich einer Konstanten γ_1 sein, d. h.

$$\frac{df_1}{dx} = -\gamma_1 \qquad \frac{df_2}{dy} = -\frac{\nu M}{EJ_{yy}} y + \gamma_1$$

oder nach Integration

$$f_1(x) = -\gamma_1 x + \delta \qquad f_2(y) = -\frac{\nu M}{2EJ_{yy}} y^2 + \gamma_1 y + \gamma. \tag{7.25}$$

Aus (7.21) und (7.24) ergibt sich

$$w_0 = \beta_1 x + \beta_2 y + \beta$$

ferner aus (7.22) und (7.25)

$$u_0 = \frac{\nu M}{2EJ_{yy}}(x^2 - y^2) + \gamma_1 y + \gamma \qquad v_0 = \frac{\nu M}{EJ_{yy}} xy - \gamma_1 x + \delta.$$

Damit folgen für die Verschiebungen gemäß (7.18)

$$\begin{aligned} u &= \frac{M}{2EJ_{yy}}[\nu(x^2 - y^2) + z^2] + \gamma_1 y - \beta_1 z + \gamma \\ v &= \frac{\nu M}{EJ_{yy}} xy - \gamma_1 x - \beta_2 z + \delta \\ w &= -\frac{M}{EJ_{yy}} xz + \beta_1 x + \beta_2 y + \beta. \end{aligned} \tag{7.26}$$

Die in (7.26) auftretenden konstanten bzw. in den Koordinaten linearen Glieder entsprechen der Starrkörperverschiebung bzw. -drehung des gesamten Stabs. Diese werden durch die Forderung

$$u = v = w = 0 \qquad \frac{\partial u}{\partial z} = \frac{\partial v}{\partial z} = \frac{\partial v}{\partial x} = 0 \quad \text{für } x = y = z = 0$$

ausgeschaltet und es ergeben sich schließlich die Verschiebungen zu

$$\begin{aligned} u &= \frac{M}{2EJ_{yy}}[\nu(x^2 - y^2) + z^2] \\ v &= \frac{\nu M}{EJ_{yy}} xy \qquad w = -\frac{M}{EJ_{yy}} xz. \end{aligned} \tag{7.27}$$

Die Punkte auf der Stabachse ($x = y = 0$) gehen über in

$$x^* = x + u \qquad y^* = y + u \qquad z^* = z + w$$

d. h. $$x^* = \frac{M}{2EJ_{yy}} z^2 \qquad y^* = 0 \qquad z^* = z$$

und sie liegen in der x-z-Ebene (sog. Biegeebene).
Die Gleichung der verformten Stabachse (sog. Biegelinie) lautet

$$x^* = \frac{M}{2EJ_{yy}} z^{*2}. \tag{7.28}$$

Die Biegelinie ist eine Parabel, für ihre Krümmung k (Krümmungsradius R) gilt

$$k = \frac{1}{R} = \frac{\dfrac{d^2x^*}{dz^{*2}}}{\left[1 + \left(\dfrac{dx^*}{dz^*}\right)^2\right]^{3/2}}$$

oder für $dx^*/dz^* \ll 1$ näherungsweise

$$k = \frac{1}{R} = \frac{d^2x^*}{dz^{*2}}. \tag{7.29}$$

Damit folgt für kleine Verformungen

$$\frac{1}{R} = \frac{d^2x^*}{dz^{*2}} = \frac{M}{EJ_{yy}}.$$

Dies entspricht der natürlichen Gleichung der Biegelinie (mitunter als Bernoulli-Eulersches Gesetz der Proportionalität von Krümmung und Biegemoment bezeichnet), wie sie in der elementaren Balkenbiegetheorie aufgestellt wird. Die dort zugrundegelegte Bernoullische Hypothese vom Ebenbleiben der Querschnitte erfährt durch die allgemeine Lösung ihre Bestätigung.

Es ergibt sich für einen Querschnitt z = c des Stabs nach der Verformung

$$z^* = c + w = c\left(1 - \frac{M}{EJ_{yy}}x\right)$$

bzw. für $x \approx x^*$ (kleine Verformungen)

$$z^* = c\left(1 - \frac{M}{EJ_{yy}}x^*\right) = c\left(1 - \frac{x^*}{R}\right).$$

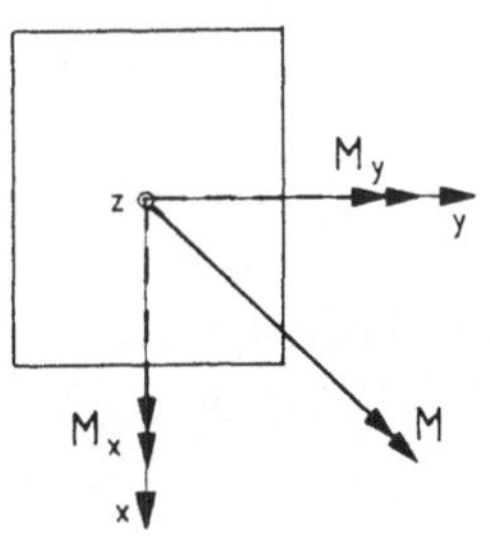

Fig. 7.5
Belastung des Endquerschnitts bei zweiachsiger („schiefer") Biegung um Hauptachsen

Bei sog. zweiachsiger Biegung durch eine Belastung mit Momenten M_x und M_y um die Hauptachsen gemäß Fig. 7.5, die einer beliebigen Lage des resultierenden Momentenvektors entspricht, ergibt sich die Lösung durch Überlagerung der oben dargestellten Verhältnisse.

Im allgemeinen Fall eines unsymmetrischen Querschnitts (vgl. Fig. 7.3a) mit der Spannungsverteilung (7.15) gelten an Stelle von (7.27) für die Verschiebungen

$$u = -\frac{a}{2}\frac{z^2}{E} - \frac{\nu}{E}\left[\frac{a}{2}(x^2 - y^2) + bxy\right]$$

$$v = -\frac{b}{2}\frac{z^2}{E} - \frac{\nu}{E}\left[axy + \frac{b}{2}(y^2 - x^2)\right] \qquad w = \frac{1}{E}(ax + by)z.$$

wobei die Konstanten a und b gemäß (7.14) einzusetzen sind.

Bevor der allgemeine Fall der Biegung eines Balkens durch Querkräfte behandelt werden kann, soll zunächst die Torsionsbeanspruchung prismatischer Stäbe besprochen werden, da die Ergebnisse der Torsion bei der Querkraftbiegung Verwendung finden.

7.4 Torsion prismatischer Stäbe

7.4.1 Elementare Grundlagen

Die Lösung des Torsionsproblems für einen prismatischen Stab mit Kreis- oder Kreisringquerschnitt stammt von C o u l o m b.

Bei der Belastung durch Torsionsmomente M_z in den Endquerschnitten (Fig. 7.6) tritt reine (oder zwangsfreie) Torsion auf, es ergeben sich nur Schubspannungen in den Querschnitten. Die plausiblen Annahmen, die der Lösung zugrundeliegen, besagen

– Querschnitte verdrehen sich verzerrungsfrei wie starre Scheiben

– Querschnitte bleiben bei der Verformung eben, d. h. es tritt keine Verwölbung auf.

Bezeichnet φ die Verdrehung des Endquerschnitts, so ist

$$\vartheta = \frac{d\varphi}{dz}$$

der sog. spezifische Drehwinkel (Verdrillung). Für reine Torsion mit konstanten Endmomenten $M_z = M_T$ ist

$$\vartheta = \frac{\varphi}{\ell} \qquad \text{(Stablänge } \ell\text{).}$$

Neben der grundlegenden Annahme (7.5) wird noch $\sigma_{zz} = 0$ gesetzt.

Die Schubspannungen sind

$$\tau_{zx} = -G\vartheta y \qquad \tau_{zy} = G\vartheta x \tag{7.30}$$

die resultierende Schubspannung ist linear über den Radius verteilt, es gilt

$$\tau = \sqrt{\tau_{zx}^2 + \tau_{zy}^2} = G\vartheta\sqrt{x^2 + y^2} = G\vartheta r$$

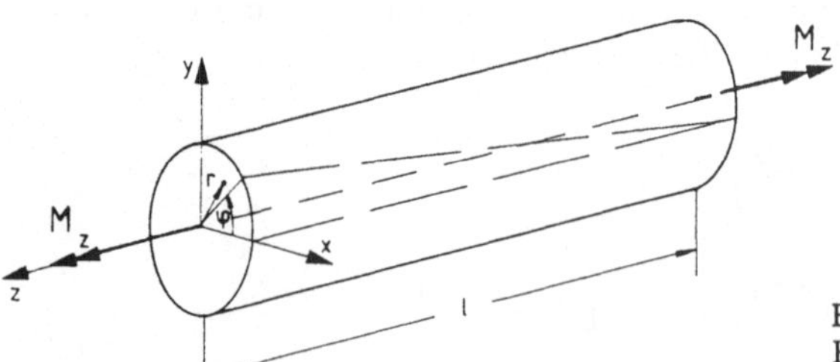

Fig. 7.6
Reine Torsion eines Stabs mit Kreisquerschnitt

für das Torsionsmoment folgt

$$M_T = G\vartheta J_p \tag{7.31}$$

wobei $J_p = \int r^2 dA$ das polare Flächenträgheitsmoment des Querschnitts bedeutet.

Für den Kreisring (Außenradius r_a, Innenradius r_i) gilt die gleiche Spannungsverteilung, wobei

$$J_p = \frac{\pi}{2}(r_a^4 - r_i^4)$$

zu setzen ist.

Beim dünnwandigen kreisförmigen Torsionsrohr (mittlerer Radius a) sind die Schubspannungen über die Dicke h annähernd konstant verteilt, für das Torsionsmoment ergibt sich

$$M_T = \oint \tau h r ds = 2\tau h A \tag{7.32}$$

wobei A die vom mittleren Radius umschlossene Fläche ist.

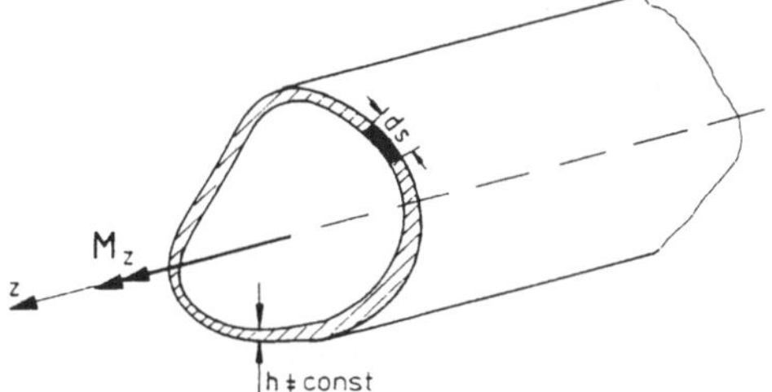

Fig. 7.7
Dünnwandiges Torsionsrohr mit beliebigem Profil

Führt man den Schubfluß $t = \tau h$ ein, so gilt die Beziehung (7.32) auch für dünnwandige Torsionsrohre beliebiger Gestalt (vgl. Fig. 7.7). Die Kontinuität des Schubflusses verlangt $t = \text{const}$ und es gilt wiederum

$$t = \frac{M_T}{2A} \tag{7.33}$$

wobei A die von der Profilmittellinie umschlossene Fläche bedeutet. Die Wandstärke h kann veränderlich sein. Zu beachten ist, daß für beliebige nichtkreisförmige Profile eine Verwölbung w auftritt, die nicht behindert werden darf.

Die Beziehung (7.33) ist als erste B r e d t sche Formel in der Festigkeitslehre bekannt.

Die zweite B r e d t sche Formel zur Berechnung der Verdrillung lautet

$$\vartheta = \frac{t}{2GA} \oint \frac{ds}{h} = \frac{M_T}{4GA^2} \oint \frac{ds}{h} . \tag{7.34}$$

Die beiden B r e d t schen Formeln gelten auch für mehr als zweifach zusammenhängende Querschnitte, d. h. für Torsionsröhren mit Zwischenstegen, vgl. z. B. [A 29].

7.4.2 Nichtkreisförmige Querschnitte, Verwölbungsfunktion

Wie beim elementaren Fall der Torsion kreiszylindrischer Stäbe treten in den Querschnitten Schubspannungen τ_{zx} und τ_{zy} auf, es gilt wieder $\sigma_{zz} = 0$.
Wenn sich die Verformung ungehindert ausbilden kann (zwangsfreie Torsion) handelt es sich bei Belastung durch ein konstantes Moment M_z um reine Torsion[1]).
Die Querschnitte verdrehen sich wiederum verzerrungsfrei (d. h. die Querschnittsform bleibt erhalten), es wird aber eine Verschiebung w in Achsenrichtung, die V e r w ö l b u n g , auftreten. Im Sinn der semi-inversen Methode wird von einem Ansatz für die Verschiebungen ausgegangen. Die Verträglichkeitsbedingungen sind dann automatisch erfüllt und brauchen nicht herangezogen zu werden.
Bei reiner Torsion ist

$$\varphi = \vartheta z \tag{7.35}$$

d. h. Querschnitte in gleichem Abstand verdrehen sich um gleiche Winkel gegeneinander. Ein Querschnittspunkt P gelangt nach P' (vgl. Fig. 7.8) und es gilt für die Verschiebungen

$$-u = r\cos\alpha - r\cos(\alpha+\varphi) \qquad v = r\sin(\alpha+\varphi) - r\sin\alpha$$

bzw. für kleine Drehwinkel φ nach Linearisierung

$$u = -r\sin\alpha\cdot\varphi \qquad v = r\cos\alpha\cdot\varphi$$

oder $$u = -y\varphi = -\vartheta yz \qquad v = x\varphi = \vartheta xz\,. \tag{7.36}$$ [2])

Für die Verwölbung wird angesetzt

$$w = \vartheta\phi(x, y) \tag{7.37}$$

sie muß in jedem Querschnitt gleich sein, da sonst der stetige Zusammenhalt des Materials nicht gewährleistet wäre. Die Funktion $\phi(x, y)$ wird als Verwölbungsfunktion bezeichnet. Die aus (7.36) und (7.37) folgenden Verzerrungen sind

$$\epsilon_{xx} = \epsilon_{yy} = \epsilon_{zz} = \gamma_{xy} = 0$$

es bleiben nur

$$\gamma_{zx} = \vartheta\left(\frac{\partial\phi}{\partial x} - y\right) \qquad \gamma_{zy} = \vartheta\left(\frac{\partial\phi}{\partial y} + x\right)\,. \tag{7.38}$$

---

[1]) Wird die Verwölbung behindert, z. B. durch eine feste Einspannung, tritt sog. Wölbkrafttorsion auf. Dann kommen zusätzlich Normalspannungen σ_{zz} in Achsenrichtung vor.

[2]) Auf diese Beziehungen wird man direkt geführt, wenn man fordert, daß die z-Komponente des Drehvektors (vgl. Abschn. 1.3.5) gleich dem Drehwinkel φ ist. Die Bedingung $w_z = \frac{1}{2}\left(\frac{\partial v}{\partial x} - \frac{\partial u}{\partial y}\right)$ wird mit $u = -\varphi y$ und $v = \varphi x$ erfüllt.

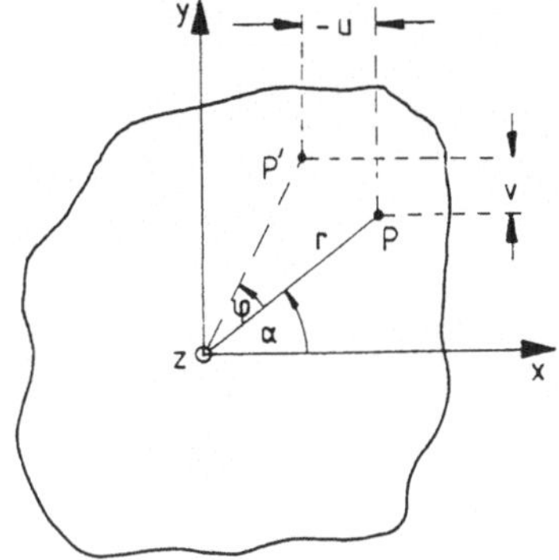

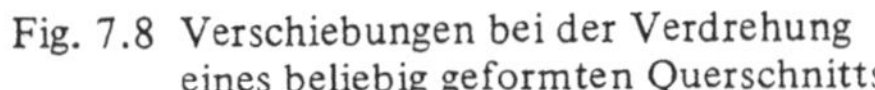
Fig. 7.8 Verschiebungen bei der Verdrehung eines beliebig geformten Querschnitts

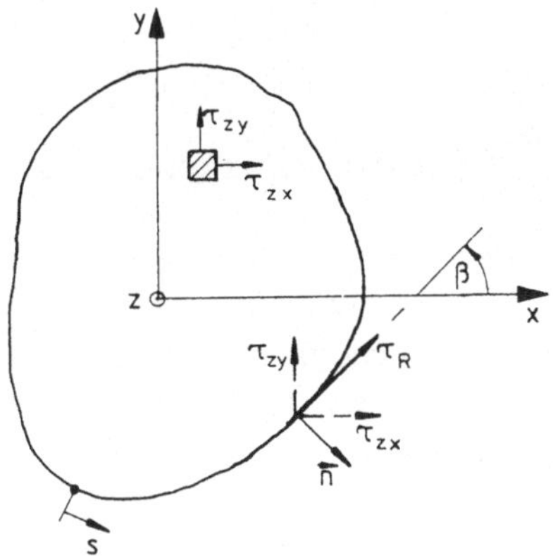

Fig. 7.9 Zur Randbedingung bei Torsion

Mit dem H o o k e schen Gesetz ergeben sich die Spannungen

$$\tau_{zx} = G\vartheta\left(\frac{\partial\phi}{\partial x} - y\right) \qquad \tau_{zy} = G\vartheta\left(\frac{\partial\phi}{\partial y} + x\right) \tag{7.39}$$

Es herrscht also reiner Schub $\tau_{zx}(x, y)$, $\tau_{zy}(x, y)$ in allen Punkten eines Querschnitts, d. h. die obige grundlegende Annahme der verzerrungsfreien Verdrehung der Querschnitte ist nachträglich gerechtfertigt.

Von den Gleichgewichtsbedingungen bleiben nur

$$\frac{\partial\tau_{zx}}{\partial z} = 0 \qquad \frac{\partial\tau_{zy}}{\partial z} = 0$$

sowie
$$\frac{\partial\tau_{zx}}{\partial x} + \frac{\partial\tau_{zy}}{\partial y} = 0. \tag{7.40}$$

Aus (7.40) folgt mit (7.39) die sog. L a p l a c e sche Potentialgleichung

$$\Delta\phi(x, y) = 0 \tag{7.41}$$

mit dem L a p l a c e - Operator $\Delta(\ldots) = \left(\frac{\partial^2}{\partial x^2} + \frac{\partial^2}{\partial y^2}\right)(\ldots)$. Es zeigt sich also, daß die Verwölbungsfunktion eine Potentialfunktion (oder harmonische Funktion) sein muß.

Die Randbedingung verlangt lastfreien Mantel des zylindrischen Stabs, d. h. die Randschubspannung τ_R muß tangential zur Randkontur verlaufen (Fig. 7.9).

Es folgt mit (7.39) aus (7.3)

$$\left(\frac{\partial\phi}{\partial x} - y\right)\cos(n, x) + \left(\frac{\partial\phi}{\partial y} + x\right)\cos(n, y) = 0. \tag{7.42}$$

Der Ausdruck

$$\frac{\partial\phi}{\partial x}\cos(n, x) + \frac{\partial\phi}{\partial y}\cos(n, y) = \frac{d\phi}{dn} \tag{7.43}$$

wird als Normalenableitung bezeichnet. Damit schreibt sich die Randbedingung (7.42)

$$\frac{d\phi}{dn} = [y \cos(n, x) - x \cos(n, y)]_R. \tag{7.44}$$

Damit entspricht das Torsionsproblem dem sog. Neumannschen Randwertproblem (oder zweiten Randwertproblem) der Potentialtheorie:

Es ist eine Verwölbungsfunktion $\phi(x, y)$ gesucht, die im betrachteten Querschnittsbereich harmonisch ist und deren Normalenableitung am Rand des Bereichs vorgegeben ist.

Es gilt nach dem Satz von Gauß

$$\int_A \Delta\phi dA = \oint_R \frac{d\phi}{dn} ds \tag{7.45}$$

d. h. wegen $\Delta\phi = 0$ in A verlangt die Existenz der Lösung

$$\oint_R \frac{d\phi}{dn} ds = 0. \tag{7.46}$$

Dies ist erfüllt, wie man sieht, wenn unter Beachtung von

$$\frac{dx}{ds} = \sin(n, x) = -\cos(n, y) \qquad \frac{dy}{ds} = \cos(n, x) \tag{7.47}$$

die Randbedingung in (7.46) eingesetzt wird. Es folgt

$$\oint_R \frac{d\phi}{dn} ds = \oint_R \left(y \frac{\partial y}{\partial s} + x \frac{\partial x}{\partial s}\right) ds = \oint_R d\left(\frac{x^2 + y^2}{2}\right) = 0.$$

Übrigens läßt sich die Randbedingung (7.44) auch umformen. Es gilt nach obigem, da xdx + ydy ein vollständiges Differential darstellt

$$\frac{d\phi}{dn} = y \frac{\partial y}{\partial s} + x \frac{\partial x}{\partial s} = \frac{d}{ds}(xdx + ydy) = \frac{d}{ds}\left(\frac{x^2 + y^2}{2}\right)_R \tag{7.48}$$

d. h. die Tangentialableitung der Funktion $\dfrac{x^2 + y^2}{2}$ ist am Rand vorgegeben.

Für die Spannungsresultierenden an den Endflächen ergeben sich, wie man leicht ausrechnen kann

$$\int_A \tau_{zx} dA = 0 \qquad \int_A \tau_{zy} dA = 0 \tag{7.49}$$

ferner wird das resultierende Torsionsmoment

$$\begin{aligned} M_z &= \int_A (\tau_{zy} x - \tau_{zx} y) dA \\ &= G\vartheta \int_A \left(x^2 + y^2 + \frac{\partial\phi}{\partial y} x - \frac{\partial\phi}{\partial x} y\right) dA. \end{aligned} \tag{7.50}$$

Aus (7.50) ergibt sich nach Umformung des Integranden (vgl. [A 30], S. 448) die alternative Form

$$M_z = G\vartheta \left\{ J_p - \int\limits_A \left[\left(\frac{\partial \phi}{\partial x} \right)^2 + \left(\frac{\partial \phi}{\partial y} \right)^2 \right] dA \right\}.$$

Für (7.50) schreibt man auch

$$M_z = M_T = G\vartheta J_T \tag{7.51}$$

und erhält damit die Verallgemeinerung der elementaren Beziehung (7.31). Die Größe J_T (die, wie erkenntlich, nicht mit dem polaren Flächenträgheitsmoment J_p identisch ist) wird als Torsionsträgheitsmoment oder Drillwiderstand bezeichnet[1]).

Wie man erkennt, ist das Torsionsproblem für einen Stab mit beliebigem Querschnitt vollständig gelöst, wenn die Verwölbungsfunktion $\phi(x, y)$ bekannt ist. Ausgehend von den Annahmen für die Verschiebungen zeigt sich, daß die maßgebenden Grundgleichungen erfüllt sind.

Bevor die Lösungen für spezielle Querschnittsformen angegeben werden, soll eine alternative Formulierung des Torsionsproblems besprochen werden.

7.4.3 Prandtlsche Torsionsfunktion

Bei dieser alternativen Formulierung [51] ergibt sich eine Vereinfachung der Randbedingung.

Die Gleichgewichtsbedingung (7.40) kann mittels einer Spannungsfunktion $\psi(x, y)$ identisch befriedigt werden gemäß

$$\begin{aligned} \tau_{zx} &= G\vartheta \frac{\partial \psi}{\partial y} \\ \tau_{zy} &= -G\vartheta \frac{\partial \psi}{\partial x} \end{aligned} \tag{7.52}$$

$\psi(x, y)$ wird als P r a n d t l sche Torsionsfunktion[2]) bezeichnet.

Eliminiert man aus den Ausdrücken (7.39) für die Spannungen die Verwölbungsfunktion $\phi(x, y)$ so folgt zunächst

$$\frac{\partial \tau_{zx}}{\partial y} - \frac{\partial \tau_{zy}}{\partial x} = -2G\vartheta$$

und daraus mit (7.52)

$$\Delta\psi(x, y) = -2 \tag{7.53}$$

---

[1]) Das Produkt GJ_T wird in der Festigkeitslehre Torsionssteifigkeit genannt.

[2]) Sie ergibt sich übrigens als ein Sonderfall der M a x w e l l - M o r e r a schen Spannungsfunktionen (vgl. Abschn. 5.2).

d. h. die Torsionsfunktion $\psi(x, y)$ muß der inhomogenen P o i s s o n schen Potentialgleichung genügen.

Eingesetzt in die Randbedingung in der Form

$$\tau_{zx} dy - \tau_{zy} dx = 0$$

erhält man

$$\frac{\partial \psi}{\partial x} dx + \frac{\partial \psi}{\partial y} dy = d\psi = 0 \tag{7.54}$$

oder $\psi_R = \text{const.}$ (7.55)

Für einfach zusammenhängenden Querschnitt (Vollquerschnitt) kann die Konstante in (7.55) beliebig sein, sie kann z. B. Null gesetzt werden. Für mehrfach zusammenhängenden Querschnitt (Torsionsstab mit Längsbohrungen) hingegen kann die Festlegung nur auf einem Rand beliebig vorgenommen werden.

Man überzeugt sich leicht, daß wieder die Resultierenden der Spannungen τ_{zx} und τ_{zy} an den Endflächen verschwinden.

Das resultierende Torsionsmoment ist

$$M_z = -G\vartheta \int_A \left(\frac{\partial \psi}{\partial x} dx + \frac{\partial \psi}{\partial y} dy \right) dA$$

$$= -G\vartheta \int_A \left[\frac{\partial}{\partial x}(\psi x) + \frac{\partial}{\partial y}(\psi y) \right] dA + 2G\vartheta \int_A \psi dA \tag{7.56}$$

bzw. nach Umwandlung mit dem Satz von G a u ß

$$M_z = -G\vartheta \oint_R \psi [x \cos(n, x) + y \cos(n, y)] ds + 2G\vartheta \int_A \psi dA.$$

Das erste Integral entfällt für $\psi_R = 0$ und es bleibt

$$M_z = 2G\vartheta \int_A \psi(x, y) dA \tag{7.57}$$

wobei der Ausdruck

$$2 \int_A \psi(x, y) dA = J_T$$

dem Torsionsträgheitsmoment entspricht.

Bemerkt sei noch, daß beim Torsionsproblem die Lage des Koordinatennullpunkts im Querschnitt unwesentlich ist (für kleine Drehwinkel im Rahmen der linearen Theorie). Ein Wechsel der Stabachse zu einer dazu parallelen Achse bedeutet lediglich eine Verschiebung des Torsionsstabs als starrer Körper, die nicht mit dem Aufteten von Spannungen verknüpft ist.

7.4.4 Zusammenhang zwischen Verwölbungsfunktion und Prandtlscher Torsionsfunktion

Der Vergleich von (7.39) und (7.52) ergibt

$$\frac{\partial\phi}{\partial x} - y = \frac{\partial\psi}{\partial y} \qquad \frac{\partial\phi}{\partial x} + x = -\frac{\partial\psi}{\partial x}. \tag{7.58}$$

Bei der Verwölbungsfunktion $\phi(x, y)$ handelt es sich bekanntlich um eine harmonische Funktion. Hierzu existiert eine sog. konjugierte harmonische Funktion $\chi(x, y)$ wobei für den Zusammenhang die Cauchy-Riemannschen Diff.-Gl. der Funktionentheorie

$$\frac{\partial\phi}{\partial x} = \frac{\partial\chi}{\partial y} \qquad \frac{\partial\phi}{\partial y} = -\frac{\partial\chi}{\partial x} \tag{7.59}$$

gelten.

Damit wird aus (7.58)

$$\frac{\partial\psi}{\partial x} = \frac{\partial\chi}{\partial x} - x \qquad \frac{\partial\psi}{\partial y} = \frac{\partial\chi}{\partial y} - y. \tag{7.60}$$

Durch Integration ergibt sich der gesuchte Zusammenhang

$$\psi(x, y) = \chi(x, y) - \frac{x^2 + y^2}{2} + \text{const}. \tag{7.61}$$

Die beiden Funktionen $\phi(x, y)$ und $\chi(x, y)$ stellen als harmonische Funktionen Real- und Imaginärteil einer komplexen analytischen Funktion dar. Von dieser Tatsache wird später noch Gebrauch gemacht.

Wegen (7.61) kann das Torsionsproblem auch folgendermaßen formuliert werden:
Gesucht ist eine harmonische Funktion $\chi(x, y)$, *die am Rand des betrachteten Bereichs einen bestimmten Wert annimmt.*

Es gilt also

$$\Delta\chi(x, y) = 0$$

mit der Randbedingung

$$\chi_R = \frac{x^2 + y^2}{2} + \text{const}.$$

Damit stellt sich das Torsionsproblem in dieser Formulierung als sog. Dirichletsches Problem (oder erstes Randwertproblem) der Potentialtheorie dar.

Es ist allgemein nachgewiesen, daß dieses Problem eine eindeutige Lösung besitzt und man mit geeigneten Potentialfunktionen zahlreiche exakte Lösungen des Torsionsproblems für nichtkreisförmige Querschnitte gewinnen kann.

7.4.5 Beispiele für Lösungen des Torsionsproblems für verschiedene Querschnittsformen

7.4.5.1 Elliptischer Querschnitt. Die Randgleichung des Ellipsenquerschnitts mit den Halbachsen a und b (Fig. 7.10a) lautet

$$\frac{x^2}{a^2} + \frac{y^2}{b^2} = 1.$$

Nimmt man eine Prandtlsche Torsionsfunktion

$$\psi = k\left(\frac{x^2}{a^2} + \frac{y^2}{b^2} - 1\right) \quad k = \text{Konstante}$$

an, so erfüllt diese die Randbedingung $\psi_R = 0$.

Die Diff.-Gl. (7.53) ist erfüllt für $k = -\frac{a^2b^2}{a^2 + b^2}$, somit lautet die Lösung

$$\psi = -\frac{a^2b^2}{a^2 + b^2}\left(\frac{x^2}{a^2} + \frac{y^2}{b^2} - 1\right). \tag{7.62}$$

Die Schubspannungen sind

$$\tau_{zx} = -\frac{2G\vartheta a^2}{a^2 + b^2}\,y \qquad \tau_{zy} = \frac{2G\vartheta b^2}{a^2 + b^2}\,x. \tag{7.63}$$

Für das Torsionsmoment folgt

$$M_T = G\vartheta \frac{a^3b^3\pi}{a^2 + b^2}$$

so daß man (7.63) auch schreiben kann

$$\tau_{zx} = -\frac{2M_T}{\pi ab^3}\,y \qquad \tau_{zy} = \frac{2M_T}{\pi a^3 b}\,x.$$

Für $b < a$ ist die maximale Schubspannung

$$(\tau_{zx})_{y=\pm b} = \pm\frac{2M_T}{\pi ab^2} = \pm\frac{2G\vartheta a^2 b}{a^2 + b^2}$$

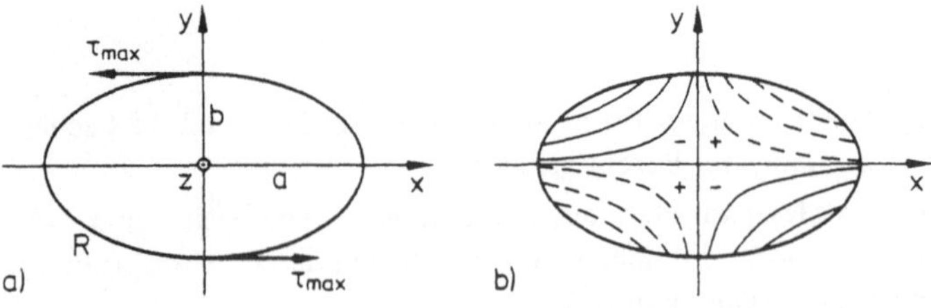

Fig. 7.10 Elliptischer Querschnitt bei Torsion (a Lage der maximalen Schubspannungen, b Höhenlinien der Verwölbung)

und tritt in diesem Fall an den Enden der kleinen Halbachse auf. Die sog. Schubspannungslinien sind gegeben durch die Kurven $\psi(x, y) = \text{const.}$

Die Größe der resultierenden Schubspannung ist

$$\tau = \sqrt{\tau_{zx}^2 + \tau_{zy}^2} = G\vartheta \sqrt{\left(\frac{\partial\psi}{\partial x}\right)^2 + \left(\frac{\partial\psi}{\partial y}\right)^2} = \frac{2G\vartheta}{a^2 + b^2}\sqrt{b^4x^2 + a^4y^2}.$$

Zur Berechnung der Verwölbung geht man von (7.39) aus, mit (7.37) folgt

$$\tau_{zx} = G\left(\frac{\partial w}{\partial x} - \vartheta y\right)$$

oder $$\frac{\partial w}{\partial x} = \frac{\tau_{zx}}{G} + \vartheta y = \frac{M_T}{G}\left(-\frac{2}{\pi ab^3} + \frac{a^2 + b^2}{\pi a^3 b^3}\right) y.$$

Die Integration liefert

$$w(x, y) = M_T \frac{b^2 - a^2}{\pi a^3 b^3 G} xy.$$

Dies ist die Gleichung einer sog. Sattelfläche (hyperbolisches Paraboloid oder „Hyparfläche“).

Eine Darstellung der Verwölbung durch Höhenlinien ist in Fig. 7.10b gegeben. Die Verwölbung ist Null auf der x- und y-Achse, die maximalen Verwölbungen treten am Rand bei $x = \pm a/\sqrt{2}$ bzw. $y = \pm b/\sqrt{2}$ auf, sie sind

$$w_{max} = \pm M_T \frac{b^2 - a^2}{2\pi a^2 b^2 G}.$$

Die elementare Lösung für den Kreisquerschnitt ergibt sich für a = b. Man erkennt, daß in diesem Fall keine Verwölbung auftritt.

7.4.5.2 Näherung für schmales Rechteck. Die Lösung für ein Rechteck mit beliebigem Seitenverhältnis (Fig. 7.11) ist nicht in geschlossener Form möglich (siehe Abschn. 7.4.5.4).

Für ein sehr schmales Rechteck mit $b \ll a$ gelingt eine sehr brauchbare Näherung mit der Annahme $\tau_{zx} \ll \tau_{zy}$.

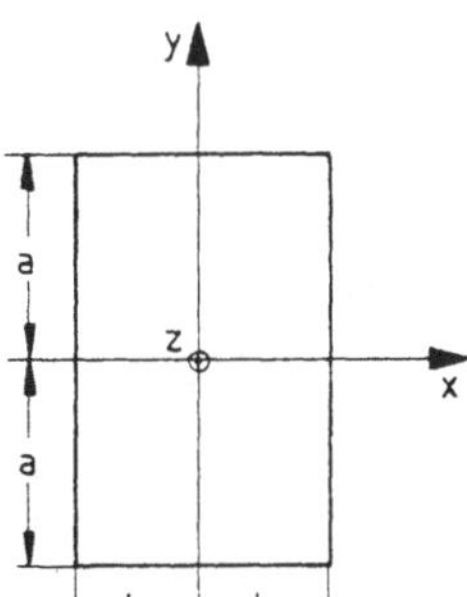

Fig. 7.11
Rechteckquerschnitt

Die Randbedingung $\psi_R = 0$ wird durch den Ansatz

$$\psi = -x^2 + b^2$$

für die P r a n d t l sche Torsionsfunktion erfüllt. Der Ansatz genügt außerdem der P o i s s o n schen Potentialgleichung (7.53).
Es ergeben sich die Schubspannungen

$$\tau_{zx} = 0 \qquad \tau_{zy} = 2G\vartheta x$$

ferner ist das Torsionsmoment

$$M_T = \frac{16}{3} G\vartheta ab^3$$

und die Verwölbung

$$w = \frac{3}{16} \frac{M_T}{Gab^3} xy.$$

7.4.5.3 Gleichseitiger Dreieckquerschnitt. Die Randgleichung (Fig. 7.12a) lautet

$$(x - a)[(x + 2a)^2 - 3y^2] = 0.$$

Setzt man für die harmonische Funktion $\chi(x, y)$, die am Rand den Wert $\chi_R = \frac{1}{2}(x^2 + y^2)$ annimmt

$$\chi(x, y) = \frac{2a^2}{3} - \frac{x^3 - 3xy^2}{6a}$$

dann ergibt sich für die P r a n d t l sche Torsionsfunktion

$$\psi = \chi - \frac{x^2 + y^2}{2} = \frac{(x - a)[(x + 2a)^3 - 3y^2]}{6a}$$

womit die Lösung des Problems vorliegt.

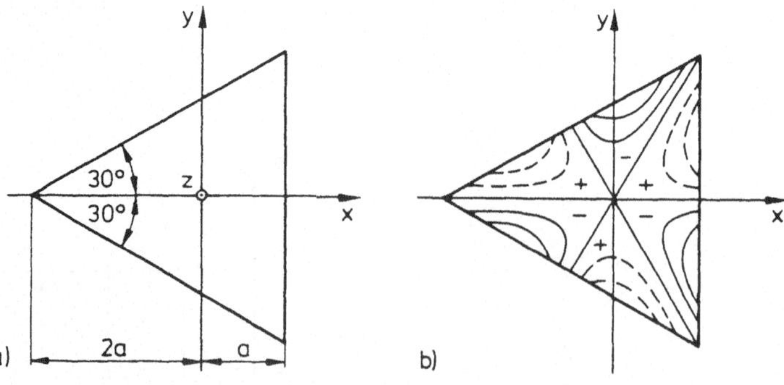

Fig. 7.12 Gleichseitiger Dreieckquerschnitt (a), Höhenlinien der Verwölbung (b)

Die Schubspannungen sind

$$\tau_{zx} = \frac{G\vartheta}{a}(x-a)y \qquad \tau_{zy} = \frac{G\vartheta}{2a}(x^2 + 2ax - y^2).$$

In den Ecken sowie im Schwerpunkt des Dreiecks verschwinden die Schubspannungen, die maximalen Schubspannungen treten am Rand in den Seitenmitten des Dreiecks auf

$$\tau_{max} = \frac{3}{2} G\vartheta a.$$

Für das Torsionsmoment folgt

$$M_T = \frac{9\sqrt{3}}{5} G\vartheta a^4$$

die Verwölbung ist

$$w(x, y) = \frac{M_T}{6GaJ_T}(3x^2y - y^3) = \frac{\vartheta}{6a}(3x^2y - y^3).$$

Die Höhenliniendarstellung ist in Fig. 7.12b gegeben. Auf den Schwerachsen des Dreiecks ist die Verwölbung Null.

7.4.5.4 Rechteckquerschnitt. Die Behandlung des Torsionsproblems für den Rechteckquerschnitt gelingt nur in Reihenform unter Zuhilfenahme F o u r i e r scher Reihen. Hierzu kann man entweder Lösungen der L a p l a c e schen Potentialgleichung für die Verwölbungsfunktion ϕ oder der P o i s s o n schen Potentialgleichung für ψ in Reihenform zu gewinnen suchen.

Der Rechteckbereich (vgl. Fig. 7.11) ist gegeben durch $-b < x < b, -a < y < a$. Wegen der Symmetrie muß die P r a n d t l sche Torsionsfunktion eine in x und y gerade Funktion sein. Für die Diff.-Gl.

$$\Delta\psi = -2 \quad \text{mit } \psi_R = 0$$

wurde bereits die Funktion $(b^2 - x^2)$ als ein partikuläres Integral für den Fall des schmalen Rechtecks mit $b \ll a$ erkannt. Es ist naheliegend, die Torsionsfunktion gemäß

$$\psi = b^2 - x^2 + T(x, y) \tag{7.64}$$

anzusetzen, wobei T(x, y) eine in x und y gerade Funktion bedeutet, welche der Diff.-Gl.

$$\Delta T(x, y) = 0 \tag{7.65}$$

genügen muß, mit den Randbedingungen

$$T = 0 \quad \text{für } x = \pm b \qquad T = x^2 - b^2 \quad \text{für } y = \pm a. \tag{7.66}$$

Aus dem Produktansatz

$$T(x, y) = f(x)g(y) \tag{7.67}$$

folgt $\Delta T = \frac{d^2f}{dx^2} g + f \frac{d^2g}{dy^2} = 0$

bzw. nach Trennung der Veränderlichen

$$\frac{d^2f}{dx^2}\frac{1}{f} = -\frac{d^2g}{dy^2}\frac{1}{g}.$$

Beide Seiten sind gleich der Konstanten $-\lambda^2$ zu setzen und es folgen aus den beiden gewöhnlichen Diff. Gl. für f(x) und g(y) die Lösungen

$$f(x) = \alpha \cos \lambda x + \beta \sin \lambda x, \qquad g(y) = \gamma \operatorname{ch} \lambda y + \delta \operatorname{sh} \lambda y.$$

Für die in x und y gerade Funktion T(x, y) ergibt sich also

$$T(x, y) = A \cos \lambda x \operatorname{ch} \lambda y. \tag{7.68}$$

Die erste der Randbedingungen (7.66) wird erfüllt für

$$\cos \lambda b = 0 \quad \text{d. h.} \quad \lambda = n \frac{\pi}{2b} \quad \text{mit } n = 1, 3, 5 \ldots$$

An Stelle der Lösung (7.68) wird nun der allgemeinere Ausdruck

$$T(x, y) = \sum_n A_n \cos n \frac{\pi x}{2b} \operatorname{ch} n \frac{\pi y}{2b} \tag{7.69}$$

in Form einer unendlichen Reihe verwendet. Jedes Glied der Reihe erfüllt die erste Randbedingung (7.66).

Der Ansatz (7.69) befriedigt die L a p l a c e - Potentialgleichung im betrachteten Bereich, wofern die Reihe konvergiert und gliedweise differenzierbar ist. Diese Voraussetzungen sind gegeben.

Für die Erfüllung der zweiten Randbedingungen (7.66) muß gelten

$$\sum_n A_n \cos n \frac{\pi x}{2b} \operatorname{ch} n \frac{\pi a}{2b} = x^2 - b^2. \tag{7.70}$$

Es handelt sich um eine F o u r i e r - Reihenentwicklung in x mit der Periode 4b, die F o u r i e r koeffizienten ergeben sich in bekannter Weise aus

$$\sum_n \int_{-b}^{b} A_n \operatorname{ch} n \frac{\pi a}{2b} \cos n \frac{\pi x}{2b} \cos m \frac{\pi x}{2b} dx = \int_{-b}^{b} (x^2 - b^2) \cos m \frac{\pi x}{2b} dx.$$

Auf der linken Seite liefert nur das Glied m = n einen Beitrag, es folgt

$$A_n \operatorname{ch}\left(n \frac{\pi a}{2b}\right) \frac{2b}{n\pi} \int_{-b}^{b} \cos^2 n \frac{\pi x}{2b} d\left(n \frac{\pi x}{2b}\right) = \int_{-b}^{b} (x^2 - b^2) \cos n \frac{\pi x}{2b} dx$$

wobei das Integral auf der linken Seite den Wert $n\,\pi/2$ hat.

Somit ist

$$A_n \operatorname{ch} n \frac{\pi a}{2b} = \frac{1}{b} \int_{-b}^{b} (x^2 - b^2) \cos n \frac{\pi x}{2b} dx = \frac{2}{b} \int_{0}^{b} (x^2 - b^2) \cos n \frac{\pi x}{2b} dx \qquad (7.71)$$

und es ergibt sich schließlich[1])

$$A_n = \frac{(-1)^{\frac{n+1}{2}}}{\pi^3 n^3} \frac{32b^2}{\operatorname{ch} n \frac{\pi a}{2b}} . \quad (n = 1, 3, 5 \ldots)$$

Die Prandtlsche Torsionsfunktion (7.65) wird damit

$$\psi(x, y) = b^2 - x^2 + \frac{32b^2}{\pi^3} \sum_n \frac{(-1)^{\frac{n+1}{2}}}{n^3} \frac{\cos n \frac{\pi x}{2b} \operatorname{ch} n \frac{\pi y}{2b}}{\operatorname{ch} n \frac{\pi a}{2b}} . \quad (n = 1, 3, 5 \ldots) \qquad (7.72)$$

Diese Reihe läßt sich übrigens auch schreiben

$$\psi(x, y) = b^2 - x^2 + \frac{32b^2}{\pi^3} \sum_m \frac{(-1)^{m+1}}{(2m+1)^3} \frac{\cos (2m+1) \frac{\pi x}{2b} \operatorname{ch} (2m+1) \frac{\pi y}{2b}}{\operatorname{ch} (2m+1) \frac{\pi a}{2b}}$$

$(m = 0, 1, 2, 3 \ldots)$

Für $a/b \to \infty$ folgt aus (7.72) wieder die in Abschn. 7.4.5.2 angegebene Näherung für das schmale Rechteck.

Die Schubspannungen sind (mit $n = 1, 3, 5 \ldots$)

$$\tau_{zx} = G\vartheta \frac{\partial \psi}{\partial y} = \frac{16 G\vartheta b}{\pi^2} \sum_n \frac{(-1)^{\frac{n+1}{2}}}{n^2} \frac{\cos n \frac{\pi x}{2b} \operatorname{sh} n \frac{\pi y}{2b}}{\operatorname{ch} n \frac{\pi a}{2b}}$$

$$\tau_{zy} = -G\vartheta \frac{\partial \psi}{\partial x} = G\vartheta \left[2x + \frac{16b}{\pi^2} \sum_n \frac{(-1)^{\frac{n+1}{2}}}{n^2} \frac{\sin n \frac{\pi x}{2b} \operatorname{ch} n \frac{\pi y}{2b}}{\operatorname{ch} n \frac{\pi a}{2b}} \right]$$

---

[1]) Es ist

$$\sin n \frac{\pi}{2} = (-1)^{\frac{n-1}{2}} = -(-1)^{\frac{n+1}{2}} \quad \text{für } n = 1, 3, 5, \ldots$$

Die maximale Schubspannung ist τ_{zy} bei y = 0, x = ±b und beträgt

$$|\tau_{max}| = 2G\vartheta b\left(1 - \frac{8}{\pi^2}\sum_n \frac{1}{n^2 \operatorname{ch} n\frac{\pi a}{2b}}\right) \quad (n = 1, 3, 5 \ldots).$$

Der Verlauf der Schubspannungen ist schematisch in Fig. 7.13 dargestellt. Gemäß (7.57) ergibt sich das Torsionsmoment

$$M_T = 2G\vartheta b^2 \int_{-a}^{a}\int_{-b}^{b}\left[1 - \frac{x^2}{b^2} + \frac{32}{\pi^3}\sum_n \frac{(-1)^{\frac{n+1}{2}}}{n^3}\,\frac{\cos n\frac{\pi x}{2b}\operatorname{ch} n\frac{\pi y}{2b}}{\operatorname{ch} n\frac{\pi a}{2b}}\right]dxdy$$

$$(n = 1, 3, 5 \ldots)$$

oder $$M_T = \frac{1}{3}G\vartheta(2a)(2b)^3\left[1 - \frac{192b}{\pi^5 a}\sum_n \frac{1}{n^5}\tanh n\frac{\pi a}{2b}\right].$$

Für a ≫ b gilt als Näherung

$$M_T = \frac{1}{3}G\vartheta(2a)(2b)^3\left(1 - 0{,}63\,\frac{b}{a}\right).$$

Die Berechnung der Verwölbung aus (7.39) mit (7.37) liefert

$$w = \vartheta\left[xy + \frac{32b^2}{\pi^3}\sum_n \frac{(-1)^{\frac{n+1}{2}}}{n^3}\,\frac{\operatorname{sh} n\frac{\pi y}{2b}\sin n\frac{\pi x}{2b}}{\operatorname{ch} n\frac{\pi a}{2b}}\right] \quad (n = 1, 3, 5 \ldots)$$

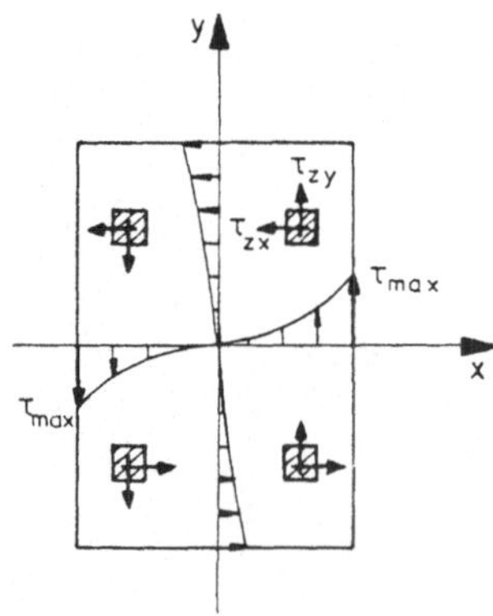

Fig. 7.13 Schubspannungen im tordierten Rechteckquerschnitt (schematisch)

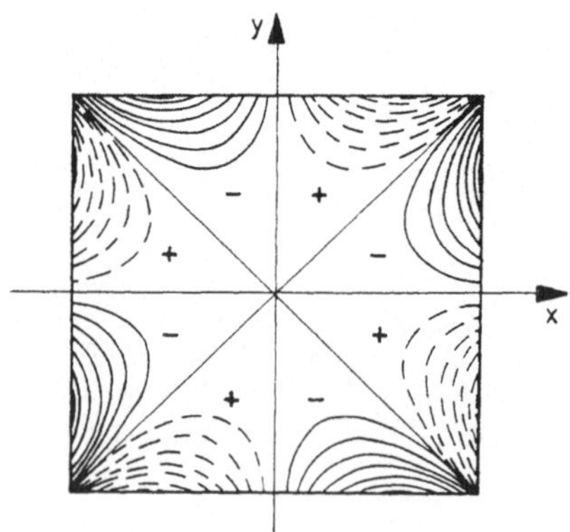

Fig. 7.14 Höhenlinien der Verwölbung eines Quadratquerschnitts bei Torsion

Für die numerische Berechnung der interessierenden Größen genügt in den meisten Fällen die Berücksichtigung des ersten Reihenglieds.

Abschließend werden die Schubspannungen, das Torsionsmoment und die Verwölbung für den Quadratquerschnitt mit den Seiten 2a angegeben (n = 1, 3, 5 . . .)

$$\tau_{zx} = G\vartheta \frac{16a}{\pi^2} \sum_n \frac{(-1)^{\frac{n+1}{2}}}{n^2} \frac{\cos n \frac{\pi x}{2a} \operatorname{sh} n \frac{\pi y}{2a}}{\operatorname{ch} n \frac{\pi}{2}}$$

$$\tau_{zy} = G\vartheta \left[2x + \frac{16a}{\pi^2} \sum_n \frac{(-1)^{\frac{n+1}{2}}}{n^2} \frac{\sin n \frac{\pi x}{2a} \operatorname{ch} n \frac{\pi y}{2a}}{\operatorname{ch} n \frac{\pi}{2}} \right]$$

$$\tau_{max} = 2G\vartheta a \left(1 - \frac{8}{\pi^2} \sum_n \frac{1}{n^2} \frac{1}{\operatorname{ch} n \frac{\pi}{2}} \right) \approx 1{,}351\, G\vartheta a$$

$$M_T = \frac{1}{3} G\vartheta (2a)^4 \left(1 - \frac{192}{\pi^5} \sum_n \frac{1}{n^5} \tanh n \frac{\pi}{2} \right) \approx 0{,}1406\, G\vartheta (2a)^4$$

$$w = \vartheta \left[xy + \frac{8(2a)^2}{\pi^3} \sum_n \frac{(-1)^{\frac{n+1}{2}}}{n^3} \frac{\sin n \frac{\pi x}{2a} \operatorname{sh} n \frac{\pi y}{2a}}{\operatorname{ch} n \frac{\pi}{2}} \right].$$

Die grafische Darstellung der Verwölbung mittels Höhenlinien ist in Fig. 7.14 gegeben. Die Verwölbungen sind Null auf den Symmetrieachsen.

7.5 Formulierung des Torsionsproblems mit Funktionen komplexer Veränderlicher

Die Verwölbungsfunktion $\phi(x, y)$ sowie die mit der Prandtlschen Torsionsfunktion $\psi(x, y)$ verknüpfte Funktion $\chi(x, y)$ sind Potentialfunktionen. Als solche lassen sie sich als Real- und Imaginärteil einer sog. analytischen Funktion der komplexen Veränderlichen darstellen und diese Formulierung des Torsionsproblems ist sehr zweckmäßig. Zur Lösung der Probleme lassen sich allgemeine Sätze der Funktionentheorie heranziehen[1]).

[1]) Es wird sich zeigen, daß auch bei der Behandlung zweidimensionaler (ebener) Elastizitätsprobleme die Methoden der Funktionentheorie sehr wertvoll sind und zu vielen Lösungen geführt haben (vgl. Abschn. 6.2 und Abschn. 8.4).

7.5.1 Komplexe Veränderliche und analytische Funktionen

Zunächst soll hier kurz an die wichtigsten Grundbegriffe erinnert werden.
Als komplexe Zahl[1]), darstellbar in der Zahlenebene (Fig. 7.15) bezeichnet man

$$Z = x + iy = r(\cos\varphi + i\sin\varphi) = re^{i\varphi}$$

mit $i = \sqrt{-1}$ als der imaginären Einheit.
Der Realteil von Z ist x, der Imaginärteil y, dafür schreibt man

$$x = \operatorname{Re}\{Z\} \qquad y = \operatorname{Im}\{Z.\}$$

Der Betrag der komplexen Zahl ist

$$|Z| = r = \sqrt{x^2 + y^2}.$$

Als die zu Z konjugiert komplexe Zahl, gekennzeichnet durch Querstrich, bezeichnet man

$$\bar{Z} = x - iy = re^{-i\varphi}$$

d. h. das Vorzeichen von i wird gewechselt.
Es gelten die Beziehungen

$$\begin{aligned} Z + \bar{Z} &= 2\operatorname{Re}\{Z\} = 2x \\ Z - \bar{Z} &= i\,2\operatorname{Im}\{Z\} = 2iy \\ Z\bar{Z} &= (x^2 + y^2) = r^2. \end{aligned} \tag{7.73}$$

Zwei stetige Funktionen $\phi(x, y)$ und $\chi(x, y)$ der unabhängigen Veränderlichen x und y lassen sich zur komplexwertigen Funktion

$$\phi(x, y) + i\chi(x, y)$$

zusammenfassen und diese kann gemäß

$$x = \frac{1}{2}(Z + \bar{Z}) \qquad y = \frac{1}{2i}(Z - \bar{Z})$$

als Funktion der komplexen Veränderlichen Z und $\bar{Z}$ aufgefaßt werden.

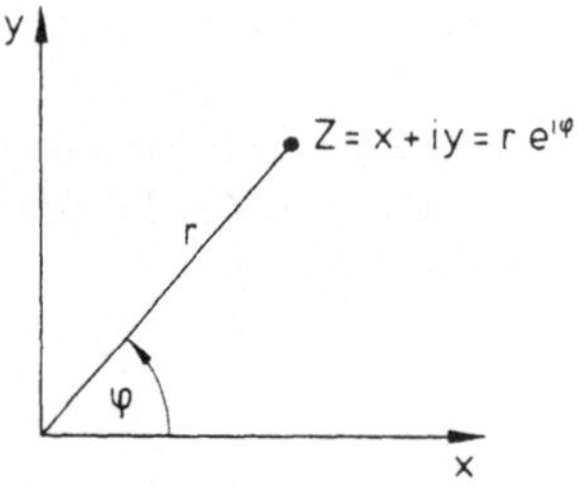

Fig. 7.15
Ebene der komplexen Zahlen

[1]) Um Verwechslungen mit der z-Achse zu vermeiden, wird die komplexe Veränderliche hier vorübergehend mit dem großen Buchstaben Z bezeichnet.

Soll die derart gebildete komplexe Funktion nur eine Funktion von Z (also unabhängig von $\bar{Z}$) sein, d. h.

$$\phi(x, y) + i\chi(x, y) = f(Z) \tag{7.74}$$

dann müssen die Funktionen $\phi(x, y)$ und $\chi(x, y)$ bestimmten Bedingungen genügen. Die komplexe Funktion f(Z) muß eindeutig sein und eine eindeutige Ableitung

$$\frac{df}{dZ} = \lim_{\delta Z \to 0} \frac{f(Z + \delta Z) - f(Z)}{\delta Z}$$

besitzen. Dies beinhaltet, daß die derart definierte Ableitung unabhängig von der Richtung ist, mit der man sich vom Punkt Z dem Punkt $Z + \delta Z$ nähert. Als Bedingung dafür gelten bekanntlich die bereits früher erwähnten Cauchy-Riemannschen Gleichungen

$$\frac{\partial \phi}{\partial x} = \frac{\partial \chi}{\partial y} \qquad \frac{\partial \phi}{\partial y} = -\frac{\partial \chi}{\partial x}.$$

Aus ihnen folgen unmittelbar die Gleichungen

$$\Delta\phi(x, y) = 0 \qquad \Delta\chi(x, y) = 0$$

die besagen, daß es sich bei ϕ und χ um Potentialfunktionen (oder harmonische Funktionen) handelt.

Man bezeichnet komplexe Funktionen (7.74), wenn die Cauchy-Riemannschen Gleichungen erfüllt sind, als analytische oder reguläre Funktionen. Sie spielen für die Anwendungen eine große Rolle.

Die zu einer komplexen analytischen Funktion f(Z) konjugiert komplexe Funktion wird mit $\bar{f}(\bar{Z})$ bezeichnet. Sie entsteht dadurch, daß die Vorzeichen von i gewechselt werden. Es gelten analog (7.73) die Beziehungen

$$\begin{aligned} f(Z) + \bar{f}(\bar{Z}) &= 2 \operatorname{Re}\{f(Z)\} \\ f(Z) - \bar{f}(\bar{Z}) &= i\, 2 \operatorname{Im}\{f(Z)\}. \end{aligned} \tag{7.75}$$

Ferner sind folgende Rechenregeln von Wichtigkeit

$$\frac{\partial}{\partial x} = \frac{\partial}{\partial Z} + \frac{\partial}{\partial \bar{Z}} \qquad \frac{\partial}{\partial y} = i\left(\frac{\partial}{\partial Z} - \frac{\partial}{\partial \bar{Z}}\right)$$

bzw. $$\frac{\partial}{\partial Z} = \frac{1}{2}\left(\frac{\partial}{\partial x} - i\frac{\partial}{\partial y}\right) \qquad \frac{\partial}{\partial \bar{Z}} = \frac{1}{2}\left(\frac{\partial}{\partial x} + i\frac{\partial}{\partial y}\right).$$

Die Anwendung auf die Funktion (7.74) liefert (der Strich bedeutet die Ableitung nach dem Argument der Funktion)

$$\frac{df}{dZ} = f'(Z) = \frac{1}{2}\left[\frac{\partial}{\partial x}(\phi + i\chi) - i\frac{\partial}{\partial y}(\phi + i\chi)\right]$$

oder mit Benützung der Cauchy-Riemannschen Gleichungen

$$f'(Z) = \frac{\partial \phi}{\partial x} + i\frac{\partial \chi}{\partial x} = \frac{\partial \chi}{\partial y} - i\frac{\partial \phi}{\partial y}. \tag{7.76}$$

7.5.2 Grundgleichungen der Torsion in komplexer Darstellung

Die bereits eingeführte analytische Funktion

$$f(Z) = \phi + i\chi$$

wird bei der Behandlung von Torsionsproblemen mitunter als komplexes Potential bezeichnet. Ihr Real- bzw. Imaginärteil sind die in Abschn. 7.4.2 verwendete Verwölbungsfunktion ϕ bzw. die dazu konjugierte Funktion χ.
Die komplexe Verschiebung ist

$$u + iv = -\vartheta yz + i\vartheta xz = i\vartheta zZ.$$

Als komplexe Spannung bezeichnet man die Spannungskombination $\tau_{zx} + i\tau_{zy}$.
Mit den Ausdrücken (7.39), den Cauchy-Riemannschen Gleichungen sowie der Rechenregel (7.76) folgt

$$\tau_{zx} + i\tau_{zy} = G\vartheta[\bar{f}'(\bar{Z}) + iZ]. \tag{7.77}$$

Das Torsionsmoment wird damit

$$M_T = G\vartheta \, \mathrm{Re}\,\{i \int_A [Zf'(Z) - iZ\bar{Z}]\,dA\}$$

bzw. nach Umwandlung mit dem Satz von Stokes in ein Randintegral

$$M_T = \frac{1}{4} G\vartheta \, \mathrm{Re}\,\{\int_R Z\bar{Z}[2f'(Z) - i\bar{Z}]\,dZ\}. \tag{7.78}$$

Die Lösung des Torsionsproblems ist somit zurückgeführt auf die Bestimmung des komplexen Potentials f(Z). Hierzu existieren verschiedene Methoden.
Als Randbedingung für die zur Verwölbungsfunktion ϕ konjugierte Funktion χ gilt (vgl. Abschn. 7.4.4)

$$\chi_R = \frac{1}{2}(x^2 + y^2) + \text{const.}$$

Das komplexe Potential f(Z) ist also derart zu bestimmen, daß die Randbedingung

$$\mathrm{Im}\,\{f(Z)\}_R = \frac{1}{2}(x^2 + y^2)$$

erfüllt ist. Unter Beachtung von $Z\bar{Z} = x^2 + y^2$ sowie der zweiten Beziehung (7.75) ergibt sich

$$\chi_R = \operatorname{Im}\{f(Z)\}_R = \frac{1}{2}(Z\bar{Z})_R$$

und die Randbedingung lautet in komplexer Form

$$f(Z) - \bar{f}(\bar{Z}) = iZ\bar{Z} + \text{const} \quad \text{für } Z_R. \tag{7.79}$$

Aus dieser Form der Randbedingung lassen sich die Lösungen zahlreicher Torsionsprobleme gewinnen.

Es wird eine Beziehung zwischen Z und $\bar{Z}$ für die Randpunkte des Querschnitts aufgestellt, d. h. die Gleichung $y = y(x)$ der Kontur wird durch komplexe Größen ausgedrückt, Kann man diese Gleichung in die Form

$$(Z\bar{Z})_R = h(Z) = \bar{h}(\bar{Z}) \tag{7.80}$$

bringen, wobei h(Z) eine im Innern des Querschnitts analytische Funktion bedeutet, dann lautet das komplexe Potential, das die Lösung des Torsionsproblems vermittelt

$$f(Z) = ih(Z) + \text{const}\ . \tag{7.81}$$

Der Beweis hierfür ergibt sich direkt wenn man betrachtet, daß mit (7.81) die Randbedingung (7.79) erfüllt ist.

7.5.3 Beispiele zur Ermittlung des komplexen Potentials

Für den elliptischen Querschnitt (vgl. Abschn. 7.4.5.1) ergibt die Umrechnung der Randgleichung

$$\frac{x^2}{a^2} + \frac{y^2}{b^2} = 1$$

in die komplexe Form

$$Z\bar{Z} = \frac{2a^2b^2}{a^2+b^2} + \frac{a^2-b^2}{2(a^2+b^2)}(Z^2+\bar{Z}^2)$$

und für das komplexe Potential nach (7.81) ergibt sich (die für die Spannungen unwesentliche Konstante ist weggelassen)

$$f(Z) = i\,\frac{a^2-b^2}{2(a^2+b^2)}\,Z^2 = \frac{a^2-b^2}{2(a^2+b^2)}[-2xy + i(x^2-y^2)].$$

Die Spannungen berechnen sich gemäß (7.77), die Verwölbung ergibt sich aus $\phi = \operatorname{Re}\{f(Z)\}$. Man erhält die bereits früher ermittelten Ergebnisse.

Für das gleichseitige Dreieck (Fig. 7.13) mit der Randgleichung

$$(x-a)[(x+2a)^2 - 3y^2] = 0$$

folgt $$Z\bar{Z} = \frac{4}{3}a^2 - \frac{1}{6a}(Z^3 + \bar{Z}^3).$$

Mithin ist das komplexe Potential

$$f(Z) = -\frac{i}{6a}Z^3$$

und man erhält direkt wieder die früheren Ergebnisse.

Zu bemerken ist, daß die Randgleichung eines Quadrates mit den Seiten 2a

$$(x^2 - a^2) \cdot (y^2 - a^2) = 0$$

in komplexer Form

$$Z\bar{Z} = -\frac{1}{16a^2}(Z^2 - \bar{Z}^2)^2 + a^2$$

lautet. Sie hat nicht die in (7.80) geforderte Gestalt und daher ist auf diesem Weg keine Lösung möglich.

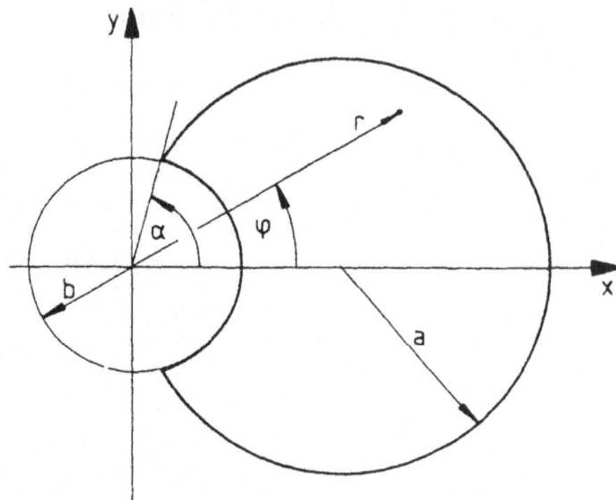

Fig. 7.16
Kreiswelle mit Längsnut bei Torsion

Dagegen läßt sich die Lösung für eine Kreiswelle mit Längsnut angeben[1]). Die Querschnittsform ist in Fig. 7.16 gezeigt. Die Kontur ergibt sich als Schnitt zweier Kreise mit den Radien a und b, der Koordinatennullpunkt liegt im Mittelpunkt des kleinen Kreises. Damit lautet die Randgleichung

$$[(x-a)^2 + y^2 - a^2](x^2 + y^2 - b^2) = (x^2 + y^2 - 2ax)(x^2 + y^2 - b^2) = 0.$$

In komplexer Form wird die Randgleichung

$$Z\bar{Z} = a(Z + \bar{Z}) - ab^2\left(\frac{1}{Z} + \frac{1}{\bar{Z}}\right) + b^2$$

---

[1]) Erstmalige Lösung dieses Problems auf anderem Weg von C. W e b e r [55].

und für das komplexe Potential folgt

$$f(Z) = iaZ - i\frac{ab^2}{Z}.$$

Der Ausdruck $1/Z$ ist erlaubt und bedeutet keine Singularität, da der Punkt $Z = 0$ außerhalb des betrachteten Querschnitts liegt.

Die Berechnung der Spannungen ergibt

$$\tau_{zx} = G\vartheta\left[\frac{2ab^2xy}{(x^2+y^2)^2} - y\right]$$

$$\tau_{zy} = G\vartheta\left[-\frac{ab^2(x^2-y^2)}{(x^2+y^2)^2} + x - a\right]$$

und für das Torsionsmoment folgt zunächst

$$M_T = G\vartheta \int_A \left(x^2 + y^2 - ax - \frac{ab^2x}{x^2+y^2}\right) dA.$$

Die Ausrechnung erfolgt zweckmäßig mittels Polarkoordinaten r und φ, wie in Fig. 7.16 angedeutet.

Man erhält

$$M_T = 2G\vartheta Da^4$$

wobei

$$D = \frac{1}{24}(\sin 4\alpha + 8\sin 2\alpha + 12\alpha)$$
$$-\frac{1}{2}\left(\frac{b}{a}\right)^2(\sin 2\alpha + 2\alpha) + \frac{4}{3}\left(\frac{b}{a}\right)^3 \sin\alpha - \frac{1}{4}\left(\frac{b}{a}\right)^4 \alpha$$

mit $\frac{b}{a} = 2\cos\alpha.$

Die maximale Spannung ergibt sich für $x = b$, $y = 0$ im sog. Kerbgrund

$$\tau_{max} = -G\vartheta(2a-b) = -\frac{M_T}{2Da^4}(2a-b).$$

Gegenüber dem Vollkreisquerschnitt mit der Maximalspannung

$$\tau_0 = \frac{2M_T}{\pi a^3}$$

am Rand ergibt sich somit eine Spannungserhöhung

$$\frac{\tau_{max}}{\tau_0} = \frac{\pi(2a-b)}{4Da}$$

die im Grenzübergang für b ≪ a einen Kerbfaktor oder Spannungskonzentrationsfaktor

$$\frac{\tau_{max}}{\tau_N} = 2$$

ergibt ($\tau_0 = \tau_N$ ist die sog. Nennspannung, auf die der Kerbfaktor bezogen ist).

Die Verteilung der Schubspannung über einen Durchmesser ist schematisch in Fig. 7.17 gezeigt. Wie man erkennt, ist die Störung in der Spannungsverteilung, die durch die Längsnut entsteht, auf einen engen Bereich begrenzt. Dies gilt für alle Kerbprobleme gleichermaßen und ist für die Kerbwirkung kennzeichnend.

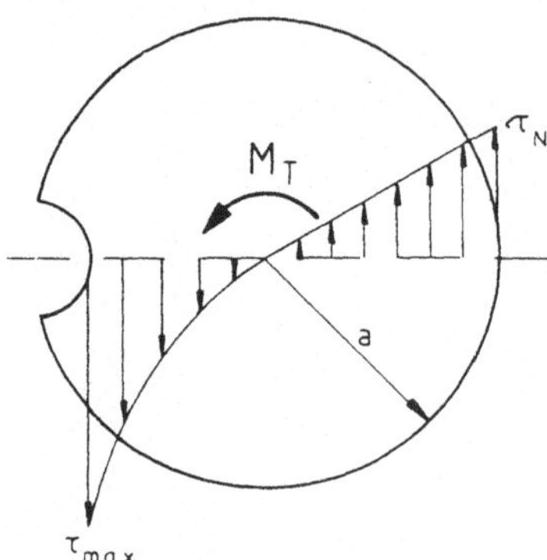

Fig. 7.17
Schubspannungsverteilung bei der Kreiswelle mit Längsnut

Es sei angemerkt, daß Lösungen auf anderem Weg auch für andere Nutenformen aufgestellt wurden. Ferner sind auch analytische Lösungen für mehrfache Kerben möglich.

Abschließend ist festzuhalten, daß weitere Lösungsmöglichkeiten für Torsionsprobleme mittels konformer Abbildung gewonnen werden können. Hierauf wird an dieser Stelle aber nicht weiter eingegangen, man lese in [A 16] nach.

7.6 Querkraftbiegung

Das Problem der Biegung eines Balkens, der an einem Ende mit einer Querkraft belastet wird, ist insofern komplizierter als das der reinen Biegung, da hier neben der Biegung auch Torsion des Balkens auftreten kann. Außerdem sind in den Querschnitten des gebogenen Balkens jetzt neben den Normalspannungen auch Schubspannungen vorhanden.

7.6.1 Allgemeine Formulierung des Biegeproblems und Berechnung der Schubspannungsverteilung

Es wird gemäß Fig. 7.18a ein Balken der Länge ℓ betrachtet, ein Endquerschnitt ist fest eingespannt, während die am anderen Endquerschnitt wirkenden Spannungen einer quer zur Balkenachse wirkenden Kraft (Querkraft) Q_x äquivalent sind.

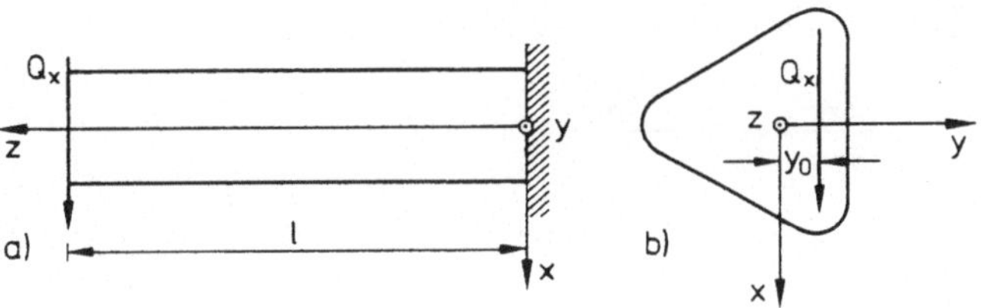

Fig. 7.18 Balken mit Querkraftbelastung (a Seitenansicht, b Querschnitt)

Es wird angenommen, daß ein Balkenquerschnitt vorliegt, der gemäß Fig. 7.18b symmetrisch zur y-Achse, ansonsten aber beliebig gestaltet ist[1]).

Die resultierende Querkraft Q_x wirkt parallel der x-Achse, ihre genaue Lage ist zunächst unbekannt. Die x-Achse ist wiederum derart orientiert, daß die Durchbiegung in x-Richtung positiv wird. Die x-z-Ebene ist eine Hauptebene und es liegt einachsige Biegung vor.

Gemäß dem Vorgehen bei der simi-inversen Methode werden Annahmen für die in den Querschnitten auftretenden Spannungen getroffen, die dann mit den Gleichgewichtsbedingungen, den Verträglichkeitsbedingungen und den Randbedingungen in Einklang zu bringen sind.

Aus der resultierenden Querkraft Q_x ergibt sich in jedem Balkenquerschnitt ein um die y-Achse drehendes Moment (Biegemoment)

$$M_y = Q_x(\ell - z) \tag{7.82}$$

Analog zu den früheren Betrachtungen bei der reinen Biegung (Abschn. 7.3) kann man eine Verteilung der Normalspannungen[2]) in z-Richtung

$$\sigma_{zz} = -\frac{M_y}{J_{yy}}\,x = -\frac{Q_x(\ell - z)}{J_{yy}}\,x \tag{7.83}$$

annehmen, wobei das Minuszeichen daher rührt, daß sich für negative x-Werte Zugspannungen ergeben.

Mit dem Ansatz (7.83) kann das Querkraftbiegeproblem gelöst werden, wobei nun abweichend vom Fall der reinen Biegung auch Schubspannungen τ_{zx} und τ_{zy} im Querschnitt auftreten.

Aus der allgemeinen Annahme vgl. (7.5)

$$\sigma_{xx} = \sigma_{yy} = \tau_{xy} = 0$$

---

[1]) Es sei daran erinnert, daß bei einfach-symmetrischen Querschnitten die Symmetrieachse und eine dazu orthogonale Achse durch den Schwerpunkt stets Hauptachsen sind.

[2]) Im allgemeinen Fall, daß die x- und y-Achse keine Hauptachsen des Querschnitts sind, gilt für die Spannungsverteilung

$$\sigma_{zz} = -Q_x(\ell - z)\,\frac{J_{xx}x + J_{xy}y}{J_{xx}J_{yy} - J_{xy}^2}$$

was die Rechnung aber nur unwesentlich verwickelter gestalten würde.

ergeben sich für die Gleichgewichtsbedingungen zunächst

$$\frac{\partial \tau_{zx}}{\partial z} = 0 \qquad \frac{\partial \tau_{zy}}{\partial z} = 0$$

woraus folgt, daß die Schubspannungen in allen Balkenquerschnitten gleich sind. Die verbleibende Gleichgewichtsbedingung liefert mit (7.83)

$$\frac{\partial \tau_{zx}}{\partial x} + \frac{\partial \tau_{zy}}{\partial y} + \frac{Q_x x}{J_{yy}} = 0. \tag{7.84}$$

Von den Verträglichkeitsbedingungen, die in Form der Beltramischen Gleichungen (3.22) herangezogen werden können, verbleiben mit $s = \sigma_{zz}$

$$\Delta\tau_{zx} + \frac{Q_x}{(1+\nu)J_{yy}} = 0 \qquad \Delta\tau_{zy} = 0. \tag{7.85}$$

Ferner sind die Randbedingungen (lastfreie Mantelflächen des zylindrischen Balkens)

$$\tau_{zx} \cos(n, x) + \tau_{zy} \cos(n, y) = 0 \tag{7.86}$$

zu berücksichtigen.

Wenn alle diese Bedingungen erfüllt werden können, führen die obigen Annahmen zur exakten Lösung des Biegeproblems.

Zunächst läßt sich (7.84) in folgender Form[1]) schreiben

$$\frac{\partial}{\partial x}\left(\tau_{zx} + \frac{Q_x x^2}{2J_{yy}}\right) + \frac{\partial \tau_{zy}}{\partial y} = 0. \tag{7.87}$$

Zur Befriedigung der Gleichgewichtsbedingung (7.87) wird ein Ansatz mit einer Biegungs-Spannungsfunktion B(x, y) gemäß

$$\tau_{zx} = \frac{\partial B}{\partial y} - \frac{Q_x}{2J_{yy}} x^2 \qquad \tau_{zy} = -\frac{\partial B}{\partial x} \tag{7.88}$$

eingeführt.

Die Eigenschaften der Spannungsfunktion B(x, y) ergeben sich aus den Beltramischen Gln. (7.85). Es folgen

$$\frac{\partial}{\partial y}(\Delta B) = \frac{\nu Q_x}{(1+\nu)J_{yy}} \qquad \frac{\partial}{\partial x}(\Delta B) = 0$$

und daraus durch Integration

$$\Delta B = \frac{\nu Q_x}{(1+\nu)J_{yy}} y + C. \tag{7.89}$$

---

[1]) Nach Timoshenko kann alternativ in der Klammer von (7.87) noch eine beliebige Funktion f(y) hinzugefügt werden. Damit ergibt sich für bestimmte Querschnittsformen eine Vereinfachung der Lösung, vgl. Abschn. 7.6.4.

Die hier auftretende Integrationskonstante C bleibt noch unbestimmt, solange über die Wirkungslinie[1]) von Q_x im Endquerschnitt nichts ausgesagt ist.

Die Konstante C läßt sich aber mechanisch deuten. Geht man von der z-Komponente des Drehvektors (vgl. Abschn. 1.3.5)

$$w_Z = \frac{1}{2}\left(\frac{\partial v}{\partial x} - \frac{\partial u}{\partial y}\right)$$

aus, so ergibt sich für deren Änderung in z-Richtung zunächst

$$\frac{\partial w_z}{\partial z} = \frac{1}{2}\left(\frac{\partial^2 v}{\partial x \partial z} - \frac{\partial^2 u}{\partial y \partial z}\right).$$

Hierfür läßt sich schreiben

$$\frac{\partial w_z}{\partial z} = \frac{1}{2}\frac{\partial}{\partial x}\left(\frac{\partial v}{\partial z} + \frac{\partial w}{\partial y}\right) - \frac{1}{2}\frac{\partial}{\partial y}\left(\frac{\partial u}{\partial z} + \frac{\partial w}{\partial x}\right) = \frac{\partial \epsilon_{zy}}{\partial x} - \frac{\partial \epsilon_{zx}}{\partial y}$$

und daraus folgt mit dem Hooke schen Gesetz

$$\frac{\partial w_z}{\partial z} = \frac{1}{2G}\left(\frac{\partial \tau_{zy}}{\partial x} - \frac{\partial \tau_{zx}}{\partial y}\right).$$

Mit den Spannungen gemäß (7.88) wird dann

$$\frac{\partial w_z}{\partial z} = -\frac{1}{2G}\Delta B$$

und mit (7.89)

$$-2G\frac{\partial w_z}{\partial z} = \frac{\nu Q_x}{(1+\nu)J_{yy}}\, y + C. \tag{7.90}$$

Man erkennt, daß $\partial w_z/\partial z$ die örtliche Verdrillung eines Querschnittspunkts bedeutet und daß die Konstante C der Verdrillung im Querschnittsschwerpunkt gleichgesetzt werden kann. Dies entspricht einer Starrkörperdrehung[2]) der Querschnitte (entsprechend der Verdrillung ϑ bei der Torsion) und damit schreibt sich (7.89)

$$\Delta B = \frac{\nu Q_x}{(1+\nu)J_{yy}}\, y - 2G\vartheta. \tag{7.91}$$

---

[1]) Zu jeder Lage der Wirkungslinie von Q_x gehört ein bestimmter Wert von C. Dieser wird nachher derart festgelegt, daß nur torsionsfreie Verbiegung des Balkens auftritt.

[2]) Man kann zeigen, daß der Mittelwert von $\frac{\partial w_z}{\partial z}$ über den Querschnitt liefert

$$\frac{1}{A}\int_A \frac{\partial w_z}{\partial z}\, dA = \vartheta.$$

Wie man sich leicht überzeugt, ist nun die Biegungs-Spannungsfunktion

$$B(x, y) = f(x, y) + \frac{\nu Q_x}{6(1+\nu)J_{yy}} y^3 - \frac{1}{2} G\vartheta(x^2 + y^2) \tag{7.92}$$

mit der neu eingeführten Potentialfunktion f(x, y) ein partikuläres Integral der Diff.-Gl. (7.91).

Für die weitere Formulierung erweist es sich als zweckmäßig, die zu f(x, y) konjugierte harmonische Funktion g(x, y) gemäß

$$\frac{\partial f}{\partial x} = \frac{\partial g}{\partial y} \qquad \frac{\partial f}{\partial y} = -\frac{\partial g}{\partial x}$$

mittels der Cauchy-Riemann schen Gleichungen einzuführen.

Die Darstellung (7.88) der Schubspannungen wird damit

$$\tau_{zx} = -\frac{\partial g}{\partial x} - G\vartheta y + \frac{Q_x}{2(1+\nu)J_{yy}} [\nu y^2 - (1+\nu)x^2]$$

$$\tau_{zy} = -\frac{\partial g}{\partial y} + G\vartheta x. \tag{7.93}$$

Hierin kommen die Ausdrücke für die Schubspannungen vor, die bereits bei der Torsion prismatischer Stäbe aufgetreten sind (vgl. die Beziehungen (7.39) in Abschn. 7.4.2).

Wenn man die dort eingeführte Verwölbungsfunktion $\phi(x, y)$ verwendet, läßt sich die Potentialfunktion g(x, y) darstellen als

$$g(x, y) = -G\vartheta\phi(x, y) - \frac{Q_x}{2(1+\nu)J_{yy}} \phi_1(x, y) \tag{7.94}$$

mit der Potentialfunktion $\phi_1(x, y)$, die als Biegefunktion bezeichnet wird. Man gelangt damit schließlich zur Darstellung für die Schubspannungen

$$\begin{aligned} \tau_{zx} &= G\vartheta\left(\frac{\partial \phi}{\partial x} - y\right) + \frac{Q_x}{2(1+\nu)J_{yy}}\left[\frac{\partial \phi_1}{\partial x} + \nu y^2 - (1+\nu)x^2\right] \\ \tau_{zy} &= G\vartheta\left(\frac{\partial \phi}{\partial y} + x\right) + \frac{Q_x}{2(1+\nu)J_{yy}} \frac{\partial \phi_1}{\partial y}. \end{aligned} \tag{7.95}$$

Zur Darstellung torsionsfreier Biegung muß die Verdrillung ϑ derart bestimmt werden, daß nur Biegung und keine Torsion auftritt.

Man erkennt, daß das Biegeproblem (gekennzeichnet durch die harmonische Biegefunktion ϕ_1) mit dem Torsionsproblem (gekennzeichnet durch die harmonische Verwölbungsfunktion ϕ) gekoppelt ist. Die allgemeine Lösung des Problems der Querkraftbiegung beinhaltet somit die Bestimmung zweier harmonischer Funktionen ϕ und ϕ_1.

Hierzu müssen noch deren Randbedingungen betrachtet werden. Mit (7.94) wird die zu erfüllende Randbedingung (7.86)

$$G\vartheta\left[\frac{\partial\phi}{\partial x}\cos(n,x)+\frac{\partial\phi}{\partial y}\cos(n,y)-y\cos(n,x)+x\cos(n,y)\right]_R$$
$$+\frac{Q_x}{2(1+\nu)J_{yy}}\left\{\frac{\partial\phi_1}{\partial x}\cos(n,x)+\frac{\partial\phi_1}{\partial y}\cos(n,y)-[(1+\nu)x^2-\nu y^2]\cos(n,x)\right\}_R=0.$$

Hier kann man die bereits [vgl. (7.43)] verwendete Normalenableitung einführen und erhält

$$G\vartheta\left\{\frac{d\phi}{dn}-[y\cos(n,x)-x\cos(n,y)]\right\}_R$$
$$+\frac{Q_x}{2(1+\nu)J_{yy}}\left\{\frac{d\phi_1}{dn}-[(1+\nu)x^2-\nu y^2]\cos(n,x)\right\}_R=0. \tag{7.96}$$

Der erste Anteil entspricht der Randbedingung der Verwölbungsfunktion bei Torsion [vgl. (7.44)], während die für die Biegefunktion zu erfüllende Randbedingung

$$\frac{d\phi_1}{dn}=\{[(1+\nu)x^2-\nu y^2]\cos(n,x)\}_R \tag{7.97}$$

lautet.

Das allgemeine Problem der Querkraftbiegung ergibt sich somit mathematisch als N e u - m a n n sches Randwertproblem der Potentialtheorie (vgl. Abschn. 7.4.2), bei dem eine Potentialfunktion in einem Bereich gesucht ist, wobei die Normalenableitung dieser Funktion auf dem Bereichsrand vorgegeben ist.

Für die Resultierenden der Schubspannungen in jedem Querschnitt ergibt sich, wenn man die Gleichgewichtsbedingung (7.84) einbezieht, zunächst

$$\int_A \tau_{zx}dA=\int_A\left[\tau_{zx}+x\left(\frac{\partial\tau_{zx}}{\partial x}+\frac{\partial\tau_{zy}}{\partial y}+\frac{Q_x x}{J_{yy}}\right)\right]dA.$$

Für den Integrand kann man schreiben

$$\frac{\partial}{\partial x}(x\tau_{zx})+\frac{\partial}{\partial y}(x\tau_{zy})+\frac{Q_x x^2}{J_{yy}}$$

und dann läßt sich das Flächenintegral mit dem Satz von G a u ß (in zweidimensionaler Form) in ein Randintegral umformen.

Es folgt

$$\int_A \tau_{zx}dA=\int_A\left[\frac{\partial}{\partial x}(x\tau_{zx})+\frac{\partial}{\partial y}(x\tau_{zy})+\frac{Q_x x^2}{J_{yy}}\right]dA$$
$$=\int_R x[\tau_{zx}\cos(n,x)+\tau_{zy}\cos(n,y)]ds+\frac{Q_x}{J_{yy}}\int x^2dA.$$

Das erste Integral verschwindet wegen der Randbedingung (7.86) und es folgt

$$\int_A \tau_{zx}dA=Q_x \quad \text{und analog} \quad \int_A \tau_{zy}dA=0.$$

Ferner ist, wie man leicht erkennt

$$M_x = \int_A \sigma_{zz} y dA = 0 \qquad M_y = -\int_A \sigma_{zz} x dA = Q_x(\ell - z).$$

7.6.2 Schubmittelpunkt

Wie bereits erwähnt, ist im allgemeinen die Biegung des querkraftbelasteten Balkens von Torsion begleitet. Dies ist abhängig von der Querschnittsgestalt sowie von der Lage der Wirkungslinie der resultierenden Querkraft Q_x. Hierbei ist die Einführung des sog. Schubmittelpunkts (oder Biegemittelpunkts) sehr zweckmäßig. Dieser Punkt ist mit dem Begriff der torsionsfreien Biegung[1]) verknüpft, die allerdings auf verschiedene Weise definiert werden kann.

Zunächst ist festzuhalten, daß bei der Biegung eines Balkens mit doppelt-symmetrischem Querschnitt keine Torsion auftritt, wenn die Wirkungslinie der resultierenden Querkraft Q_x durch den Schwerpunkt verläuft (Fig. 7.19a).

Es ist dann $\vartheta = 0$ und das Moment der Schubspannungen um die z-Achse verschwindet

$$M_z = \int_A (\tau_{zy} x - \tau_{zx} y) dA = 0.$$

Die Schubspannungen folgen aus (7.95) zu

$$\begin{aligned} \tau_{zx} &= \frac{Q_x}{2(1+\nu)J_{yy}} \left[\frac{\partial \phi_1}{\partial x} - x^2 - \nu(x^2 - y^2)\right] \\ \tau_{zy} &= \frac{Q_x}{2(1+\nu)J_{yy}} \frac{\partial \phi_1}{\partial y}. \end{aligned} \tag{7.98}$$

Die Integrationskonstante C in (7.89) ist dann von vornherein gleich Null.

In allen anderen Fällen tritt neben der Biegung zusätzlich Torsion des Balkens auf. Hierzu gehört z. B., wenn bei einem doppelt-symmetrischen Querschnitt die Wirkungslinie von Q_x nicht durch den Schwerpunkt des Querschnitts verläuft, vgl. Fig. 7.19b). Die

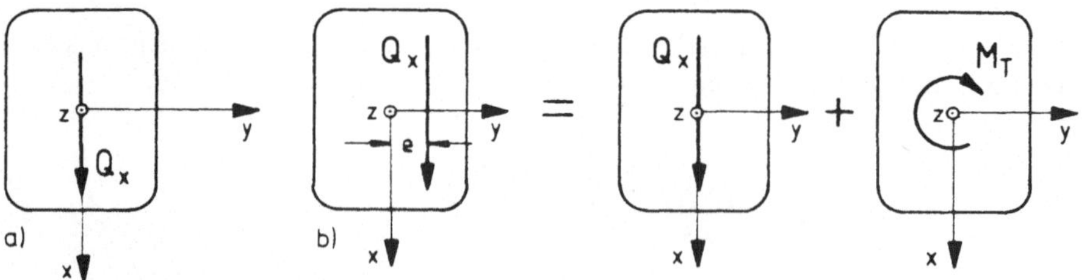

Fig. 7.19 Doppeltsymmetrischer Querschnitt bei Querkraftbiegung (a ohne Torsion, b mit Torsion)

[1]) Die Fragen der torsionsfreien Biegung und des Schubmittelpunkts sind übrigens von St. Venant noch nicht behandelt worden.

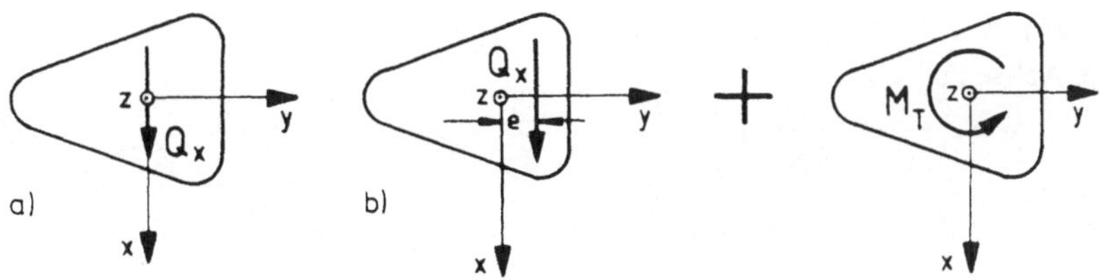

Fig. 7.20 Einfach-symmetrischer Querschnitt bei Querkraftbiegung (a mit Torsion, b ohne Torsion)

Figur zeigt, wie sich das allgemeine Biegeproblem aus dem einfachen Biegeproblem (Querkraftbelastung durch den Querschnittsschwerpunkt) und dem Torsionsproblem zusammensetzt.

Ähnliches trifft zu, wenn bei einem einfach symmetrischen Querschnitt (symmetrisch zur y-Achse) die Wirkungslinie von Q_x zwar durch den Schwerpunkt des Querschnitts verläuft, dabei die x-Achse aber keine Symmetrieachse ist (Fig. 7.20a). Für die Schubspannungen sind die allgemeinen Beziehungen (7.95) maßgebend. Soll torsionslose Biegung vorliegen, also keine Verdrehung um die z-Achse erfolgen, muß das resultierende Moment der Schubspannungen verschwinden. Dazu ist die Konstante ϑ in (7.95) geeignet zu wählen.

Dies bedeutet, daß die Wirkungslinie der Querkraft Q_x in einem bestimmten Abstand e vom Schwerpunkt verlaufen muß, so daß das vorhandene Torsionsmoment ausgeglichen wird. Dadurch wird die Lage des Schubmittelpunkts festgelegt, der in diesem Fall auf der y-Achse liegt. Folglich ergibt sich die Lösung des allgemeinen Biegeproblems, indem die Querkraft durch eine gleichgroße, im Schubmittelpunkt wirkende Kraft und durch ein Torsionsmoment ersetzt wird, vgl. Fig. 7.20b).

Die beiden angeführten Beispiele lehren, daß das allgemeine Biegeproblem in zwei einfachere Teilprobleme aufgespalten werden kann.

R e i n e s B i e g e p r o b l e m. Die Verdrillung wird $\vartheta = 0$ gesetzt. Die Wirkungslinie der resultierenden Querkraft Q_x ist festgelegt durch

$$\int_A (\tau_{zy}x - \tau_{zx}y)\,dA = -Q_x e \tag{7.99}$$

und verläuft durch den Schubmittelpunkt. Die Schubspannungen ergeben sich aus (7.98).

R e i n e s T o r s i o n s p r o b l e m. Die Verdrillung ϑ folgt aus der Beziehung (Äquivalenz der Torsionsmomente)[1])

$$\int_A (\hat{\tau}_{zy}x - \hat{\tau}_{zx}y)\,dA = Q_x e. \tag{7.100}$$

Die Schubspannungen ergeben sich aus

$$\hat{\tau}_{zx} = G\vartheta\left(\frac{\partial\phi}{\partial x} - y\right) \qquad \hat{\tau}_{zy} = G\vartheta\left(\frac{\partial\phi}{\partial y} + x\right).$$

[1]) Der Deutlichkeit halber sind die Torsionsspannungen des kombinierten Problems mit $\hat{\tau}_{zx}$ und $\hat{\tau}_{zy}$ gekennzeichnet.

Für das in Fig. 7.20 gezeigte Beispiel ergibt sich der Abstand e des Schubmittelpunkts von der x-Achse zu

$$e = -\frac{1}{2(1+\nu)J_{yy}} \int_A \left[x \frac{\partial \phi_1}{\partial y} - y \frac{\partial \phi_1}{\partial x} + (1+\nu)x^2 y - \nu y^3 \right] dA.$$

Bei einfach symmetrischen Querschnitten liegt der Schubmittelpunkt stets auf der Symmetrieachse, bei doppelt-symmetrischen Querschnitten fällt er immer mit dem Schwerpunkt zusammen. Für nicht-symmetrische Querschnittsformen existiert ebenfalls ein Schubmittelpunkt, der nicht notwendigerweise auf einer der Querschnittshauptachsen liegen muß. Es gibt auch Fälle, wo der Schubmittelpunkt außerhalb der Querschnittsfläche liegt.

Eine alternative Definition der torsionsfreien Biegung fußt auf einergetischen Betrachtungen [53] und führt zu einer unterschiedlichen Festsetzung der Lage des Schubmittelpunkts. Im einen Fall spielen die elastischen Konstanten eine Rolle, im anderen nicht. Zu einer eindeutigen Definition des Schubmittelpunkts gelangt man, wenn die Randbedingungen am eingespannten Balkenquerschnitt berücksichtigt werden. Es würde jedoch zu weit führen, auf Details (vgl. [54]) einzugehen.

Abschließend ist zu bemerken, daß die Lage des Schubmittelpunkts in den Anwendungen insbesondere dann eine Rolle spielt, wenn es sich bei den Balkenquerschnitten um dünnwandige offene Profile handelt. Hierfür ist die richtige Anordnung der Lastebene wichtig, damit keine instabilen Verformungen auftreten können.

7.6.3 Verformungen bei Querkraftbiegung

Den Spannungen bei der Querkraftbiegung gemäß (7.83) und (7.95) entsprechen nach dem H o o k e schen Gesetz die folgenden Verzerrungen

$$\begin{aligned}
\epsilon_{xx} &= \frac{\partial u}{\partial x} = \epsilon_{yy} = \frac{\partial v}{\partial y} = \frac{\nu Q_x(\ell - z)}{EJ_{yy}} x \qquad \epsilon_{zz} = \frac{\partial w}{\partial z} = -\frac{Q_x(\ell - z)}{EJ_{yy}} x \\
\gamma_{zx} &= \frac{\partial w}{\partial x} + \frac{\partial u}{\partial z} = \vartheta \left(\frac{\partial \phi}{\partial x} - y \right) + \frac{Q_x}{EJ_{yy}} \left[\frac{\partial \phi_1}{\partial x} + \nu y^2 - (1+\nu)x^2 \right] \qquad (7.101) \\
\gamma_{zy} &= \frac{\partial v}{\partial z} + \frac{\partial w}{\partial y} = \vartheta \left(\frac{\partial \phi}{\partial y} + x \right) + \frac{Q_x}{EJ_{yy}} \frac{\partial \phi_1}{\partial y} .
\end{aligned}$$

Auf ähnliche Weise wie bei der reinen Biegung können aus diesen Gln. durch Integration die Verschiebungen gewonnen werden. Man erhält

$$\begin{aligned}
u &= -\vartheta yz + \frac{Q_x}{EJ_{yy}} \left[\frac{\nu}{2}(\ell - z)(x^2 - y^2) + \left(\ell - \frac{z}{3} \right) \frac{z^2}{2} \right] \\
v &= \vartheta xz + \frac{Q_x}{EJ_{yy}} \nu(\ell - z)xy \qquad (7.102) \\
w &= \vartheta\phi + \frac{Q_x}{EJ_{yy}} \left[\phi_1 - \left(1 + \frac{\nu}{2} \right) \frac{x^3}{3} + \frac{\nu}{2} xy^2 - \left(\ell - \frac{z}{2} \right) xz \right]
\end{aligned}$$

wobei ϕ bzw. ϕ_1 die Verwölbungs- bzw. die Biegefunktion sind.

Allgemeinere Ausdrücke für die Verschiebungen umfassen noch konstante und in den Koordinaten lineare Glieder, welche die Starrkörperverschiebung beinhalten. Diese wird durch eine geeignete Befestigung des Querschnitts $z = 0$ ausgeschaltet.

Man erkennt aus den Beziehungen (7.101), daß wegen $\epsilon_{zz} = 0$ für $x = 0$ die neutrale Schicht der x-y-Ebene entspricht, ferner aus (7.102), daß die Balkenachse (als die Linie, welche die Querschnittsschwerpunkte verbindet) nach Verformung in der x-z-Ebene verbleibt.

Die Punkte $x = y = 0$ der Balkenachse gehen bei der Verformung über in

$$x^* = x + u, \qquad y^* = y + v, \qquad z^* = z + w$$

d. h. $$x^* = \frac{Q_x}{EJ_{yy}}\left(\ell - \frac{z}{3}\right)\frac{z^2}{2} \qquad y^* = 0, \qquad z^* = z.$$

Die Gleichung der verbogenen Balkenachse, d. h. der elastischen Linie, lautet

$$x^* = \frac{Q_x}{EJ_{yy}}\left(\frac{\ell}{2} z^{*2} - \frac{z^{*3}}{6}\right). \tag{7.103}$$

Daraus folgt für die Krümmung der elastischen Linie

$$\frac{d^2x^*}{dz^{*2}} = \frac{Q_x}{EJ_{yy}}(\ell - z) = \frac{M_y}{EJ_{yy}}.$$

Dies ist wiederum in Einklang mit der natürlichen Gleichung der Biegelinie oder dem B e r n o u l l i - E u l e r schen Gesetz.

Hingegen wird die bei der reinen Biegung als zutreffend erkannte Hypothese von B e r n o u l l i vom Ebenbleiben der Querschnitte bei der Querkraftbiegung nicht bestätigt. Die Querschnitte des Biegebalkens bleiben weder eben noch senkrecht zur Balkenachse.

Nach (7.102) ergibt sich für einen Querschnitt $z = c$

$$z^* = c + w = c + \vartheta\phi + \frac{Q_x}{EJ_{yy}}\left[\phi_1 - \left(1 + \frac{\nu}{2}\right)\frac{x^3}{3} - \frac{\nu}{2}xy^2 - \left(\ell c - \frac{c^2}{2}\right)x\right]$$

und man erkennt, daß selbst für $\vartheta = 0$ eine Querschnittsverwölbung auftritt.

Die vertikal wirkende Schubspannung τ_{zx} wird für $x = y = 0$

$$(\tau_{zx})_0 = \frac{Q_x}{2(1 + \nu)J_{yy}}\left(\frac{\partial\phi_1}{\partial x}\right)_0$$

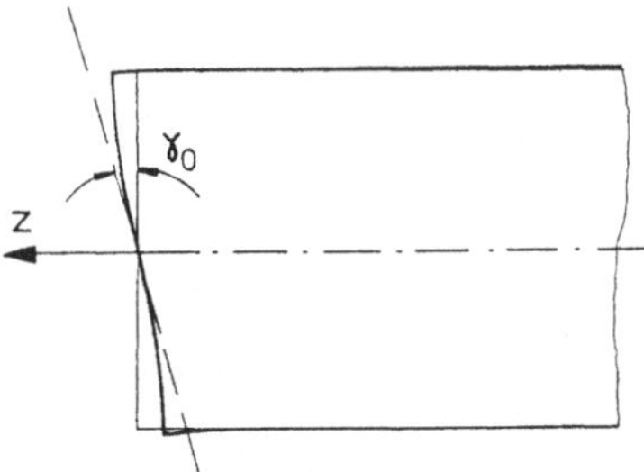

Fig. 7.21
Nichtebenbleiben der Querschnitte bei Querkraftbiegung

und dementsprechend ergibt sich eine Änderung des ursprünglich rechten Winkels um (vgl. Fig. 7.21)

$$\gamma_0 = \frac{Q_x}{EJ_{yy}} \left(\frac{\partial \phi_1}{\partial x}\right)_0 . \tag{7.104}$$

Allgemein läßt sich die Verwölbung der Querschnitte darstellen als

$$w = \vartheta\phi - \frac{Q_x}{EJ_{yy}}\left(\ell - \frac{z}{2}\right)xz + \gamma_0 x$$
$$+ \frac{Q_x}{EJ_{yy}}\left[\phi_1 - \left(1 + \frac{\nu}{2}\right)\frac{x^3}{3} + \frac{\nu}{2}xy^2 - x\left(\frac{\partial \phi_1}{\partial x}\right)_0\right]$$

wobei der erste Term der Torsion entspricht, der zweite von der Neigung der elastischen Linie gegen die z-Achse herrührt, der dritte der Schiefstellung der Querschnitte gemäß (7.104) entspricht und der vierte mit der ungleichförmigen Verteilung der Schubspannungen verknüpft ist.

7.6.4 Beispiele

Im folgenden Abschnitt sollen einige Beispiele für elementare Querschnittsformen besprochen werden, die bereits von St. Venant [55] gelöst worden sind.
Es wird dabei ein von Timoshenko [56] angegebener Lösungsweg verwendet, der für bestimmte Querschnittsformen eine Vereinfachung mit sich bringt und der direkt von der Randbedingung für die Biegungs-Spannungsfunktion B(x, y) ausgeht.

7.6.4.1 Kreisquerschnitt. Alternativ schreibt sich (7.87) mit einer beliebigen Funktion f(y)

$$\frac{\partial}{\partial x}\left[\tau_{zx} + \frac{Q_x x^2}{2J_{yy}} + f(y)\right] + \frac{\partial \tau_{zy}}{\partial y} = 0 \tag{7.105}$$

und für den Fall doppelt-symmetrischen Querschnitts (C = 0) wird (7.89)

$$\Delta B = \frac{\nu Q_x}{(1+\nu)J_{yy}}y - \frac{df}{dy} . \tag{7.106}$$

Die Randbedingung (7.86) verlangt dann

$$\frac{\partial B}{\partial x}\frac{dx}{ds} + \frac{\partial B}{\partial y}\frac{dy}{ds} = \frac{dB}{ds} = \left[\frac{Q_x x^2}{2J_{yy}} - f(y)\right]\frac{dy}{ds} .$$

Daraus lassen sich die Funktionswerte der Biegungs-Spannungsfunktion B am Rand berechnen, wenn f(y) geeignet gewählt wird. Kann die Randkurve des Querschnitts in die Form

$$f(y) = \frac{Q_x x^2}{2J_{yy}}$$

gebracht werden, lautet die Randbedingung

$$B(x, y) = 0 \quad \text{am Rand.} \tag{7.107}$$

Speziell für den Kreisquerschnitt mit der Kontur $x^2 + y^2 = a^2$ setzt man

$$f(y) = \frac{Q_x}{2J_{yy}} x^2 = \frac{Q_x}{2J_{yy}} (a^2 - y^2).$$

Damit wird (7.106) zu

$$\Delta B = \frac{1 + 2\nu}{1 + \nu} \frac{Q_x y}{J_{yy}}.$$

Man erkennt leicht, daß diese Diff.-Gl. und die Randbedingung (7.107) erfüllt werden durch

$$B = \frac{(1 + 2\nu)Q_x}{8(1 + \nu)J_{yy}} (x^2 + y^2 - a^2)y.$$

Daraus folgen die Schubspannungen mittels der jetzt modifizierten Beziehungen (7.88)

$$\tau_{zx} = \frac{\partial B}{\partial y} - \frac{Q_x x^2}{2J_{yy}} + f(y) \qquad \tau_{zy} = -\frac{\partial B}{\partial x}$$

und mit $J_{yy} = \dfrac{\pi a^4}{4}$ zu

$$\tau_{zx} = \frac{(3 + 2\nu)Q_x}{2(1 + \nu)\pi a^4} \left(a^2 - x^2 - \frac{1 - 2\nu}{3 + 2\nu} y^2 \right)$$

$$\tau_{zy} = -\frac{(1 + 2\nu)Q_x}{(1 + \nu)\pi a^4} xy.$$

Längs des horizontalen Durchmessers x = 0 (neutrale Schicht) ergeben sich die Schubspannungen

$$(\tau_{zx})_{x=0} = \frac{(3 + 2\nu)Q_x}{2(1 + \nu)\pi a^4} \left(a^2 - \frac{1 - 2\nu}{3 + 2\nu} y^2 \right) \qquad (\tau_{zy})_{x=0} = 0.$$

Die maximale Schubspannung[1])

$$(\tau_{zx})_{max} = \frac{(3 + 2\nu)Q_x}{2(1 + \nu)\pi a^2}$$

---

[1]) Für $\nu = 0{,}3$ folgt $\tau_{max} = 1{,}38\ Q_x/\pi a^2$ während die elementare Theorie unter Zugrundelegung konstanter Schubspannung über den horizontalen Durchmesser

$$\tau = 1{,}33\ Q_x/\pi a^2$$

ergibt.

tritt im Schwerpunkt des Kreisquerschnitts auf, während die Schubspannungen am Rand

$$(\tau_{zx})_{y=\pm a} = \frac{1+2\nu}{1+\nu} \frac{Q_x}{\pi a^2}$$

betragen.
Die in der allgemeinen Formulierung verwendete Biegefunktion lautet für den Kreisquerschnitt

$$\phi_1 = \frac{3+2\nu}{4} a^2 x + \frac{1+2\nu}{12} (x^3 - 3xy^2).$$

Daraus läßt sich die Verwölbung der Querschnitte berechnen.

7.6.4.2 Ellipsenquerschnitt. Der Lösungsweg ist analog wie beim Kreisquerschnitt. Für die elliptische Kontur

$$\frac{x^2}{a^2} + \frac{y^2}{b^2} = 1$$

setzt man

$$f(y) = \frac{Q_x}{2J_{yy}} \left(a^2 - \frac{a^2}{b^2} y^2 \right).$$

Die Diff.-Gl. für B lautet

$$\Delta B = \frac{Q_x y}{J_{yy}} \left(\frac{a^2}{b^2} + \frac{\nu}{1+\nu} \right)$$

mit der Lösung

$$B = k \left(x^2 + \frac{a^2}{b^2} y^2 - a^2 \right) y \quad \text{mit} \quad k = \frac{(1+\nu)a^2 + \nu b^2}{2(1+\nu)(3a^3 + b^2)} \frac{Q_x}{J_{yy}}.$$

Für die Schubspannungen folgen $\left(\text{mit } J_{yy} = \dfrac{\pi a^3 b}{4} \right)$

$$\tau_{zx} = \frac{2(1+\nu)a^2 + b^2}{(1+\nu)(3a^2 + b^2)} \frac{2Q_x}{\pi a^3 b} \left[a^2 - x^2 - \frac{(1-2\nu)a^2 y^2}{2(1+\nu)a^2 + b^2} \right]$$

$$\tau_{zy} = -\frac{(1+\nu)a^2 + \nu b^2}{(1+\nu)(3a^2 + b^2)} \frac{2Q_x}{\pi a^3 b} xy.$$

Die Maximalwerte sind

$$(\tau_{zx})_{max} = \frac{2Q_x}{\pi ab} \frac{2(1+\nu)a^2 + b^2}{(1+\nu)(3a^2 + b^2)}$$

im Schwerpunkt des Querschnitts, bzw.

$$(\tau_{zy})_{max} = \frac{2Q_x}{\pi a^2} \frac{(1+\nu)a^2 + \nu b^2}{(1+\nu)(3a^2+b^2)}$$

am Rand für $x = \pm a/\sqrt{2}$, $y = \pm b/\sqrt{2}$.

Die Biegefunktion für den Ellipsenquerschnitt lautet

$$\phi_1(x, y) = \frac{2(1+\nu)a^2 + b^2}{3a^2 + b^2} a^2 x + \frac{a^2 + \nu(a^2+b^2)}{3(3a^2+b^2)} (x^3 - 3xy^2).$$

7.6.4.3 Rechteckquerschnitt. Die Gleichung der Kontur lautet

$$(x^2 - a^2)(y^2 - b^2) = 0.$$

Es zeigt sich mit Bezug auf Fig. 7.22, daß die Schubspannung τ_{zx} eine in x und y gerade Funktion sein muß, während τ_{zy} ungerade in y ist. Daraus folgt, daß es sich gemäß

$$\tau_{zx} = \frac{\partial B}{\partial y} - \frac{Q_x x^2}{2J_{yy}} + f(y) \qquad \tau_{zy} = -\frac{\partial B}{\partial x}$$

bei der Biegungs-Spannungsfunktion B(x, y) um eine in x gerade und in y ungerade Funktion handeln muß.

Die Randbedingung (7.107) wird für die Ränder $x = \pm a$ erfüllt, wenn man

$$f(y) = \frac{Q_x a^2}{2J_{yy}}$$

setzt. Andererseits ist für die Ränder $y = \pm b$ stets $dy/ds = 0$. Die Randbedingung $B = 0$ ist somit erfüllt und die Diff.-Gl. (7.106) wird

$$\Delta B = \frac{\nu Q_x}{(1+\nu)J_{yy}} y.$$

Für die Biegungs-Spannungsfunktion setzt man

$$B(x, y) = B_1(y) + B_2(x, y) \tag{7.108}$$

wobei mit $B_2(x, y)$ eine neue Potentialfunktion eingeführt wird.

Für B_1 gilt die Diff.-Gl.

$$\frac{d^2B_1}{dy^2} = \frac{\nu Q_x}{(1+\nu)J_{yy}} y$$

mit der Randbedingung $B_1 = 0$ für $y = \pm b$.

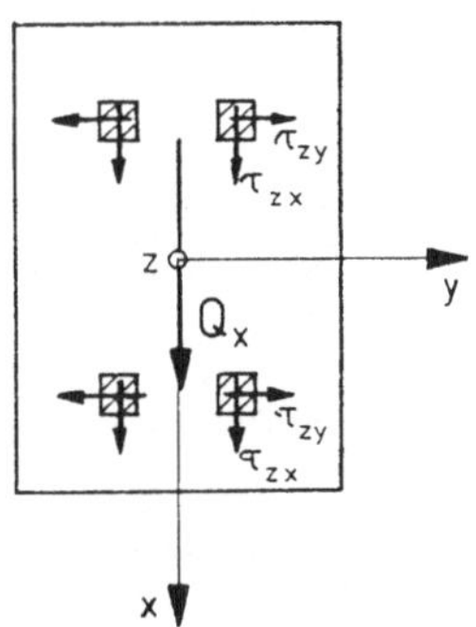

Fig. 7.22
Schubspannungen im Rechteckquerschnitt bei Querkraftbiegung (schematisch)

Ein partikuläres Integral dieser Gleichung ist

$$B_1 = \frac{\nu Q_x}{6(1+\nu) J_{yy}} (y^3 - b^2 y).$$

Für die Potentialfunktion $B_2(x, y)$ gilt

$$\Delta B_2 = 0 \tag{7.109}$$

und die für die Biegungs-Spannungsfunktion geforderte Randbedingung (7.107) verlangt hier nach (7.108)

$$B_2(x, \pm b) = 0, \qquad B_2(\pm a, y) = -B_1(y). \tag{7.110}$$

Zur Lösung von (7.109) wird der Produktansatz

$$B_2 = f_1(x) \cdot f_2(y)$$

verwendet. Dies führt (vgl. Abschn. 7.4.5.4) dann zunächst auf

$$B_2(x, y) = (\alpha \operatorname{ch} kx + \beta \operatorname{sh} kx)(\gamma \cos kx + \delta \sin kx)$$

bzw. wegen der oben geforderten Eigenschaften für $B(x, y)$ zu

$$B_2(x, y) = A \operatorname{ch}(kx) \sin(ky) \tag{7.111}$$

mit den Konstanten A und k.
Die erste Randbedingung (7.110) liefert

$$A \sin(kb) = 0 \quad \text{d. h. } k = n\frac{\pi}{b} \quad (n = 1, 2, 3 \ldots).$$

Der Lösungsansatz (7.111) wird verallgemeinert in Form der Fourier-Reihe

$$B_2(x, y) = \sum_n A_n \operatorname{ch} \frac{n\pi x}{b} \sin \frac{n\pi y}{b} \tag{7.112}$$

dargestellt. Dann liefert die zweite Randbedingung (7.110)

$$\sum_n A_n \operatorname{ch} \frac{n\pi a}{b} \sin \frac{n\pi y}{b} = \frac{\nu Q_x}{6(1+\nu) J_{yy}} (b^2 y - y^3).$$

Die Berechnung der Fourier-Koeffizienten $A_n \operatorname{ch} \frac{n\pi a}{b} = \rho_n$ führt auf

$$\sum_n \rho_n \int_{-b}^{b} \sin \frac{n\pi y}{b} \sin \frac{m\pi y}{b} dy = \frac{\nu Q_x}{6(1+\nu) J_{yy}} \int_{-b}^{b} (b^2 y - y^3) \sin \frac{m\pi y}{b} dy.$$

Nach Durchführung der Integration folgt daraus

$$\rho_n = -\frac{(-1)^n}{n^3} \frac{4\nu Q_x b^3}{\pi^3 (1+\nu) J_{yy}}$$

und nach (7.108) erhält man die endgültige Biegungs-Spannungsfunktion

$$B(x,y) = \frac{\nu Q_x}{6(1+\nu)J_{yy}}\left[y^3 - b^2 y - \frac{12b^3}{\pi^3}\sum_n \frac{(-1)^n}{n^3}\,\frac{\operatorname{ch}\frac{n\pi x}{b}}{\operatorname{ch}\frac{n\pi a}{b}}\sin\frac{n\pi y}{b}\right] \quad (n = 1, 2, 3 \ldots) \tag{7.113}$$

Wie im Fall der Torsion rechteckiger Querschnitte konvergieren auch hier die Reihenglieder sehr rasch.

Die sich ergebenden Schubspannungen sind dann

$$\tau_{zx} = \frac{Q_x}{2J_{yy}}(a^2 - x^2) + \frac{\nu Q_x}{6(1+\nu)J_{yy}}\left[3y^2 - b^2 - \frac{12b^2}{\pi^2}\sum_n \frac{(-1)^n}{n^2}\,\frac{\operatorname{ch}\frac{n\pi x}{b}}{\operatorname{ch}\frac{n\pi a}{b}}\cos\frac{n\pi y}{b}\right]$$

$$\tau_{zy} = \frac{2\nu Q_x b^2}{\pi^2(1+\nu)J_{yy}}\sum_n \frac{(-1)^n}{n^2}\,\frac{\operatorname{sh}\frac{n\pi x}{b}}{\operatorname{ch}\frac{n\pi a}{b}}\sin\frac{n\pi y}{b} \qquad (n = 1, 2, 3 \ldots).$$

Speziell folgt für $x = 0$ (wenn außerdem $J_{yy} = 4/3\,a^3 b$ eingesetzt wird)

$$(\tau_{zx})_{x=0} = \frac{3Q_x}{8ab}\left\{1 + \frac{\nu}{1+\nu}\left[\frac{3y^2 - b^2}{3a^2} - \frac{4b^2}{\pi^2 a^2}\sum_n \frac{(-1)^n}{n^2}\,\frac{\cos\frac{n\pi y}{b}}{\operatorname{ch}\frac{n\pi a}{b}}\right]\right\}$$

$$(n = 1, 2, 3 \ldots)$$

mit dem Maximalwert im Schwerpunkt

$$(\tau_{zx})_{max} = \frac{3Q_x}{8ab}\left\{1 - \frac{\nu}{1+\nu}\frac{b^2}{a^2}\left[\frac{1}{3} + \frac{4}{\pi^2}\sum_n \frac{(-1)^n}{n^2}\,\frac{1}{\operatorname{ch}\frac{n\pi a}{b}}\right]\right\}$$

bzw. den Werten am Rand $y = \pm b$

$$(\tau_{zx})_R = \frac{3Q_x}{8ab}\left\{1 + \frac{\nu}{1+\nu}\frac{b^2}{a^2}\left[\frac{2}{3} - \frac{4}{\pi^2}\sum_n \frac{(-1)^n}{n^2}\,\frac{1}{\operatorname{ch}\frac{n\pi a}{b}}\right]\right\}.$$

Entsprechend folgt für $y = 0$

$$(\tau_{zx})_{y=0} = \frac{3Q_x}{8a^3 b}(a^2 - x^2) - \frac{\nu Q_x b}{8(1+\nu)a^3}\left[1 + \frac{12}{\pi^2}\sum_n \frac{(-1)^n}{n^2}\,\frac{\operatorname{ch}\frac{n\pi x}{b}}{\operatorname{ch}\frac{n\pi a}{b}}\right].$$

In der technischen Festigkeitslehre wird die Schubspannungsverteilung näherungsweise (ohne Berücksichtigung der Verträglichkeitsbedingungen) berechnet, dies ergibt einen konstanten Wert über die Balkenbreite und eine Abhängigkeit von x gemäß

$$\tau_{zx} = \frac{3Q_x}{8a^3b}(a^2 - x^2).$$

Man erkennt diesen Ausdruck als erstes Glied in der obigen Beziehung für τ_{zx} wieder. Zu bemerken ist, daß im Fall $b \ll a$ die Zusatzglieder in den Spannungsausdrücken ohne Einfluß sind und somit die Näherungsergebnisse der elementaren Theorie hier genügend genau sind.

Abschließend sei noch die Biegefunktion ϕ_1 der allgemeinen Formulierung für den Rechteckquerschnitt angegeben, sie lautet

$$\phi_1(x,y) = \left[(1+\nu)a^2 - \frac{\nu}{3}b^2\right]x - \frac{4\nu b^3}{\pi^3}\sum_n \frac{(-1)^n}{n^3}\frac{\mathrm{sh}\,\frac{n\pi x}{b}}{\mathrm{ch}\,\frac{n\pi a}{b}}\cos\frac{n\pi y}{b} \quad (n = 1, 2, 3 \ldots).$$

Daraus können ebenfalls die Schubspannungen, sowie weitere, bei der Biegung interessierende Größen, berechnet werden.

8 Ebene (zweidimensionale) Probleme der Elastizitätstheorie

Von großer Bedeutung für die Anwendungen sind Probleme, bei denen die maßgebenden Funktionen nur von zwei Koordinaten abhängen. Hierbei sind zwei Fälle zu unterscheiden, deren mathematische Behandlung übereinstimmt, der ebene Verzerrungszustand (EVZ) und der ebene Spannungszustand (ESZ).

Der erste Fall entspricht einem langen prismatischen Körper (mit der z-Koordinate als Achse wie bei den eindimensionalen Problemen), der durch Oberflächenkräfte belastet wird, die von z unabhängig sind und keine Komponente in z-Richtung besitzen. Als Beispiel sind in Fig. 8.1 die Linienlasten p_1, p_2 und p_3 längs der Mantellinien des Zylinders dargestellt. Dabei kann der elastische Körper entweder unendlich lang sein, oder er hat endliche Länge und seine Enden sind in geeigneter Weise festgehalten. In jedem Querschnitt des Körpers herrscht dann ebener Verzerrungszustand.

Im zweiten Fall handelt es sich um einen ebenen elastischen Körper geringer Dicke (sog. Scheibe), der nur durch Kräfte in seiner Ebene belastet wird, wobei die Normalspannungen in Dickenrichtung verschwinden (Fig. 8.2 mit den äußeren Kräften F_1, F_2 und F_3).

Die belastenden Kräfte sind gleichmäßig über die Dicke verteilt (also unabhängig von z), was in guter Näherung bei dünnen Scheiben stets erfüllt sein wird. Oder die Kräfte sind

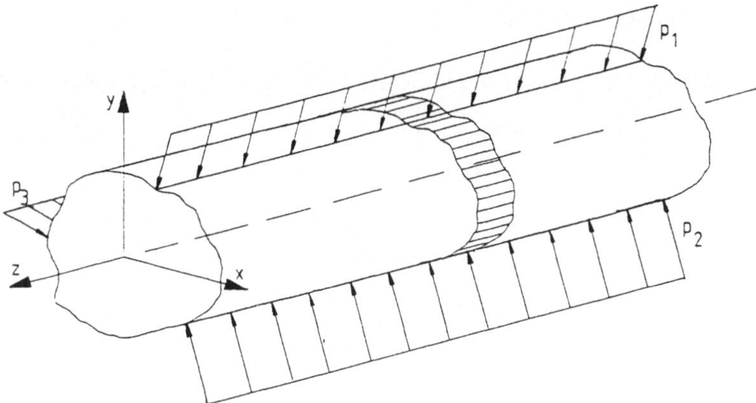

Fig. 8.1 Ebener Verzerrungszustand in einem prismatischen Körper

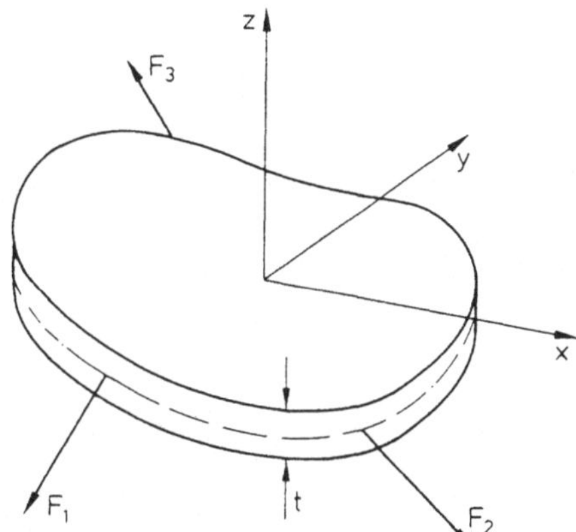

Fig. 8.2
Ebener Spannungszustand in einer dünnen Scheibe

symmetrisch zur sog. Mittelebene (eine gedachte Fläche, die die Scheibendicke halbiert) verteilt, dann kann eine Mittelwertbildung über die Scheibendicke vorgenommen werden (siehe später, S. 197). In einer solchen Scheibe, die in geeigneter Weise festgehalten wird, herrscht ein ebener Spannungszustand.

8.1 Grundgleichungen der Elastizitätstheorie für EVZ und ESZ

Die allgemeinen Grundgleichungen der Elastizitätstheorie (vgl. Abschn. 3) vereinfachen sich für ebene Probleme entsprechend, wobei sich nur im Stoffgesetz Unterschiede zwischen EVZ und ESZ bemerkbar machen[1]).

[1]) Im folgenden werden wieder die vereinfachten Bezeichnungen verwendet, nur gelegentlich wird wegen der kompakteren Formulierung die Indizesschreibweise gebraucht.

8.1.1 Ebener Verzerrungszustand

Beim ebenen Verzerrungszustand liegen die Verschiebungen (in Kartesischen Koordinaten)

$$u = u(x, y) \qquad v = v(x, y)$$
$$w = \text{const} \quad \text{oder} \quad w = 0 \tag{8.1}$$

vor, außerdem verschwinden alle Ableitungen nach z, d. h. $\frac{\partial}{\partial z} = 0$.
Damit ergeben sich die kinematischen Gleichungen

$$\epsilon_{xx} = \frac{\partial u}{\partial x}, \qquad \epsilon_{yy} = \frac{\partial v}{\partial y}, \qquad \gamma_{xy} = \frac{\partial u}{\partial y} + \frac{\partial v}{\partial x} \tag{8.2}$$

ferner folgen

$$\epsilon_{zz} = \gamma_{zx} = \gamma_{zy} = 0. \tag{8.3}$$

Es bleibt nur eine Verträglichkeitsbedingung für die Verzerrungen (8.2)

$$\frac{\partial^2 \epsilon_{xx}}{\partial y^2} + \frac{\partial^2 \epsilon_{yy}}{\partial x^2} = \frac{\partial^2 \gamma_{xy}}{\partial x \partial y}. \tag{8.4}$$

Die auftretenden Spannungskomponenten sind σ_{xx}, σ_{yy}, τ_{xy} sowie σ_{zz}.
Für das H o o k e sche Gesetz ergibt sich

$$\epsilon_{xx} = \frac{1}{E}[\sigma_{xx} - \nu(\sigma_{yy} + \sigma_{zz})]$$

$$\epsilon_{yy} = \frac{1}{E}[\sigma_{yy} - \nu(\sigma_{zz} + \sigma_{xx})] \tag{8.5}$$

$$\gamma_{xy} = \frac{\tau_{xy}}{G}$$

wobei $\sigma_{zz} = \nu(\sigma_{xx} + \sigma_{yy})$. (8.6)

Eine alternative Darstellung für die Dehnungen (8.5) ist

$$\epsilon_{xx} = \frac{1}{2G}[\sigma_{xx} - \nu(\sigma_{xx} + \sigma_{yy})]$$

$$\epsilon_{yy} = \frac{1}{2G}[\sigma_{yy} - \nu(\sigma_{xx} + \sigma_{yy})]. \tag{8.5'}$$

Die Umkehrung von (8.5) liefert

$$\sigma_{xx} = \frac{E}{(1+\nu)(1-2\nu)}[(1-\nu)\epsilon_{xx} + \nu\epsilon_{yy}]$$

$$\sigma_{yy} = \frac{E}{(1+\nu)(1-2\nu)}[(1-\nu)\epsilon_{yy} + \nu\epsilon_{xx}] \tag{8.7}$$

$$\tau_{xy} = G\gamma_{xy}$$

ferner ist

$$\sigma_{zz} = \frac{E\nu}{(1+\nu)(1-2\nu)}(\epsilon_{xx} + \epsilon_{yy}). \tag{8.8}$$

Eine alternative Form der beiden ersten Gln. (8.7) ist

$$\sigma_{xx} = 2G\left[\epsilon_{xx} + \frac{\nu}{1-2\nu}(\epsilon_{xx} + \epsilon_{yy})\right]$$

$$\sigma_{yy} = 2G\left[\epsilon_{yy} + \frac{\nu}{1-2\nu}(\epsilon_{xx} + \epsilon_{yy})\right].$$

In Tensorschreibweise lauten die Gln. (8.5) bzw. (8.7) mit x, y = i, j

$$\epsilon_{ij} = \frac{1}{2G}\left(\sigma_{ij} - \frac{\nu}{1+\nu}\delta_{ij}s\right)$$

wobei $s = (1+\nu)(\sigma_{xx} + \sigma_{yy})$

bzw. $\sigma_{ij} = 2G\left(\epsilon_{ij} + \frac{\nu}{1-2\nu}\delta_{ij}e\right)$

wobei $e = \epsilon_{xx} + \epsilon_{yy} + \epsilon_{zz}$

(erste Invariante des Verzerrungstensors).

Von den Gleichgewichtsbedingungen verbleiben

$$\frac{\partial\sigma_{xx}}{\partial x} + \frac{\partial\tau_{xy}}{\partial y} = 0 \qquad \frac{\partial\sigma_{yy}}{\partial y} + \frac{\partial\tau_{xy}}{\partial x} = 0 \tag{8.9}$$

wobei Volumenkräfte außerachtgelassen sind[1]).

Die Randbedingungen für die Spannungen, vgl. (1.17), lauten nun, wenn die Spannungen p_x und p_y am Rand des Zylinders vorgegeben sind (erstes Randwertproblem)

$$\begin{aligned} \overset{n}{p}_x &= \sigma_{xx}\cos(n,x) + \tau_{xy}\cos(n,y) \\ \overset{n}{p}_y &= \tau_{xy}\cos(n,x) + \sigma_{yy}\cos(n,y) \\ \overset{n}{p}_z &= 0. \end{aligned} \tag{8.10}$$

Handelt es sich um einen prismatischen Körper der Länge ℓ, dessen Endquerschnitte festgehalten sind, dann gelten für die Enden die Randbedingungen

$$w(x, y, 0) = w(x, y, \ell) = 0.$$

Es tritt dann die diese Befestigung der Endquerschnitte bewirkende Kraft

$$F_z = \int_A \sigma_{zz}\,dA$$

auf, wobei über den Querschnitt des prismatischen Körpers integriert wird.

---

[1]) Sollten Volumenkräfte vorhanden sein, dürfen sie keine z-Komponente haben.

Schließlich seien noch die elastischen Grundgleichungen in Form der N a v i e r schen bzw. B e l t r a m i schen Gleichungen für die Verschiebungen bzw. Spannungen angegeben. Sie lauten

$$\Delta u + \frac{1}{1-2\nu}\frac{\partial}{\partial x}\left(\frac{\partial u}{\partial x}+\frac{\partial v}{\partial y}\right)=0$$

$$\Delta v + \frac{1}{1-2\nu}\frac{\partial}{\partial y}\left(\frac{\partial u}{\partial x}+\frac{\partial v}{\partial y}\right)=0$$

bzw.

$$\Delta\sigma_{xx} + \frac{1}{1+\nu}\frac{\partial^2 s}{\partial x^2}=0$$

$$\Delta\sigma_{yy} + \frac{1}{1+\nu}\frac{\partial^2 s}{\partial y^2}=0$$

$$\Delta\tau_{xy} + \frac{1}{1+\nu}\frac{\partial^2 s}{\partial x\partial y}=0$$

mit

$$s=(1+\nu)(\sigma_{xx}+\sigma_{yy}).$$

8.1.2 Ebener Spannungszustand

Beim ebenen Spannungszustand in der x-y-Ebene liegen die Spannungskomponenten in der Form

$$\begin{aligned}&\sigma_{xx}=\sigma_{xx}(x,y) \qquad \sigma_{yy}=\sigma_{yy}(x,y)\\&\tau_{xy}=\tau_{xy}(x,y)\end{aligned} \tag{8.11}$$

vor, ferner sind

$$\sigma_{zz}=\tau_{zx}=\tau_{zy}=0. \tag{8.12}$$

Die Verschiebungskomponenten u, v und w sind dann allerdings im allgemeinen nicht unabhängig von z.

Die kinematischen Gleichungen entsprechen (8.2) für EVZ, ebenso die Verträglichkeitsbedingungen (8.4) sowie die Gleichgewichtsbedingungen (8.9) und die Randbedingungen (8.10) für die Spannungen beim ersten Randwertproblem.

Unterschiede zwischen EVZ und ESZ ergeben sich, wenn die Verzerrungen betrachtet werden, z. B. beim H o o k e schen Gesetz. Hierfür folgen

$$\begin{aligned}&\epsilon_{xx}=\frac{1}{E}(\sigma_{xx}-\nu\sigma_{yy}) \qquad \epsilon_{yy}=\frac{1}{E}(\sigma_{yy}-\nu\sigma_{xx})\\&\gamma_{xy}=\frac{\tau_{xy}}{G}\end{aligned} \tag{8.13}$$

ferner ist

$$\epsilon_{zz} = -\frac{\nu}{E}(\sigma_{xx} + \sigma_{yy}). \qquad (8.14)$$

Die Umkehrung von (8.13) liefert

$$\sigma_{xx} = \frac{E}{1-\nu^2}(\epsilon_{xx} + \nu\epsilon_{yy}) \qquad \sigma_{yy} = \frac{E}{1-\nu^2}(\epsilon_{yy} + \nu\epsilon_{xx})$$

$$\tau_{xy} = G\gamma_{xy} \qquad (8.15)$$

sowie $\epsilon_{zz} = -\frac{\nu}{1+\nu}(\epsilon_{xx} + \epsilon_{yy}).$ (8.16)

Eine alternative Darstellung für die Normalspannungen (8.15) ist

$$\sigma_{xx} = 2G\left[\epsilon_{xx} + \frac{\nu}{1-\nu}(\epsilon_{xx} + \epsilon_{yy})\right]$$

$$\sigma_{yy} = 2G\left[\epsilon_{yy} + \frac{\nu}{1-\nu}(\epsilon_{xx} + \epsilon_{yy})\right].$$

In Tensorschreibweise lauten die Gln. (8.13) bzw. (8.15)

$$\epsilon_{ij} = \frac{1}{2G}\left(\sigma_{ij} - \frac{\nu}{1+\nu}\delta_{ij}s\right)$$

wobei $s = \sigma_{xx} + \sigma_{yy}$

bzw. $\sigma_{ij} = 2G\left(\epsilon_{ij} + \frac{\nu}{1-\nu}\delta_{ij}e\right)$

wobei $e = \epsilon_{xx} + \epsilon_{yy} + \epsilon_{zz} = \frac{1-2\nu}{E}s.$

Wie schon erwähnt, ist der ESZ nicht exakt realisierbar und trifft näherungsweise nur in sehr dünnen Scheiben zu. Wie Filon [57] gezeigt hat, kann ein allgemeinerer Fall betrachtet werden und die oben angegebenen Beziehungen lassen sich modifizieren. Hierbei wird vorausgesetzt, daß die belastenden Kräfte in der Scheibenebene symmetrisch zur Mittelebene verteilt sind.

Nimmt man an, daß σ_{zz} in der Scheibe verschwindet und τ_{zx} und τ_{zy} an der Ober- und Unterseite der Scheibe Null sind, können für die maßgebenden Größen, z. B. die Spannung σ_{xx} Mittelwerte über die Scheibendicke gemäß

$$\bar{\sigma}_{xx} = \int_{-\frac{t}{2}}^{\frac{t}{2}} \sigma_{xx}dz$$

eingeführt werden. Dieser Fall wird nach Love als verallgemeinerter ebener Spannungszustand bezeichnet und hat große praktische Bedeutung.

Abschließend sei erwähnt, daß sich aus der Verträglichkeitsbedingung für die Verzerrungen (8.4) die gleiche Beziehung ergibt, wenn die Spannungen (für EVZ oder ESZ) eingesetzt werden. Es folgt[1])

$$\Delta(\sigma_{xx} + \sigma_{yy}) = 0 \tag{8.17}$$

und dies bedeutet, daß die Spannungssumme eine Potentialfunktion ist.

8.1.3 Grundgleichungen für EVZ und ESZ in ebenen Polarkoordinaten

Beim Übergang von ebenen Kartesischen Koordinaten auf ebene Polarkoordinaten gelten (Fig. 8.3) die bekannten Umrechnungen

$$x = r\cos\varphi \qquad y = r\sin\varphi$$

sowie für die Ableitungen

$$\begin{aligned}\frac{\partial}{\partial x} &= \frac{\partial r}{\partial x}\frac{\partial}{\partial r} + \frac{\partial \varphi}{\partial x}\frac{\partial}{\partial \varphi} = \cos\varphi\frac{\partial}{\partial r} - \frac{\sin\varphi}{r}\frac{\partial}{\partial \varphi}\\ \frac{\partial}{\partial y} &= \frac{\partial r}{\partial y}\frac{\partial}{\partial r} + \frac{\partial \varphi}{\partial y}\frac{\partial}{\partial \varphi} = \sin\varphi\frac{\partial}{\partial r} + \frac{\cos\varphi}{r}\frac{\partial}{\partial \varphi}\,.\end{aligned} \tag{8.18}$$

Die Verschiebungskomponenten sind u_r und u_φ und es folgen für die Verzerrungen

$$\begin{aligned}&\epsilon_{rr} = \frac{\partial u_r}{\partial r} \qquad \epsilon_{\varphi\varphi} = \frac{u_r}{r} + \frac{1}{r}\frac{\partial u_\varphi}{\partial \varphi}\\ &\gamma_{r\varphi} = \frac{1}{r}\frac{\partial u_r}{\partial \varphi} + \frac{\partial u_\varphi}{\partial r} - \frac{u_\varphi}{r}\end{aligned} \tag{8.19}$$

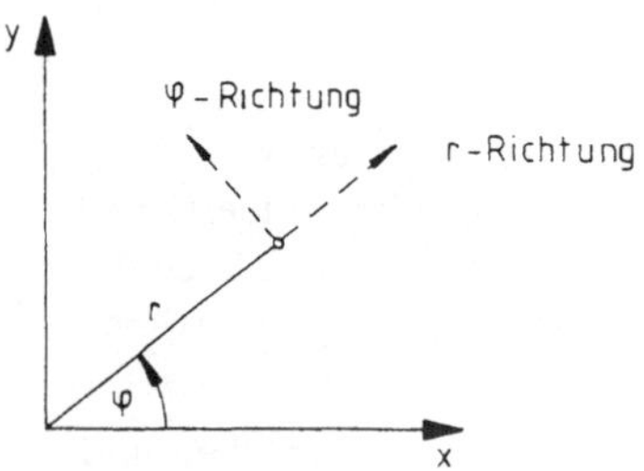

Fig. 8.3
Ebene Polarkoordinaten r, φ

---

[1]) Im Fall, daß auch Volumenkräfte vorhanden sind, gelten statt (8.17) entsprechend

für EVZ $\Delta(\sigma_{xx} + \sigma_{yy}) = -\dfrac{1}{1-\nu}\left(\dfrac{\partial f_x}{\partial x} + \dfrac{\partial f_y}{\partial y}\right)$

für ESZ $\Delta(\sigma_{xx} + \sigma_{yy}) = -(1+\nu)\left(\dfrac{\partial f_x}{\partial x} + \dfrac{\partial f_y}{\partial y}\right)$.

wobei die nicht-differentiellen Anteile $\frac{u_r}{r}$ bzw. $\frac{u_\varphi}{r}$ der Umfangsvergrößerung bei der Radial- bzw. Umfangsverschiebung entsprechen.

Die Verträglichkeitsbedingung für die Verzerrungen lautet

$$\frac{\partial^2 \epsilon_{\varphi\varphi}}{\partial r^2} + \frac{1}{r^2}\frac{\partial^2 \epsilon_{rr}}{\partial \varphi^2} + \frac{2}{r}\frac{\partial \epsilon_{\varphi\varphi}}{\partial r} - \frac{1}{r}\frac{\partial \epsilon_{rr}}{\partial r} = \frac{1}{r}\frac{\partial^2 \gamma_{r\varphi}}{\partial r \partial \varphi} + \frac{1}{r^2}\frac{\partial \gamma_{r\varphi}}{\partial \varphi}. \tag{8.20}$$

Für die Gleichgewichtsbedingungen ergibt sich mit den Spannungskomponenten σ_{rr}, $\sigma_{\varphi\varphi}$ und $\tau_{r\varphi}$

$$\begin{aligned} &\frac{\partial \sigma_{rr}}{\partial r} + \frac{1}{r}\frac{\partial \tau_{r\varphi}}{\partial \varphi} + \frac{\sigma_{rr} - \sigma_{\varphi\varphi}}{r} = 0 \\ &\frac{1}{r}\frac{\partial \sigma_{\varphi\varphi}}{\partial \varphi} + \frac{\partial \tau_{r\varphi}}{\partial r} + 2\,\frac{\tau_{r\varphi}}{r} = 0. \end{aligned} \tag{8.21}$$

Das H o o k e sche Gesetz wird für EVZ

$$\begin{aligned} &\epsilon_{rr} = \frac{1-\nu^2}{E}\left(\sigma_{rr} - \frac{\nu}{1-\nu}\sigma_{\varphi\varphi}\right) \qquad \epsilon_{\varphi\varphi} = \frac{1-\nu^2}{E}\left(\sigma_{\varphi\varphi} - \frac{\nu}{1-\nu}\sigma_{rr}\right) \\ &\gamma_{r\varphi} = \frac{\tau_{r\varphi}}{G} \end{aligned} \tag{8.22}$$

oder

$$\begin{aligned} &\sigma_{rr} = \frac{E}{1+\nu}\left[\epsilon_{rr} + \frac{\nu}{1-2\nu}(\epsilon_{rr} + \epsilon_{\varphi\varphi})\right] \\ &\sigma_{\varphi\varphi} = \frac{E}{1+\nu}\left[\epsilon_{\varphi\varphi} + \frac{\nu}{1-2\nu}(\epsilon_{\varphi\varphi} + \epsilon_{rr})\right] \\ &\tau_{r\varphi} = G\gamma_{r\varphi} \end{aligned} \tag{8.23}$$

und für ESZ

$$\begin{aligned} &\epsilon_{rr} = \frac{1}{E}(\sigma_{rr} - \nu\sigma_{\varphi\varphi}) \qquad \epsilon_{\varphi\varphi} = \frac{1}{E}(\sigma_{\varphi\varphi} - \nu\sigma_{rr}) \\ &\gamma_{r\varphi} = \frac{\tau_{r\varphi}}{G} \end{aligned} \tag{8.24}$$

oder

$$\begin{aligned} &\sigma_{rr} = \frac{E}{1-\nu^2}(\epsilon_{rr} + \nu\epsilon_{\varphi\varphi}) \qquad \sigma_{\varphi\varphi} = \frac{E}{1-\nu^2}(\epsilon_{\varphi\varphi} + \nu\epsilon_{rr}) \\ &\tau_{r\varphi} = G\gamma_{r\varphi}. \end{aligned} \tag{8.25}$$

Die N a v i e r schen Gleichungen für die Verschiebungen u_r und u_φ sowie die B e l t r a m i schen Gleichungen für die Spannungskomponenten σ_{rr}, $\sigma_{\varphi\varphi}$ und $\tau_{r\varphi}$ lassen sich ebenfalls darstellen, jedoch soll hierauf nicht weiter eingegangen werden.

Für die Verträglichkeitsbedingungen, ausgedrückt in den Spannungen folgt schließlich

$$\Delta(\sigma_{rr} + \sigma_{\varphi\varphi}) = 0 \tag{8.26}$$

mit dem L a p l a c e - Operator

$$\Delta(\ldots) = \left(\frac{\partial^2}{\partial r^2} + \frac{1}{r}\frac{\partial}{\partial r} + \frac{1}{r^2}\frac{\partial^2}{\partial \varphi^2}\right)(\ldots). \tag{8.27}$$

Die Beziehungen vereinfachen sich entsprechend im Fall der Rotationssymmetrie bezüglich der z-Achse ($u_\varphi = 0$, $\partial/\partial\varphi = 0$).

8.2 Airysche Spannungsfunktion

Wie bereits erwähnt, ist die mathematische Behandlung zweidimensionaler Elastizitätsprobleme bei Außerachtlassung der Volumenkräfte für EVZ und ESZ identisch.

8.2.1 Darstellung in Kartesischen Koordinaten

Die Gleichgewichtsbedingungen (8.9) werden identisch erfüllt mit einer Spannungsfunktion F(x, y) gemäß

$$\sigma_{xx} = \frac{\partial^2 F}{\partial y^2} \qquad \sigma_{yy} = \frac{\partial^2 F}{\partial x^2} \qquad \tau_{xy} = -\frac{\partial^2 F}{\partial x \partial y}. \tag{8.28}$$

Dieser Ansatz wurde erstmals von A i r y aufgestellt (aber nicht zur Lösung von Elastizitätsproblemen angewendet) und man bezeichnet F(x, y) als A i r y sche Spannungsfunktion.

Man erkennt, daß es sich um einen Sonderfall der in Abschn. 5.2.3 behandelten allgemeinen Ansätze handelt. Die Beziehungen (8.28) entsprechen dem Ansatz (5.64), wenn dort nur U_{33} von Null verschieden ist.

Die A i r y sche Spannungsfunktion muß auch der Verträglichkeitsbedingung (8.17) genügen. Daraus ergibt sich die grundlegende Diff.-Gl.

$$\Delta\Delta F = \frac{\partial^4 F}{\partial x^4} + 2\frac{\partial^4 F}{\partial x^2 \partial y^2} + \frac{\partial^4 F}{\partial y^4} = 0 \tag{8.29}$$

die übrigens erstmals von J. C. M a x w e l l aufgestellt wurde.

Man bezeichnet die Diff.-Gl. (8.29) als Bipotentialgleichung oder biharmonische Gleichung, ihre Lösungen als Bipotentialfunktionen oder biharmonische Funktionen. Wie bereits erwähnt (vgl. Seite 74), ist das Auftreten der Bipotentialgleichung für Elastizitätsprobleme charakteristisch.

Es sind zahlreiche spezielle Lösungen der Diff.-Gl. (8.29) bekannt[1]), von denen jede einem Spannungszustand entspricht, der im Gleichgewicht und verträglich ist. Die Hauptschwierigkeit beim Aufstellen von Lösungen besteht in der Anpassung der Lösungsfunktionen an die Randbedingungen.

Durch Überlagerung wurden auf diese Weise zahlreiche ebene Elastizitätsprobleme von praktischer Bedeutung gelöst. Allerdings muß bemerkt werden, daß keine allgemeine Lösung der Bipotentialgleichung existiert und es auch kein allgemeines Lösungsverfahren gibt.

Eine gewisse Weiterentwicklung brachte das Verfahren der komplexen Spannungsfunktionen von Kolossoff und Muskhelischwili, das im Abschn. 8.4 ausführlich besprochen wird.

Die Randbedingung (8.10) für die Spannungen beim ersten Randwertproblem kann nun mittels der Airyschen Spannungsfunktion formuliert werden.

Die vorgegebenen Randspannungen $p_x(s)$ und $p_y(s)$ sind als Funktion einer Randkoordinate s gegeben (Fig. 8.4). Für die Komponenten des Normaleneinheitsvektors (Richtungskosinus) gilt, wie aus Fig. 8.4 zu erkennen ist

$$\begin{aligned} \cos(n, x) &= \cos(t, y) = \frac{dy}{ds} \\ \cos(n, y) &= -\cos(t, x) = -\frac{dx}{ds}. \end{aligned} \tag{8.30}$$

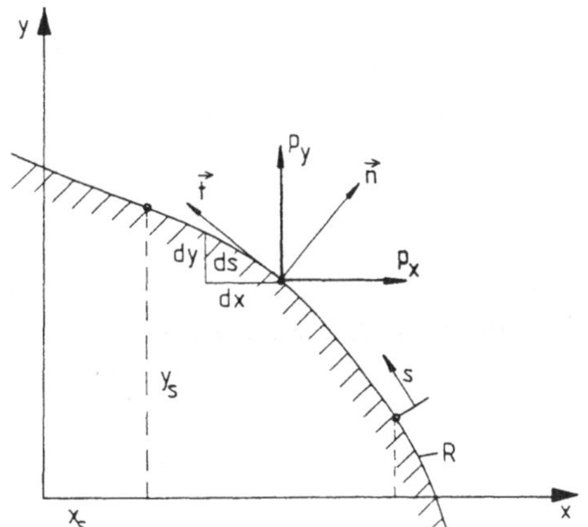

Fig. 8.4
Zur Randbedingung beim ersten Randwertproblem ($\vec{n}$ bzw. $\vec{t}$ sind Normalen bzw. Tangentenvektor am Randelement)

---

[1]) In Kartesischen Koordinaten z. B. die Funktionen

$$x^2 \quad y^2 \quad xy \quad x^3 \quad y^3 \quad x^2y \quad xy^2 \; \ldots$$

$$x^2 - y^2 \quad x^4 - y^4 \quad x^2y^2 - \frac{1}{3}y^4 \; \ldots$$

$$\cos\lambda x \,\mathrm{ch}\,\lambda y \quad \cos\lambda y \,\mathrm{ch}\,\lambda x \quad x\cos\lambda x \,\mathrm{ch}\,\lambda y \; \ldots$$

bzw. Linearkombinationen davon. Ferner sind auch alle Potentialfunktionen Lösungen der Bipotentialgleichung.

Aus (8.10) folgt damit

$$\sigma_{xx}dy - \tau_{xy}dx = p_x ds \qquad \sigma_{yy}dx - \tau_{xy}dy = -p_y ds$$

und mit (8.28)

$$\frac{\partial^2 F}{\partial y^2} dy + \frac{\partial^2 F}{\partial x \partial y} dx = p_x ds$$

$$\frac{\partial^2 F}{\partial x^2} dx + \frac{\partial^2 F}{\partial x \partial y} dy = -p_y ds.$$

Dies läßt sich schreiben

$$\begin{aligned} \frac{\partial}{\partial x}\left(\frac{\partial F}{\partial y}\right) dx + \frac{\partial}{\partial y}\left(\frac{\partial F}{\partial y}\right) dy &= d\left(\frac{\partial F}{\partial y}\right) = p_x ds \\ \frac{\partial}{\partial x}\left(\frac{\partial F}{\partial x}\right) dx + \frac{\partial}{\partial y}\left(\frac{\partial F}{\partial x}\right) dy &= d\left(\frac{\partial F}{\partial x}\right) = -p_y ds \end{aligned} \tag{8.31}$$

da es sich bei den Ausdrücken um vollständige Differentiale handelt.
Integration längs des Rands ergibt

$$\begin{aligned} \frac{\partial F}{\partial x} &= -\int_0^s p_y ds = f_x(s) + C_1 \\ \frac{\partial F}{\partial y} &= \int_0^s p_x ds = f_y(s) + C_2 \end{aligned} \tag{8.32}$$

wobei $f_x(s)$ und $f_y(s)$ gegebene Funktionen sind[1]).
Mathematisch läßt sich das erste Randwertproblem der ebenen Elastizitätstheorie folgendermaßen formulieren:

Gesucht ist eine Bipotentialfunktion in einem Bereich, wobei die beiden Ableitungen der Funktion nach den Koordinaten am Rand vorgegeben sind.

Eine alternative Formulierung läßt sich gewinnen, wenn man aus $f_x(s)$ und $f_y(s)$ die Spannungsfunktion F sowie ihre Normalenableitung dF/dn berechnet.

Aus $\quad dF = \frac{\partial F}{\partial x} dx + \frac{\partial F}{\partial y} dy = f_x(s) dx + f_y(s) dy$

folgt $$F = \int_0^s \left[f_x(s) \frac{dx}{ds} + f_y(s) \frac{dy}{ds} \right] ds = g(s) + \text{const} \tag{8.33}$$

[1]) Die Gefahr einer Verwechslung mit den Volumenkraftkomponenten (vgl. Seite 198) ist hier wohl nicht gegeben.

Als Randbedingung erhält man

$$\frac{dF}{dn} = \frac{dF}{dx}\cos(n, x) + \frac{dF}{dy}\cos(n, y) = \frac{\partial F}{\partial x}\frac{dy}{ds} - \frac{\partial F}{\partial y}\frac{dx}{ds} = h(s) + \text{const} \tag{8.34}$$

Für die Spannungsberechnung sind die Konstanten unwesentlich.

Somit lautet die Formulierung des e r s t e n R a n d w e r t p r o b l e m s:

Gesucht ist eine Bipotentialfunktion in einem Bereich, wobei die Funktion selbst sowie ihre Normalenableitung auf dem Rand vorgegeben sind.

Die Größen F sowie dF/dn sind durch die Randspannungen gegeben und lassen sich statisch deuten. Die Spannungsfunktion F(s) entspricht dem resultierenden Moment der am Randbereich von s = 0 bis s auftretenden äußeren Kräfte für den Bezugspunkt s.

Dies erkennt man, wenn das Integral (8.33) durch partielle Integration umgeformt wird. Es ist

$$F(s) = \int_0^s (f_x dx + f_y dy) = (f_x x + f_y y)\big|_0^s - \int_0^s (x df_x + y df_y)$$

und mit $df_x = -p_y ds$ sowie $df_y = p_x ds$ folgt

$$F(s) = f_x(s) x_s + f_y(s) y_s + \int_0^s (p_y x - p_x y)\, ds = \int_0^s [-(x_s - x) p_y + (y_s - y) p_x]\, ds. \tag{8.35}$$

Die Normalenableitung $(dF/dn)_R$ entspricht der Projektion der am Randbereich von s = 0 bis s angreifenden äußeren Kräfte auf die Randtangente (sog. „Kraftfluß" in tangentialer Richtung).

Bei den Anwendungen treten häufig Probleme mit lastfreien Rändern auf. Hierfür sind zur Aufstellung von Lösungen die einfacheren Randbedingungen

$$(F)_R = 0 \qquad \left(\frac{dF}{dn}\right)_R = 0 \tag{8.36}$$

sehr nützlich.

Falls Volumenkräfte, z. B. die Schwerkraft oder die Zentrifugalkraft bei rotierenden Körpern, auftreten, lassen sich diese gemäß

$$f_x = -\frac{\partial V}{\partial x} \qquad f_y = -\frac{\partial V}{\partial y}$$

auf ein Potential V zurückführen (man beachte die Fußnote auf Seite 202).

Dann lautet der Ansatz für die Spannungen (für EVZ und ESZ)

$$\sigma_{xx} = \frac{\partial^2 F}{\partial y^2} + V \qquad \sigma_{yy} = \frac{\partial^2 F}{\partial x^2} + V \qquad \tau_{xy} = -\frac{\partial^2 F}{\partial x \partial y}. \tag{8.37}$$

Bei der Aufstellung der Diff.-Gl. für F ergeben sich Unterschiede für EVZ und ESZ, als hier auf die allgemeinen Verträglichkeitsbedingungen (vgl. Fußnote auf Seite 198) zurückgegriffen werden muß.

Statt der homogenen Bipotentialgleichung ergeben sich

$$\Delta\Delta F = \begin{cases} -\dfrac{1-2\nu}{1-\nu}\,\Delta V & \text{für EVZ} \\ -(1-\nu)\,\Delta V & \text{für ESZ.} \end{cases}$$

8.2.2 Darstellung in ebenen Polarkoordinaten

Bei Transformation auf Polarkoordinaten (vgl. Abschn. 8.1.3) ergibt sich die Airy sche Spannungsfunktion $F(r, \varphi)$ als Funktion der Koordinaten r und φ.
Die Gleichgewichtsbedingungen (8.21) werden befriedigt mit dem Ansatz

$$\sigma_{rr} = \frac{1}{r}\frac{\partial F}{\partial r} + \frac{1}{r^2}\frac{\partial^2 F}{\partial \varphi^2} \qquad \sigma_{\varphi\varphi} = \frac{\partial^2 F}{\partial r^2} \qquad \tau_{r\varphi} = -\frac{\partial}{\partial r}\left(\frac{1}{r}\frac{\partial F}{\partial \varphi}\right). \tag{8.38}$$

Aus der Verträglichkeitsbedingung (8.26) bei Außerachtlassung der Volumenkräfte folgt wiederum die Bipotentialgleichung

$$\Delta\Delta F = \left(\frac{\partial^2}{\partial r^2} + \frac{1}{r}\frac{\partial}{\partial r} + \frac{1}{r^2}\frac{\partial^2}{\partial \varphi^2}\right)^2 F = 0 \tag{8.39}$$

in ebenen Polarkoordinaten.
Lösungen dieser Diff.-Gl. können in der allgemeinen Form

$$f(r)\sin n\varphi \quad \text{bzw.} \quad f(r)\cos n\varphi$$

angesetzt werden, wobei f(r) Potenzfunktionen in r sind. Es können aber auch Glieder

$$r\varphi\sin\varphi \qquad r\varphi\cos\varphi \qquad r^2\varphi$$

sowie $\ln r \qquad r\ln r \qquad r^2\ln r$

vorkommen.
Ein allgemeiner Ansatz dieser Art mit Fourier-Reihen wurde von Michell angegeben[1]).
Der Ansatz lautet

$$\begin{aligned} F(r, \varphi) &= A_0\ln r + B_0 r^2\ln r + C_0 r^2 + D_0 r^2\varphi + A_0' \\ &+ \frac{1}{2}A_1 r\varphi\sin\varphi + \left(B_1 r^3 + \frac{A_1'}{r} + B_1' r\ln r\right)\cos\varphi \\ &- \frac{1}{2}C_1 r\varphi\cos\varphi + \left(D_1 r^3 + \frac{C_1'}{r} + D_1' r\ln r\right)\sin\varphi \end{aligned}$$

---

[1]) Vgl. [A 26], wo sich weitere Diskussionen dieses Lösungsansatzes finden.

$$+\sum_{n=2}^{\infty}\left(A_n r^n + B_n r^{n+2} + \frac{A'_n}{r^n} + B'_n r^{2-n}\right)\cos n\varphi$$

$$+\sum_{n=2}^{\infty}\left(C_n r^2 + D_n r^{n+2} + \frac{C'_n}{r^n} + D'_n r^{2-n}\right)\sin n\varphi. \tag{8.40}$$

Im Sonderfall der Rotationssymmetrie bezüglich der z-Achse ist die Airy sche Spannungsfunktion nur von r abhängig und (8.39) wird zur gewöhnlichen Diff.-Gl.

$$\left(\frac{d^2}{dr^2} + \frac{1}{r}\frac{d}{dr}\right)^2 F = 0 \tag{8.41}$$

oder $$F'''' + \frac{2}{r}F''' - \frac{1}{r^2}F'' + \frac{1}{r^3}F' = 0 \tag{8.42}$$

wobei $(\ldots)' = d/dr\,(\ldots)$.

Mit einem Exponentialansatz kann (8.42) in eine Diff.-Gl. mit konstanten Koeffizienten übergeführt werden, deren allgemeine Lösung

$$F(r) = A \ln r + Br^2 \ln r + Cr^2 + D \tag{8.43}$$

lautet.

Die Spannungskomponenten ergeben sich damit aus

$$\sigma_{rr} = \frac{1}{r}F'(r) \qquad \sigma_{\varphi\varphi} = F''(r) \tag{8.44}$$

und es ist $\tau_{r\varphi} = 0$.

Eine Reihe von praktisch wichtigen Lösungen kann aus diesen Beziehungen gewonnen werden. Diese werden in Abschn. 8.5.2 besprochen.

Es können übrigens Fälle ins Auge gefaßt werden, bei denen die Spannungen unabhängig von φ sind, die Verschiebungen jedoch nicht.

8.3 Verschiebungen

Aus den Spannungskomponenten ergeben sich mit dem Hooke schen Gesetz die Verzerrungskomponenten und daraus können mit den kinematischen Gleichungen die Verschiebungen durch Integration gewonnen werden. Dabei müssen die Starrkörperverschiebungen des elastischen Körpers festgelegt werden.

Andererseits können die Verschiebungen auch mittels der Airy schen Spannungsfunktion festgelegt werden. Hierfür sollen die allgemeinen Beziehungen angegeben werden, die Ausrechnung für konkrete Fälle wird später bei den Beispielen (siehe Abschn. 8.5) behandelt.

8.3.1 Darstellung in Kartesischen Koordinaten

Beim EVZ geht man zweckmäßig vom H o o k e schen Gesetz in der Form (8.5') aus. Mit den kinematischen Gleichungen (8.2) folgen

$$\frac{\partial u}{\partial x} = \frac{1}{2G}[\sigma_{xx} - \nu(\sigma_{xx} + \sigma_{yy})]$$

$$\frac{\partial v}{\partial y} = \frac{1}{2G}[\sigma_{yy} - \nu(\sigma_{xx} + \sigma_{yy})]$$

$$\frac{\partial v}{\partial x} = \frac{\partial u}{\partial y} = \frac{\tau_{xy}}{G}\,.$$

Mit Einführung der A i r y schen Spannungsfunktion ergibt sich

$$\begin{aligned}
\frac{\partial u}{\partial x} &= \frac{1}{2G}\left[\frac{\partial^2 F}{\partial y^2} - \nu\Delta F\right] = \frac{1}{2G}\left[(1-\nu)\Delta F - \frac{\partial^2 F}{\partial x^2}\right] \\
\frac{\partial v}{\partial y} &= \frac{1}{2G}\left[\frac{\partial^2 F}{\partial x^2} - \nu\Delta F\right] = \frac{1}{2G}\left[(1-\nu)\Delta F - \frac{\partial^2 F}{\partial y^2}\right] \\
\frac{\partial v}{\partial x} + \frac{\partial u}{\partial y} &= -\frac{1}{G}\frac{\partial^2 F}{\partial x \partial y}\,.
\end{aligned} \tag{8.45}$$

Integration liefert für u und v die allgemeinen Beziehungen

$$\begin{aligned}
u &= \frac{1}{2G}\int\left[(1-\nu)\Delta - \frac{\partial^2}{\partial x^2}\right]F(x,y)\,dx + f_1(y) \\
v &= \frac{1}{2G}\int\left[(1-\nu)\Delta - \frac{\partial^2}{\partial y^2}\right]F(x,y)\,dy + f_2(x)
\end{aligned} \tag{8.46}$$

mit den Integrationsfunktionen $f_1(y)$ und $f_2(x)$. Diese sind in Zusammenhang mit der dritten Gl. (8.45) zu ermitteln.

Beim ESZ geht man vom H o o k e schen Gesetz (8.13) aus. Es folgen entsprechend

$$\frac{\partial u}{\partial x} = \frac{1}{E}(\sigma_{xx} - \nu\sigma_{yy}) \qquad \frac{\partial v}{\partial y} = \frac{1}{E}(\sigma_{yy} - \nu\sigma_{xx})$$

$$\frac{\partial v}{\partial x} + \frac{\partial u}{\partial y} = \frac{\tau_{xy}}{G}\,.$$

Die Integration liefert zunächst

$$\begin{aligned}
Eu &= \int(\sigma_{xx} - \nu\sigma_{yy})\,dx + g_1(y) \\
Ev &= \int(\sigma_{yy} - \nu\sigma_{xx})\,dy + g_2(x)
\end{aligned} \tag{8.47}$$

mit den Integrationsfunktionen $g_1(y)$ und $g_2(x)$.

Setzt man (8.47) in die dritte kinematische Beziehung ein, so folgt zunächst

$$\int \left(\frac{\partial \sigma_{xx}}{\partial y} - \nu \frac{\partial \sigma_{yy}}{\partial y} \right) dx + \int \left(\frac{\partial \sigma_{yy}}{\partial x} - \nu \frac{\partial \sigma_{xx}}{\partial x} \right) dy + \frac{dg_2}{dx} + \frac{dg_1}{dy} = 2(1+\nu)\tau_{xy}.$$

Dies kann folgendermaßen umgeformt werden

$$\int \frac{\partial \sigma_{xx}}{\partial y} dx + \int \frac{\partial \sigma_{yy}}{\partial x} dy$$
$$-\nu \left[\int \left(\frac{\partial \sigma_{xx}}{\partial x} + \frac{\partial \tau_{xy}}{\partial y} \right) dy - \int \left(\frac{\partial \tau_{xy}}{\partial x} + \frac{\partial \sigma_{yy}}{\partial y} \right) dx + \frac{dg_1}{dy} + \frac{dg_2}{dx} \right] = 2\tau_{xy}.$$

Die Integrale in der eckigen Klammer verschwinden aufgrund der Gleichgewichtsbedingungen und man erhält schließlich

$$\int \frac{\partial \sigma_{xx}}{\partial y} dx + \int \frac{\partial \sigma_{yy}}{\partial x} dy + \frac{dg_1}{dy} + \frac{dg_2}{dx} = 2\tau_{xy} \tag{8.48}$$

bzw. mittels der A i r y schen Spannungsfunktion

$$\int \frac{\partial^3 F}{\partial y^3} dx + \int \frac{\partial^3 F}{\partial x^3} dy + \frac{dg_1}{dy} + \frac{dg_2}{dx} + 2 \frac{\partial^2 F}{\partial x \partial y} = 0. \tag{8.49}$$

Dies ist die grundlegende Beziehung zur Ermittlung der Funktionen $g_1(y)$ und $g_2(x)$, die gemäß

$$\frac{dg_1(y)}{dy} + \frac{dg_2(x)}{dx} = G_1(y) + G_2(x)$$

unter Festlegung der Starrkörperverschiebungen durch Integration gewonnen werden können.

8.3.2 Darstellung in Polarkoordinaten

Hier soll der spezielle Fall der Rotationssymmetrie entsprechend der Bipotentialgleichung (8.41) mit der allgemeinen Lösung (8.43) betrachtet werden.

Die sich ergebenden Spannungskomponenten sind

$$\sigma_{rr} = \frac{A}{r^2} + B(1 + 2\ln r) + 2C \qquad \sigma_{\varphi\varphi} = -\frac{A}{r^2} + B(3 + 2\ln r) + 2C \qquad \tau_{r\varphi} = 0 \tag{8.50}$$

mit den Konstanten A, B und C.

Man erkennt, daß bei einer v o l l e n Kreisscheibe nur die Lösung des homogenen Spannungszustands

$$\sigma_{rr} = \sigma_{\varphi\varphi} = \text{const}$$

frei von Singularitäten für $r = 0$ ist.

Allgemeinere Lösungen ergeben sich nur für kreisringförmige Bereiche, die den Punkt $r = 0$ nicht enthalten. Hierfür soll gezeigt werden, wie die Verschiebung u_r berechnet werden kann.

Beim ESZ gilt das Hooke sche Gesetz (8.24), die kinematischen Gleichungen für Rotationssymmetrie werden damit

$$\epsilon_{rr} = \frac{du_r}{dr} = \frac{1}{E}(\sigma_{rr} - \nu\sigma_{\varphi\varphi})$$

$$\epsilon_{\varphi\varphi} = \frac{u_r}{r} = \frac{1}{E}(\sigma_{\varphi\varphi} - \nu\sigma_{rr}) \tag{8.51}$$

$$\gamma_{r\varphi} = 0.$$

Mit (8.50) folgen zunächst

$$\frac{du_r}{dr} = \frac{1}{E}\left[(1+\nu)\frac{A}{r^2} + 2(1-\nu)B\ln r + (1-3\nu)B + 2(1-\nu)C\right] \tag{8.52}$$

$$\frac{u_r}{r} = \frac{1}{E}\left[-(1+\nu)\frac{A}{r^2} - 2(1-\nu)B\ln r + (3-\nu)B + 2(1-\nu)C\right]. \tag{8.53}$$

Integration von (8.52) liefert

$$u_r = \frac{1}{E}\left[-(1+\nu)\frac{A}{r} + 2(1-\nu)Br\ln r - B(1+\nu)r + 2(1-\nu)Cr + K\right] \tag{8.54}$$

mit der Konstanten K.

Bildet man u_r/r aus (8.54) und vergleicht dies mit (8.53), so ergibt sich Übereinstimmung für

$$K = 4Br. \tag{8.55}$$

Damit dies für beliebige r gilt, kann nur $K = B = 0$ sein.

Somit verbleibt für die Radialverschiebung im Fall der Rotationssymmetrie

$$u_r = \frac{1}{E}\left[-(1+\nu)\frac{A}{r} + (1-\nu)2Cr\right] \tag{8.56}$$

wobei die noch freien Konstanten aus den Randbedingungen zu ermitteln sind.

Der entsprechende Ausdruck bei EVZ lautet

$$u_r = \frac{1}{E}\left[-(1+\nu)\frac{A}{r} + 2C(1-\nu-2\nu^2)r\right]. \tag{8.57}$$

Eine alternative Möglichkeit zur Berechnung der Verschiebung im Fall der Rotationssymmetrie besteht darin, daß man zunächst die Verschiebung u_φ berechnet, die dann aber nicht eindeutig ist. Nachher muß die Eindeutigkeit für die Verschiebungen gefordert werden und man gelangt zu den gleichen Ergebnissen wie oben.

8.4 Methode der komplexen Spannungsfunktionen

Bereits in Abschn. 6.2 wurde kurz die Methode der komplexen Spannungsfunktionen angesprochen und ihre Bedeutung für die Lösung von Problemen der ebenen Elastizitätstheorie dargestellt. Es kann hinzugefügt werden, daß die ersten Arbeiten von Kolossoff und die darauf fußenden weiteren Entwicklungen von Muskhelischwili den wichtigsten Beitrag zur Theorie der ebenen Elastizitätstheorie im 20. Jahrhundert darstellen.

In Abschn. 7.5 wurde dargelegt, wie die Theorie der komplexen Funktionen komplexer Veränderlicher erfolgreich bei der Formulierung und Lösung des Torsionsproblems angewendet werden kann. Auf die dort dargestellten grundlegenden Beziehungen bei der Anwendung komplexer Funktionen wird im folgenden zurückgegriffen.

8.4.1 Grundgleichungen der ebenen Elastizitätstheorie in komplexer Darstellung

Analog wie in Abschn. 7.5 wird die komplexe Veränderliche

$$z = x + iy = re^{i\varphi}$$

eingeführt und die Verschiebungs- und Spannungskomponenten werden als Funktion der Veränderlichen z dargestellt.

8.4.1.1 Hookesches Gesetz und Gleichgewichtsbedingungen. Die Verschiebungskomponenten in x- und y-Richtung werden zur komplexen Verschiebung

$$D = u + iv \tag{8.58}$$

zusammengefaßt.

Dann ist nach den in Abschn. 7.5 angegebenen Rechenregeln

$$\epsilon_{xx} + \epsilon_{yy} = \frac{\partial u}{\partial x} + \frac{\partial v}{\partial y} = \frac{\partial D}{\partial z} + \frac{\partial \bar{D}}{\partial \bar{z}}. \tag{8.59}$$

Mit Einführung der Spannungskombinationen

$$\sigma_{xx} + \sigma_{yy} \quad \text{und} \quad \sigma_{xx} - \sigma_{yy} + 2i\tau_{xy}$$

ergibt sich für die Spannungs-Verzerrungsbeziehungen gemäß dem Hookeschen Gesetz

$$\text{für ESZ} \quad \sigma_{xx} + \sigma_{yy} = \frac{E}{1-\nu}\left(\frac{\partial D}{\partial z} + \frac{\partial \bar{D}}{\partial \bar{z}}\right) \tag{8.60}$$

$$\text{für EVZ} \quad \sigma_{xx} + \sigma_{yy} = \frac{E}{(1+\nu)(1-2\nu)}\left(\frac{\partial D}{\partial z} + \frac{\partial \bar{D}}{\partial \bar{z}}\right) \tag{8.61}$$

$$\text{sowie} \quad \sigma_{xx} - \sigma_{yy} + 2i\tau_{xy} = 4G\,\frac{\partial D}{\partial \bar{z}} \tag{8.62}$$

(für ESZ und EVZ).

Die Gleichgewichtsbedingungen lauten in komplexer Form

$$\frac{\partial}{\partial z}(\sigma_{xx} - \sigma_{yy} + 2i\tau_{xy}) \frac{\partial}{\partial \bar{z}}(\sigma_{xx} + \sigma_{yy}) = 0. \tag{8.63}$$

8.4.1.2 Kolossoffsche Formeln. Um den Zusammenhang zwischen den Spannungs- sowie Verschiebungskomponenten und den komplexen Spannungsfunktionen herzustellen, kann man von der Formel von Goursat [58] ausgehen. Diese beinhaltet, daß sich eine beliebige reelle biharmonische Funktion in der Ebene durch zwei analytische Funktionen einer komplexen Veränderlichen darstellen läßt.

Die Formel von Goursat lautet

$$F(z, \bar{z}) = \frac{1}{2}[\bar{z}\phi(z) + z\bar{\phi}(\bar{z}) + \chi(z) + \bar{\chi}(\bar{z}) = \mathrm{Re}\,\{\bar{z}\phi(z) + \chi(z)\} \tag{8.64}$$

und sie stellt die allgemeine reelle Lösung der biharmonischen Diff.-Gl. $\Delta\Delta F = 0$ in der Ebene dar.

Eine formale Herleitung von (8.64) unter der Annahme, daß die Airysche Spannungsfunktion $F(x, y)$ eine analytische Funktion $F(z, \bar{z})$ ist, geht von der komplex formulierten biharmonischen Diff.-Gl.

$$\frac{\partial^4 F}{\partial z^2 \partial \bar{z}^2} = 0 \tag{8.65}$$

aus (wobei die Rechenregeln von Abschn. 7.5.1 verwendet werden).

Durch schrittweises Integrieren ergibt sich

$$\frac{\partial^3 F}{\partial z^2 \partial \bar{z}} = g_1(z)$$

$$\frac{\partial^2 F}{\partial z^2} = \bar{z}g_1(z) + g_2(z)$$

$$\frac{\partial F}{\partial z} = \bar{z}g_1^*(z) + g_2^*(z) + g_3(\bar{z})$$

$$F = \bar{z}g_1^{**}(z) + g_2^{**}(z) + zg_3(\bar{z}) + g_4(\bar{z})$$

mit $g_1^*(z) = \int g_1(z)\,dz$ usw.

Man kann schließlich schreiben

$$F(z, \bar{z}) = f_1(z) + \bar{z}f_2(z) + f_3(\bar{z}) + zf_4(\bar{z})$$

wobei f_1 bis f_4 beliebige komplexe Funktionen des jeweiligen Arguments bedeuten.

Da es sich bei der Airyschen Spannungsfunktion $F(z, \bar{z})$ um eine reelle Funktion handelt, muß gelten

$$f_3(\bar{z}) = \bar{f}_1(\bar{z}) \quad \text{sowie} \quad f_4(\bar{z}) = \bar{f}_2(\bar{z}).$$

Damit ergibt sich, mit einer Umbenennung der Funktionen und zweckmäßiger Schreibweise mittels der beiden analytischen Funktionen $\phi(z)$ und $\chi(z)$ die Beziehung (8.64).

Eine alternative Herleitung der Formel von Goursat stammt von Muskhelischwili (vgl. [A 30]). Hierbei wird die biharmonische Funktion nicht von vornherein als analytisch angenommen, vielmehr folgt diese Eigenschaft aus der Darstellung von selbst.

Man erkennt, wie sich alle Lösungsfunktionen der ebenen Elastizitätstheorie durch zwei analytische Funktionen darstellen lassen. Diese Zusammenhänge werden durch die Kolossoffschen Formeln gegeben, die sich auf verschiedenen Wegen herleiten lassen.

Faßt man, wie oben bereits geschehen, $F(z, \bar{z})$ als die in Abschn. 8.2 eingeführte Airysche Spannungsfunktion auf, so gelten

$$\begin{aligned} \sigma_{xx} &= -\left(\frac{\partial}{\partial z} - \frac{\partial}{\partial \bar{z}}\right)^2 F(z, \bar{z}) \\ \sigma_{yy} &= \left(\frac{\partial}{\partial z} + \frac{\partial}{\partial \bar{z}}\right)^2 F(z, \bar{z}) \\ \tau_{xy} &= -i\left(\frac{\partial^2}{\partial z^2} - \frac{\partial^2}{\partial \bar{z}^2}\right) F(z, \bar{z}). \end{aligned} \tag{8.66}$$

Damit erhält man die Spannungskombinationen

$$\sigma_{xx} + i\tau_{xy} = \phi'(z) + \bar{\phi}'(\bar{z}) - z\bar{\phi}''(\bar{z}) - \bar{\chi}''(\bar{z}) \tag{8.67}$$

$$\sigma_{yy} - i\tau_{xy} = \phi'(z) + \bar{\phi}'(\bar{z}) + z\bar{\phi}''(\bar{z}) + \bar{\chi}''(\bar{z}). \tag{8.68}$$

Aus der Summe bzw. Differenz von (8.67) und (8.68) ergeben sich die beiden ersten Kolossoffschen Formeln

$$\sigma_{xx} + \sigma_{yy} = 2[\phi'(z) + \bar{\phi}'(\bar{z})] = 4\,\mathrm{Re}\{\phi'(z)\} \tag{8.69}$$

$$\sigma_{xx} - \sigma_{yy} + 2i\tau_{xy} = -2[z\bar{\phi}''(\bar{z}) + \bar{\psi}'(\bar{z})] \tag{8.70}$$

mit den beiden komplexen Spannungsfunktionen $\phi(z)$ und $\psi(z) = \chi'(z)$.

Die dritte Kolossoffsche Formel, welche die Verschiebungskomponenten mit den komplexen Spannungsfunktionen verknüpft, ist für ESZ und EVZ unterschiedlich.

Zunächst folgt aus (8.62) und (8.70)

$$2G\,\frac{\partial D}{\partial \bar{z}} = -z\bar{\phi}''(\bar{z}) - \bar{\psi}'(\bar{z})$$

und nach Integration

$$2GD = -z\bar{\phi}'(\bar{z}) - \bar{\psi}(\bar{z}) + f(z) \tag{8.71}$$

mit der beliebigen Integrationsfunktion $f(z)$.

Nun gilt für ESZ gemäß (8.60) und (8.69)

$$2G\,\frac{1+\nu}{1-\nu}\left(\frac{\partial D}{\partial z} + \frac{\partial \bar{D}}{\partial \bar{z}}\right) = 2[\phi'(z) + \bar{\phi}'(\bar{z})].$$

Werden die Ableitungen auf der linken Seite aus (8.71) gebildet und eingesetzt, folgt

$$\frac{1+\nu}{1-\nu}[-\bar{\phi}'(\bar{z}) + f'(z) - \phi'(z) + \bar{f}'(\bar{z})] = 2[\phi'(z) + \bar{\phi}'(\bar{z})]$$

also $$f'(z) + \bar{f}'(\bar{z}) = \frac{3-\nu}{1+\nu}[\phi'(z) + \bar{\phi}'(\bar{z})].$$

Hieraus ergibt sich

$$f'(z) = \frac{3-\nu}{1+\nu}\phi'(z) \quad \text{bzw.} \quad f(z) = \frac{3-\nu}{1+\nu}\phi(z).$$

Aus (8.71) folgt damit die dritte Kolossoffsche Formel für ESZ

$$2GD = \frac{3-\nu}{1+\nu}\phi(z) - z\bar{\phi}'(\bar{z}) - \bar{\psi}(\bar{z}). \tag{8.72}$$

Analog findet man für EVZ

$$2GD = (3-4\nu)\phi(z) - z\bar{\phi}'(\bar{z}) - \bar{\psi}(\bar{z}). \tag{8.73}$$

Meist schreibt man für (8.72) und (8.73)

$$2G(u + iv) = \kappa\phi(z) - z\bar{\phi}'(z) - \bar{\psi}(\bar{z}) \tag{8.74}$$

wobei $$\kappa = \begin{cases} \dfrac{3-\nu}{1+\nu} & \text{für ESZ} \\ 3-4\nu & \text{für EVZ.} \end{cases} \tag{8.75}$$

Die genannten drei Kolossoffschen Formeln wurden 1909 in etwas anderer Schreibweise und auf anderem Wege von G. V. Kolossoff [30] hergeleitet. Sie bilden die Grundlage des Verfahrens der komplexen Spannungsfunktionen.
Für die Verzerrungskomponenten gelten die Beziehungen

$$\epsilon_{xx} + \epsilon_{yy} = 4\,\frac{1-\nu}{E}\,\mathrm{Re}\,\{\phi'(z)\} \quad \text{für ESZ} \tag{8.76}$$

$$\epsilon_{xx} + \epsilon_{yy} = 4\,\frac{(1+\nu)(1-2\nu)}{E}\,\mathrm{Re}\,\{\phi'(z)\} \quad \text{für EVZ} \tag{8.77}$$

bzw. $$\epsilon_{xx} - \epsilon_{yy} + 2i\epsilon_{xy} = -2\,\frac{1+\nu}{E}[z\bar{\phi}''(\bar{z}) + \bar{\psi}(\bar{z})] \tag{8.78}$$

für ESZ und EVZ.
Zweckmäßig ist ferner die Beziehung

$$\frac{\partial^2 F}{\partial z^2} = -\frac{1}{4}(\sigma_{xx} - \sigma_{yy} + 2i\tau_{xy})$$

die sich leicht herleiten läßt.

8.4.1.3 Randbedingungen. Wie man erkennt, ist das ebene Problem der Elastizitätstheorie zurückgeführt auf die Ermittlung zweier komplexer analytischer Funktionen $\phi(z)$ und $\psi(z)$, so daß die Randbedingungen erfüllt werden.

Für das erste Randwertproblem, d. h. bei vorgegebenen Spannungen am Rand, bedeutet dies, daß die Ableitungen der Airy schen Spannungsfunktion gegebene Funktionen der Randkoordinate sind (vgl. Abschn. 8.2.1).

Man geht aus von

$$\frac{\partial F}{\partial x} + i\frac{\partial F}{\partial y} = -\int (p_y - ip_x)ds + \text{const}.$$

Nach den Rechenregeln läßt sich für die linke Seite $2\partial F/\partial \bar{z}$ schreiben und es ergibt sich mit der Darstellung (8.64) der Airy schen Spannungsfunktion

$$2\frac{\partial F}{\partial \bar{z}} = \phi(z) + z\bar{\phi}'(\bar{z}) + \bar{\psi}(\bar{z}) = -\int (p_y - ip_x)ds + \text{const} \tag{8.79}$$

(hierbei ist $\chi'(z) = \psi(z)$ gesetzt).

Das Integral der rechten Seite stellt eine gegebene komplexe Funktion der Randkoordinate dar und es folgt aus (8.79) die Randbedingung in der Form nach Muskhelischwili [1])

$$\phi(z) + z\bar{\phi}'(\bar{z}) + \bar{\psi}(\bar{z}) = f_1 + if_2 \tag{8.80}$$

(z durchläuft den Rand).

Die Konstante kann bei einfacher stetiger Kontur Null gesetzt werden.

Für den wichtigen Sonderfall des lastfreien Rands lautet (8.80)

$$\phi(z) + z\bar{\phi}'(\bar{z}) + \bar{\psi}(\bar{z}) = 0. \tag{8.81}$$

Bei gegebenem $\phi(z)$ läßt sich damit die zweite komplexe Spannungsfunktion $\psi(z)$ berechnen.

Die Beziehungen für den sog. Kraftfluß, d. h. die Resultierende der äußeren Kräfte an einem endlichen Randstück AB lauten in komplexer Form

$$(X + iY)_{AB} = \int_A^B (p_x + ip_y)ds = -i[\phi(z) + z\bar{\phi}'(\bar{z}) + \bar{\psi}(\bar{z})]_A^B \tag{8.82}$$

und entsprechend für das resultierende Moment bezüglich des Koordinatennullpunkts

$$M_{AB} = [\text{Re}\,\{\chi(z) - z\psi(z) - z\bar{z}\phi'(z)\}]_A^B. \tag{8.83}$$

Die Formeln (8.82) und (8.83) wurden erstmals von Muskhelischwili 1932 angegeben.

[1]) Eine alternative Form der Randbedingung nach Kolossoff wird später noch angegeben.

Für das zweite Randwertproblem, d. h. bei vorgegebenen Randverschiebungen $u = g_1(s)$, $v = g_2(s)$ folgt die Randbedingung unmittelbar aus der dritten Kolossoffschen Formel (8.74) zu

$$\kappa\phi(z) - z\bar{\phi}'(\bar{z}) - \bar{\psi}(\bar{z}) = 2G(g_1 + ig_2). \tag{8.84}$$

Zusammenfassend lassen sich die Randbedingungen (8.80) und (8.84) schreiben

$$K\phi(z) + z\bar{\phi}'(\bar{z}) + \bar{\psi}(\bar{z}) = h_1 + ih_2 \tag{8.85}$$

wobei $K = 1$ $h_1 = f_1$ $h_2 = f_2$ beim ersten bzw.

$K = -\kappa$ $h_1 = -2Gg_1$ $h_2 = -2Gg_2$ beim zweiten

Randwertproblem zu setzen ist.

8.4.1.4 Drehung des Koordinatensystems. Bei der Drehung des Koordinatensystems gemäß Fig. 8.5 gehen die Verschiebungen $u = u_x$ bzw. $v = u_y$ über in u_ξ bzw. u_η und es gilt das Transformationsgesetz für die Vektorkomponenten in komplexer Form

$$u_\xi + iu_\eta = e^{-i\alpha}(u_x + iu_y). \tag{8.86}$$

Die Spannungskomponenten σ_{xx}, σ_{yy} und τ_{xy} gehen über in $\sigma_{\xi\xi}$, $\sigma_{\eta\eta}$ und $\tau_{\xi\eta}$ und die bekannten Transformationsformeln für die Komponenten eines Tensors 2. Stufe lauten in komplexer Form (1909 von Kolossoff angegeben)

$$\begin{aligned} &\sigma_{\xi\xi} + \sigma_{\eta\eta} = \sigma_{xx} + \sigma_{yy} \\ &\sigma_{\xi\xi} - \sigma_{\eta\eta} + 2i\tau_{\xi\eta} = e^{-2i\alpha}(\sigma_{xx} - \sigma_{yy} + 2i\tau_{xy}). \end{aligned} \tag{8.87}$$

Aus diesen Beziehungen gewinnt man eine alternative Form der Randbedingungen für das erste Randwertproblem, wenn die Normal- bzw. die Tangentialkomponenten p_n bzw. p_t der Randspannungen in Punkten vorgegeben sind, deren Normale mit der x-Achse den Winkel α bilden.

Man setzt $\sigma_{\xi\xi} = p_n$ und $\tau_{\xi\eta} = p_t$, dann folgt aus (8.87) durch Summation

$$2(p_n + ip_t) = \sigma_{xx} + \sigma_{yy} + e^{-2i\alpha}(\sigma_{xx} - \sigma_{yy} + 2i\tau_{xy})$$

oder mit den beiden ersten Kolossoffschen Formeln für die Randbedingung

$$\phi'(z) + \bar{\phi}'(\bar{z}) - e^{-2i\alpha}[z\bar{\phi}''(\bar{z}) + \bar{\psi}(\bar{z})] = (p_n + ip_t)_R \tag{8.88}$$

Die Randbedingung für das erste Randwertproblem in dieser Form stammt von Kolossoff. Sie ist mitunter bequemer zu handhaben als die in Abschn. 8.4.1.3 angegebene Form.

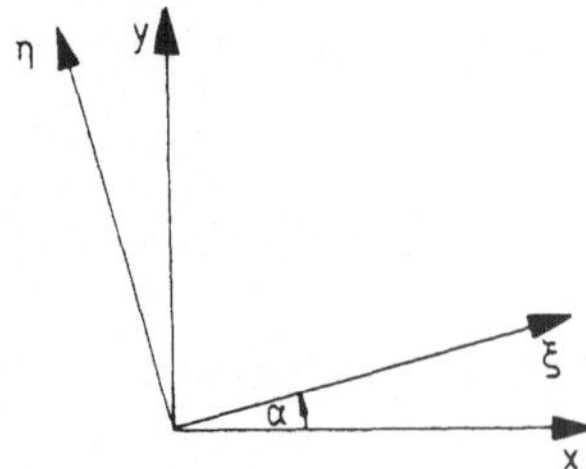

Fig. 8.5
Drehung des Koordinatensystems

8.4.1.5 Transformation auf Polarkoordinaten. Die Verschiebungen u, v gehen über in u_r, u_φ und die Spannungskomponenten

$$\sigma_{xx}, \sigma_{yy}, \tau_{xy} \quad \text{in} \quad \sigma_{rr}, \sigma_{\varphi\varphi}, \tau_{r\varphi}.$$

Hierfür gelten entsprechend (8.86) und (8.87) die Transformationsformeln

$$u_r + iu_\varphi = e^{-i\varphi}(u + iv) \tag{8.89}$$

sowie $$\sigma_{rr} - \sigma_{\varphi\varphi} + 2i\tau_{r\varphi} = e^{-2i\varphi}(\sigma_{xx} - \sigma_{yy} + 2i\tau_{xy}) \tag{8.90}$$

wobei $e^{-2i\varphi} = \dfrac{\bar{z}}{z}$.

Die komplexen Spannungsfunktionen $\phi(z)$ und $\psi(z)$ werden Funktionen der komplexen Veränderlichen $z = re^{i\varphi}$ und die entsprechenden K o l o s s o f f schen Formeln lauten

$$\begin{aligned} &\sigma_{rr} + \sigma_{\varphi\varphi} = 2[\phi'(z) + \bar{\phi}'(\bar{z})] \\ &\sigma_{rr} - \sigma_{\varphi\varphi} + 2i\tau_{r\varphi} = -2\left[\bar{z}\bar{\phi}''(\bar{z}) + \frac{\bar{z}}{z}\bar{\psi}'(\bar{z})\right] \\ &2G(u_r + iu_\varphi) = e^{-i\varphi}[\kappa\phi(z) - z\bar{\phi}'(\bar{z}) - \bar{\psi}(\bar{z})]. \end{aligned} \tag{8.91}$$

Die Randbedingung für das erste Randwertproblem gemäß (8.88) wird zu

$$\phi'(z) + \bar{\phi}'(\bar{z}) - \left[\bar{z}\bar{\phi}''(\bar{z}) + \frac{\bar{z}}{z}\bar{\psi}'(\bar{z})\right] = (p_r + ip_\varphi)_R.$$

Die grundlegenden Beziehungen der Methode der komplexen Spannungsfunktionen sind damit bereitgestellt.

Beispiele für die Anwendungen werden in Abschn. 8.5 behandelt.

8.4.2 Allgemeine Struktur der komplexen Spannungsfunktionen

Die komplexen Funktionen in der allgemeinen Darstellung einer biharmonischen Funktion gemäß der Formel von G o u r s a t können beliebige Funktionen sein.

Durch die Formeln von K o l o s s o f f wird aufgrund der physikalischen Gegebenheiten der Probleme die Willkür der Wahl dieser Funktionen eingeschränkt und es kann die allgemeine Struktur der komplexen Spannungsfunktionen festgelegt werden.

Gefordert wird, daß die Spannungs- und Verschiebungskomponenten in elastischen Körpern stetige und eindeutige Funktionen der Koordinaten sind. Hierbei muß die topologische Gestalt der betrachteten Bereiche berücksichtigt werden.

8.4.2.1 Einfach zusammenhängender endlicher Bereich. Ein einfach zusammenhängender Bereich ist dadurch gekennzeichnet, daß er nur einen Rand R besitzt und daß eine beliebige geschlossene Kurve L innerhalb dieses Bereichs stetig auf einen Punkt zusammengezogen werden kann (Fig. 8.6).

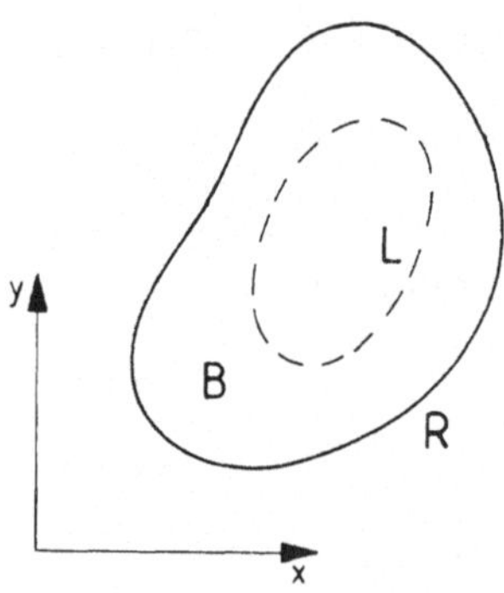

Fig. 8.6
Einfach zusammenhängender endlicher Bereich B mit Rand R (L ist geschlossene Kontur innerhalb B)

Aus den ersten beiden K i l o s s o f f schen Formeln folgt unmittelbar, daß $\phi'(z)$ und $\psi'(z)$ eindeutige und differenzierbare, d. h. analytische Funktionen sind. Mithin haben auch $\phi(z)$ und $\psi(z)$ diesen Charakter und lassen sich in einfach zusammenhängenden Bereichen durch die Potenzreihenentwicklungen

$$\phi(z) = \sum_{k=0}^{\infty} a_k z^k \quad \text{und} \quad \psi(z) = \sum_{k=0}^{\infty} b_k z^k \tag{8.92}$$

darstellen.

Man kann nachweisen, daß für eine bestimmte Spannungsverteilung im Bereich B die komplexe Spannungsfunktion $\phi(z)$ bis auf eine lineare Funktion

$$ciz + \alpha$$

mit c als reeller, α als komplexer Konstante, ferner die komplexe Spannungsfunktion $\psi(z)$ bis auf eine komplexe Konstante β bestimmt sind.

Dies bedeutet, daß derselbe Spannungszustand in B beschrieben wird, wenn $\phi(z)$ bzw. $\psi(z)$ durch

$$\phi^*(z) = \phi(z) + ciz + \alpha \quad \text{bzw.} \quad \psi^*(z) = \psi(z) + \beta$$

ersetzt werden.

Für einen gegebenen Spannungszustand können die komplexen Spannungsfunktionen eindeutig bestimmt werden, wenn

$$\phi(0) = 0 \qquad \operatorname{Im}\{\phi'(0)\} = 0 \qquad \psi(0) = 0$$

durch geeignete Wahl der Konstanten c, α und β festgelegt werden.

Handelt es sich um eine bestimmte Verschiebungsverteilung im Bereich B, so können $\phi(z)$ bzw. $\psi(z)$ entsprechend durch

$$\phi^*(z) = \phi(z) + \alpha \quad \text{bzw.} \quad \psi^*(z) = \psi(z) + k\bar{\alpha}$$

(mit k = const) ersetzt werden.

Zur eindeutigen Bestimmung von $\phi(z)$ und $\psi(z)$ genügt in diesem Fall die Festlegung

$$\phi(0) = 0$$

durch eine geeignete Konstante α.

8.4.2.2 Mehrfach zusammenhängender endlicher Bereich. Dies ist ein gelochter Bereich, der dadurch gekennzeichnet ist, daß er mehr als einen Rand besitzt (Fig. 8.7a).

Ein solcher Bereich kann in einen einfach zusammenhängenden Bereich übergeführt werden, wenn man Schnitte einführt (gestrichelt angedeutet in Fig. 8.7a), die die inneren Ränder R_i mit dem äußeren Rand R verbinden.

Sind hierzu m solcher Schnitte erforderlich, wird der Bereich B als (m + 1)fach zusammenhängend bezeichnet.

In einem mehrfach zusammenhängenden Bereich müssen die komplexen Spannungsfunktionen $\phi(z)$ und $\psi(z)$ nicht eindeutig sein. Man kann gleichwohl ihre allgemeine Struktur angeben, wenn eindeutige Spannungen und Verschiebungen in B gefordert werden. Dies wird zunächst an einem 2-fach zusammenhängenden Bereich, einem sog. Ringbereich (Fig. 8.7b), demonstriert.

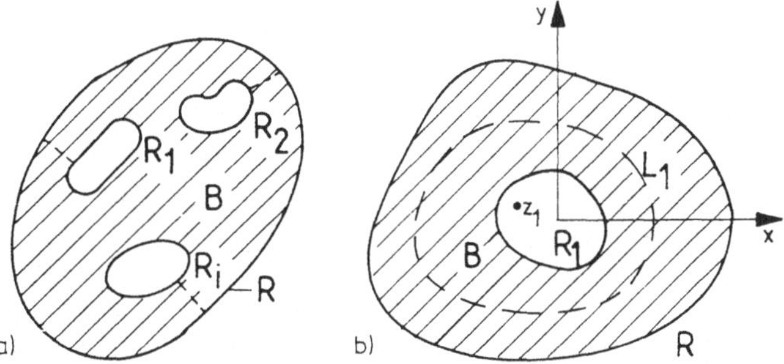

Fig. 8.7 a) Mehrfach zusammenhängender endlicher Bereich B (mit äußerem Rand R und Inneren Rändern R_i), b) zweifach zusammenhängender endlicher Bereich (z_1 ist beliebiger Innenpunkt innerhalb R_1)

Aus der ersten K o l o s s o f f schen Formel

$$\sigma_{xx} + \sigma_{yy} = 4\,\mathrm{Re}\,\{\phi'(z)\}$$

ersieht man, daß der Realteil von $\phi'(z)$ eindeutig ist, wenn eindeutige Spannungen vorausgesetzt werden. Der Imaginärteil von $\phi'(z)$ hingegen erfährt bei einem geschlossenen Umlauf L_1, der die innere Kontur R_1 umschlingt (Fig. 8.7b), einen konstanten rein imaginären Zuwachs, der mit $2\pi iA$ (A reell) bezeichnet werden soll.

Betrachtet man eine Funktion $A \ln (z - z_1)$ mit z_1 als beliebigem Innenpunkt innerhalb von R_1 (also außerhalb des Bereichs B), so ist der Zuwachs dieser Funktion bei einem Umlauf um den Koordinatenursprung gerade $2\pi iA$.

Es läßt sich somit eine Funktion gemäß

$$f(z) = \phi'(z) - A \ln (z - z_1) \tag{8.93}$$

bilden, die im 2-fach zusammenhängenden Bereich B eindeutig und differenzierbar, mithin analytisch ist.

Die Integration von $\phi'(z)$ in (8.93) liefert schließlich[1]) für die erste Spannungsfunktion

$$\phi(z) = zA \ln(z - z_1) + \gamma \ln(z - z_1) + \phi_0(z) \tag{8.94}$$

wobei γ eine komplexe Konstante bedeutet und $\phi_0(z)$ eine in B analytische Funktion darstellt.

In analoger Weise findet man für die zweite Spannungsfunktion

$$\psi(z) = \gamma' \ln(z - z_1) + \psi_0(z) \tag{8.95}$$

mit γ' als komplexer Konstante und $\psi_0(z)$ als analytischer Funktion in B.

Die Eindeutigkeit der Verschiebungen im 2-fach zusammenhängenden Bereich verlangt, daß in der dritten Kolossoffschen Formel

$$2G(u + iv) = \kappa\phi(z) - z\bar{\phi}'(\bar{z}) - \bar{\psi}(\bar{z})$$

der Zuwachs der rechten Seite bei einem geschlossenen Umlauf L_1 verschwindet. Mit (8.94) und (8.95) führt dies auf die Bedingung

$$2\pi i[(1 + \kappa)Az + \kappa\gamma + \bar{\gamma}'] = 0. \tag{8.96}$$

Diese ist erfüllt für

$$A = 0 \qquad \kappa\gamma + \bar{\gamma}' = 0. \tag{8.97}$$

Nach Muskhelischwili können die Konstanten γ und γ' durch den Kraftfluß auf die innere Kontur R_1 (vgl. Abschn. 8.4.1.3)

$$(X + iY)_{R_1} = -i[\phi(z) + z\bar{\phi}'(\bar{z}) + \bar{\psi}(\bar{z})]_{R_1}$$

ausgedrückt werden. Es folgt

$$(X + iY)_{R_1} = -2\pi(\gamma - \bar{\gamma}'). \tag{8.98}$$

Schließlich ergeben sich aus (8.97) und (8.98)

$$\gamma = -\frac{(X + iY)_{R_1}}{2\pi(1 + \kappa)} \qquad \gamma' = \frac{\kappa(X - iY)_{R_1}}{2\pi(1 + \kappa)} \tag{8.99}$$

und damit wird die allgemeine Struktur (8.94) und (8.95) der komplexen Spannungsfunktionen für einen Ringbereich

$$\begin{aligned} \phi(z) &= -\frac{(X + iY)_{R_1}}{2\pi(1 + \kappa)} \ln(z - z_1) + \phi_0(z) \\ \psi(z) &= \frac{\kappa(X - iY)_{R_1}}{2\pi(1 + \kappa)} \ln(z - z_1) + \psi_0(z). \end{aligned} \tag{8.100}$$

[1]) Die Details dieser und nachfolgender Rechenschritte können bei Muskhelischwili [A 30] nachgelesen werden.

Die analytischen Funktionen $\phi_0(z)$ und $\psi_0(z)$ sind durch L a u r e n t - Reihenentwicklungen mit negativen und positiven Exponenten im Ringbereich darstellbar, d. h.

$$\phi_0(z) = \sum_{k=-\infty}^{\infty} a_k(z-z_1)^k \qquad \psi_0(z) = \sum_{k=-\infty}^{\infty} b_k(z-z_1)^k. \tag{8.101}$$

Alle Betrachtungen gelten verallgemeinert für einen (m + 1)-fach zusammenhängenden Bereich.

Insbesondere werden dann die Beziehungen (8.100)

$$\begin{aligned} \phi(z) &= -\frac{1}{2\pi(1+\kappa)} \sum_{\ell=1}^{m} (X+iY)_{R_\ell} \ln(z-z_\ell) + \phi_0(z) \\ \psi(z) &= \frac{\kappa}{2\pi(1+\kappa)} \sum_{\ell=1}^{m} (X-iY)_{R_\ell} \ln(z-z_\ell) + \psi_0(z). \end{aligned} \tag{8.102}$$

8.4.2.3 Unendlicher Bereich. Für zahlreiche, praktisch bedeutsame Lösungen kommt vor allem der gelochte, unendlich ausgedehnte Bereich in Betracht.

Hier wird zunächst die unendliche Ebene mit einem Loch untersucht, wie man sie erhält, wenn der äußere Rand R (vgl. Fig. 8.7b) ins Unendliche gerückt wird.

Die in Abschn. 8.4.2.2 angegebenen Beziehungen für einen mehrfach zusammenhängenden Bereich B gelten auch für ein beliebiges endliches Teilgebiet davon. Als Kontur L_1, die den Lochrand R_1 umschlingt, wird ein genügend großer Kreis gewählt (Fig. 8.8).

Für alle Punkte außerhalb L_1 gilt dann

$$|z| > |z_1|$$

und für die oben eingeführten Logarithmusfunktionen folgt damit

$$\begin{aligned} \ln(z-z_1) &= \ln z \left(1-\frac{z_1}{z}\right) = \ln z + \ln\left(1-\frac{z_1}{z}\right) \\ &= \ln z - \left[\frac{z_1}{z} + \frac{1}{2}\left(\frac{z_1}{z}\right)^2 + \dots\right]. \end{aligned}$$

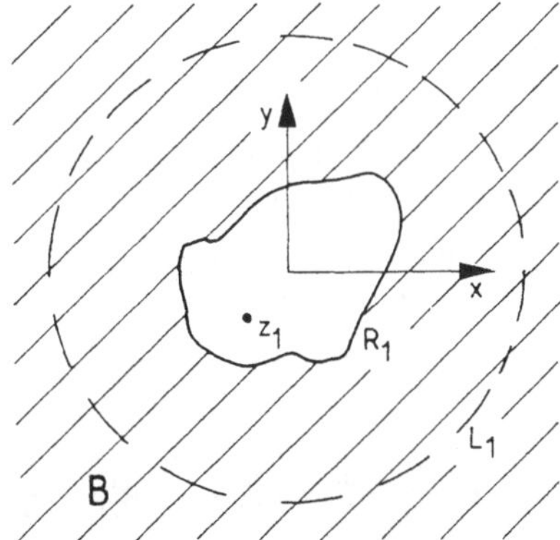

Fig. 8.8
Gelochte unendliche Ebene (L_1 ist eine den Rand R_1 umschließende Kreiskontur)

Der Ausdruck in eckiger Klammer entspricht einer außerhalb L_1 analytischen Funktion $\phi_{00}(z)$, die durch eine Laurent - Reihenentwicklung

$$\phi_{00}(z) = \sum_{k=-\infty}^{\infty} c_k z^k$$

darstellbar ist.

Zunächst ergibt sich gemäß (8.100) die Struktur der komplexen Spannungsfunktionen (wobei X + iY die Resultierende der äußeren Spannungen am Lochrand ist)

$$\phi(z) = -\frac{X + iY}{2\pi(1+\kappa)} \ln z + \phi_{00}(z)$$

$$\psi(z) = \frac{\kappa(X - iY)}{2\pi(1+\kappa)} \ln z + \psi_{00}(z).$$

Weitergehende Aussagen für einen unendlich ausgedehnten Bereich sind erst möglich, wenn zusätzliche Forderungen für die Spannungen im Unendlichen gestellt werden.

Sollen die Spannungen im gesamten Bereich B, insonderheit im Unendlichen, beschränkt (d. h. endlich) bleiben, gelangt man schließlich zur Struktur der komplexen Spannungsfunktionen (Koordinatenursprung innerhalb von R_1)

$$\begin{aligned} \phi(z) &= -\frac{X + iY}{2\pi(1+\kappa)} \ln z + (B + iC)z + \phi_0^*(z) \\ \psi(z) &= \frac{\kappa(X - iY)}{2\pi(1+\kappa)} \ln z + (B' + iC')z + \psi_0^*(z). \end{aligned} \tag{8.103}$$

Hierbei bedeuten $\phi_0^*(z)$ und $\psi_0^*(z)$ eindeutige analytische Funktionen, die auch in der Umgebung des Unendlichen, d. h. für genügend große $|z|$ entwickelbar sind gemäß

$$\phi_0^*(z) = \sum_{k=0}^{\infty} \frac{a_k}{z^k} \qquad \psi_0^*(z) = \sum_{k=0}^{\infty} \frac{b_k}{z^k}. \tag{8.104}$$

Dabei können $a_0 = b_0 = 0$ gesetzt werden, was der Festsetzung

$$\phi_0^*(\infty) = \psi_0^*(\infty) = 0$$

entspricht.

Die Konstanten B + iC und B' + iC' in (8.103) sind mit den Spannungen σ_{xx}, σ_{yy} sowie τ_{xy} im Unendlichen verknüpft. Aus den beiden ersten Formeln von Kolossoff folgen für den Grenzübergang $|z| \to \infty$

$$\lim_{|z|\to\infty} (\sigma_{xx} + \sigma_{yy}) = 4B$$

$$\lim_{|z|\to\infty} (\sigma_{xx} - \sigma_{yy} + 2i\tau_{xy}) = -2(B' - iC')$$

also $$B = \frac{1}{4}(\sigma_{xx}^{\infty} + \sigma_{yy}^{\infty}) \qquad B' = -\frac{1}{2}(\sigma_{xx}^{\infty} - \sigma_{yy}^{\infty}) \qquad C' = \tau_{xy}^{\infty}. \tag{8.105}$$

Die Konstante C hat auf die Spannungen keinen Einfluß, sie entspricht einer Starrkörperdrehung im Unendlichen und kann Null gesetzt werden.

Die Forderung nach endlichen Spannungen im Unendlichen hat nicht zur Folge, daß auch die Verschiebungen endlich bleiben. Hierfür muß zusätzlich gelten

$$B = B' = C' = 0 \qquad C = 0$$

ferner $(X + iY)_{R_1} = 0.$

Die Ausdrücke (8.103) können verallgemeinert werden für die mehrfach gelochte unendliche Ebene, indem die Summe der resultierenden Spannungen auf die Lochränder

$$X + iY = \sum_{\ell=1}^{m} (X_\ell + iY_\ell)_{R_\ell}$$

eingeführt wird.

Es ist auch möglich, die allgemeine Struktur der komplexen Spannungsfunktionen für halbunendliche Bereiche (z. B. die Halbebene) anzugeben. Hierauf soll aber nicht weiter eingegangen werden.

Abschließend ist zu bemerken, daß für einfach zusammenhängende Bereiche bei gegebener Randbelastung die Lösung für die Spannungen von den elastischen Konstanten unabhängig ist. Für mehrfach zusammenhängende Bereiche sind die Spannungen nur dann von den elastischen Konstanten unabhängig, wenn

$$(X + iY)_{R_\ell} = 0 \qquad \text{ist.}$$

8.4.3 Änderung der komplexen Spannungsfunktionen bei Koordinatentransformation

Zunächst wird eine Parallelverschiebung des Koordinatensystems um $z_0 = x_0 + iy_0$ (Fig. 8.9a) ins Auge gefaßt.

Es gilt $z^* = z - z_0$

die Spannungsfunktionen für das x^*-y^*-System werden mit ϕ^* bzw. ψ^* bezeichnet.

Da die Spannungen unabhängig von der Lage des Koordinatenursprungs sind, gilt nach der ersten K o l o s s o f f schen Formel

$$\operatorname{Re}\{\phi'(z)\} = \operatorname{Re}\{\phi^{*\prime}(z^*)\}$$

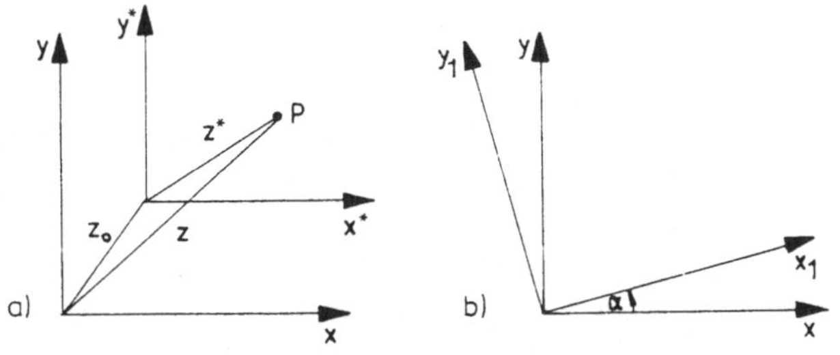

Fig. 8.9 Parallelverschiebung (a) und Drehung (b) des Koordinatensystems (vgl. Fig. 8.5).

bzw. bis auf unwesentliche Konstanten

$$\phi'(z) = \phi^{*\prime}(z - z_0). \tag{8.106}$$

Entsprechend liefert die zweite K o l o s s o f f sche Formel

$$z\bar{\phi}''(\bar{z}) + \bar{\psi}'(\bar{z}) = z^*\bar{\phi}^{*\prime\prime}(\bar{z}^*) + \bar{\psi}^{*\prime}(\bar{z}^*)$$

bzw. $\quad \bar{\psi}'(\bar{z}) = (z - z_0)\bar{\phi}^{*\prime\prime}(\bar{z}^*) - z\bar{\phi}''(\bar{z}) + \bar{\psi}^{*\prime}(\bar{z}^*)$

und daraus folgt mit (8.106)

$$\bar{\psi}'(\bar{z}) = -z_0\bar{\phi}^{*\prime\prime}(\bar{z}^*) + \bar{\psi}^{*\prime}(\bar{z}^*). \tag{8.107}$$

Die Integration von (8.106) und (8.107) ergibt dann

$$\begin{aligned} \phi(z) &\equiv \phi^*(z - z_0) \\ \psi(z) &\equiv \psi^*(z - z_0) - \bar{z}_0\phi^{*\prime}(z - z_0). \end{aligned} \tag{8.108}$$

Damit lassen sich die komplexen Spannungsfunktionen für den verschobenen Koordinatenursprung aus den gegebenen berechnen.

Mit den Beziehungen (8.108) ist auch die Unabhängigkeit der Verschiebungen von der Wahl des Koordinatensystems gewährleistet. Dies läßt sich auch direkt mittels der dritten K o l o s o f f schen Formel zeigen.

Auf analoge Weise kann der Einfluß einer Drehung des Koordinatensystems um den Winkel α (Fig. 8.9b) berücksichtigt werden. Abweichend von den Betrachtungen in Abschn. 8.4.1.4, wo bereits die entsprechende Transformation der Spannungs- und Verschiebungskomponenten behandelt wurde, sollen jetzt die gedrehten Koordinatenachsen mit x_1 und y_1 bezeichnet werden.

Es wird gezeigt, wie die direkte Umrechnung der komplexen Spannungsfunktionen bei dieser Drehung erfolgt.

Es gilt

$$x + iy = (x_1 + iy_1)e^{i\alpha} \quad \text{bzw.} \quad z_1 = ze^{-i\alpha}. \tag{8.109}$$

Die Spannungsfunktionen für das gedrehte System werden mit ϕ_1 bzw. ψ_1 bezeichnet.

Da die Spannungssumme $\sigma_{xx} + \sigma_{yy}$ gegen Drehung des Koordinatensystems invariant ist, folgt aus der ersten K o l o s s o f f schen Formel wiederum

$$\mathrm{Re}\{\phi'(z)\} = \mathrm{Re}\{\phi_1'(z_1)\}$$

und daraus bis auf eine rein imaginäre Konstante

$$\phi'(z) = \phi_1'(ze^{-i\alpha}). \tag{8.110}$$

Ferner ergibt sich mit der Transformationsformel (8.87) aus der zweiten K o l o s s o f f - schen Formel

$$z\bar{\phi}''(\bar{z}) + \bar{\psi}'(\bar{z}) = [z_1\bar{\phi}_1''(\bar{z}_1) + \bar{\psi}_1'(\bar{z}_1)]e^{2i\alpha}.$$

Wird auf der linken Seite die Ableitung von (8.110), d. h.

$$\phi''(z) = \phi''(ze^{-i\alpha})e^{-i\alpha}$$

eingesetzt, folgt

$$\bar{\psi}'(\bar{z}) = \bar{\psi}_1'(\bar{z}e^{i\alpha})e^{2i\alpha}. \tag{8.111}$$

Durch Integration von (8.110) und (8.111) erhält man schließlich bis auf unwesentliche Konstanten, die nichts zu den Spannungen beitragen

$$\begin{aligned} \phi(z) &\equiv \phi_1(ze^{-i\alpha})e^{i\alpha} \\ \psi(z) &\equiv \psi_1(ze^{-i\alpha})e^{-i\alpha}. \end{aligned} \tag{8.112}$$

8.4.4 Anwendung der konformen Abbildung

Zur Lösung ebener Elastizitätsprobleme ist mitunter die Verwendung krummliniger Koordinaten, die einer speziellen Randform angepaßt sind, sehr vorteilhaft. Hierfür ist die durch komplexe analytische Funktionen vermittelte konforme Abbildung bestens geeignet.

Ebene Spannungsfelder lassen sich allerdings im Gegensatz zu der Potentialfeldern in der Strömungslehre oder Elektrostatik nicht direkt konform abbilden. Bei der Lösung elastischer Randwertprobleme muß vielmehr zunächst der gegebene Bereich konform auf einen einfacheren Grundbereich abgebildet werden. Für diesen ist dann ein modifiziertes Randwertproblem mit transformierten Randbedingungen zu lösen und die Ergebnisse müssen in den Ausgangsbereich zurücktransformiert werden.

8.4.4.1 Konforme Abbildung. Durch die analytische Funktion

$$z = z(\zeta) \tag{8.113}$$

mit $z = x + iy$ und $\zeta = \xi + i\eta$ wird eine konforme Abbildung eines einfach zusammenhängenden Bereichs der ζ-Ebene in einen solchen der z-Ebene (Fig. 8.10) vermittelt.

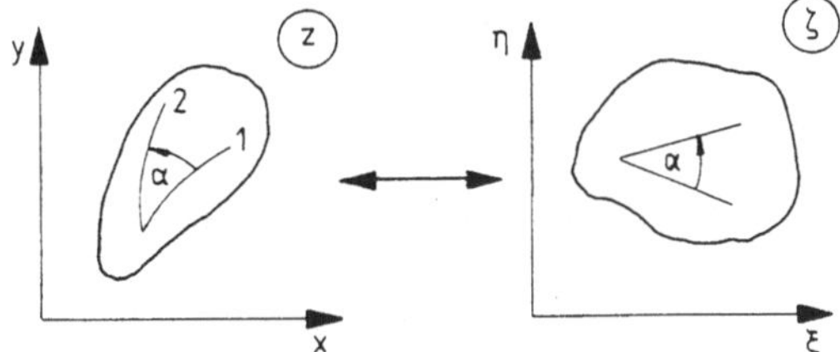

Fig. 8.10
Konforme, d. h. winkeltreue Abbildung eines Bereichs der ζ-Ebene in die z-Ebene

Konform bedeutet dabei, daß der von zwei Kurven in ihrem Schnittpunkt eingeschlossene Winkel α samt Orientierung erhalten bleibt. Dabei darf die Ableitung $z'(\zeta)$ im Bildbereich nicht verschwinden, da sonst die Abbildung nicht mehr konform ist.

Die konforme Abbildung (8.113) ist umkehrbar, d. h.

$$\zeta = \zeta(z) \tag{8.114}$$

vermittelt ebenfalls eine konforme Abbildung von der z-Ebene in die ζ-Ebene.

Die Existenz dieser konformen Abbildung garantiert unter bestimmten Voraussetzungen der allgemeine R i e m a n n sche Abbildungssatz:

Jeden irgendwie umrandeten, einfach zusammenhängenden Bereich (endlich oder unendlich) kann man auf einen anderen, ebenfalls beliebig umrandeten, einfach zusammenhängenden Bereich konform abbilden.

In der praktischen Anwendung sind dem Verfahren insoweit Grenzen gesetzt, als die Aufstellung der Abbildungsfunktionen für ganz beliebige Bereiche unüberwindliche Schwierigkeiten bereiten kann.

Als einfache Grundbereiche, auf die in der Elastizitätstheorie die konforme Abbildung erfolgt, gelten z. B. der Einheitskreis, die Halbebene, die unendliche Ebene mit Kreisloch, aber auch Kreisringbereiche oder Streifenbereiche. Wesentlich ist dabei, daß im Grundbereich keine Nullstellen von $z'(\zeta)$ liegen, da sonst, wie schon erwähnt, die Abbildung in diesen Stellen nicht mehr konform ist und die entsprechenden Lösungen Singularitäten aufweisen.

Die konforme Abbildung (8.113) entspricht der Einführung von im allgemeinen krummlinigen, orthogonalen Koordinaten in der z-Ebene (Fig. 8.11)

Die Gleichung der Randkurve eines gegebenen Bereichs in der z-Ebene kann damit in den neuen Koordinaten eine einfachere Form annehmen.

Hat der betrachtete Bereich eine geschlossene Randkontur (Fig. 8.12), so kann bei der Abbildung auf den Einheitskreis der ζ-Ebene mit $\zeta = \rho e^{i\varphi}$ erreicht werden, daß die Rand-

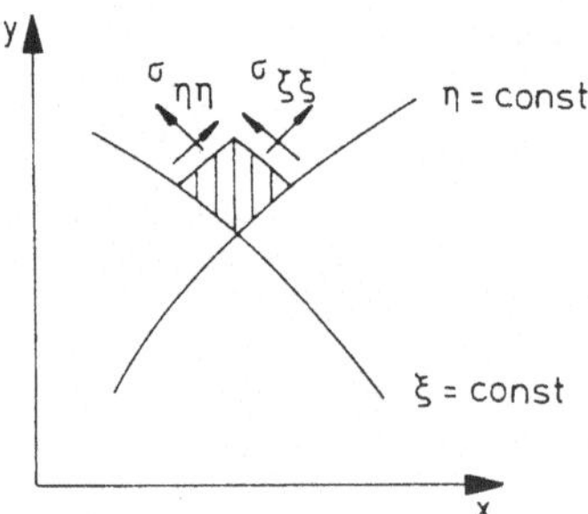

Fig. 8.11 Einführung krummliniger Koordinaten in der z-Ebene

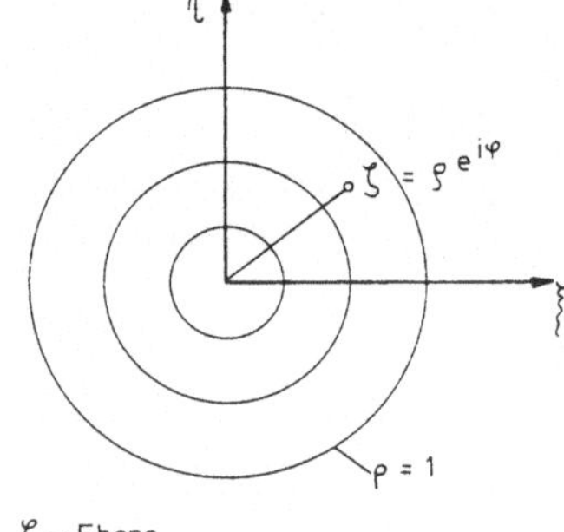

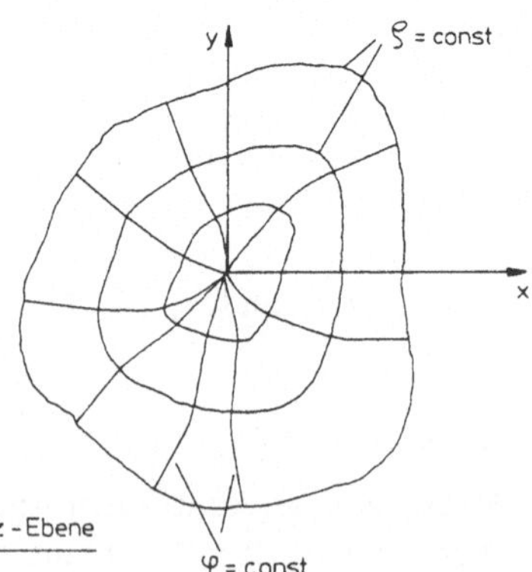

Fig. 8.12
Konforme Abbildung eines einfach zusammenhängenden endlichen Bereichs der z-Ebene auf das Innere des Einheitskreises der ζ-Ebene

kurve durch $\rho = 1$ dargestellt wird. In der ζ-Ebene werden Polarkoordinaten ρ, φ verwendet.

Dieser spezielle Fall soll im folgenden betrachtet werden, da sich hierfür elementare Lösungsmöglichkeiten angeben lassen.

8.4.4.2 Transformation der Kolossoffschen Formeln und der Randbedingungen bei konformer Abbildung auf den Einheitskreis. Zugrundegelegt werden konforme Abbildungen auf das Innere des Einheitskreises der ζ-Ebene.

Für einen endlichen Bereich in der z-Ebene (mit $z = 0$ im Innern) kann die Abbildungsfunktion in der Form

$$z(\zeta) = \sum_{k=1}^{\infty} c_k \zeta^k \qquad |\zeta| \leqslant 1 \tag{8.115}$$

dargestellt werden. Dabei entspricht der Punkt $z = 0$ dem Punkt $\zeta = 0$.

Im Kreisbereich der ζ-Ebene ist $z'(\zeta) \neq 0$, wenn die Randkurve des Bereichs der z-Ebene keine Krümmungsänderungen (Knicke) aufweist.

Für einen unendlichen Bereich mit Loch lautet die Abbildungsfunktion

$$z(\zeta) = \frac{c_{-1}}{\zeta} + \sum_{k=0}^{\infty} c_k \zeta^k \qquad |\zeta| \leqslant 1 \tag{8.116}$$

wobei der unendlichferne Punkt der z-Ebene dem Punkt $\zeta = 0$ entspricht.

Im allgemeinen haben die Reihen (8.115) und (8.116) unendlich viel Glieder. Durch Beschränkung auf Polynome mit endlicher Gliederzahl erhält man Näherungen insofern, als die wirklichen Bereiche näherungsweise wiedergegeben werden. Die dafür aufgestellten Lösungen sind dann exakt.

Im übrigen sind auch approximative konforme Abbildungen möglich.

Wird in der z-Ebene ein beliebiger Vektor $\vec{A}$ betrachtet, so gehen dessen Komponenten in Kartesischen Koordinaten über in Komponenten bezüglich der krummlinigen Koordinaten $\rho = \text{const}$ und $\varphi = \text{const}$ gemäß

$$A_\rho + iA_\varphi = e^{-i\alpha}(A_x + iA_y) \tag{8.117}$$

wobei der Ausdruck $e^{i\alpha}$ durch die Abbildungsfunktion bestimmt wird.

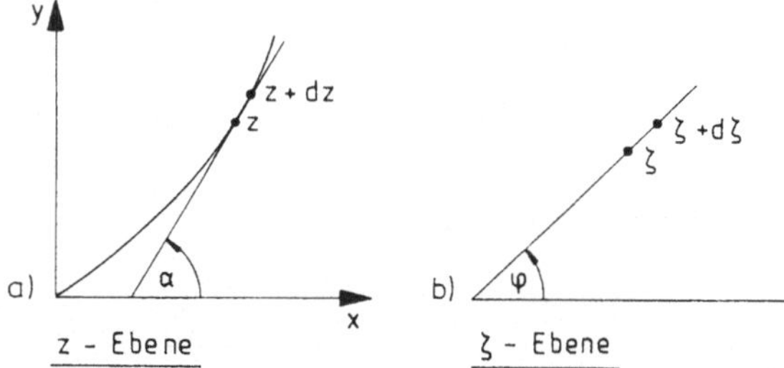

Fig. 8.13
Zur konformen Abbildung auf den Einheitskreis der ζ-Ebene

Aus Fig. 8.13 ist ersichtlich, daß der Verschiebung dz in Richtung der Kurve φ = const die Verschiebung $d\zeta$ entspricht. Es ergeben sich

$$dz = |dz|\,e^{i\alpha} \qquad d\zeta = |d\zeta|\,e^{i\varphi}.$$

Somit ist mit $dz = z'(\zeta)d\zeta$

$$e^{i\alpha} = \frac{z'(\zeta)d\zeta}{|z'(\zeta)||d\zeta|} = \frac{z'(\zeta)e^{i\varphi}}{|z'(\zeta)|}$$

oder mit $\zeta = \rho e^{i\varphi}$

$$e^{i\alpha} = \frac{\zeta}{\rho}\frac{z'(\zeta)}{|z'(\zeta)|}. \tag{8.118}$$

Für (8.117) folgt sodann

$$A_\rho + iA_\varphi = \frac{\bar{\zeta}\bar{z}'(\bar{\zeta})}{\rho|z'(\zeta)|}(A_x + iA_y). \tag{8.119}$$

Insbesondere gilt diese Beziehung für die Komponenten der Verschiebung.

In ähnlicher Weise werden die Spannungskomponenten transformiert. Zur Umrechnung der Spannungskomponenten auf die krummlinigen Koordinaten gelten die Beziehungen

$$\begin{aligned} &\sigma_{\rho\rho} + \sigma_{\varphi\varphi} = \sigma_{xx} + \sigma_{yy} \\ &\sigma_{\rho\rho} - \sigma_{\varphi\varphi} + 2i\tau_{\rho\varphi} = e^{-2i\alpha}(\sigma_{xx} - \sigma_{yy} + 2i\tau_{xy}). \end{aligned} \tag{8.120}$$

Die in den bisher verwendeten K o l o s s o f f schen Formeln bezüglich Kartesischer Koordinaten vorkommenden komplexen Spannungsfunktionen seien nun mit $\phi^*(z)$ und $\psi^*(z)$ bezeichnet. Mittels der konformen Abbildung $z = z(\zeta)$ werden sie Funktionen des neuen Arguments ζ, d. h.

$$\phi^*[z(\zeta)] = \phi(\zeta) \qquad \psi^*[z(\zeta)] = \psi(\zeta). \tag{8.121}$$

Für die Ableitung der ersten Spannungsfunktion gilt dann (nach der Kettenregel)

$$\phi'(\zeta) = \phi^{*\prime}(z)z'(\zeta)$$

oder
$$\phi^{*\prime}(z) = \frac{\phi'(\zeta)}{z'(\zeta)}. \tag{8.122}$$

Analog folgt für die zweite Spannungsfunktion

$$\psi^{*\prime}(z) = \frac{\psi'(\zeta)}{z'(\zeta)}. \tag{8.123}$$

Führt man die Abkürzung

$$\phi^{*\prime}(z) = \Omega^*(z) \quad \text{bzw.} \quad \Omega(\zeta) = \frac{\phi'(\zeta)}{z'(\zeta)}$$

ein, so ergibt sich aus

$$\Omega(\zeta) = \Omega^*[z(\zeta)]$$

für die zweite Ableitung der ersten Spannungsfunktion

$$\Omega'(\zeta) = \Omega^{*\prime}(z) z'(\zeta)$$

oder
$$\phi^{*\prime\prime}(z) = \frac{\Omega'(\zeta)}{z'(\zeta)}. \tag{8.124}$$

Die Ausdrücke (8.122) bis (8.123) werden in die beiden ersten K o l o s s o f f schen Formeln

$$\sigma_{\rho\rho} + \sigma_{\varphi\varphi} = 2[\phi^{*\prime}(z) + \bar{\phi}^{*\prime}(\bar{z})]$$

$$\sigma_{\rho\rho} - \sigma_{\varphi\varphi} + 2i\tau_{\rho\varphi} = -e^{-2i\alpha}[z\bar{\phi}^{*\prime\prime}(\bar{z}) + \bar{\psi}^{*\prime}(\bar{z})]$$

eingesetzt, wobei aus (8.118)

$$e^{-2i\alpha} = \frac{\bar{\zeta}^2}{\rho^2} \frac{\bar{z}'(\bar{\zeta})\bar{z}'(\bar{\zeta})}{|z'(\zeta)|^2} = \frac{\bar{\zeta}^2}{\zeta\bar{\zeta}} \frac{\bar{z}'(\bar{\zeta})\bar{z}'(\bar{\zeta})}{z'(\zeta)\bar{z}'(\bar{\zeta})} = \frac{\bar{\zeta}}{\zeta} \frac{\bar{z}'(\bar{\zeta})}{z'(\zeta)}$$

verwendet wird.

Damit ergeben sich die beiden ersten transformierten K o l o s s o f f schen Formeln

$$\sigma_{\rho\rho} + \sigma_{\varphi\varphi} = 2[\Omega(\zeta) + \bar{\Omega}(\bar{\zeta})] = 4\,\mathrm{Re}\,\{\Omega(\zeta)\}$$

$$\sigma_{\rho\rho} - \sigma_{\varphi\varphi} + 2i\tau_{\rho\rho} = -2\frac{\bar{\zeta}}{\zeta z'(\zeta)}[z(\zeta)\bar{\Omega}'(\bar{\zeta}) + \bar{\psi}'(\bar{\zeta})]. \tag{8.125}$$

Die dritte K o l o s s o f f sche Formel erhält man direkt aus (8.119)

$$2G(u_\rho + iu_\varphi) = \frac{\bar{\zeta}\bar{z}'(\bar{\zeta})}{\rho|z'(\zeta)|}[\kappa\phi(\zeta) - z(\zeta)\bar{\Omega}(\bar{\zeta}) - \bar{\psi}(\bar{\zeta})]. \tag{8.126}$$

Die Randbedingung für das e r s t e R a n d w e r t p r o b l e m

$$\phi^*(z) + z\bar{\phi}^{*\prime}(\bar{z}) + \bar{\psi}^*(\bar{z}) = f_1 + if_2$$

transformiert sich bei der hier behandelten konformen Abbildung auf den Einheitskreis (Fig. 8.12) zu

$$\phi(\zeta) + z(\zeta)\bar{\Omega}(\bar{\zeta}) + \bar{\psi}(\bar{\zeta}) = F(\varphi) \quad \text{für } |\zeta| = 1. \tag{8.127}$$

Die rechte Seite entspricht der für die ursprüngliche Randkontur gegebenen Funktionen $f_1 + if_2$ und wird gemäß der konformen Abbildung eine Funktion auf dem Einheitskreis.
Für das z w e i t e R a n d w e r t p r o b l e m folgt entsprechend

$$\kappa\phi(\zeta) - z(\zeta)\bar{\Omega}(\bar{\zeta}) - \bar{\psi}(\bar{\zeta}) = G(\varphi) \quad \text{für } |\zeta| = 1. \tag{8.128}$$

Die Randbedingung für das erste Randwertproblem in der K o l o s s o f f schen Form, vgl. (8.88), wird

$$\Omega(\zeta) + \bar{\Omega}(\bar{\zeta}) - \frac{\bar{\zeta}}{\zeta z'(\zeta)} [z(\zeta)\bar{\Omega}'(\bar{\zeta}) + \bar{\psi}'(\bar{\zeta})] = N(\varphi) + iT(\varphi) \tag{8.129}$$

wobei wieder auf der rechten Seite bekannte Funktionen stehen.

Die Randbedingungen (8.127) bis (8.129) lassen sich alternativ mit dem Wert von ζ auf dem Einheitskreis, d. h.

$$\zeta = e^{i\varphi} = \gamma \quad \text{mit } \bar{\gamma} = \frac{1}{\gamma}$$

schreiben.

Erfolgt die konforme Abbildung nicht, wie bisher betrachtet, speziell auf den Einheitskreis der ζ-Ebene, so führt man allgemein krummlinige Koordinaten ξ = const und η = const in der z-Ebene ein (vgl. Fig. 8.11). Hierfür ergeben sich etwas allgemeinere Ausdrücke für die transformierten Größen. Darauf soll aber hier nicht eingegangen werden.

8.5 Beispiele für Lösungen mit reellen und komplexen Spannungsfunktionen

Nachfolgend wird eine Auswahl praktisch bedeutsamer Lösungen dargestellt, wobei die Airy sche Spannungsfunktion bzw. die komplexen Spannungsfunktionen wechselweise in Kartesischen oder Polarkoordinaten formuliert werden.

8.5.1 Elementare Spannungszustände

Die einfachste Airy sche Spannungsfunktion, die einen möglichen Spannungszustand darstellt, ist

$$F = by^2 \quad \text{mit } b = \text{const.}$$

Dies entspricht dem elementaren homogenen Spannungszustand des einachsigen Zugs in x-Richtung bei einer unendlich ausgedehnten Scheibe (Fig. 8.14a mit $\alpha = 0$)

$$\sigma = \sigma_{xx} = 2b \qquad \sigma_{yy} = \tau_{xy} = 0.$$

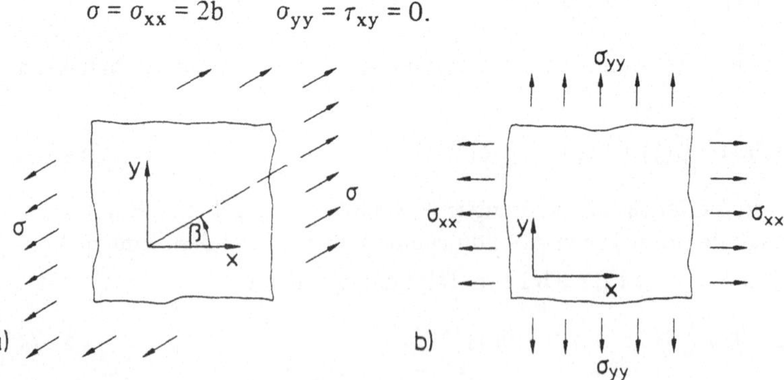

Fig. 8.14 Einachsiger (a) und zweiachsiger (b) Zug in der unendlich ausgedehnten Scheibe

Für die Darstellung mit komplexen Spannungsfunktionen, wobei der allgemeinere Fall des einachsigen Zugs unter dem Winkel α gegen die x-Achse betrachtet wird, gelten

$$\phi(z) = \frac{1}{4}\sigma z \qquad \psi(z) = -\frac{1}{2}\sigma z e^{-2i\alpha} \tag{8.130}$$

Die Spannungen erhält man daraus in einfacher Weise mittels der Kolossoffschen Formeln.

Die Airysche Spannungsfunktion

$$F = ax^2 + by^2$$

liefert mit $a = (1/2)\sigma_{yy}$ und $b = (1/2)\sigma_{xx}$ den zweiachsigen Zug (Fig. 8.14b).

Für a = b ergibt sich der sog. allseitige Zug (Fig. 8.15a, b), der auch als hydrostatischer Spannungszustand bezeichnet wird.

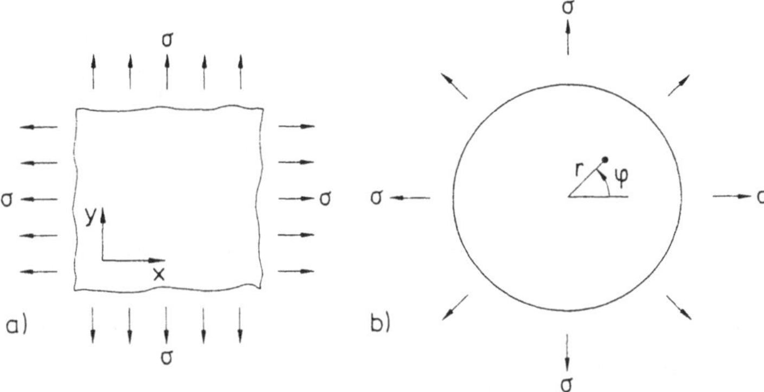

Fig. 8.15 Allseitiger Zug in der unendlich ausgedehnten Scheibe (a Kartesische Koordinaten, b Polarkoordinaten)

Dieser Fall entspricht der in Abschn. 8.2.2 angegebenen allgemeinen Lösung (8.43) in Polarkoordinaten mit A = B = 0, d. h.

$$F(r) = Cr^2 \quad \text{mit } C = \frac{\sigma}{2}$$

$$\sigma_{rr} = \sigma_{\varphi\varphi} = \sigma.$$

Die komplexen Spannungsfunktionen für den allseitigen Zug folgen aus (8.130) zu

$$\phi(z) = \frac{1}{2}\sigma z \qquad \psi(z) = 0$$

mit $z = x + iy$ oder $z = re^{i\varphi}$.

Für Krafteinleitungsprobleme bei Scheiben endlicher Abmessungen können obige Lösungen nicht herangezogen werden. Da unendlich ausgedehnte Bereiche betrachtet werden, ergeben sich übrigens die Verschiebungen im Unendlichen als unendlich groß.

Schließlich liefert die Airysche Spannungsfunktion

$$F = cy^3$$

die Spannungen

$$\sigma_{xx} = 6cy \qquad \sigma_{yy} = \tau_{xy} = 0.$$

Dies entspricht dem Streifen beliebiger Länge (ebener Balken) unter Biegebeanspruchung im Fall der reinen Biegung (Fig. 8.16). Es ergibt sich das Biegemoment

$$M = \int_{-\frac{h}{2}}^{\frac{h}{2}} \sigma_{xx} y dy = \frac{ch^3}{2}.$$

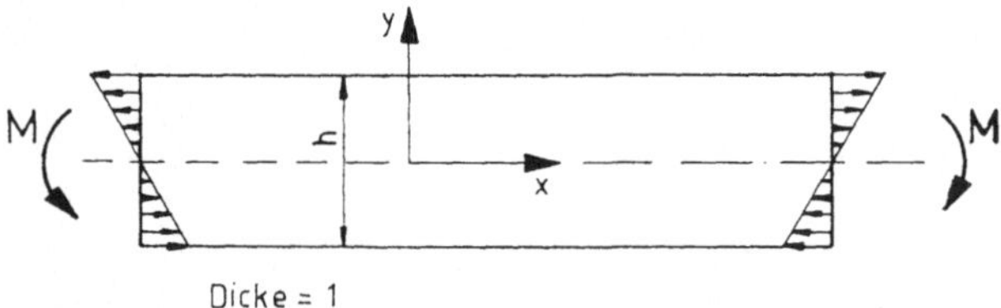

Fig. 8.16 Reine Biegung eines Streifens (Balkenbiegung)

8.5.2 Rotationssymmetrische Belastung für Kreisring und dickwandiges Rohr (Lösung von Lamé)

Die in Abschn. 8.2.2 angegebene allgemeine Lösung (8.43) der Bipotentialgleichung im rotationssymmetrischen Fall liefert die Spannungen und Verschiebungen für verschiedene, praktisch wichtige Probleme. Die Spannungen ergeben sich allgemein gemäß (8.50). Zunächst wird ein kreisringförmiger Bereich (Fig. 8.17) unter gleichmäßigem Innen- und Außendruck betrachtet. Die Randbedingungen hierfür lauten

$$\sigma_{rr} = -p_i \quad \text{für } r = r_i$$

$$\sigma_{rr} = -p_a \quad \text{für } r = r_a.$$

Aus den allgemeinen Spannungsausdrücken (8.50) folgt dann mit B = 0 (vgl. Abschn. 8.3.2) für die Konstanten

$$A = \frac{(p_a - p_i) r_i^2 r_a^2}{r_a^2 - r_i^2}, \qquad 2C = \frac{p_i r_i^2 - p_a r_a^2}{r_a^2 - r_i^2}. \tag{8.131}$$

Die Airysche Spannungsfunktion (8.43) wird in diesem Fall zu

$$F(r) = \frac{(p_a - p_i) r_i^2 r_a^2}{r_a^2 - r_i^2} \ln r + \frac{p_i r_i^2 - p_a r_a^2}{2(r_a^2 - r_i^2)} r^2. \tag{8.132}$$

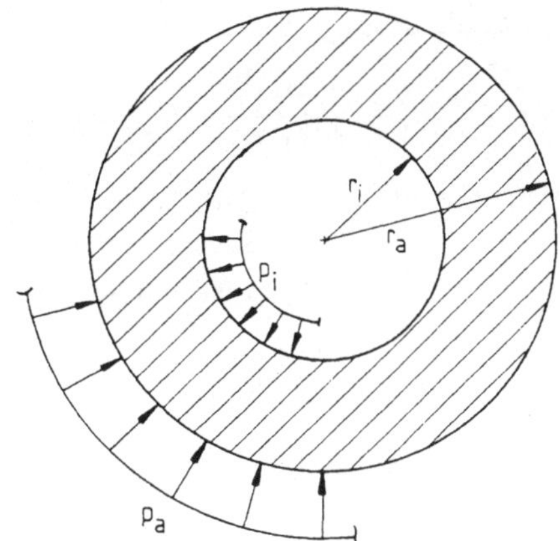

Fig. 8.17
Ebener Kreisring bei Belastung durch Innen- und Außendruck

Die Spannungen ergeben sich daraus zu

$$\sigma_{rr} = \frac{(p_a - p_i) r_i^2 r_a^2}{r_a^2 - r_i^2} \frac{1}{r^2} + \frac{p_i r_i^2 - p_a r_a^2}{r_a^2 - r_i^2}$$

$$\sigma_{\varphi\varphi} = -\frac{(p_a - p_i) r_i^2 r_a^2}{r_a^2 - r_i^2} \frac{1}{r^2} + \frac{p_i r_i^2 - p_a r_a^2}{r_a^2 - r_i^2} . \tag{8.133}$$

Dies ist die Lösung, die von L a m é auf anderem Weg gewonnen wurde [59].

Übrigens ist aus (8.133) ersichtlich, daß die Spannungssumme

$$\sigma_{rr} + \sigma_{\varphi\varphi} = 2 \frac{p_i r_i^2 - p_a r_a^2}{r_a^2 - r_i^2} = \text{const}$$

im Kreisringbereich von r unabhängig ist.

Die Radialverschiebung u_r ergibt sich aus den Beziehungen (8.56) bzw. (8.57) für ESZ (dünne Kreisringscheibe) bzw. EVZ (dickwandiges Rohr) mit den Konstanten A und C gemäß (8.131).

Die entsprechenden komplexen Spannungsfunktionen für die Lösung von L a m é lauten

$$\phi(z) = Cz \qquad \psi(z) = \frac{A}{z}$$

mit den reellen Konstanten A und C gemäß (8.131).

Läßt man $r_a \to \infty$ gehen, ergeben sich Lösungen für unendlich ausgedehnte, kreisgelochte Bereiche.

Für die speziellen Randbedingungen (vgl. Fig. 8.18a)

$$\sigma_{rr} = -p_i \quad \text{für } r = r_i$$

$$\sigma_{rr} = 0 \quad \text{für } r = \infty$$

lautet die Lösung für die Spannungen

$$\sigma_{rr} = -p_i\left(\frac{r_i}{r}\right)^2 \qquad \sigma_{\varphi\varphi} = p_i\left(\frac{r_i}{r}\right)^2 .$$

Man erkennt, daß die Radialspannung σ_{rr} immer eine Druckspannung, die Umfangsspannung $\sigma_{\varphi\varphi}$ immer eine Zugspannung ist. Im Unendlichen verschwinden die Spannungen. Die Radialverschiebung ist in diesem Fall (für ESZ und EVZ)

$$u_r = -\frac{1+\nu}{E} p_i \frac{r_i^2}{r} .$$

Daraus lassen sich die Verzerrungen leicht berechnen.

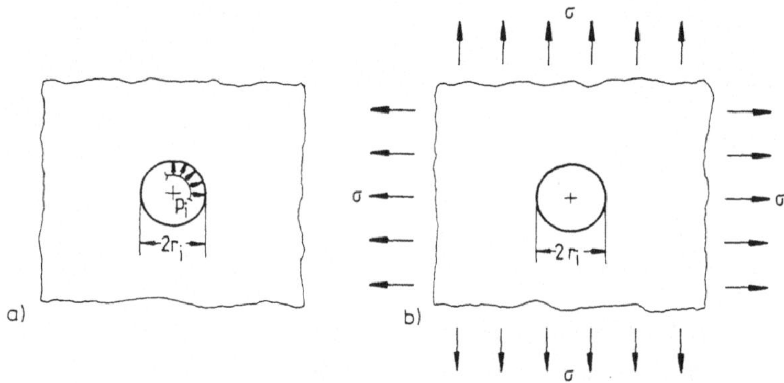

Fig. 8.18 Unendlich ausgedehnte Scheibe mit Kreisloch (a unter konstantem Innendruck, b unter allseitigem Zug)

Die Randbedingungen (vgl. Fig. 8.18b)

$$\sigma_{rr} = 0 \qquad \text{für } r = r_i$$

$$\sigma_{rr} = -p_a = \sigma \quad \text{für } r_a = \infty$$

liefern die Lösung für die unendlich ausgedehnte Scheibe mit lastfreiem Kreisloch bei allseitigem Zug.

Dies entspricht einem fundamentalen Kerbproblem[1]) und man erhält die Spannungen

$$\sigma_{rr} = \sigma\left(1 - \frac{r_i^2}{r^2}\right) \qquad \sigma_{\varphi\varphi} = \sigma\left(1 + \frac{r_i^2}{r^2}\right) . \tag{8.134}$$

Die maximale Umfangsspannung am Kreisloch ist

$$(\sigma_{\varphi\varphi})_{max} = 2\sigma \quad \text{für } r = r_i .$$

[1]) Erstmalige praktische Lösung von M. G r ü b l e r [60].

Durch das Kreisloch wird somit der homogene Spannungszustand in der allseitig gezogenen Scheibe gestört, es ergibt sich der Spannungskonzentrations- oder Kerbfaktor

$$\frac{\sigma_{max}}{\sigma} = 2.$$

Mittels der Lösung (8.43) bzw. (8.50) läßt sich auch die reine Biegung eines Kreisringsektors (Fig. 8.19) behandeln.

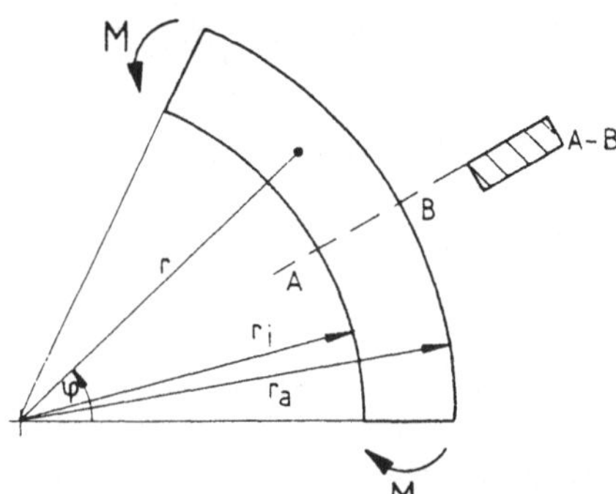

Fig. 8.19
Reine Biegung eines Kreisringsektors

Die Randbedingungen lauten

$$\sigma_{rr} = 0 \quad \text{für } r = r_i \text{ und } r = r_a \tag{8.135}$$

außerdem gilt

$$\int_{r_i}^{r_a} \sigma_{\varphi\varphi} dr = 0 \qquad \int_{r_i}^{r_a} \sigma_{\varphi\varphi} r dr = M. \tag{8.136}$$

Wie man erkennt, ist die erste Beziehung (8.136) aufgrund der Randbedingungen (8.135) erfüllt, es gilt

$$\int_{r_i}^{r_a} \sigma_{\varphi\varphi} dr = \int_{r_i}^{r_a} \frac{\partial^2 F}{\partial r^2} dr = \int_{r_i}^{r_a} d\left(\frac{dF}{dr}\right) = \left(\frac{dF}{dr}\right)_{r_a} - \left(\frac{dF}{dr}\right)_{r_i} = 0.$$

Die Konstanten A, B und C in (8.50) berechnen sich einerseits aus

$$\frac{A}{r_i^2} + B(1 + 2 \ln r_i) + 2C = 0$$

$$\frac{A}{r_a^2} + B(1 + 2 \ln r_a) + 2C = 0.$$

Ferner liefert die zweite Beziehung (8.136) zunächst

$$\int_{r_i}^{r_a} \sigma_{\varphi\varphi} r dr = \int_{r_i}^{r_a} \frac{d^2 F}{dr^2} r dr = r \frac{dF}{dr}\bigg|_{r_i}^{r_a} - \int_{r_i}^{r_a} \frac{dF}{dr} dr = M$$

bzw. $\quad A(\ln r_i - \ln r_a) + C(r_i^2 - r_a^2) + B(r_i^2 \ln r_i - r_a^2 \ln r_a) = M.$

Daraus folgen

$$A = -\frac{M}{N}\left(4r_i^2 r_a^2 \ln \frac{r_a}{r_i}\right) \qquad B = -\frac{2M}{N}(r_a^2 - r_i^2)$$

$$C = \frac{M}{N}\left[r_a^2 - r_i^2 + 2(r_a^2 \ln r_a - r_i^2 \ln r_i)\right]$$

mit $$N = (r_a^2 - r_i^2)^2 - 4r_i^2 r_a^2 \left(\ln \frac{r_a}{r_i}\right)^2$$

Die Spannungen sind dann

$$\sigma_{rr} = \frac{4M}{N}\left(\frac{r_i^2 r_a^2}{r^2} \ln \frac{r_a}{r_i} + r_a^2 \ln \frac{r}{r_a} + r_i^2 \ln \frac{r_i}{r}\right)$$

$$\sigma_{\varphi\varphi} = \frac{4M}{N}\left(-\frac{r_i^2 r_a^2}{r^2} \ln \frac{r_a}{r_i} + r_a^2 \ln \frac{r}{r_a} + r_i^2 \ln \frac{r_i}{r} + r_a^2 - r_i^2\right) . \qquad (8.137)$$

Dies gilt unter der Voraussetzung, daß die dem Moment M entsprechenden Spannungen $\sigma_{\varphi\varphi}$ an den Endflächen gemäß der Verteilung (8.137) angreifen.

Für davon abweichende Belastung der Endflächen behält aufgrund des Prinzips von St. Venant die obige Lösung ihre Gültigkeit außerhalb der Lasteinleitungsstellen.

8.5.3 Lösungen mit Singularitäten

Es existieren Lösungen der Grundgleichungen, die alle notwendigen Bedingungen erfüllen, die aber zu unendlichgroßen Spannungen (oder Verschiebungen) in singulären Punkten führen.

Aus der Untersuchung dieser singulären Lösungen ergibt sich eine Darstellung für Einzellasten (endliche Kräfte und Momente, die auf einem unendlichkleinen Flächenstück angreifen), die bekanntlich eine Abstraktion sind. Durch Grenzübergänge bei verteilten Lasten lassen sich diese Lösungen gewinnen (vgl. hierzu auch [61]). Den Lastangriffspunkt der Kraft P am Rand (Fig. 8.20) denkt man sich ausgespart und es wird eine endliche Kraftübertragungslinie, z. B. ein kleiner Kreis um den Lastangriffspunkt betrachtet. Dort herrscht eine bestimmte Kräfteverteilung p, die in ihrer Resultierenden der Einzelkraft entspricht. Nach dem Prinzip von St. Venant erzeugen die statisch äquivalenten Belastungsarten in hinreichender Entfernung vom Lastangriffspunkt denselben Spannungszustand.

8.5.3.1 Die am Rand belastete Halbscheibe (Problem von Flamant) und verwandte Lösungen. Es werden die Airy schen Spannungsfunktionen (in Polarkoordinaten)

$$F = Cr\varphi \cos \varphi \qquad (8.138)$$

sowie $$F = Cr\varphi \sin \varphi \qquad (8.139)$$

betrachtet.

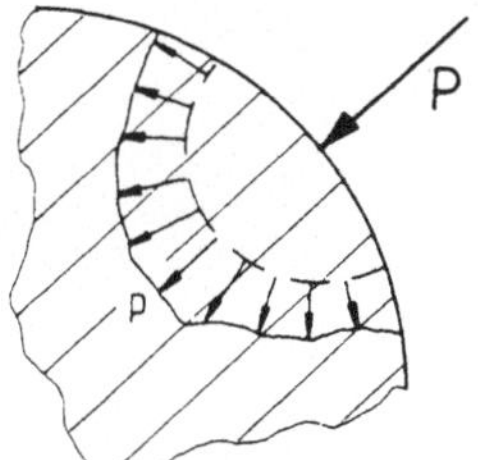

Fig. 8.20 Statische Gleichwertigkeit von Einzellast und verteilter Last am Rand eines Bereichs

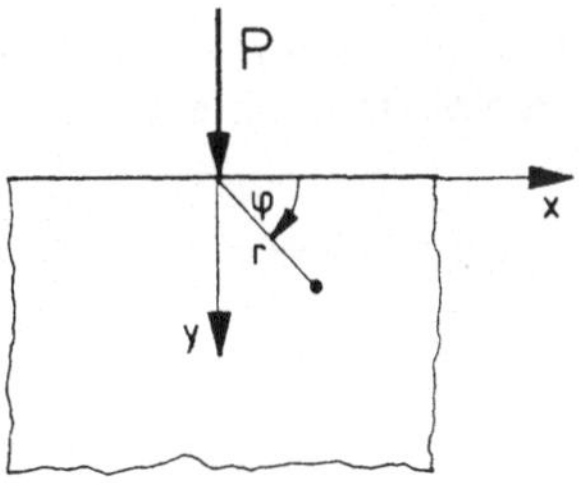

Fig. 8.21 Durch Einzelkraft normal zum Rand belastete Halbscheibe (Problem von F l a m a n t)

Mit (8.138) wird die Lösung für die normal zum Rand durch eine Einzelkraft P belastete halbunendliche Ebene $y \geqslant 0$ (Halbscheibe) gemäß Fig. 8.21 dargestellt.

Mittels (8.38) folgt für die Spannungen

$$\sigma_{rr} = -2C \frac{\sin \varphi}{r} \qquad \sigma_{\varphi\varphi} = \tau_{r\varphi} = 0. \tag{8.140}$$

Die Konstante C ergibt sich aus der Gleichgewichtsbedingung zwischen den an einem Halbkreis um den Koordinatennullpunkt mit beliebigem Radius r = R übertragenen Spannungen und der äußeren Kraft P, d. h. aus

$$\int_0^\pi \sigma_{rr} \sin \varphi R d\varphi + P = 0.$$

Es folgt $C = P/\pi$, somit gilt

$$F = \frac{P}{\pi} r\varphi \cos \varphi \tag{8.141}$$

und $$\sigma_{rr} = -\frac{2P}{\pi} \frac{\sin \varphi}{r}.$$

Wie man erkennt, handelt es sich um einen rein radialen (strahlenförmigen) Spannungszustand[1]). Die Spannung σ_{rr} ist stets eine Druckspannung, sie verschwindet im Unendlichen.

In Kartesischen Koordinaten lautet (8.141)

$$F(x, y) = \frac{P}{\pi} x \arctan \frac{y}{x}. \tag{8.142}$$

Im Angriffspunkt der Einzelkraft, der hier mit dem Koordinatennullpunkt zusammenfällt, wird die Spannung σ_{rr} unendlich groß. Diese Singularität hängt mit der Fiktion der Einzelkraft (d. h. einer endlichen Kraft, die auf einem unendlichkleinen Flächenstück angreift) zusammen.

---

[1]) Diese Lösung wurde aufgestellt 1892 von F l a m a n t , in Anlehnung an das entsprechende räumliche Problem, das 1885 von B o u s s i n e s q gelöst wurde (vgl. Abschn. 9.2).

Die Orte konstanter Spannung σ_{rr} liegen auf Kreisen, die durch den Koordinatennullpunkt gehen und deren Mittelpunkte sich auf der y-Achse befinden[1]).

Aus

$$|\sigma_{rr}| \frac{\pi}{2P} = \text{const} = \frac{y}{x^2 + y^2}$$

folgt $x^2 + y^2 = \text{const} \cdot y$ oder $x^2 + (y - a)^2 = a^2$

mit $a = \dfrac{P}{\pi |\sigma_{rr}|}$.

Analog liefert (8.139) die Lösung für die tangential am Rand durch eine Einzelkraft Q belastete Halbscheibe (Fig. 8.22).

Es gilt hier

$$F = -\frac{Q}{\pi} r\varphi \sin \varphi \tag{8.143}$$

und für die Spannung

$$\sigma_{rr} = -\frac{2Q}{\pi} \frac{\cos \varphi}{r}.$$

Dies liefert ebenfalls einen rein radialen Spannungszustand.

Die komplexen Spannungsfunktionen für die beiden betrachteten Fälle lauten

$$\phi(z) = -\frac{Q + iP}{2\pi} \ln z \qquad \psi(z) = \frac{Q - iP}{2\pi} \ln z \tag{8.144}$$

und mit den K o l o s s o f f schen Formeln ergeben sich daraus wiederum die Spannungen. Als allgemeinere Fälle kann man einen keilförmigen Bereich (Öffnungswinkel 2α) mit einer in der Spitze angreifenden Einzelkraft P in Richtung der Symmetrieachse bzw. Q in Richtung senkrecht dazu betrachten (Fig. 8.23).

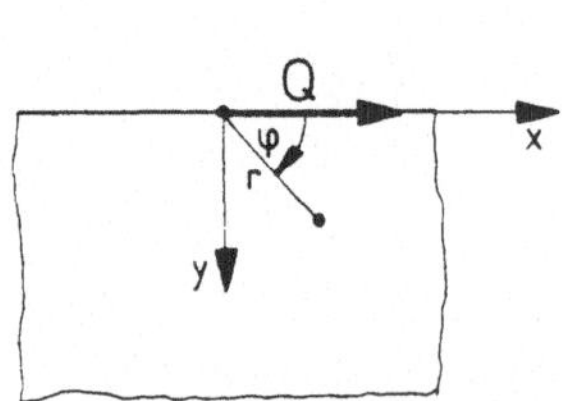

Fig. 8.22 Durch Einzelkraft tangential zum Rand belastete Halbscheibe

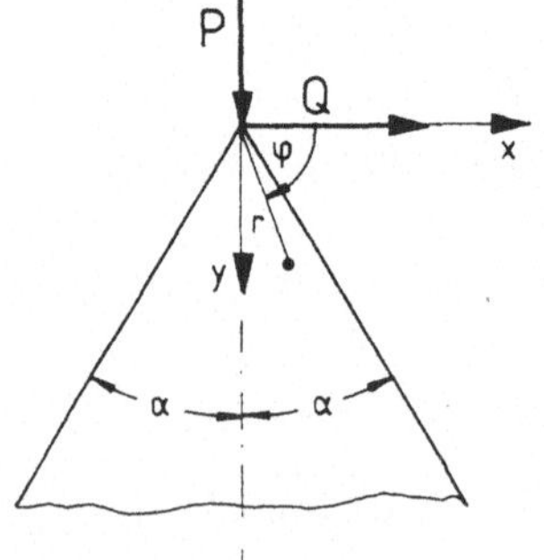

Fig. 8.23 Durch Einzelkräfte in der Spitze belasteter Keilbereich

[1]) In der Spannungsoptik werden diese Kurven, die konstanter Hauptschubspannung entsprechen, sichtbar gemacht. Man bezeichnet sie als Isochromaten.

Für ersteren Fall gilt die Spannungsfunktion (8.138), die Konstante C folgt aus

$$\int_{\frac{\pi}{2}-\alpha}^{\frac{\pi}{2}+\alpha} \sigma_{rr} \sin\varphi R d\varphi + P = 0.$$

Es ergeben sich

$$F = \frac{P}{2\alpha + \sin 2\alpha} r\varphi \cos\varphi \tag{8.145}$$

und damit

$$\sigma_{rr} = -\frac{2P}{2\alpha + \sin 2\alpha} \frac{\sin\varphi}{r}.$$

Für die Belastung mit der Einzelkraft Q erhält man entsprechend

$$F = -\frac{Q}{2\alpha - \sin 2\alpha} r\varphi \sin\varphi \tag{8.146}$$

sowie $\sigma_{rr} = -\dfrac{2Q}{2\alpha - \sin 2\alpha} \dfrac{\cos\varphi}{r}.$

Auch die durch (8.145) und (8.146) beschriebenen Spannungszustände sind rein strahlenförmig.

Der Fall einer Einzelkraft, die im Innern der Halbscheibe angreift, ist komplizierter und wird in Abschn. 8.5.3.3 behandelt.

8.5.3.2 Halbscheibe mit Momentenbelastung am Rand. Zunächst wird der Fall betrachtet, daß eine Einzelkraft normal zum Rand der Halbscheibe außerhalb des Koordinatennullpunkts wirkt (Fig. 8.24a).

Für die A i r y sche Spannungsfunktion gilt in diesem Fall statt (8.142) bzw. (8.141)

$$F = \frac{P}{\pi}(x + a) \arctan \frac{y}{x + a} = \frac{P}{\pi}(x + a)(\varphi - \delta\varphi). \tag{8.147}$$

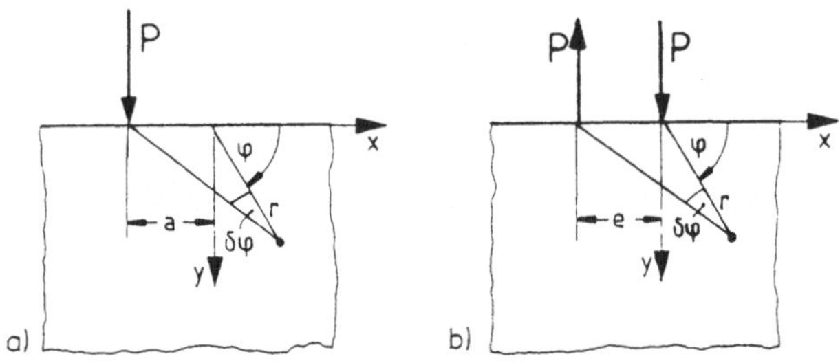

Fig. 8.24 a) verschobene Einzelkraft am Rand der Halbscheibe, b) Kräftepaar am Rand der Halbscheibe (Hebelarm e)

Damit lassen sich die Wirkungen beliebig vieler Einzelkräfte am Rand der Halbscheibe überlagern. Insbesondere ergibt sich für die Belastung durch ein Kräftepaar gemäß Fig. 8.24b die Airy sche Spannungsfunktion

$$F = \frac{P}{\pi} x \arctan \frac{y}{x} - \frac{P}{\pi} (x + e) \arctan \frac{y}{x + e}$$

oder
$$F = \frac{P}{\pi} [x\varphi - (x + e)(\varphi - \delta\varphi)]. \tag{8.148}$$

Das Moment des Kräftepaars ist M = Pe, es wird der Grenzübergang $e \to 0$ durchgeführt, so daß Pe endlich bleibt.

Aus Fig. 8.24b liest man für kleine e die Beziehung

$$r\delta\varphi = e \sin \varphi$$

ab und erhält damit bei Vernachlässigung kleiner Glieder höherer Ordnung aus (8.148)

$$F = \frac{Pe}{\pi} \left(x \frac{\delta\varphi}{e} - \varphi \right) = \frac{M}{\pi} \left(x \frac{\sin \varphi}{r} - \varphi \right)$$

oder
$$F = \frac{M}{2\pi} (\sin 2\varphi - 2\varphi). \tag{8.149}$$

Dies ist die Airy sche Spannungsfunktion für ein am Rand der Halbscheibe im Koordinatennullpunkt angreifendes Einzelmoment (Fig. 8.25a).

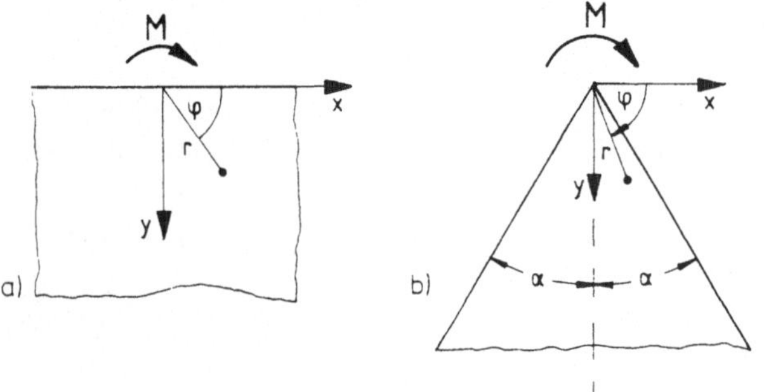

Fig. 8.25 a) Einzelmoment am Rand der Halbscheibe,
b) Einzelmoment an der Spitze eines keilförmigen Bereichs (Problem von Carothers)

Die sich hierbei ergebenden Spannungen sind

$$\sigma_{rr} = -\frac{2M}{\pi} \frac{\sin 2\varphi}{r^2} \qquad \sigma_{\varphi\varphi} = 0$$

$$\tau_{r\varphi} = -\frac{2M}{\pi} \frac{\sin^2 \varphi}{r^2}.$$

Wie man erkennt, liegt kein strahlenförmiger Spannungszustand mehr vor, in Schnitten durch den Nullpunkt treten Schubspannungen $\tau_{r\varphi}$ auf. Außerdem ist bemerkenswert, daß die Spannungen nun mit $1/r^2$ abklingen.

Wie bei der Lösung für die Einzelkraft ist auch hier beim Angriffspunkt des Moments eine Singularität vorhanden (das Einzelmoment stellt eine Idealisierung dar).

Die Überlagerung der Wirkung mehrerer Einzelmomente am Rand läßt sich ebenfalls wie bei den Einzelkräften durchführen.

Die komplexen Spannungsfunktionen für die Momentenbelastung am Rand der Halbscheibe lauten

$$\phi(z) = -i \frac{M}{2\pi} \frac{1}{z} \qquad \psi(z) = -i \frac{M}{\pi} \frac{1}{z}.$$

Eine Verallgemeinerung der obigen Lösung ergibt sich wieder für den Keilbereich mit Momentenbelastung an der Spitze (Fig. 8.25b).

Die Airysche Spannungsfunktion für dies sog. Problem von Carothers lautet

$$F = -\frac{M}{2} \frac{\sin 2\varphi + 2\varphi \cos 2\alpha}{2\alpha \cos 2\alpha - \sin 2\alpha}.$$

Für $\alpha = \frac{\pi}{2}$ folgt daraus wieder die Lösung (8.149) für die Halbscheibe.

Lange Zeit blieb unbemerkt, daß diese Lösung nicht für beliebige Öffnungswinkel des Keilbereichs gilt. Für $\tan 2\alpha = 2\alpha$ (d. h. bei $2\alpha = 257°24'$) tritt eine Singularität auf und alle Spannungen werden unendlich groß.

Diese Tatsache hat zu verschiedenen Diskussionen geführt. Die exakte Lösung des Problems mittels Mellin-Transformation wurde von Sternberg und Koiter [62] geliefert. Von Neuber [63] wurden Prinzipien der Krafteinleitung herangezogen um die physikalische Realisierung eines Einzelmoments an der Spitze eines Keils zu erläutern.

8.5.3.3 Einzelkräfte im Innern der unendlichen Scheibe und der Halbscheibe. Die Airysche Spannungsfunktion (8.145) liefert für $\alpha = \pi$ die Lösung für die längs der negativen y-Achse geschlitzte unendliche Ebene mit Einzelkraft im Koordinatennullpunkt.

Für die ungeschlitzte Vollscheibe gemäß Fig. 8.26a reicht diese Lösung allein nicht aus, es liegt kein radialer Spannungszustand mehr vor.

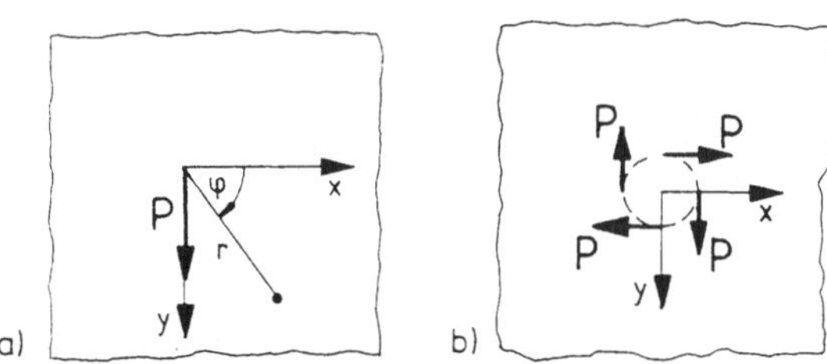

Fig. 8.26 Einzelkraft (a) und Einzelmoment (b) im Innern der unendlichen Scheibe

Die A i r y sche Spannungsfunktion lautet nun bei ESZ

$$F = \frac{P}{2\pi} r\varphi \cos\varphi + \frac{1-\nu}{2} \frac{P}{2\pi} r \ln r \sin\varphi. \tag{8.150}$$

Der erste Teil entspricht der Lösung für die geschlitzte Ebene und hält für sich der Last das Gleichgewicht, der zweite Teil entspricht einem sog. Eigenspannungszustand und bestimmt sich aus der Forderung eindeutiger Verschiebungen. Da es sich um einen zweifach zusammenhängenden Bereich handelt, tritt die Querdehnzahl ν in Erscheinung.

Während die y-Achse eine Symmetrieachse darstellt, ist die x-Achse eine antimetrische Achse für den Spannungszustand. Die Spannungskomponenten ergeben sich aus (8.150) zu

$$\sigma_{rr} = -\frac{3+\nu}{4\pi} \frac{P \sin\varphi}{r} \qquad \sigma_{\varphi\varphi} = \frac{1-\nu}{4\pi} \frac{P \sin\varphi}{r}$$

$$\tau_{r\varphi} = -\frac{1-\nu}{4\pi} \frac{P \cos\varphi}{r}.$$

Man erkennt, daß die Last P jeweils zur Hälfte von der oberen Halbebene $y < 0$ sowie von der unteren Halbebene $y > 0$ aufgenommen wird. Erstere ist auf Zug, letztere auf Druck beansprucht.

Die Kartesischen Spannungskomponenten sind

$$\sigma_{xx} = \frac{P \sin\varphi}{4\pi r} [(1-\nu) - 2(1+\nu)\cos^2\varphi]$$

$$\sigma_{yy} = \frac{P \sin\varphi}{4\pi r} [-(3+\nu) + 2(1+\nu)\cos^2\varphi]$$

$$\tau_{xy} = -\frac{P \cos\varphi}{4\pi r} [(1-\nu) + 2(1+\nu)\sin^2\varphi].$$

Durch Überlagerung lassen sich aus den Formeln für die Einzelkraft weitere Lösungen gewinnen. Die Wirkung zweier Kräftepaare, deren Kräfte parallel zur x- bzw. y-Achse gerichtet sind (Fig. 8.26b) entspricht der Belastung durch ein Einzelmoment M. Hierfür gilt die A i r y sche Spannungsfunktion

$$F = \frac{M}{2\pi} \varphi \tag{8.151}$$

die Spannungen sind

$$\sigma_{rr} = \sigma_{\varphi\varphi} = 0 \qquad \tau_{r\varphi} = \frac{M}{2\pi r^2}.$$

Wie man erkennt, ist der Spannungszustand vom Winkel φ unabhängig und es treten in radialer und tangentialer Richtung zum Koordinatenursprung keine Normalspannungen auf.

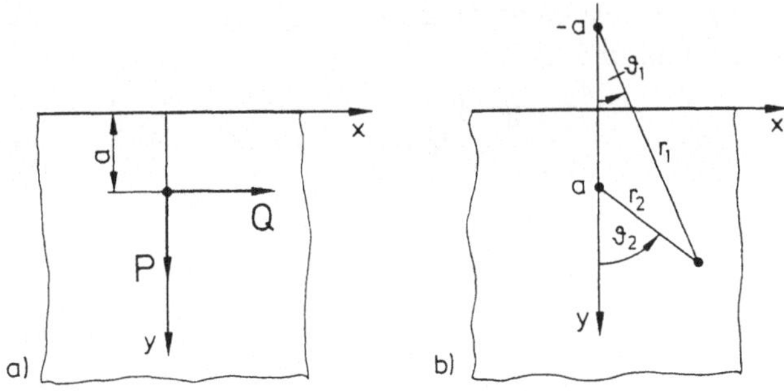

Fig. 8.27 a) Einzelkräfte im Innern der Halbscheibe (Problem von M e l a n ,
b) Bipolarkoordinaten $r_1, r_2, \vartheta_1, \vartheta_2$

Das Problem von Einzelkräften im Innern der Halbscheibe (Fig. 8.27) wurde von M e l a n [64] erstmals gelöst[1]). Die Lösung wurde später auch mittels komplexer Spannungsfunktionen [33] ebenso wie mit der Methode der Integraltransformation [B 41] gewonnen.

Für den Fall der Belastung gemäß Fig. 8.27a lautet die A i r y sche Spannungsfunktion bei ESZ

$$F = -\frac{P}{\pi}\left[\frac{x}{2}(\vartheta_1 + \vartheta_2) - \frac{1-\nu}{4}(y-a)\ln\frac{r_2}{r_1} - \frac{1+\nu}{2}\frac{ay(y+a)}{r_1^2}\right]$$

$$+\frac{Q}{\pi}\left[\frac{y-a}{2}(\vartheta_1 + \vartheta_2) + \frac{1-\nu}{4}x\ln\frac{r_2}{r_1} - \frac{1+\nu}{2}\frac{axy}{r_1^2}\right] \qquad (8.152)$$

wobei nach Fig. 8.27b die Bipolarkoordinaten $r_1, \vartheta_1, r_2, \vartheta_2$

$$\text{mit} \qquad \tan\vartheta_1 = \frac{x}{y+a} \qquad \tan\vartheta_2 = \frac{x}{y-a}$$

$$\text{und} \qquad r_1 = \sqrt{x^2 + (y+a)^2} \qquad r_2 \sqrt{x^2 + (y-a)^2} \qquad (8.153)$$

eingeführt sind.

Die allgemeinen Ausdrücke für die Spannungskomponenten sind sehr unhandlich. Speziell für den Rand der Halbscheibe ($y = 0$) ist $r_1 = r_2 = r = \sqrt{x^2 + a^2}$, und es gilt dort

$$\sigma_{xx} = -\frac{2P}{\pi}\left[(1+\nu)\frac{a^3}{r^4} - \nu\frac{a}{r^2}\right] - \frac{2Q}{\pi}\left[(1+\nu)\frac{a^2x}{r^4} + \frac{x}{r^2}\right]$$

$$= -\frac{2P}{\pi}\frac{a^3 - \nu a y^2}{r^4} - \frac{2Q}{\pi}\frac{x^3 - \nu a^2 x}{r^4}$$

$$\sigma_{yy} = \tau_{xy} = 0.$$

---

[1]) Vgl. hierzu auch [A 26], Fußnote S. 132.

Die komplexen Spannungsfunktionen (vgl. [A 13], S. 265) für das Problem von Melan lauten (für ESZ und EVZ)

$$\phi(z) = -\frac{Q + iP}{2\pi(1+\kappa)}\left[\ln(z - ia) + \kappa \ln(z + ia)\right] + \frac{Q - iP}{2\pi(1+\kappa)}\frac{z - ia}{z + ia}$$

$$\psi(z) = \frac{Q + iP}{2\pi(1+\kappa)}\left(\frac{\kappa z}{z + ia} - \frac{ia}{z - ia}\right) \tag{8.154}$$

$$+ \frac{Q - iP}{2\pi(1+\kappa)}\left[\ln(z + ia) + \kappa \ln(z - ia) - \frac{2iaz}{(z + ia)^2}\right].$$

Für a = 0 folgen aus (8.152) und (8.154) wieder die entsprechenden Lösungen für die am Rand belastete Halbscheibe (man beachte dabei den hier eingeführten Winkel $\vartheta = \frac{\pi}{2} - \varphi$).

8.5.4 Biegung eingespannter Kreisringsektoren

Hierfür werden die Airyschen Spannungsfunktionen in der Form

$$f(r) \sin \varphi \qquad f(r) \cos \varphi$$

verwendet, was einer Verallgemeinerung des in Abschn. 8.5.2 besprochenen Biegeproblems entspricht.

Für den eingespannten und durch eine Querkraft Q belasteten Kreisringsektor nach Fig. 8.28a gilt eine Airysche Spannungsfunktion

$$F(r, \varphi) = f(r) \sin \varphi. \tag{8.155}$$

Entsprechend der allgemeinen Bipotentialgleichung $\Delta\Delta F = 0$ ergibt sich für f(r) die gewöhnliche Diff.-Gl.

$$\left(\frac{d^2}{dr^2} + \frac{1}{r}\frac{d}{dr} - \frac{1}{r^2}\right)^2 f = 0$$

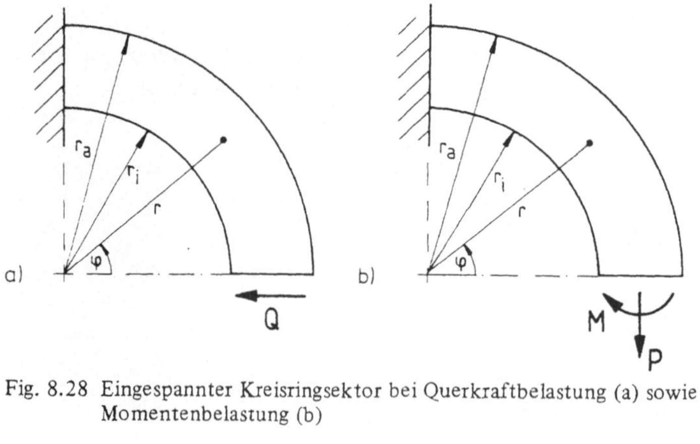

Fig. 8.28 Eingespannter Kreisringsektor bei Querkraftbelastung (a) sowie bei Normalkraft- und Momentenbelastung (b)

mit der allgemeinen Lösung

$$f(r) = Ar^3 + \frac{B}{r} + Cr + Dr \ln r.$$

Die auftretenden Spannungskomponenten sind dann

$$\begin{aligned}
\sigma_{rr} &= \left(2Ar - \frac{2B}{r^3} + \frac{D}{r}\right) \sin\varphi \\
\sigma_{\varphi\varphi} &= \left(6Ar + \frac{2B}{r^3} + \frac{D}{r}\right) \sin\varphi \\
\tau_{r\varphi} &= -\left(2Ar - \frac{2B}{r^3} + \frac{D}{r}\right) \cos\varphi
\end{aligned} \tag{8.156}$$

wobei die Konstanten aus den Randbedingungen zu ermitteln sind. Diese lauten

$$\sigma_{rr} = \tau_{r\varphi} = 0 \quad \text{für } r = r_i,\ r = r_a$$

ferner gilt

$$\int_{r_i}^{r_a} \tau_{r\varphi} dr = Q.$$

Daraus folgen

$$A = \frac{Q}{N} \qquad B = -\frac{Q r_i^2 r_a^2}{2N} \qquad D = -\frac{Q}{N}(r_i^2 + r_a^2)$$

mit $\quad N = r_i^2 - r_a^2 + (r_i^2 + r_a^2) \ln \frac{r_a}{r_i}$

womit sich die Spannungen (8.156) berechnen lassen.
Speziell ergibt sich für $\varphi = 0$

$$\sigma_{\varphi\varphi} = 0 \qquad \tau_{r\varphi} = -\frac{Q}{N}\left[r + \frac{r_i^2 r_a^2}{r^3} - \frac{1}{r}(r_i^2 + r_a^2)\right]$$

und für die Einspannstelle

$$\tau_{r\varphi} = 0 \qquad \sigma_{\varphi\varphi} = \frac{Q}{N}\left[3r - \frac{r_i^2 r_a^2}{r^3} - \frac{1}{r}(r_i^2 + r_a^2)\right].$$

Diese Lösung gilt natürlich nur, wenn die der Querkraft Q entsprechenden Spannungen bei $\varphi = 0$ gemäß der oben angegebenen Verteilung eingeleitet werden.

Ganz entsprechend lassen sich Lösungen gewinnen für den eingespannten Kreisringsektor mit einer Belastung nach Fig. 8.28b.

Die Airysche Spannungsfunktion dafür ist von der Form

$$F(r, \varphi) = f(r) \cos\varphi. \tag{8.157}$$

Als Randbedingungen gelten

$$\sigma_{rr} = \tau_{r\varphi} = 0 \quad \text{für } r = r_i,\ r = r_a$$

ferner $\int_{r_i}^{r_a} \sigma_{\varphi\varphi} dr = P \qquad \int_{r_i}^{r_a} \sigma_{\varphi\varphi} r dr = M.$

Die Berechnung der Spannungen erfolgt analog wie im vorher besprochenen Beispiel.

8.5.5 Spannungskonzentration am kreisförmigen Loch in der einachsig gezogenen Scheibe (Problem von Kirsch)

Das Problem gemäß Fig. 8.29a wurde erstmals von Kirsch [65] im Jahr 1898 gelöst und stellt eines der fundamentalen Spannungskonzentrations- oder Kerbprobleme dar.

Der homogene Spannungszustand in einer einachsig gezogenen (unendlich ausgedehnten) Scheibe wird durch ein kreisförmiges Loch gestört, derart, daß sich eine Spannungserhöhung ergibt. Die Störungen der Spannungsverteilung wirken sich allerdings nur in unmittelbarer Umgebung des Loches aus und klingen schon in mäßiger Entfernung ($r > 3a$) vom Loch schnell ab.

In großem Abstand vom Nullpunkt herrscht somit die homogene Spannungsverteilung $\sigma_{xx} = \sigma$ unabhängig davon, ob ein Loch vorhanden ist oder nicht. In Polarkoordinaten entspricht dies den Spannungen

$$\begin{aligned} \sigma_{rr} &= \sigma_{xx} \cos^2 \varphi = \frac{\sigma}{2}(1 + \cos 2\varphi) \\ \sigma_{\varphi\varphi} &= \sigma_{xx} \sin^2 \varphi = \frac{\sigma}{2}(1 - \cos 2\varphi) \\ \tau_{r\varphi} &= -\sigma_{xx} \sin \varphi \cos \varphi = -\frac{\sigma}{2} \sin 2\varphi. \end{aligned} \tag{8.158}$$

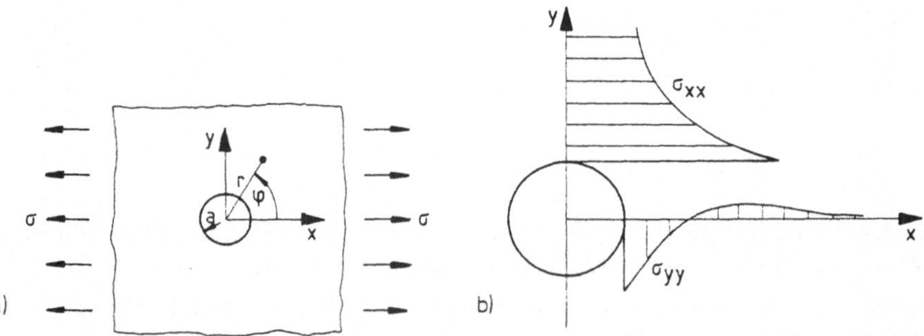

Fig. 8.29 a) Scheibe mit kreisförmigem Loch unter einachsigem Zug (Problem von Kirsch), b) Verteilung der Spannungen σ_{xx} und σ_{yy} auf der x- und y-Achse in der Umgebung des Kreislochs

Diese Spannungsverteilung entsteht durch Spannungen σ_{rr} und $\tau_{r\varphi}$ gemäß (8.158) am Außenrand eines Kreisrings (mit genügend großem Außenradius r_a), die sich in einen rotationssymmetrischen und einen nicht-rotationssymmetrischen Anteil aufspalten lassen.

Damit gewinnt man die Lösung des Problems von Kirsch aus einer Überlagerung der Lamé schen Lösung für einen Kreisring unter allseitigem Zug $\sigma/2$ bei lastfreiem Innenrand und der Lösung für einen Kreisring mit den Spannungen

$$\sigma_{rr} = \frac{\sigma}{2} \cos 2\varphi \qquad \tau_{r\varphi} = -\frac{\sigma}{2} \sin 2\varphi \tag{8.159}$$

am Außenrand.

Für den allseitigen Zug ergibt sich aus (8.132) für $p_i = 0$, $p_a = -\sigma/2$ mit $r_a \to \infty$ die Airy-sche Spannungsfunktion

$$F_1(r) = \frac{\sigma}{4}(r^2 - 2a^2 \ln r). \tag{8.160}$$

Für die Spannungen gemäß (8.159) gilt eine nicht-rotationssymmetrische Airy sche Spannungsfunktion

$$F_2(r, \varphi) = f(r) \cos 2\varphi. \tag{8.161}$$

Aus der allgemeinen Bipotentialgleichung $\Delta\Delta F_2 = 0$ folgt damit die gewöhnliche Diff.-Gl. für $f(r)$

$$\left(\frac{d^2}{dr^2} + \frac{1}{r}\frac{d}{dr} - \frac{4}{r^2}\right)\left(\frac{d^2 f}{dr^2} + \frac{1}{r}\frac{df}{dr} - \frac{4f}{r^2}\right) = 0$$

mit der allgemeinen Lösung

$$f(r) = Ar^4 + Br^2 + \frac{C}{r^2} + D.$$

Die Integrationskonstanten erhält man aus der Bedingung für lastfreien Lochrand, d. h.

$$\sigma_{rr} = 0 \qquad \tau_{r\varphi} = 0 \quad \text{für } r = a$$

sowie der Bedingung (8.159), wobei der Grenzübergang $r_a \to \infty$ vollzogen wird, zu

$$A = 0 \qquad B = -\frac{\sigma}{4} \qquad C = -\frac{\sigma}{4} a^4 \qquad D = \frac{\sigma}{2} a^2.$$

Damit folgt für (8.161)

$$F_2(r, \varphi) = -\frac{\sigma}{4}\left(r^2 + \frac{a^4}{r^2} - 2a^2\right) \cos 2\varphi$$

und mit (8.160) lautet die endgültige Airy sche Spannungsfunktion für die einachsig gezogene Scheibe mit Kreisloch

$$F(r, \varphi) = \frac{\sigma}{4}\left[r^2 - 2a^2 \ln r - \frac{(r^2 - a^2)^2}{r^2} \cos 2\varphi\right]. \tag{8.162}$$

Daraus ergeben sich die Spannungen (Formeln von K i r s c h)

$$\begin{aligned}
\sigma_{rr} &= \frac{\sigma}{2}\left[\left(1-\frac{a^2}{r^2}\right)+\left(1-4\frac{a^2}{r^2}+3\frac{a^4}{r^4}\right)\cos 2\varphi\right]\\
\sigma_{\varphi\varphi} &= \frac{\sigma}{2}\left[\left(1+\frac{a^2}{r^2}\right)-\left(1+3\frac{a^4}{r^4}\right)\cos 2\varphi\right]\\
\tau_{r\varphi} &= -\frac{\sigma}{2}\left(1+2\frac{a^2}{r^2}-3\frac{a^4}{r^4}\right)\sin 2\varphi .
\end{aligned} \tag{8.163}$$

Es folgt z. B. für $x = 0, \varphi = \pi/2, y \geqslant a$

$$\sigma_{\varphi\varphi} = \sigma_{xx} = \sigma\left(1+\frac{1}{2}\frac{a^2}{y^2}+\frac{3}{2}\frac{a^4}{y^4}\right).$$

Am Lochrand $r = a$ gilt für die Umfangsspannung

$$\sigma_{\varphi\varphi} = \sigma(1-2\cos 2\varphi)$$

mit $(\sigma_{\varphi\varphi})_{max} = 3\sigma$ für $\varphi = \pm\frac{\pi}{2}$

$(\sigma_{\varphi\varphi})_{min} = -\sigma$ für $\varphi = 0$ und π.

Man erkennt, wie sich die Spannung am Lochrand erhöht, der betreffende Spannungskonzentrationsfaktor hat den Wert 3. Diese Tatsache hat große praktische Bedeutung.

Wie in Fig. 8.29b am Beispiel der Spannungen längs der x- und y-Achse gezeigt, klingen die Störungen der Spannungen sehr rasch nach außen ab.

Es seien schließlich noch die Verschiebungen für das Problem von K i r s c h angegeben

$$\begin{aligned}
u_r &= \frac{\sigma}{8Gr}\left\{(\kappa-1)r^2+2a^2+2\left[(\kappa+1)a^2+r^2-\frac{a^4}{r^2}\right]\cos 2\varphi\right\}\\
u_\varphi &= -\frac{\sigma}{4Gr}\left[(\kappa-1)a^2+r^2+\frac{a^4}{r^2}\right]\sin 2\varphi .
\end{aligned}$$

Speziell am Lochrand gelten

$$u_t = \frac{1+\kappa}{8G}\sigma a(1+2\cos 2\varphi) \qquad u_\varphi = \frac{1+\kappa}{4G}\sigma a\sin 2\varphi$$

wobei κ gemäß (8.75) die Querdehnzahl enthält.

Durch Überlagerung obiger Lösungen für Zug in x- und y-Richtung erhält man wieder die bereits früher behandelte Lösung für das Kreisloch in der unendlichen Scheibe unter allseitigem Zug.

Die Lösung des Problems von K i r s c h läßt sich auch mit komplexen Spannungsfunktionen gewinnen. Dies wird im nächsten Abschnitt demonstriert, wobei die allgemeine Lösung für kreisgelochte Bereiche angegeben wird.

8.5.6 Allgemeine Lösung für die unendliche kreisgelochte Scheibe mittels konformer Abbildung

Die Abbildungsfunktion für die konforme Abbildung des Äußeren eines Kreises (Radius R) der z-Ebene auf das Innere des Einheitskreises der ζ-Ebene lautet

$$z(\zeta) = \frac{R}{\zeta}. \tag{8.164}$$

Aus der allgemeinen Form (8.103) der komplexen Spannungsfunktionen für die z-Ebene ergeben sich mit (8.164) für die ζ-Ebene

$$\begin{aligned} \phi(\zeta) &= \frac{X + iY}{2\pi(1+\kappa)} \ln \zeta + \frac{BR}{\zeta} + \phi_0(\zeta) \\ \psi(\zeta) &= -\frac{\kappa(X - iY)}{2\pi(1+\kappa)} \ln \zeta + (B' + iC')\frac{R}{\zeta} + \psi_0(\zeta) \end{aligned} \tag{8.165}$$

wobei $\phi_0(\zeta)$ und $\psi_0(\zeta)$ eindeutige analytische Funktionen im Einheitskreis der ζ-Ebene darstellen[1]).

Die Lösung (für das erste Randwertproblem) geht aus von der Randbedingung (8.127). Mit (8.165) folgt daraus

$$\begin{aligned} &\frac{X + iY}{2\pi(1+\kappa)} \ln \gamma + \frac{BR}{\gamma} + \phi_0(\gamma) \\ &\quad + \frac{z(\gamma)}{\bar{z}'(\bar{\gamma})}\left[\frac{X - iY}{2\pi(1+\kappa)}\frac{1}{\bar{\gamma}} - \frac{BR}{\bar{\gamma}^2} + \bar{\phi}_0'(\bar{\gamma})\right] \\ &\quad - \frac{\kappa(X - iY)}{2\pi(1+\kappa)} \ln \bar{\gamma} + (B' - iC')\frac{R}{\bar{\gamma}} + \bar{\psi}_0(\bar{\gamma}) = F(\gamma) \end{aligned} \tag{8.166}$$

oder abgekürzt

$$\phi_0(\gamma) + \frac{z(\gamma)}{\bar{z}'(\bar{\gamma})}\bar{\phi}_0'(\bar{\gamma}) + \bar{\psi}_0(\bar{\gamma}) = F_0(\gamma) \tag{8.167}$$

mit $\quad F_0(\gamma) = F(\gamma) - \dfrac{X + iY}{2\pi}\ln\gamma - \dfrac{z(\gamma)}{\bar{z}'(\bar{\gamma})}\left[\dfrac{X - iY}{2\pi(1+\kappa)}\gamma - BR\gamma^2\right] - (B' - iC')R\gamma.$

Für die komplexen Spannungsfunktionen $\phi_0(\zeta)$ und $\psi_0(\zeta)$ setzt man

$$\phi_0(\zeta) = \sum_{k=1}^{\infty} a_k \zeta^k \qquad \psi_0(\zeta) = \sum_{k=1}^{\infty} b_k \zeta^k.$$

---

[1]) Die allgemeinen Ausdrücke (8.165) gelten übrigens auch bei Abbildung beliebig gelochter Bereiche mit der Abbildungsfunktion (8.116) auf das Innere des Einheitskreises. R wird dann durch c_{-1} ersetzt, die unendliche Reihe geht in ϕ_0 und ψ_0 ein.

Es folgt mit (8.164)

$$\frac{z(\gamma)}{\bar{z}'(\bar{\gamma})} = -\frac{1}{\gamma^3}$$

und die Randbedingung (8.167) zur Ermittlung der Funktionen $\phi_0(\zeta)$ und $\psi_0(\zeta)$ wird damit

$$\phi_0(\gamma) - \bar{\gamma}^3\bar{\phi}_0'(\bar{\gamma}) + \bar{\psi}_0(\bar{\gamma}) = F_0(\gamma). \tag{8.168}$$

Die rechte Seite der Randbedingung (8.166) entspricht der Randbelastung und wird durch eine komplexe Fourier-Reihe auf dem Einheitskreis dargestellt gemäß

$$F(\varphi) = \sum_{-\infty}^{\infty} A_k\gamma^k = \sum_{-\infty}^{\infty} A_k e^{i\varphi k}$$

mit $$A_k = \frac{1}{2\pi}\int_0^{2\pi} F(\varphi)e^{-ik\varphi}d\varphi \qquad (k = 0, \pm 1, \pm 2 \ldots).$$

Ferner wird die Reihenentwicklung

$$\begin{aligned} \ln\gamma &= \sum_{k=-\infty}^{\infty} B_k\gamma^k = B_0 + \sum_{k=1}^{\infty} B_k\gamma^k + \sum_{k=1}^{\infty} B_{-k}\gamma^{-k} \\ &= i\pi + \sum_{k=1}^{\infty} \frac{1}{k}(\gamma^{-k} - \gamma^k) \end{aligned} \tag{8.169}$$

verwendet.

Nach Einsetzen in (8.168) und Koeffizientenvergleich erhält man schließlich

$$\begin{aligned} a_1 &= A_1 + \frac{X + iY}{2\pi} - (B' - iC')R \\ \bar{b}_0 &= A_0 - \frac{i}{2}(X + iY) \\ \bar{b}_1 &= A_{-1} - \frac{X + iY}{2\pi} - 2BR \\ a_k &= A_k + \frac{1}{k}\frac{X + iY}{2\pi} \qquad (k > 1) \\ \bar{b}_2 &= A_{-2} + \frac{X - iY}{2\pi(1 + \kappa)} - \frac{X + iY}{4\pi} \\ -(k-2)\bar{a}_{k-2} + \bar{b}_k &= A_{-k} - \frac{1}{k}\frac{X + iY}{2\pi} \qquad (k > 2). \end{aligned} \tag{8.170}$$

Mit diesen Größen ist die allgemeine Lösung in Reihenform für die kreisgelochte unendliche Ebene gegeben.

Eine wesentliche Vereinfachung ergibt sich, wenn die Randbelastung ein Gleichgewichtssystem ($X + iY = 0$) darstellt. Dann werden die Koeffizienten (8.170) zu

$$\begin{aligned} &a_1 = A_1 - (B' - iC')R \qquad a_k = A_k \qquad (k > 1) \\ &b_0 = \bar{A}_0 \qquad b_1 = \bar{A}_{-1} - 2BR \qquad b_2 = \bar{A}_{-2} \\ &b_k = \bar{A}_{-k} - (k-2)a_{k-2} \qquad (k > 1). \end{aligned} \tag{8.171}$$

Für die gezogene unendliche Scheibe mit lastfreiem Kreisloch (Problem von K i r s c h) ist $X = Y = 0$, ferner $F(\gamma) = 0$, d. h. $A_k = 0$.
Die von (8.171) verbleibenden Koeffizienten sind

$$\begin{aligned} &a_1 = -(B' - iC')R \\ &b_1 = -2BR \\ &b_3 = (B' - iC')R \\ &a_k = 0 \quad \text{für } k > 1 \qquad b_0 = 0 \qquad b_2 = 0 \\ &b_k = 0 \quad \text{für } k > 3. \end{aligned}$$

Für eine Zugspannung $\sigma_{xx}^{\infty} = \sigma$ in x-Richtung ergeben sich aus (8.105)

$$B = \frac{\sigma}{4} \qquad B' = -\frac{\sigma}{2} \qquad C' = 0$$

somit $$a_1 = \frac{\sigma R}{2} \qquad b_1 = -\frac{\sigma R}{2} \qquad b_3 = -\frac{\sigma R}{2}$$

also $$\phi_0(\zeta) = \frac{\sigma R}{2}\zeta \qquad \psi_0(\zeta) = -\frac{\sigma R}{2}(\zeta - \zeta^3).$$

Mit den allgemeinen Formeln (8.165) folgen damit

$$\phi(\zeta) = \frac{\sigma R}{4}\left(\frac{1}{\zeta} + 2\zeta\right) \qquad \psi(\zeta) = -\frac{\sigma R}{2}\left(\frac{1}{\zeta} + \zeta - \zeta^3\right)$$

bzw. nach Rücktransformation in die z-Ebene mittels (8.164) die komplexen Spannungsfunktionen

$$\begin{aligned} &\phi(z) = \frac{\sigma}{4}\left(z + 2\frac{R^2}{z}\right) \\ &\psi(z) = -\frac{\sigma}{2}\left[z + R^2\left(\frac{1}{z} - \frac{R^2}{z^3}\right)\right] \end{aligned} \tag{8.172}$$

aus denen sich in bekannter Weise mit den K o l o s s o f f schen Formeln wiederum die in Abschn. 8.5.5 bereits angegebenen Spannungen und Verschiebungen ermitteln lassen[1]).

[1]) Man beachte, daß hier der Lochradius mit R bezeichnet ist.

Für den allgemeineren Fall, daß der einachsige Zug unter dem Winkel α gegen die x-Achse wirkt (Fig. 8.30), gelten an Stelle von (8.172)

$$\phi(z) = \frac{\sigma}{4}\left(z + 2\frac{R^2}{z}e^{2i\alpha}\right)$$

$$\psi(z) = -\frac{\sigma}{2}\left(ze^{-2i\alpha} + \frac{R^2}{z} - \frac{R^2}{z}e^{2i\alpha}\right).$$

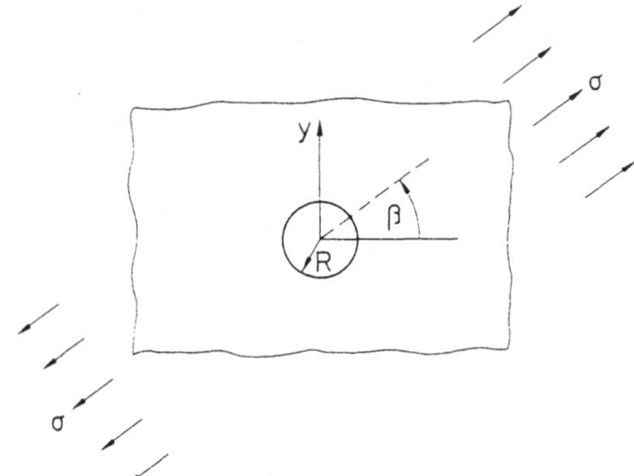

Fig. 8.30
Scheibe mit kreisförmigem Loch bei einachsigem Zug unter beliebigem Winkel zur x-Achse

8.5.7 Elliptisch gelochte unendliche Scheibe

Die im vorangehenden Abschnitt gezeigte Vorgehensweise läßt sich zu einem allgemeinen Verfahren der unbestimmten Koeffizienten weiterführen und damit auf beliebig berandete bzw. gelochte Bereiche anwenden, falls eine geeignete Abbildungsfunktion für die konforme Abbildung vorliegt.

Im allgemeinen ist das Verfahren sehr umständlich, besonders zur Ermittlung der zweiten komplexen Spannungsfunktion, und kann durch weitergehende funktionentheoretische Methoden ersetzt werden.

Für die elliptisch gelochte Scheibe bei Zug ist die Lösung nach dem elementaren Verfahren gleichwohl sehr einfach.

Die Gleichung des elliptischen Lochrands ist

$$\frac{x^2}{a^2} + \frac{y^2}{b^2} = 1$$

mit a und b als Halbachsen der Ellipse. Die Abbildungsfunktion für die konforme Abbildung gemäß Fig. 8.31 lautet

$$z(\zeta) = A\left(\frac{1}{\zeta} + c\zeta\right) \qquad \text{mit} \qquad A = \frac{a+b}{2} \qquad c = \frac{a-b}{a+b}. \tag{8.173}$$

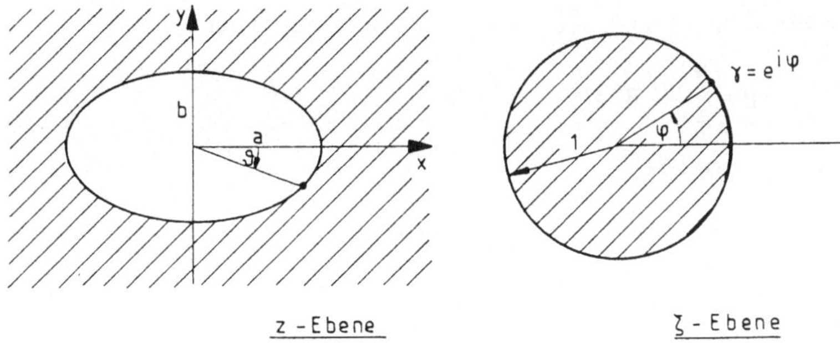

Fig. 8.31 Konforme Abbildung der elliptisch gelochten unendlichen Ebene auf das Innere des Einheitskreises

Die elliptische Kontur ist gegeben durch

$$x = A(1 + c)\cos\varphi \qquad y = -A(1 - c)\sin\varphi$$

die Lage der Punkte auf dem Lochrand wird durch

$$\tan\vartheta = \frac{y(\varphi)}{x(\varphi)} = -\frac{1 - c}{1 + c}\tan\varphi$$

beschrieben.

Für lastfreien elliptischen Lochrand ergibt sich nach (8.165) folgende allgemeine Form der Spannungsfunktionen[1])

$$\phi(\zeta) = \frac{BA}{\zeta} + \phi_0(\zeta)$$

$$\psi(\zeta) = (B' + iC')\frac{A}{\zeta} + \psi_0(\zeta).$$

In der Randbedingung, die formal mit (8.167) übereinstimmt

$$\phi_0(\gamma) + \frac{z(\gamma)}{\bar{z}'(\bar{\gamma})}\bar{\phi}_0'(\bar{\gamma}) + \bar{\psi}_0(\bar{\gamma}) = F_0(\gamma) \tag{8.174}$$

ist somit hier

$$F_0(\gamma) = -\frac{BA}{\gamma} + \frac{z(\gamma)}{\bar{z}'(\bar{\gamma})}BA\gamma^2 - (B' - iC')A\gamma. \tag{8.175}$$

Mit der Abbildungsfunktion (8.173) folgt

$$\frac{z(\gamma)}{\bar{z}'(\bar{\gamma})} = \frac{1}{\gamma}\frac{1 + c\gamma^2}{c - \gamma^2} = -\frac{1 + c\gamma^2}{\gamma^3\left(1 - \frac{c}{\gamma^2}\right)} = -\frac{1 + c\gamma^2}{\gamma^3}\left(1 + \frac{c}{\gamma^2} + \frac{c^2}{\gamma^4} + \ldots\right).$$

---

[1]) Man vgl. die Fußnote auf S. 247!

Für eine Zugspannung $\sigma_{yy}^{\infty} = \sigma$ in y-Richtung ergeben sich

$$B = \frac{\sigma}{4} \qquad B' = \frac{\sigma}{2} \qquad C = 0.$$

Damit wird (8.175)

$$F_0(\gamma) = -\frac{\sigma A}{4}\left[\frac{1}{\gamma} + 2\gamma + \frac{1 + c\gamma^2}{\gamma^3}\left(1 + \frac{c}{\gamma^2} + \frac{c^2}{\gamma 4} + \ldots\right)\right].$$

Für die Spannungsfunktionen $\phi_0(\zeta)$ und $\psi_0(\zeta)$ gilt wieder eine Darstellung

$$\phi_0(\zeta) = \sum_{k=1}^{\infty} a_k \zeta^k \qquad \psi_0(\zeta) = \sum_{k=1}^{\infty} b_k \zeta^k.$$

Eingesetzt in die Randbedingung (8.174) liefert der Koeffizientenvergleich, zunächst für positive Potenzen von γ

$$a_1 = -\frac{\sigma A}{4}(2 + c) \qquad a_k = 0 \quad \text{für } k > 1.$$

Damit ergibt sich sogleich die erste komplexe Spannungsfunktion zu

$$\phi(\zeta) = \frac{\sigma A}{4}\left[\frac{1}{\zeta} - (2 + c)\zeta\right]. \tag{8.176}$$

Die Betrachtung der negativen Potenzen von γ liefert

$$b_1 = -\frac{\sigma A}{4}(2 + c^2) + ca_1 = -\frac{\sigma A}{2}(1 + c + c^2)$$

$$\bar{b}_2 = \bar{b}_4 = \ldots = 0$$

$$-\bar{a}_1(1 + c^2) + \bar{b}_3 = -\frac{\sigma A}{4}(c + c^3) \quad \text{d. h. } b_3 = -\frac{\sigma A}{2}(1 + c^2)(1 + c)$$

$$-\bar{a}_1(c + c^3) + \bar{b}_5 = -\frac{\sigma A}{4}(c^2 + c^4) \quad \text{d. h. } b_5 = cb_3$$

$$b_7 = cb_5 = c^2 b_3 \quad \text{usw.}$$

Somit ergibt sich

$$\psi_0(\zeta) = -\frac{\sigma A}{2}\{(1 + c + c^2)\zeta + (1 + c^2)(1 + c)\zeta^3[1 + c\zeta^2 + c^2\zeta^4 + \ldots]\}.$$

Der Ausdruck in eckiger Klammer entspricht einer geometrischen Reihe, die sich aufsummieren läßt, d. h.

$$\sum_{k=0}^{\infty} (c\zeta^2)^k = \frac{1}{1 - c\zeta^2}.$$

Die zweite komplexe Spannungsfunktion wird also

$$\psi(\zeta) = \frac{\sigma A}{2}\left[\frac{1}{\zeta} - \frac{(1 + c + c^2)\zeta + \zeta^3}{1 - c\zeta^2}\right]. \tag{8.177}$$

Eine Rücktransformation der Spannungsfunktionen (8.176) und (8.177) in die z-Ebene ist nicht möglich, die Spannungsberechnung ist punktuell in der ζ-Ebene vorzunehmen und dann zurückzuübertragen.

Längs des Lochrands ist $\sigma_{\rho\rho} = 0$, für die Umfangsspannung gilt mit der ersten K o l o s - s o f f schen Formel (8.125)

$$\sigma_{\varphi\varphi} = 4 \operatorname{Re}\{\Omega(\gamma)\}.$$

Es folgt

$$\Omega(\zeta) = \frac{\phi'(\zeta)}{z'(\zeta)} = \frac{\sigma}{4}\,\frac{1 + (2 + c)\zeta^2}{1 - c\zeta^2}$$

und mit $\gamma = e^{i\varphi}$ ist der Randspannungsverlauf darstellbar als

$$\sigma_{\varphi\varphi} = \sigma\,\frac{1 - (2 + c)c + 2\cos 2\varphi}{1 + c^2 - 2c\cos 2\varphi}.$$

Die maximalen Spannungen treten für $\varphi = 0$ und $\varphi = \pi$, d. h. an den Enden der großen Halbachse auf. Hierfür gilt

$$(\sigma_{\varphi\varphi})_{max} = \sigma\left(1 + 2\,\frac{1 + c}{1 - c}\right) = \sigma\left(1 + 2\,\frac{a}{b}\right). \tag{8.178}$$

Diese sog. E l l i p s e n f o r m e l ist von großer praktischer Bedeutung zur Abschätzung von Spannungskonzentrationseffekten (Kerbwirkung).

Die minimale Umfangsspannung tritt für $\varphi = \pm\,\pi/2$ auf, d. h. an den Enden der kleinen Halbachse. Unabhängig von der Gestalt der Ellipse ist stets

$$(\sigma_{\varphi\varphi})_{min} = -\sigma.$$

Die Verteilung der Spannungen $\sigma_{xx} = \sigma_{\rho\rho}$ und $\sigma_{yy} = \sigma_{\varphi\varphi}$ längs der x-Achse für eine Ellipse mit $a/b = \sqrt{5}$ (c = 0.38197) ist in Fig. 8.32 dargestellt. Dort ist auch der Randspannungsverlauf $\sigma_{\varphi\varphi}/\sigma$ am Loch eingetragen.

Die Lösung des geschilderten Problems erfolgte erstmals[1]) (auf einem etwas anderen Weg) 1909 von K o l o s s o f f. Die allgemeine Lösung für den Fall, daß die Zugspannung unter einem Winkel β gegen die x-Achse wirkt (Fig. 8.33), wurde erstmals 1919 von M u s k h e l i s c h w i l i angegeben.

---

[1]) Später wurde diese Lösung von I n g l i s , P ö s c h l , L. F ö p p l , N e u b e r und Anderen auf verschiedenen Wegen verifiziert.

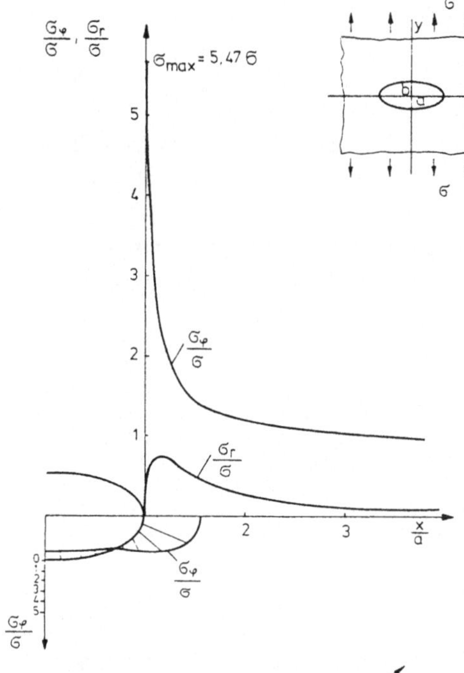

Fig. 8.32
Spannungsverteilung am elliptischen Loch in der gezogenen unendlichen Scheibe

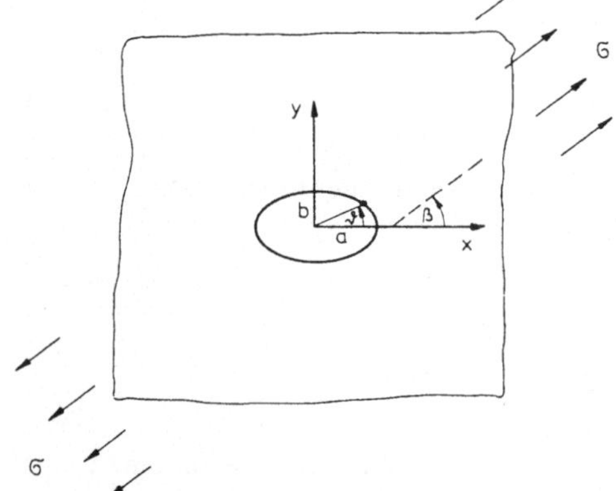

Fig. 8.33
Scheibe mit elliptischem Loch bei einachsigem Zug unter beliebigem Winkel zur x-Achse

Die komplexen Spannungsfunktionen für diesen Fall lauten

$$\phi(\zeta) = \frac{\sigma A}{4}\left[\frac{1}{\zeta} + (2e^{2i\beta} - c)\zeta\right]$$
$$\psi(\zeta) = -\frac{\sigma A}{2}\left[\frac{e^{-2i\beta}}{\zeta} + \frac{(1 - e^{2i\beta}c + c^2)\zeta - e^{2i\beta}\zeta^3}{1 - c\zeta^2}\right]. \tag{8.179}$$

Durch Überlagerung der Lösungen für $\beta = 0$ und $\beta = \pi/2$ läßt sich der Fall der elliptisch gelochten Scheibe unter allseitigem Zug behandeln.

Hierfür folgen aus (8.179) die komplexen Spannungsfunktionen

$$\phi(\zeta) = \frac{\sigma A}{2}\left(\frac{1}{\zeta} - c\zeta\right)$$

$$\psi(\zeta) = -\sigma A \frac{(1 + c^2)\zeta}{1 - c\zeta^2} .$$

Die Umfangsspannung am Lochrand ist hierbei

$$\sigma_{\varphi\varphi} = \sigma \frac{2(1 - c^2)}{1 + c^2 - 2c \cos 2\varphi}$$

sie ist stets positiv, die maximalen und minimalen Werte sind

$$(\sigma_{\varphi\varphi})_{max} = 2\sigma \frac{a}{b} \quad \text{bzw.} \quad (\sigma_{\varphi\varphi})_{min} = 2\sigma \frac{b}{a}$$

und treten am Ende der großen bzw. der kleinen Halbachse auf.

Ohne auf die Herleitung einzugehen, werden noch die komplexen Spannungsfunktionen für zwei weitere Probleme der elliptisch gelochten Scheibe mitgeteilt.

Wird der elliptische Lochrand, bei verschwindenden Spannungen im Unendlichen, durch konstanten Innendruck belastet, lauten die Spannungsfunktionen

$$\phi(\zeta) = -pAc\zeta$$
$$\psi(\zeta) = -pA \frac{(1 + c^2)\zeta}{1 - c\zeta^2} . \tag{8.180}$$

Eine allgemeinere Lösung, die die eben genannte als Sonderfall umfaßt, wurde von Muskhelischwilli aufgestellt. Es handelt sich um ein elliptisches Loch in der unendlichen Ebene, dessen Rand abschnittsweise durch konstanten Druck p belastet ist (Fig. 8.34), wobei die Spannungen im Unendlichen verschwinden sollen.

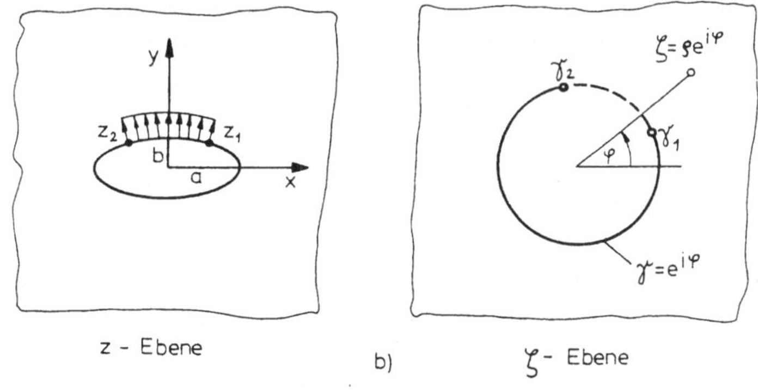

Fig. 8.34 Abschnittsweise belastetes elliptisches Loch in der unendlichen Scheibe

Die komplexen Spannungsfunktionen hierfür lassen sich etwas bequemer schreiben, wenn eine konforme Abbildung des Außenbereichs der Ellipse auf den Außenbereich des Einheitskreises der ζ-Ebene zugrundegelegt wird.

Hierfür gilt

$$z(\zeta) = A\left(\zeta + \frac{c}{\zeta}\right)$$

wobei A und c dieselbe Bedeutung wie bisher haben.

Die komplexen Spannungsfunktionen lauten dann

$$\begin{aligned}\phi(\zeta) &= \frac{p}{2\pi i}\left\{-\frac{cA}{\zeta}\ln\frac{\gamma_2}{\gamma_1} + \left[A\left(\zeta + \frac{c}{\zeta}\right) - z_2\right]\ln(\gamma_2 - \zeta)\right.\\ &\left. - \left[A\left(\zeta + \frac{c}{\zeta}\right) - z_1\right]\ln(\gamma_1 - \zeta) - \frac{\kappa(z_1 - z_2)}{1+\kappa}\ln z\right\}\\ \psi(\zeta) &= \frac{p}{2\pi i}\left\{-\frac{A(1+c^2)\zeta}{\zeta^2 - c}\ln\frac{\gamma_2}{\gamma_1} + A(\gamma_1 - \gamma_2)\frac{1 + c\zeta^2}{\zeta^2 - c} - \bar{z}_2\ln(\gamma_2 - \zeta) + \bar{z}_1\ln(\gamma_1 - \zeta)\right.\\ &\left. - \frac{\bar{z}_1 - \bar{z}_2}{1+\kappa}\ln\zeta - \frac{z_1 - z_2}{1+\kappa}\,\frac{1 + c^2}{\zeta^2 - c}\right\}.\end{aligned} \tag{8.181}$$

Zur Abkürzung steht hierbei

$$z_1 = A\left(\gamma_1 + \frac{c}{\gamma_1}\right) \qquad z_2 = A\left(\gamma_2 + \frac{c}{\gamma_2}\right).$$

Wird der gesamte Rand des elliptischen Lochs belastet, so ist

$$z_1 = z_2 \qquad \gamma_1 = \gamma_2 \qquad \ln\frac{\gamma_2}{\gamma_1} = 2\pi i$$

und es ergeben sich aus (8.181) wieder die Spannungsfunktionen (8.180).

Als weiteren Sonderfall liefert die Lösung (8.181) mittels eines Grenzübergangs das durch die Kräfte P gemäß Fig. 8.35 belastete elliptische Loch in der unendlichen Ebene[1]). Die Spannungsfunktionen sind

$$\phi(\zeta) = \frac{P}{2\pi i}\ln\frac{\zeta - i}{\zeta + i}$$

$$\psi(\zeta) = \frac{P}{2\pi i}\left[\ln\frac{\zeta - i}{\zeta + i} - \zeta\,\frac{1 + c\zeta^2}{\zeta^2 - c}\left(\frac{1}{\zeta - i} - \frac{1}{\zeta + i}\right)\right].$$

Bemerkenswert ist hierbei, daß die Umfangsspannung am Lochrand bei den Enden der

[1]) Dies Problem wurde auf anderem Weg von Neuber [66] gelöst.

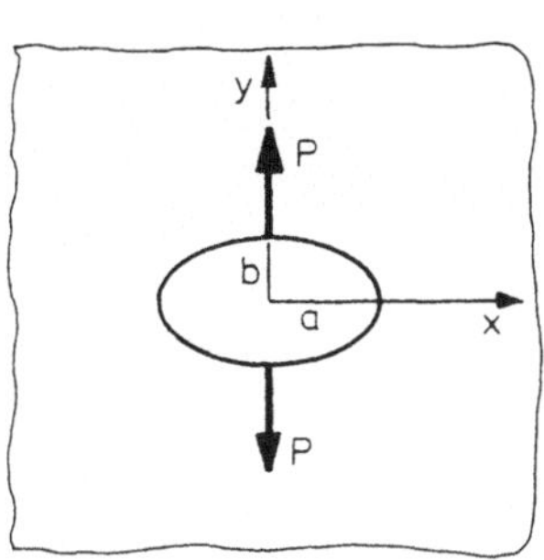

Fig. 8.35 Durch zwei Einzelkräfte belastetes elliptisches Loch in der unendlichen Scheibe

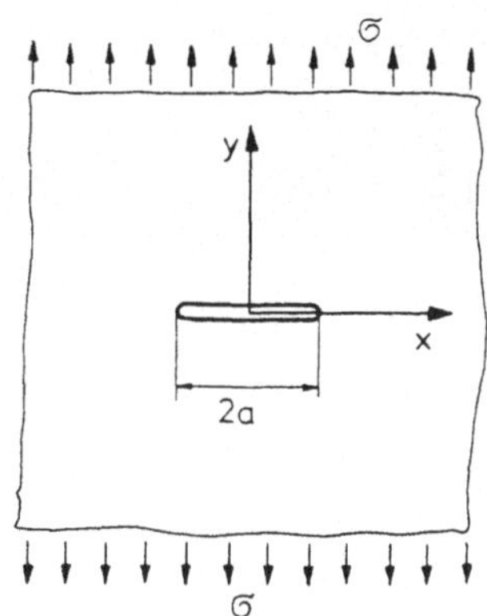

Fig. 8.36 Riß der Länge 2a in der unendlichen Scheibe unter einachsigem Zug (G r i f f i t h -Riß)

großen Halbachse

$$\sigma_{\varphi\varphi} = \frac{2P}{\pi b}$$

vom Achsenverhältnis der Ellipse unabhängig ist.

Abschließend sei bemerkt, daß sich eine Vielzahl von Lösungen für verschiedenartig berandete Bereiche mittels konformer Abbildung unter Heranziehung der sog. C a u c h y - Integrale gewinnen läßt.

Für weitere Einzelheiten muß auf [A 14], [A 30], [A 31] verweisen werden.

8.5.7.1 Spannungen und Verschiebungen am Griffith-Riß. Aus der im vorangehenden Abschnitt besprochenen Lösung lassen sich wichtige Ergebnisse für die Spannungsverteilung an Rissen gewinnen, die in der linear-elastischen Bruchmechanik Anwendung finden.

Die ersten Untersuchungen über das Verhalten von Rissen in spröden Körpern stammen von G r i f f i t h , der als Begründer der quantitativen Riß- und Bruchtheorie angesehen werden kann (vgl. [67]).

Als Rißmodell für die Stabilitätsbetrachtung eines einzelnen Risses hat G r i f f i t h ein entartetes elliptisches Loch mit verschwindender kleiner Halbachse zugrundegelegt (Fig. 8.36).

Eine solche Rißkonfiguration in der unendlichen Scheibe wird heute als G r i f f i t h - Riß bezeichnet. Es handelt sich um einen Schnitt in der z-Ebene, an den „Rißenden“ bei $x = \pm a$ liegen singuläre Punkte der Lösung vor. Gleichwohl hat sich diese Lösung als außerordentlich brauchbar für die Bruchtheorie erwiesen.

Ausgehend von der Lösung für die elliptisch gelochte Ebene lassen sich die Spannungen und Verschiebungen am Riß angeben.

Die Abbildungsfunktion (8.173) wird für den Riß (mit $b = 0$ und $c = 1$)

$$z(\zeta) = \frac{a}{2}\left(\frac{1}{\zeta} + \zeta\right) . \tag{8.182}$$

Die komplexen Spannungsfunktionen (8.176) und (8.177) für die ζ-Ebene ergeben sich damit zu

$$\phi(\zeta) = \frac{\sigma a}{8}\left(\frac{1}{\zeta} - 3\zeta\right)$$

$$\psi(\zeta) = \frac{\sigma a}{4}\,\frac{1 - 4\zeta^2 - \zeta^4}{\zeta(1 - \zeta^2)}\,. \qquad (8.183)$$

Diese lassen sich nunmehr auf einfache Weise in die z-Ebene zurücktransformieren und man kann die Spannungen am Riß formelmäßig darstellen.
Aus (8.182) folgt

$$\zeta = \frac{z}{a} - \sqrt{\left(\frac{z}{a}\right)^2 - 1}$$

und damit erhält man nach Einsetzen in (8.183) und einfachen Umformungen die komplexen Spannungsfunktionen für den Griffith-Riß in der z-Ebene bei Zug in y-Richtung

$$\phi(z) = \frac{\sigma a}{4}\left[2\sqrt{\left(\frac{z}{a}\right)^2 - 1} - \frac{z}{a}\right]$$

$$\psi(z) = -\frac{\sigma a}{2}\left[\frac{1}{\sqrt{\left(\frac{z}{a}\right)^2 - 1}} - \frac{z}{a}\right].$$

Mit den Kolossoffschen Formeln lassen sich die Spannungen am Riß sehr leicht ausrechnen. Für die Belange der Bruchmechanik sind vor allem die Spannungen längs der x-Achse („vor der Rißspitze“) von Wichtigkeit.
Dort ist $y = 0$, $z = \bar{z} = x$ und man erhält

$$\sigma_{xx} = \begin{cases} \sigma\left[\dfrac{\frac{x}{a}}{\sqrt{\left(\frac{x}{a}\right)^2 - 1}} - 1\right] & x > a \\ -\sigma & x < a \end{cases}$$

$$\sigma_{yy} = \begin{cases} \sigma\,\dfrac{\frac{x}{a}}{\sqrt{\left(\frac{x}{a}\right)^2 - 1}} & x > a \\ 0 & x < a. \end{cases}$$

Man erkennt, wie die Spannungen σ_{xx} und σ_{yy} an der „Rißspitze“ unendlich groß werden. Dies ist dadurch bedingt, daß der Riß, wie er hier modellmäßig betrachtet wird, an seinen Enden keinen definierten Krümmungsradius hat. Dadurch entstehen mathematische Singularitäten, die die Ungültigkeit der Lösungen an diesen Stellen zur Folge haben.

Für die Anwendungen ist dies aber ohne Belang. Die Singularität der elastischen Lösung an der Rißspitze (wo die atomare Struktur maßgebend ist) gibt gewissermaßen in einer Prozeßzone die Wechselwirkung zwischen dem atomaren Bereich und dem außerhalb gelegenen Kontinuum wieder.

Übrigens sind für spezielle Betrachtungen auch Rißmodelle entworfen worden, bei denen die Singularitäten an den Rißenden vermieden werden, vgl. [68].

Zur Berechnung der Verschiebung der Rißränder wird die dritte Kolossoffsche Formel herangezogen. Es gilt allgemein für den Rißrand (angedeutet durch den Index R)

$$2G(u + iv)_R = [\kappa\phi(z) - \bar{\phi}'(\bar{z}) - \bar{\psi}(\bar{z})]_R. \tag{8.184}$$

Andererseits lautet die Randbedingung für lastfreien Rißrand

$$[\phi(z) + z\bar{\phi}'(\bar{z}) + \bar{\psi}(\bar{z})]_R = 0.$$

Damit folgt aus (8.184)

$$2G(u + iv)_R = (1 + \kappa)\phi(z_R).$$

Von Bedeutung ist die Verschiebung der Rißränder in y-Richtung für $z_R = x \leqslant a$, die als Rißaufweitung bezeichnet wird.

Hierfür gilt

$$2Gv_R = (1 + \kappa)\,\mathrm{Im}\,\{\phi(x)\}.$$

Für den Griffith-Riß unter einachsigem (wie auch allseitigem) Zug ergibt sich daraus

$$v_R = \frac{1 + \kappa}{4G}\,\sigma\sqrt{a^2 - x^2}.$$

Bezüglich weiterer Einzelheiten über Rißprobleme und Bruchmechanik muß auf die Spezialliteratur verwiesen werden, z. B. [B 27], [B 28], [B 29].

8.6 Lösungen ebener Elastizitätsprobleme mit Integraltransformation

Wie bereits in Abschn. 6.3 allgemein ausgeführt wurde, können zahlreiche Elastizitätsprobleme mittels Integraltransformation gelöst werden. Je nach der Problemstellung stehen dazu verschiedene Möglichkeiten offen.

Nachfolgend soll die Anwendung der klassischen Fourier-Transformation als der wichtigsten Integraltransformation erläutert werden. Diese besteht darin, daß die Transformierten der gesuchten Funktionen gebildet werden und man dann ein einfacher zu lösendes Problem vorliegen hat.

Die zu transformierenden Funktionen müssen dabei im Bereich $(-\infty, \infty)$ die sog. Dirichlet-Bedingung erfüllen und absolut integrierbar sein, d. h.

$$\int_{-\infty}^{\infty} |f(x)|\, dx < 0.$$

In Abschn. 8.6.5 wird kurz auf die Schwierigkeiten eingegangen, wenn diese Voraussetzungen nicht erfüllt sind und es wird aufgezeigt, wie der Anwendungsbereich der Fourier-Transformation sehr weit ausgedehnt werden kann.

8.6.1 Formale Lösung der biharmonischen Gleichung

Die Anwendung der Fourier-Transformation gemäß (6.11) bezüglich einer der Veränderlichen gestattet, die biharmonische Gleichung

$$\Delta\Delta F(x, y) = 0 \tag{8.185}$$

mit $\Delta(\ldots) = \left(\frac{\partial^2}{\partial x^2} + \frac{\partial^2}{\partial y^2}\right)(\ldots)$

für die Airysche Spannungsfunktion auf eine gewöhnliche Diff.-Gl. zurückzuführen. Zunächst wird die Fourier-Transformierte

$$\mathbf{F}\{\Delta F(x, y); x \to \lambda\}$$

gebildet. Die Anwendung der Differentiationsregel (6.14) liefert

$$\int_{-\infty}^{\infty} \Delta F(x, y) e^{i\lambda x} dx = \left(-\lambda^2 + \frac{d^2}{dy^2}\right) \int_{-\infty}^{\infty} F(x, y) e^{i\lambda x} dx.$$

Durch nochmalige Anwendung von (6.14) erhält man

$$\int_{-\infty}^{\infty} \Delta\Delta F(x, y) e^{i\lambda x} dx = \left(-\lambda^2 + \frac{d^2}{dy^2}\right) \int_{-\infty}^{\infty} \Delta F(x, y) e^{i\lambda x} dx$$

$$= \left(-\lambda^2 + \frac{d^2}{dy^2}\right)^2 \int_{-\infty}^{\infty} F(x, y) e^{i\lambda x} dx. \tag{8.186}$$

Mit Einführung der Fourier-Transformierten der Airyschen Spannungsfunktion

$$\mathbf{F}\{F(x, y); x \to \lambda\} = \bar{F}(\lambda, y) \equiv G(\lambda, y) \tag{8.187}$$

ergibt sich aus der partiellen Diff.-Gl. (8.185) die gewöhnliche Diff.-Gl.

$$\left(\frac{d^2}{dy^2} - \lambda^2\right)^2 G(\lambda, y) = 0 \tag{8.188}$$

oder $\frac{d^4}{dy^4} G(\lambda, y) - 2\lambda^2 \frac{d^2}{dy^2} G(\lambda, y) + \lambda^4 G(\lambda, y) = 0$

für die Funktion $G(\lambda, y)$.

Die allgemeine Lösung von (8.188) lautet

$$G(\lambda, y) = (C_1 + C_2 y)e^{-|\lambda|y} + (C_3 + C_4 y)e^{|\lambda|y} \tag{8.189}$$

wobei die auftretenden Konstanten C_1 bis C_4 vom Parameter λ abhängen und aus den Randbedingungen des Problems ermittelt werden.

Mit der Rücktransformation von (8.187) erhält man eine Integraldarstellung für die Airy sche Spannungsfunktion

$$F(x, y) = \frac{1}{\sqrt{2\pi}} \int_{-\infty}^{\infty} G(\lambda, y)e^{-iy\lambda}d\lambda. \tag{8.190}$$

Ferner ergeben sich für die Fourier-Transformierten der Spannungen

$$\begin{aligned}
\bar{\sigma}_{xx} &= \frac{1}{\sqrt{2\pi}} \int_{-\infty}^{\infty} \frac{\partial^2 F}{\partial y^2} e^{i\lambda x}dx = \frac{d^2}{dy^2} G(\lambda, y) \\
\bar{\sigma}_{yy} &= \frac{1}{\sqrt{2\pi}} \int_{-\infty}^{\infty} \frac{\partial^2 F}{\partial x^2} e^{i\lambda x}dx = -\lambda^2 G(\lambda, y) \\
\bar{\tau}_{xy} &= -\frac{1}{\sqrt{2\pi}} \int_{-\infty}^{\infty} \frac{\partial^2 F}{\partial x \partial y} e^{i\lambda x}dx = i\lambda \frac{d}{dy} G(\lambda, y)
\end{aligned} \tag{8.191}$$

bzw. daraus durch Rücktransformation

$$\begin{aligned}
\sigma_{xx}(x, y) &= \frac{1}{\sqrt{2\pi}} \int_{-\infty}^{\infty} \frac{d^2}{dy^2} G(\lambda, y)e^{-ix\lambda}d\lambda \\
\sigma_{yy}(x, y) &= -\frac{1}{\sqrt{2\pi}} \int_{-\infty}^{\infty} \lambda^2 G(\lambda, y)e^{-ix\lambda}d\lambda \\
\tau_{xy}(x, y) &= \frac{i}{\sqrt{2\pi}} \int_{-\infty}^{\infty} \lambda \frac{d}{dy} G(\lambda, y)e^{-ix\lambda}d\lambda.
\end{aligned} \tag{8.192}$$

Ebenso lassen sich die Verschiebungskomponenten darstellen. Für ESZ ergibt sich aus dem Hooke schen Gesetz (8.13) mit (8.2)

$$E\epsilon_{xx} = E\frac{\partial u}{\partial x} = \sigma_{xx} - \nu\sigma_{yy}$$

nach Multiplikation mit $e^{i\lambda x}$ und Integration über dx

$$-i\lambda E \int_{-\infty}^{\infty} ue^{i\lambda x}dx = \int_{-\infty}^{\infty} \left(\frac{\partial^2 F}{\partial y^2} - \nu \frac{\partial^2 F}{\partial x^2}\right) e^{i\lambda x}dx$$

für die Fourier-Transformierte der Verschiebungskomponente u

$$E\bar{u}(\lambda, y) = \frac{i}{\lambda}\left[\frac{d^2}{dy^2} G(\lambda, y) + \nu\lambda^2 G(\lambda, y)\right]. \tag{8.193}$$

Entsprechend folgt aus

$$\frac{E}{2(1+\nu)}\left(\frac{\partial u}{\partial y}+\frac{\partial v}{\partial x}\right)=\tau_{xy}$$

für die Verschiebung v

$$E\tilde{v}(\lambda, y)=\frac{1}{\lambda^2}\left[\frac{d^3}{dy^3}G(\lambda, y)-(2+\nu)\lambda^2\frac{d}{dy}G(\lambda, y)\right]. \qquad (8.194)$$

Durch Rücktransformation erhält man aus (8.193) und (8.194) schließlich

$$u(x, y)=\frac{i}{E\sqrt{2\pi}}\int_{-\infty}^{\infty}\left[\frac{d^2}{dy^2}G(\lambda, y)+\nu\lambda^2 G(\lambda, y)\right]e^{-ix\lambda}\frac{d\lambda}{\lambda} \qquad (8.195)$$

$$v(x, y)=\frac{1}{E\sqrt{2\pi}}\int_{-\infty}^{\infty}\left[\frac{d^3}{dy^3}G(\lambda, y)-(2+\nu)\lambda^2\frac{d}{dy}G(\lambda, y)\right]e^{-ix\lambda}\frac{d\lambda}{\lambda^2}. \qquad (8.196)$$

Die entsprechenden Ausdrücke für EVZ lauten

$$u(x, y)=\frac{i(1+\nu)}{E\sqrt{2\pi}}\int_{-\infty}^{\infty}\left[(1-\nu)\frac{d^2}{dy^2}G(\lambda, y)+\nu\lambda^2 G(\lambda, y)\right]e^{-ix\lambda}\frac{d\lambda}{\lambda} \qquad (8.197)$$

$$v(x, y)=\frac{1+\nu}{E\sqrt{2\pi}}\int_{-\infty}^{\infty}\left[(1-\nu)\frac{d^3}{dy^3}G(\lambda, y)-(2-\nu)\lambda^2\frac{d}{dy}G(\lambda, y)\right]e^{-ix\lambda}\frac{d\lambda}{\lambda^2}. \qquad (8.198)$$

Mit (8.192) sowie (8.195) und (8.196) bzw. (8.197) und (8.198) liegt eine formale Lösung für die Spannungs- und Verschiebungskomponenten bei ESZ und EVZ vor, wenn man in diese Beziehungen den Ausdruck für $G(\lambda, y)$ gemäß (8.189) einsetzt.

Diese Lösung läßt sich für Probleme verwenden, wenn auf den Rändern y = const die Spannungen oder Verschiebungen vorgegeben sind, z. B. speziell für Probleme der Halbebene.

Für unendlich ausgedehnte Streifen endlicher Breite ist es zweckmäßig, die Lösung der Diff.-Gl. (8.188) in der alternativen Form

$$G(\lambda, y)=A(\lambda)\mathrm{ch}\lambda y+B(\lambda)\mathrm{sh}\lambda y+y[C(\lambda)\mathrm{ch}\lambda y+D(\lambda)\mathrm{sh}\lambda y]$$

mit hyperbolischen Funktionen anzusetzen [69].

8.6.2 Verteilte Lasten (Streckenlasten) am Rand der Halbscheibe

Es wird die Halbscheibe $y \geqslant 0$ betrachtet, an deren Rand verteilte Normallasten p(x) gemäß Fig. 8.37 angreifen. Die Lösungen hierfür lassen sich mittels Fourier-Transformation gewinnen.

Man kann entweder die im vorherigen Abschnitt bereitgestellten Formeln benützen, oder aber das Problem auch ohne die Airy sche Spannungsfunktion und ihre Transformierte

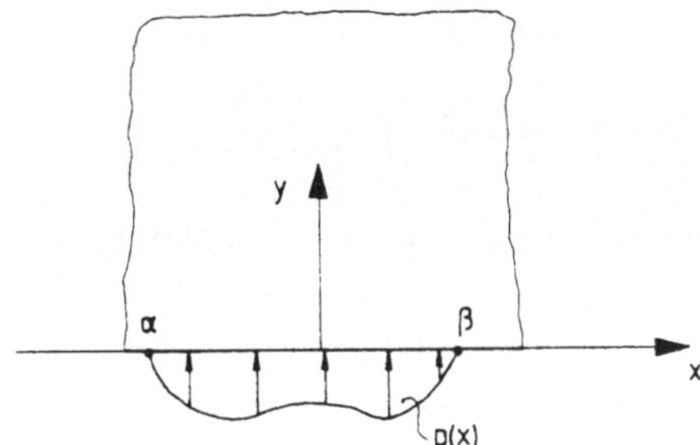

Fig. 8.37
Halbscheibe mit endlicher Normalbelastung

lösen. Um letzteres zu zeigen, bildet man die F o u r i e r - Transformation der Gleichgewichtsbedingungen sowie des H o o k e schen Gesetzes (z. B. für ESZ)

$$\frac{\partial \sigma_{xx}}{\partial x} + \frac{\partial \tau_{xy}}{\partial y} = 0 \qquad \frac{\partial \tau_{xy}}{\partial x} + \frac{\partial \sigma_{yy}}{\partial y} = 0$$

und
$$\sigma_{xx} = 2G\left[\frac{\partial u}{\partial x} + \frac{\nu}{1-\nu}\left(\frac{\partial u}{\partial x} + \frac{\partial v}{\partial y}\right)\right]$$

$$\sigma_{yy} = 2G\left[\frac{\partial v}{\partial y} + \frac{\nu}{1-\nu}\left(\frac{\partial u}{\partial x} + \frac{\partial v}{\partial y}\right)\right]$$

$$\tau_{xy} = G\left(\frac{\partial v}{\partial x} + \frac{\partial u}{\partial y}\right)$$

bezüglich der x-Koordinate (x-Achse ist der Rand der Halbebene) und erhält

$$-i\lambda\bar{\sigma}_{xx} + \frac{d}{dy}\bar{\tau}_{xy} = 0$$

$$\frac{\partial}{\partial y}\bar{\sigma}_{yy} - i\lambda\bar{\tau}_{xy} = 0$$

$$\bar{\sigma}_{xx} = 2G\left[-i\lambda\frac{1}{1-\nu}\bar{u} + \frac{\nu}{1-\nu}\frac{d}{dy}\bar{v}\right] \tag{8.199}$$

$$\bar{\sigma}_{yy} = 2G\left[-i\lambda\frac{\nu}{1-\nu}\bar{u} + \frac{1}{1-\nu}\frac{d}{dy}\bar{v}\right]$$

$$\bar{\tau}_{xy} = G\left(\frac{d}{dy}\bar{u} - i\lambda\bar{v}\right).$$

Dies sind fünf homogene lineare Diff.-Gln. für die unbekannten Funktionen $\bar{u}(\lambda, y)$, $\bar{v}(\lambda, y)$, $\bar{\sigma}_{xx}(\lambda, y)$, $\bar{\sigma}_{yy}(\lambda, y)$ und $\bar{\tau}_{xy}(\lambda, y)$.
Die Verträglichkeit dieser Gleichungen verlangt, daß die von den Koeffizienten bzw. dem Differentiationsoperator d/dy gebildete Determinante, angewendet auf eine der fünf unbekannten Funktionen, verschwindet.

Dies führt (ebenso für EVZ) wiederum auf die Diff.-Gl. für die unbekannten Funktionen

$$\left(\frac{d^2}{dy^2}-\lambda^2\right)^2(\ldots)=0 \tag{8.200}$$

deren allgemeine Lösung mit (8.189) gegeben ist.

Im Fall der Halbscheibe $y \geqslant 0$ gemäß Fig. 8.37 mit einer endlichen Normalbelastung $p(x)$ zwischen α und β sind in der allgemeinen Lösung (8.189) wegen der Forderung, daß die Spannungen und Verschiebungen für $y \to \infty$ verschwinden, die Konstanten C_3 und C_4 gleich Null.

Die Randbedingung lautet

$$\left.\begin{aligned}\sigma_{yy}&=-p(x)\\ \tau_{xy}&=0\end{aligned}\right\}\quad \text{für } y=0 \tag{8.201}$$

bzw. in transformierter Form

$$\tilde{\sigma}_{yy}=-\tilde{p}(\lambda)\qquad \frac{d}{dy}\tilde{\sigma}_{yy}=0\quad \text{für } y=0.$$

Aus der Lösung der Diff.-Gl. (8.200) für $\tilde{\sigma}_{yy}$, d. h.

$$\tilde{\sigma}_{yy}=(C_1+C_2y)e^{-|\lambda|y}$$

folgen für die Konstanten

$$C_1=-\tilde{p}(\lambda)\qquad C_2=|\lambda|\tilde{p}(\lambda).$$

Bei den anderen Lösungen ergeben sich natürlich unterschiedliche Konstanten.

Man gelangt auf diese Weise zu folgenden Integralausdrücken, in denen die Fourier-Transformierte $F\{p(x)\}=\tilde{p}(\lambda)$ der Randbelastung vorkommt

$$\begin{aligned}\sigma_{xx}&=-\frac{1}{\sqrt{2\pi}}\int_{-\infty}^{\infty}\tilde{p}(\lambda)(1+|\lambda|y)e^{-|\lambda|y-ix\lambda}d\lambda\\ \sigma_{yy}&=-\frac{1}{\sqrt{2\pi}}\int_{-\infty}^{\infty}\tilde{p}(\lambda)(1+|\lambda|y)e^{-|\lambda|y-ix\lambda}d\lambda\\ \tau_{xy}&=-\frac{iy}{\sqrt{2\pi}}\int_{-\infty}^{\infty}\lambda\tilde{p}(\lambda)e^{-|\lambda|y-ix\lambda}d\lambda\end{aligned} \tag{8.202}$$

sowie (für EVZ)

$$\begin{aligned}u&=-\frac{1+\nu}{E}\frac{i}{\sqrt{2\pi}}\int_{-\infty}^{\infty}\frac{\tilde{p}(\lambda)}{|\lambda|}(1-2\nu-|\lambda|y)e^{-|\lambda|y-ix\lambda}d\lambda\\ v&=\frac{1+\nu}{E}\frac{1}{\sqrt{2\pi}}\int_{-\infty}^{\infty}\frac{\tilde{p}(\lambda)}{|\lambda|}[2(1-\nu)+|\lambda|y]e^{-|\lambda|y-ix\lambda}d\lambda.\end{aligned} \tag{8.203}$$

Diese Lösung gewinnt man ebenso mit der im vorigen Abschnitt behandelten Airy-schen Spannungsfunktion. Es ist gemäß (8.189) für die Halbebene

$$G(\lambda, y) = (C_1 + C_2 y)e^{-|\lambda| y}.$$

Mit (8.191) folgt aus der Randbedingung (8.201)

$$-\lambda^2 G(\lambda, y) = -\tilde{p}(\lambda) \qquad i\lambda \frac{d}{dy} G(\lambda, y) = 0$$

bzw. daraus

$$C_1 = \frac{\tilde{p}(\lambda)}{\lambda^2} \qquad C_2 = \frac{\tilde{p}(\lambda)}{|\lambda|}$$

und somit

$$G(\lambda, y) = \frac{\tilde{p}(\lambda)}{\lambda^2}(1 + |\lambda| y)e^{-|\lambda| y}. \tag{8.204}$$

Eingesetzt in (8.192) ergeben sich wieder die Lösungen (8.202).

Für eine bezüglich der y-Achse symmetrischen Belastung der Halbebene vereinfachen sich die Lösungen (8.202), da hier die Fourier-Kosinustransformation auftritt, d. h. es gilt

$$\sigma_{xx} = -\sqrt{\frac{2}{\pi}} \int_{-\infty}^{\infty} \tilde{p}(\lambda)(1 - \lambda y)e^{-\lambda y} \cos(\lambda x) d\lambda \quad \text{usw.} \tag{8.205}$$

wobei jetzt

$$\tilde{p}(\lambda) = \sqrt{\frac{2}{\pi}} \int_{0}^{\infty} p(x) \cos(\lambda x) d\lambda \tag{8.206}$$

ist.

8.6.2.1 Abschnittsweise konstante Normalbelastung am Rand der Halbscheibe. Als Beispiel wird der Fall einer konstanten Normalbelastung p_0 im Bereich $-a < x < a$ gemäß Fig. 8.38a betrachtet.

Aus (8.206) folgt

$$\tilde{p}(\lambda) = \sqrt{\frac{2}{\pi}}\, p_0 \int_{0}^{a} \cos(\lambda x) dx = \sqrt{\frac{2}{\pi}}\, p_0 \frac{\sin \lambda a}{\lambda}$$

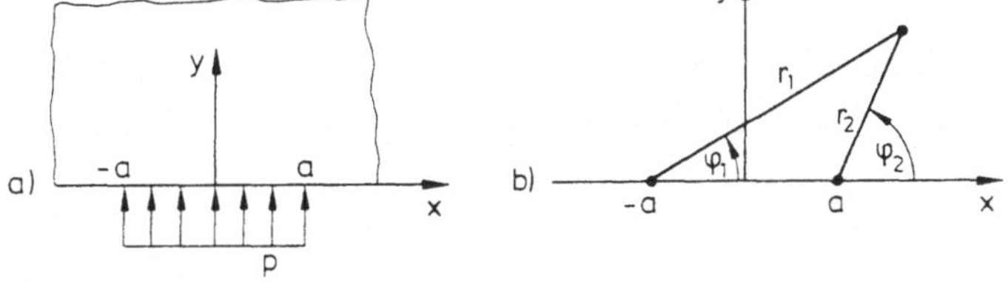

Fig. 8.38 a) Halbscheibe mit konstanter Streckenlast normal zum Rand,
b) Bipolarkoordinatensystem für die Halbscheibe

und damit liefert (8.205) für die Spannungen zunächst

$$\sigma_{xx} = -\frac{2p_0}{\pi}\int_0^\infty \frac{1-\lambda y}{\lambda} e^{-\lambda y} \sin(\lambda a)\cos(\lambda x)d\lambda$$

$$\sigma_{yy} = -\frac{2p_0}{\pi}\int_0^\infty \frac{1+\lambda y}{\lambda} e^{-\lambda y} \sin(\lambda a)\cos(\lambda x)d\lambda$$

$$\tau_{xy} = \frac{2p_0}{\pi} y \int_0^\infty e^{-\lambda y} \sin(\lambda a)\sin(\lambda x)d\lambda.$$

Die Integrationen (mit Hilfe des Exponentialintegrals) ergeben

$$\sigma_{xx} = \frac{p_0}{\pi}\left[\arctan\frac{y}{x+a} - \arctan\frac{y}{x-a} + \frac{(x-a)y}{(x-a)^2+y^2} - \frac{(x+a)y}{(x+a)^2+y^2}\right]$$

$$\sigma_{yy} = -\frac{p_0}{\pi}\left[\arctan\frac{y}{x+a} - \arctan\frac{y}{x-a} - \frac{(x-a)y}{(x-a)^2+y^2} + \frac{(x+a)y}{(x+a)^2+y^2}\right]$$

$$\tau_{xy} = \frac{p_0}{\pi}\left[\frac{y^2}{(x+a)^2+y^2} - \frac{y^2}{(x-a)^2+y^2}\right].$$

Eine zweckmäßigere Darstellung ergibt sich mittels Bipolarkoordinaten $r_1, \varphi_1, r_2, \varphi_2$ gemäß Fig. 8.38b mit

$$\sin\varphi_1 = \frac{y}{r_1}, \qquad \sin\varphi_2 = \frac{y}{r_2}, \qquad \cos\varphi_1 = \frac{x+a}{r_1}, \qquad \cos\varphi_2 = \frac{x-a}{r_2}$$

und $\quad r_1 = \sqrt{(x+a)^2+y^2}, \quad r_2 = \sqrt{(x-a)^2+y^2}.$

Damit erhält man für die Spannungen

$$\sigma_{xx} = -\frac{p_0}{2\pi}[2(\varphi_2-\varphi_1) + \sin 2\varphi_2 - \sin 2\varphi_1]$$

$$\sigma_{yy} = -\frac{p_0}{2\pi}[2(\varphi_2-\varphi_1) - \sin 2\varphi_2 + \sin 2\varphi_1] \tag{8.207}$$

$$\tau_{xy} = \frac{p_0}{2\pi}(\cos 2\varphi_2 - \cos 2\varphi_1)$$

(p_0 bedeutet hier die Streckenlast pro Einheitsdicke der Scheibe).
Längs der Berandung unter der Last, d. h. für $\varphi_1 = 0$, $\varphi_2 = \pi$ gilt

$$\sigma_{xx} = \sigma_{yy} = -p_0 \qquad \tau_{xy} = 0$$

dort herrscht also ein hydrostatischer Spannungszustand. Dies gilt übrigens allgemein, auch wenn eine beliebig verteilte Randbelastung p(x) gegeben ist.

Durch Grenzübergang ergibt sich aus der obigen Lösung die Lösung des in Abschn. 8.5.3.1 besprochenen Problems von F l a m a n t für eine Einzellast am Rand der Halbscheibe. Andere Belastungsfälle, z. B. die Einzelkraft im Innern der Halbscheibe (Problem von M e l a n) lassen sich ebenso behandeln wie Probleme bei endlichbreiten Streifen (vgl. [B 41]). Die Lösung für einen Streifen mit Einzelkraft im Innern wurde erstmals auf diesem Weg von J u n g [70] geliefert.

8.6.2.2 Anwendung auf Rißprobleme. Für die Grundlagen der linearelastischen Bruchmechanik ist die Kenntnis der Spannungen und Verschiebungen in der Umgebung eines Risses von großer Bedeutung (vgl. Abschn. 8.5.7.1).

Solche Lösungen für den sog. G r i f f i t h - Riß wurden mit Hilfe von Integraltransformationen erstmals von S n e d d o n und E l l i o t 1946 aufgestellt. Die Lösung von S n e d d o n [71] betrifft den G r i f f i t h - Riß bei Belastung durch konstanten Innendruck, von S n e d d o n und E l l i o t [72] wurde dies für veränderlichen Innendruck erweitert.

In der grundlegenden Lösung von S n e d d o n wird das Rißproblem als gemischtes Randwertproblem an der Halbebene (Fig. 8.39) behandelt.

Wegen der Symmetrie bezüglich der x-Achse gelten die Randbedingungen

$$\begin{aligned} \sigma_{yy} &= -p(x) && \text{für } y = 0, x \leqslant a \\ v &= 0 && \text{für } y = 0, x \geqslant a \\ \tau_{xy} &= 0 && \text{für } y = 0, -\infty < x < \infty \end{aligned} \tag{8.208}$$

wobei alle Spannungen im Unendlichen verschwinden.

Mit der F o u r i e r - Kosinus-Transformierten der Belastung, vgl. (8.205) und (8.206) ergeben sich dann folgende Integraldarstellungen für die Spannungen und Verschiebungen

$$\sigma_{xx} = -\sqrt{\frac{2}{\pi}} \int_0^\infty \bar{p}(\lambda)(1 - \lambda y)e^{-\lambda y} \cos \lambda x d\lambda$$

$$\sigma_{yy} = -\sqrt{\frac{2}{\pi}} \int_0^\infty \bar{p}(\lambda)(1 + \lambda y)e^{-\lambda y} \cos \lambda x d\lambda$$

$$\tau_{xy} = -\sqrt{\frac{2}{\pi}} \int_0^\infty \bar{p}(\lambda)\lambda e^{-\lambda y} \sin \lambda x d\lambda$$

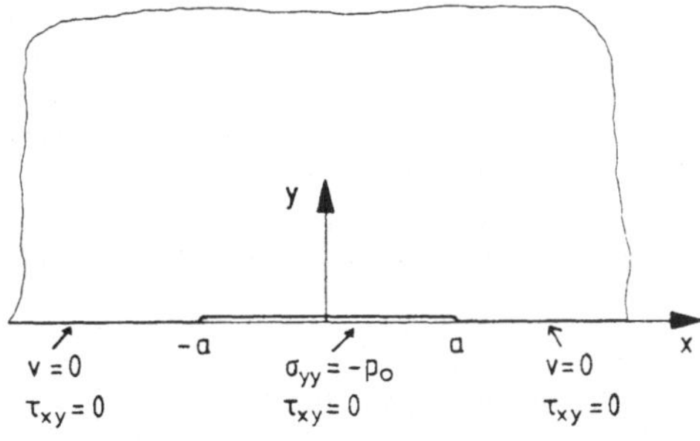

Fig. 8.39
Gemischtes Randwertproblem an der Halbscheibe zur Anwendung für den G r i f f i t h - Riß unter Innendruck

$$u = -\frac{1}{2G}\sqrt{\frac{2}{\pi}}\int_0^\infty \frac{\bar{p}(\lambda)}{\lambda}[(1-2\nu-\lambda y)]e^{-\lambda y}\sin\lambda x d\lambda$$

$$v = -\frac{1}{2G}\sqrt{\frac{2}{\pi}}\int_0^\infty \frac{\bar{p}(\lambda)}{\lambda}[2(1-\nu)+\lambda y]e^{-\lambda y}\cos\lambda x d\lambda.$$

Mit den Randbedingungen (8.208) erhält man schließlich ein Paar dualer Integralgleichungen, deren Lösung bekannt ist.

Ohne ins Detail dieser Rechnung zu gehen, werden die Ergebnisse für $p(x) = p_0$ mitgeteilt. Die wichtigste Spannungsgröße ist σ_{yy} „vor dem Riß", d. h. für $y = 0$ und $x > a$. Es folgt hierfür

$$\sigma_{yy} = p_0\left(\frac{x}{\sqrt{x^2 - a^2}} - 1\right) \qquad x > a.$$

Für die Verschiebung in y-Richtung, die sog. Rißöffnung, ergibt sich

$$v_R = \frac{1-\nu}{G} p_0 \sqrt{a^2 - x^2}.$$

Man erkennt, wie die Spannung σ_{yy} für $x = a$, d. h. an der „Rißspitze", über alle Grenzen anwächst. Diese Singularität ist dem verwendeten Rißmodell zu eigen, der Riß wird als ein Schnitt in der ebenen Scheibe von $-a$ bis a angenommen.

Von Sneddon stammt übrigens folgende, nur für die unmittelbare Umgebung der Rißspitze geltende asymptotische Darstellung der Spannungskomponenten („Rißnahfeld")

$$\sigma_{xx} = p_0\left[\sqrt{\frac{a}{2\rho}}\cos\frac{\psi}{2}\left(1 - \sin\frac{\psi}{2}\sin\frac{3\psi}{2}\right) - 1\right]$$

$$\sigma_{yy} = p_0\left[\sqrt{\frac{a}{2\rho}}\cos\frac{\psi}{2}\left(1 + \sin\frac{\psi}{2}\sin\frac{3\psi}{2}\right) - 1\right]$$

$$\tau_{xy} = p_0\sqrt{\frac{a}{2\rho}}\sin\frac{\psi}{2}\cos\frac{\psi}{2}\cos\frac{3\psi}{2}$$

wobei ρ und ψ örtliche Polarkoordinaten an der Rißspitze (mit $\rho \ll a$) bedeuten.

In diesen Ausdrücken tritt die Singularität der Spannungen an der Rißspitze ebenfalls auf.

Für einen lastfreien Griffith-Riß im einachsigen Zugspannungsfeld in y-Richtung gelten analoge Beziehungen. Die Tatsache, daß in den Ausdrücken für das Rißnahfeld bei allen Rißproblemen stets die gleiche Abhängigkeit von ρ und ψ auftritt[1]), findet ihren Niederschlag in den von G. R. Irwin in die Bruchmechanik eingeführten Spannungsintensitätsfaktoren (vgl. z. B. [B 27].

Mittels Integraltransformationen sind inzwischen eine Vielzahl von elastischen Rißproblemen gelöst worden. Hierüber liegt ein reichhaltiges Schrifttum vor (vgl. z. B. [B 30]).

[1]) Dies gilt gleichermaßen für die Spannungen an einem räumlichen Riß.

8.6.3 Mellin-Transformation, Anwendung für Polarkoordinaten

Für Lösungen bei unendlichen keilförmigen Bereichen kann die M e l l i n - Transformation herangezogen werden [B 46].

Die biharmonische Diff.-Gl. für die A i r y sche Spannungsfunktion in Polarkoordinaten

$$\left(\frac{\partial^2}{\partial r^2} + \frac{1}{r}\frac{\partial}{\partial r} + \frac{1}{r^2}\frac{\partial^2}{\partial \varphi^2}\right)^2 F(r, \varphi) = 0 \tag{8.209}$$

im Bereich $0 < r < \infty$, $-\alpha < \varphi < \alpha$ wird durch die M e l l i n - Transformation bezüglich der Koordinate r (die transformierte Größe soll hier ebenfalls durch eine Tilde gekennzeichnet werden)

$$M\{F(r, \varphi); r \to p\} = \tilde{F}(p, \varphi) = \int_0^\infty F(r, \varphi) r^{p-1} dr \tag{8.210}$$

in eine gewöhnliche Diff.-Gl. übergeführt, deren allgemeine Lösung bekannt ist. Gefordert ist dabei das Verschwinden gewisser Differentialausdrücke von $F(r, \varphi)$ für $r \to \infty$.

Durch partielle Integration von (8.210) erhält man z. B.

$$\int_0^\infty r \frac{\partial^{m+1}}{\partial r \partial \varphi^m} F(r, \varphi) r^{p-1} dr = -p \frac{d^n}{d\varphi^n} \tilde{F}(p, \varphi) \quad (n = 0, 1, 2)$$

$$\int_0^\infty r^4 \frac{\partial^4}{\partial r^4} F(r, \varphi) r^{p-1} dr = p(p+1)(p+2)(p+3) \tilde{F}(p, \varphi) \quad \text{usw.}$$

Aus (8.209) wird dann die gewöhnliche Diff.-Gl.

$$\left\{\frac{d^4}{d\varphi^4} + [(p+2)^2 + p^2] \frac{d^2}{d\varphi^2} + p^2 (p+2)^2\right\} \tilde{F}(p, \varphi) = 0$$

mit der allgemeinen Lösung

$$\tilde{F}(p, \varphi) = C_1 \sin p\varphi + C_2 \cos p\varphi + C_3 \sin (p+2)\varphi + C_4 \cos (p+2)\varphi$$

wobei die Konstanten von p und dem Keilwinkel α abhängen und aus den Randbedingungen zu ermittel sind.

Mit der Rücktransformationsformel für die M e l l i n - Transformation ergeben sich schließlich Integralausdrücke für die Spannungen in der Form

$$\sigma_{rr} = \frac{1}{2\pi i} \int_{c-i\infty}^{c+i\infty} \left[\frac{d^2}{d\varphi^2} \tilde{F}(p, \varphi) - p\tilde{F}(p, \varphi)\right] r^{-p-2} dp$$

$$\sigma_{\varphi\varphi} = \frac{1}{2\pi i} \int_{c-i\infty}^{c+i\infty} p(p+1) \tilde{F}(p, \varphi) r^{-p-2} dp$$

$$\tau_{r\varphi} = \frac{1}{2\pi i} \int_{c-i\infty}^{c+i\infty} (p+1) \frac{d}{d\varphi} \tilde{F}(p, \varphi) r^{-p-2} dp.$$

Bezüglich weiterer Einzelheiten der Lösung von Keilproblemen mit Flankenlasten muß auf das Schrifttum verwiesen werden, vgl. [73], [B 41].

Abschließend ist anzumerken, daß ein enger Zusammenhang zwischen der Mellin-Transformation und der komplexen Fourier-Transformation besteht. Es gibt Fälle, insbesondere bei singulären Krafteinleitungen an keilförmigen Bereichen, wo die Fourier-Transformation bevorzugt angewendet werden kann.

8.6.4 Fourier-Transformation und verallgemeinerte Funktionen

Die klassische Fourier-Transformation, wie sie in den vorangegangenen Abschnitten besprochen wurde, konnte bei einer Vielzahl von Problemen der mathematischen Physik erfolgreiche Anwendung finden. Allerdings muß verlangt werden, daß die beteiligten Funktionen absolut integrierbar sind und der Dirichlet-Bedingung genügen.

Dies bedeutet eine starke Einschränkung der Anwendbarkeit der Fourier-Transformation, da man nur mit Funktionen operieren kann, die samt ihren Ableitungen endliche Funktionen sind oder im Unendlichen genügend stark gegen Null streben. Überdies stellt man fest, daß es bestimmte elementare Funktionen gibt, z. B. konstante oder beliebig periodische Funktionen, ferner Potenzfunktionen, Polynome und Exponentialfunktionen, die keine Fourier-Transformierten im herkömmlichen Sinn besitzen, da das Integral

$$\int_{-\infty}^{\infty} f(x)e^{-i\lambda x}dx$$

hier nicht konvergiert.

Diese Schwierigkeiten können behoben werden, wenn man in den Kreis der betrachteten Funktionen die sog. verallgemeinerten Funktionen (oder Distributionen) einbezieht. Eine umfassende mathematische Theorie der verallgemeinerten Funktionen wurde von Schwartz [B 47] aufgestellt. Schon vorher hat Dirac die sog. Deltafunktion $\delta(x)$ als Pseudo-Funktion für Anwendungen in der Quantenmechanik eingeführt. Wegen des Zusammenhangs der δ-Funktion mit Massen- und Ladungsverteilungen bezeichnet man allgemein die Klasse der verallgemeinerten Funktionen als Distributionen.

Die δ-Funktion hat die Eigenschaften[1])

$$\delta(x) = \begin{cases} \infty & \text{für } x = 0 \\ 0 & \text{für } x \neq 0 \end{cases} \qquad \int_{-\infty}^{\infty} \delta(x)dx = 1$$

sowie $$\int_{-\infty}^{\infty} \delta(x)f(x)dx = f(0)$$

für jede hinreichend stetige Funktion $f(x)$.

---

[1]) Die Beziehung $\delta(x)$ für sich allein hat keine Bedeutung, trotzdem ist es üblich, von der δ-Funktion zu sprechen als wäre es eine tatsächliche Funktion im herkömmlichen Sinn mit den genannten besonderen Eigenschaften.

Es gibt keine Funktion im herkömmlichen Sinn mit diesen Eigenschaften, man kann aber die δ-Funktion als Grenzwert von Folgen gewöhnlicher Funktionen $F_n(x)$ mit den Eigenschaften

$$F_n(x) \to 0 \quad \text{für } n \to \infty \qquad \text{bei festem } x = 0$$

$$\int_{-\infty}^{\infty} F_n(x)\,dx = 1 \qquad \text{für alle } n$$

definieren. Ein Beispiel hierfür ist

$$F_n(x) = \frac{n}{\sqrt{2\pi}} e^{-\frac{1}{2} n^2 x^2} \tag{8.211}$$

d. h. Funktionen, die für wachsendes n bei x = 0 eine dauernd größer und dünner werdende Spitze haben, wobei der Flächeninhalt unter der Kurve Eins bleibt.

Die Funktionenfolge (8.211) kann gewissermaßen als ein „Modell" für die δ-Funktion dienen (es gibt auch noch andere).

Ohne auf Details[1]) einzugehen, bleibt festzuhalten, daß sich durch die Erweiterung der Funktionen in herkömmlichem Sinn zu den verallgemeinerten Funktionen der Anwendungsbereich der klassischen Fourier-Integraltransformation sehr weit ausdehnen läßt. Man kann dann für alle Funktionen die Fourier-Transformierten im verallgemeinerten Sinn bilden, die als sog. Distributionsgrenzwert

$$\mathbf{F}\{f(x)\} = \frac{1}{\sqrt{2\pi}} \lim_{\alpha \to \infty} \int_{-\alpha}^{\alpha} f(x) e^{i\lambda x} dx$$

aufzufassen sind. In diesem Sinn ist dann auch die Fourier-Transformierte eine verallgemeinerte Funktion.

Existiert die Fourier-Transformierte im herkömmlichen Sinn, dann fällt sie mit der Fourier-Transformierten der zugehörigen verallgemeinerten Funktion zusammen.

Als Beispiel seien folgende Fourier-Transformierte erwähnt

$$f(x) = \delta(x) \qquad \mathbf{F}\{f(x); \lambda\} = \frac{1}{\sqrt{2\pi}}$$

$$f(x) = 1 \qquad \mathbf{F}\{f(x); \lambda\} = \sqrt{2\pi}\,\delta(x).$$

Abschließend ist darauf hinzuweisen, daß erst durch die Einbeziehung der verallgemeinerten Funktionen die Theorie der reellen Fourier-Transformation uneingeschränkt zur Lösung von Randwertproblemen der Elastizitätstheorie verwendbar geworden ist.

Es konnte gezeigt werden, daß auf diese Weise bei Sonderproblemen die Rücktransformation in geschlossener Form möglich ist. Übrigens treten bei Anwendung der komplexen Fourier-Transformation (vgl. Abschn. 6.3.1) die Konvergenzschwierigkeiten nicht auf, die bei der reellen Fourier-Transformation die Einbeziehung der verallgemeinerten Funktionen erfordern (vgl. [37]).

---

[1]) Hier muß auf die Spezialliteratur verwiesen werden, z. B. [B 48], [B 49], [B 50].

9 Räumliche Elastizitätsprobleme

Im folgenden sollen etliche fundamentale Lösungen von räumlichen Elastizitätsproblemen besprochen und diskutiert werden, die mit den in Abschn. 5 beschriebenen allgemeinen Lösungsansätzen gefunden wurden. Weitere grundlegende Lösungen werden ebenfalls behandelt.

9.1 Einzelkraft im unendlich ausgedehnten Körper (Problem von Kelvin)

Gemäß Fig. 9.1 wirkt im Innern des unendlich ausgedehnten elastischen Mediums eine Einzelkraft F in Richtung der z-Achse. Die Spannungen im Unendlichen sollen verschwinden.

Wegen der Rotationssymmetrie liegt die Verwendung von Zylinderkoordinaten nahe. Zur Lösung läßt sich eine Love sche Verschiebungsfunktion (vgl. Abschn. 5.1.4)

$$Z = Z(r, z) = BR \tag{9.1}$$

mit $R^2 = x^2 + y^2 + z^2 = r^2 + z^2$ und B = const heranziehen, die dann dem Sonderfall des Galerkin schen Vektors mit nur einer Komponente entspricht.

Wie man leicht nachrechnet, ist

$$\Delta \frac{1}{R} = 0 \quad \text{und} \quad \Delta R = \frac{2}{R}$$

mithin wie gefordert

$$\Delta\Delta R = 0$$

wobei $\Delta(\ldots)$ den Laplace - Operator in Kartesischen oder Zylinderkoordinaten bedeutet.

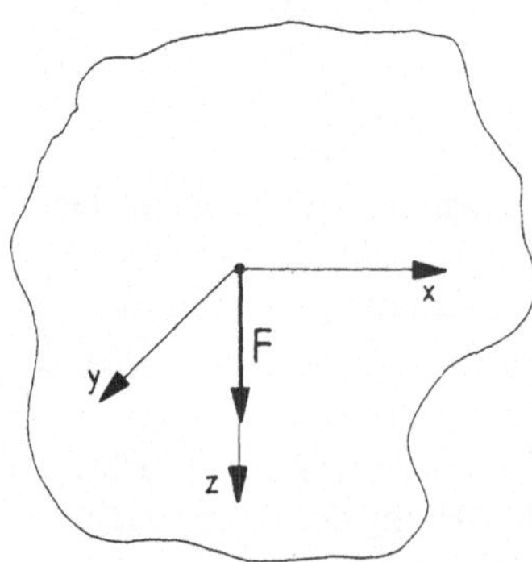

Fig. 9.1 Einzelkraft im unendlich ausgedehnten Körper (Problem von Kelvin)

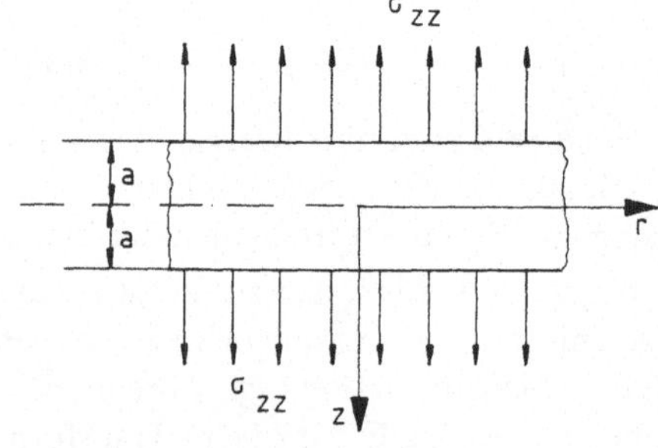

Fig. 9.2 Gleichgewicht eines Zylinders um den Kraftangriffspunkt beim Problem von Kelvin

Aus (9.1) erhält man die Ableitungen

$$\frac{\partial Z}{\partial r} = B\,\frac{r}{R} \qquad \frac{\partial^2 Z}{\partial r^2} = B\,\frac{R^2 - r^2}{R^3} = B\,\frac{z^2}{R^3}$$

$$\frac{\partial Z}{\partial z} = B\,\frac{z}{R} \qquad \frac{\partial^2 Z}{\partial z^2} = B\,\frac{r^2}{R^3}$$

$$\frac{\partial^2 Z}{\partial r \partial z} = -B\,\frac{rz}{R^3} \qquad \Delta Z = \frac{2B}{R}\,.$$

Die Verschiebungs- und Spannungskomponenten in Zylinderkoordinaten ergeben sich dann aus den Beziehungen (5.31) und (5.33) mit $\partial/\partial\varphi = 0$.
Es folgen

$$2Gu_r = B\,\frac{rz}{R^3} \qquad 2Gu_\varphi = 0$$

$$2Gu_z = B\left[2(1-\nu)\,\frac{2}{R} - \frac{r^2}{R^3}\right] = B\left[(1-2\nu)\,\frac{2}{R} + \frac{1}{R} + \frac{z^2}{R^3}\right]\,. \tag{9.2}$$

Die angegebene Umformung bei u_z erweist sich als zweckmäßig, wenn man die Lösungen des Problems für den Sonderfall $\nu = 0{,}5$ betrachten will, die eine einfachere Form annehmen.
Für die Spannungen ergibt sich entsprechend

$$\sigma_{rr} = B\left[(1-2\nu)\,\frac{z}{R^3} - 3\,\frac{r^2 z}{R^5}\right] \qquad \sigma_{\varphi\varphi} = B(1-2\nu)\,\frac{z}{R^3}$$

$$\sigma_{zz} = -B\left[(1-2\nu)\,\frac{z}{R^3} + 3\,\frac{z^3}{R^5}\right] \tag{9.3}$$

$$\tau_{rz} = -B\left[(1-2\nu)\,\frac{r}{R^3} + 3\,\frac{rz^2}{R^5}\right]$$

ferner $\tau_{r\varphi} = \tau_{z\varphi} = 0$.

Die Spannungen zeigen die symmetrischen Eigenschaften, sie verschwinden im Unendlichen und sind singulär im Koordinatennullpunkt. Die Spannungssingularität entspricht einer vertikalen Einzelkraft.

Die noch offene Konstante B berechnet sich aus der Gleichgewichtsbetrachtung in z-Richtung für einen Zylinder der Höhe 2a um den Koordinatenursprung (Fig. 9.2), wobei man den Zylinderradius gegen Unendlich gehen läßt. Die an den Flächen des Zylinders angreifenden Spannungen sind mit der Einzelkraft F im Gleichgewicht, d. h.

$$F - 2\pi \int_0^\infty (\sigma_{zz})_{-a}\, r\,dr + 2\pi \int_0^\infty (\sigma_{zz})_a\, r\,dr = 0.$$

Für Flächen z = const ist rdr = RdR und mit σ_{zz} gemäß (9.3) folgt

$$F = 4\pi B \left[(1-2\nu) a \int_a^\infty \frac{RdR}{R^3} + 3a^2 \int_a^\infty \frac{RdR}{R^5} \right]$$

und daraus

$$B = \frac{F}{8\pi(1-\nu)} . \tag{9.4}$$

Die an den Mantelflächen des betrachteten Zylinders in z-Richtung wirkenden Schubspannungen τ_{rz} verschwinden für $r \to \infty$ und fallen aus der Gleichgewichtsbetrachtung heraus.
Man erkennt, daß in der Ebene z = 0 alle Normalspannungen verschwinden, während sich für die Schubspannung

$$(\tau_{rz})_{z=0} = -\frac{F}{8\pi} \frac{1-2\nu}{1-\nu} \frac{1}{r^2}$$

ergibt.
Mittels der Beziehungen (5.30) und (5.33) lassen sich die Verschiebungs- und Spannungskomponenten in Kartesischen Koordinaten ausdrücken.
Mit der Konstanten B gemäß (9.4) folgen

$$2Gu = B\frac{xz}{R^3} \qquad 2Gv = B\frac{yz}{R^3}$$
$$2Gw = B\left[(3-4\nu)\frac{1}{R} + \frac{z^2}{R^3}\right] \tag{9.5}$$

ferner

$$\sigma_{xx} = B\left[(1-2\nu)\frac{z}{R^3} - 3\frac{x^2z}{R^5}\right]$$
$$\sigma_{yy} = B\left[(1-2\nu)\frac{z}{R^3} - 3\frac{y^2z}{R^5}\right]$$
$$\sigma_{zz} = B\left[(1-2\nu)\frac{z}{R^3} + 3\frac{z^3}{R^5}\right]$$
$$\tau_{xy} = -B\frac{3xyz}{R^5} \tag{9.6}$$
$$\tau_{yz} = -B\left[(1-2\nu)\frac{y}{R^3} + 3\frac{yz^2}{R^5}\right]$$
$$\tau_{zx} = -B\left[(1-2\nu)\frac{x}{R^3} + 3\frac{xz^2}{R^5}\right] .$$

Die Lösung des Problems von Kelvin läßt sich auch mittels des Ansatzes von Papkovich/Neuber darstellen (vgl. Abschn. 5.1.5).

Bei der Formulierung in Kartesischen Koordinaten (5.49) gelten dann hier

$$\phi_0 = \phi_x = \phi_y = 0 \qquad N = z\phi_z$$

$$\phi_z = \frac{F}{8\pi(1-\nu)}\frac{1}{R}$$

und es ergeben sich damit für die Verschiebungen und Spannungen wieder die obigen Ausdrücke (9.5) und (9.6).

9.1.1 Greensche Tensorfunktion

Die ursprünglich von Lord Kelvin (W. Thomson) 1848 angegebene Lösung des nach ihm benannten Problems erfolgte in Form eines partikulären Integrals der inhomogenen Navierschen Gleichungen (vgl. Abschn. 3.2)

$$G\left(u_{i,jj} + \frac{1}{1-2\nu}u_{j,ij}\right) + f_i = 0.$$

Für eine stetige Verteilung $f_i(x_i^*)$ von Volumenkräften im unendlich ausgedehnten Medium gilt für die Verschiebungen $u_i(x)$ im Feldpunkt $x = (x_1, x_2, x_3)$

$$u_i(x) = \frac{1}{16\pi(1-\nu)G}\int_{(V)}\left[(3-4\nu)\frac{f_i(x^*)}{\bar{R}} - (x_j - x_j^*)\frac{\partial}{\partial x_i}\left(\frac{1}{\bar{R}}\right)f_j(x^*)\right]dV^*. \tag{9.7}$$

Hierbei bedeutet $x^* = (x_1^*, x_2^*, x_3^*)$ den sog. Quellpunkt und $\bar{R}$ den Abstand zwischen Feldpunkt und Quellpunkt, d. h.

$$\bar{R} = \sqrt{(x_1 - x_1^*)^2 + (x_2 - x_2^*)^2 + (x_3 - x_3^*)^2}.$$

Das Problem der Einzelkraft wird dadurch gelöst, daß man eine kleine Kugel um den Quellpunkt isoliert, außerhalb der die Volumenkräfte verschwinden, während sich im Quellpunkt durch einen geeigneten Grenzübergang eine Einzellast darstellen läßt.
Für die korrekte Grenzwertbildung, mit der sich aus verteilten Kräften singuläre Einzelkräfte ergeben, müssen bestimmte Bedingungen eingehalten werden, insbesondere muß die Ordnung der Singularität vorgeschrieben werden, vgl. hierzu [61]. Auf diese Details soll hier aber nicht eingegangen werden.

Nimmt man im Quellpunkt $x^* = 0$ (Koordinatenursprung) eine Einzelkraft mit den Komponenten F_i an, so liefert der genannte Grenzübergang nach Integration von (9.7)

$$u_i(x) = \frac{1}{16\pi(1-\nu)G}\left[(3-4\nu)\frac{F_i}{R} - x_j F_j \frac{\partial}{\partial x_i}\left(\frac{1}{R}\right)\right] \tag{9.8}$$

wobei $R = \sqrt{x_1^2 + x_2^2 + x_3^2}$ bedeutet.
Für den früher angegebenen Sonderfall einer Einzelkraft der Größe F in Richtung $x_3 = z$ erhält man aus (9.8) mit $F_1 = F_2 = 0, F_3 = F$ sofort wieder die Formeln (9.5).
Bei verschiedenen Anwendungen, z. B. in der Elastizitätstheorie der Versetzungen oder bei der Durchführung des Randintegralgleichungsverfahrens (siehe Abschn. 6.4.3), wird

häufig die Lösung (9.8) in der Form

$$u_i = U_{ij} F_j$$

geschrieben. Hierbei bezeichnet man

$$U_{ij} = \frac{1}{16\pi(1-\nu)G}\left[(3-4\nu)\delta_{ij}\frac{1}{R} - x_j\frac{\partial}{\partial x_i}\left(\frac{1}{R}\right)\right]$$

$$= \frac{1}{16\pi(1-\nu)G}\left[(3-4\nu)\delta_{ij}\frac{1}{R} + \frac{x_i x_j}{R^3}\right]$$

$$= \frac{1}{8\pi G}\left[\delta_{ij}\Delta R - \frac{1}{2(1-\nu)}\frac{\partial^2 R}{\partial x_i \partial x_j}\right] \tag{9.9}$$

als Green sche Tensorfunktion[1]) des Problems von Kelvin.

Diese Bezeichnung ergibt sich in Anlehnung an die Formulierungen in der Elektrostatik, wo z. B. die entsprechende Green sche Funktion das Potential einer Punktladung wiedergibt. Die Methode der Green schen Funktionen (nach G. Green, 1793–1841) spielt überhaupt in der mathematischen Physik bei der Lösung nichthomogener Randwertprobleme eine wichtige Rolle[2]).

Die Verallgemeinerung von (9.9) für den Fall eines beliebigen Quellpunkts $x^* = (x_1^*, x_2^*, x_3^*)$ für die Einzelkraft F_i ist

$$U_{ij}(x) = \frac{1}{16\pi(1-\nu)G}\left[(3-4\nu)\frac{\delta_{ij}}{\bar{R}} + \frac{(x_i - x_i^*)(x_j - x_j^*)}{\bar{R}^3}\right]$$

$$= \frac{1}{8\pi G}\left[\delta_{ij}\Delta\bar{R} - \frac{1}{2(1-\nu)}\frac{\partial^2 \bar{R}}{\partial x_i \partial x_j}\right]. \tag{9.10}$$

Die Komponenten des Tensors U_{ij} liefern somit die Verschiebungen in i-Richtung im Feldpunkt $x = (x_1, x_2, x_3)$ für eine im Quellpunkt x^* wirkende singuläre Einheitskraft in j-Richtung. Dies ist in Fig. 9.3 für eine Einzelkraft $F_3 = 1$ anschaulich dargestellt.

Man erkennt übrigens, daß die Green sche Tensorfunktion stets symmetrisch ist.

Die Darstellung läßt sich auch auf höhere Kraftsingularitäten (Kraftdipole, Kraftquadrupole, Expansivquelle usw.) erweitern. Verschiedene dieser Kraftsingularitäten finden Anwendung beim numerischen Randintegralgleichungsverfahren [74].

Auch für den in Abschn. 8.5.3.3 behandelten Fall einer Einzelkraft in der unendlichen Ebene läßt sich eine Green sche Tensorfunktion angeben.

Sie lautet (für EVZ)

$$G_{ij} = -\frac{1}{8\pi(1-\nu)G}\left[(3-4\nu)\delta_{ij}\ln\bar{r} - \frac{(x_i - x_i^*)(x_j - x_j^*)}{\bar{r}^2}\right]$$

---

[1]) Mitunter wird die Bezeichnung Kelvin-Somigliana scher Tensor verwendet.

[2]) In der technischen Festigkeitslehre findet man die Green schen Funktionen unter der Bezeichnung Einflußfunktionen wieder.

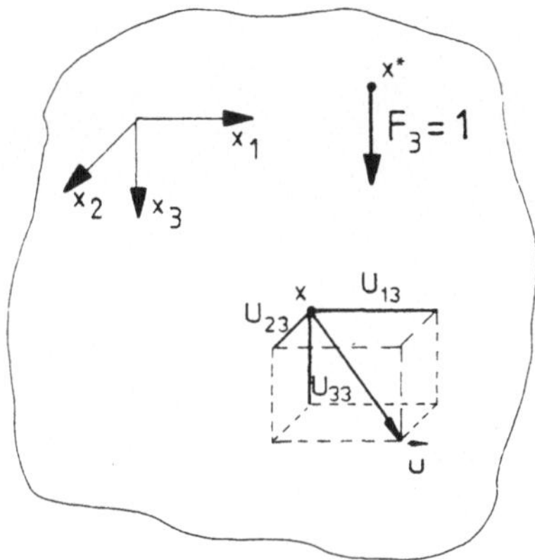

Fig. 9.3 Verschiebungskomponenten U_{13}, U_{23}, U_{33} infolge einer Einheitskraft F_3 im Quellpunkt x*

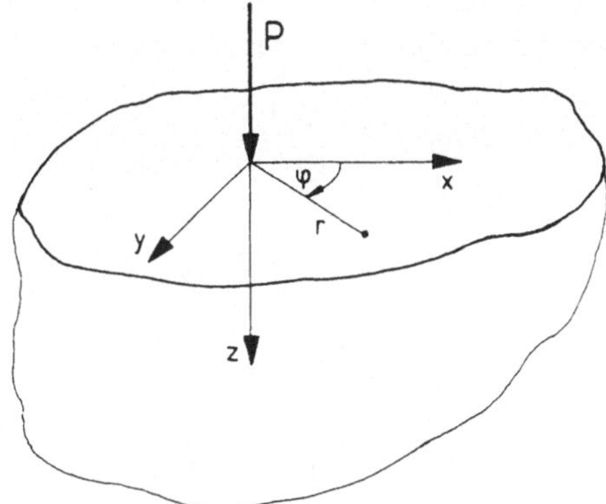

Fig. 9.4 Normale Einzelkraft am Halbraum (Problem von Boussinesq) $R = \sqrt{x^2 + y^2 + z^2} = \sqrt{r^2 + z^2}$

wobei nun

$$\bar{r} = \sqrt{(x_1 - x_1^*)^2 + (x_2 - x_2^*)^2}$$

bedeutet und i und j nur die Werte 1 und 2 annehmen.

Hieraus lassen sich wiederum die Verschiebungen infolge einer Einzelkraft in der unendlichen Ebene berechnen.

Bemerkenswert ist die dabei auftretende logarithmische Singularität für $r \to \infty$, die übrigens auch bei Halbebenenproblemen auftritt und die im dreidimensionalen Fall nicht vorhanden ist.

9.2 Normale Einzelkraft an der Oberfläche eines Halbraums (Problem von Boussinesq)

An der Oberfläche des halbunendlichen elastischen Körpers mit ebener Begrenzungsfläche $z = 0$ (sog. Halbraum) wirkt im Koordinatenursprung eine normale Einzelkraft P (Fig. 9.4).

Es handelt sich um ein axialsymmetrisches Problem. Im Unendlichen sollen die Spannungen verschwinden.

Die Lösung gelingt mit dem Lösungsansatz von Boussinesq (vgl. Abschn. 5.1.6) unter Verwendung von Potentialfunktionen. Gemäß (5.52) wählt man

$$\phi_0 = A \ln (R + z) \qquad \phi_3 = \frac{B}{R} \tag{9.11}$$

mit $R^2 = x^2 + y^2 + z^2 = r^2 + z^2$.

Man überzeugt sich leicht, daß $\Delta\phi_0 = 0$ ist.

Durch Einsetzen in die Formeln von Boussinesq, vgl. (5.53) und (5.55) ergeben sich zunächst für die Verschiebungen

$$2Gu_r = -A\frac{r}{R(r+z)} + B\frac{rz}{R^3}$$

$$2Gu_z = 4(1-\nu)\frac{B}{R} - \frac{A}{R} - B\frac{r^2}{R^3}$$

und für die Spannungen

$$\sigma_{rr} = -2\nu B\frac{z}{R^3} + A\left[\frac{1}{R(R+z)} - \frac{z}{R^3}\right] + B\left(\frac{z}{R^3} - 3\frac{r^2z}{R^5}\right)$$

$$\sigma_{\varphi\varphi} = -2(2-\nu)B\frac{z}{R^3} - A\frac{1}{R(R+z)} + B\frac{z}{R^3}$$

$$\sigma_{zz} = -2(2-\nu)B\frac{z}{R^3} + A\frac{z}{R^3} + 3B\frac{r^2z}{R^5}$$

$$\tau_{rz} = -2(2-\nu)B\frac{r}{R^3} + A\frac{r}{R^3} + B\left(\frac{r}{R^3} - 3\frac{rz^2}{R^5}\right).$$

Zur Bestimmung der Konstanten A und B werden die Randbedingungen sowie die statische Gleichgewichtsbedingung herangezogen.
Für $z = 0$ $(R = r)$ müssen σ_{zz} und τ_{rz} verschwinden. Es folgt $A = (1-2\nu)B$ und somit

$$\sigma_{zz} = -3B\frac{z^3}{R^5} \tag{9.12}$$

d. h. die Randbedingung für σ_{zz} ist erfüllt.
Die Gleichgewichtsbedingung in z-Richtung lautet für Ebenen z = const

$$P + 2\pi\int_0^\infty \sigma_{zz}\, r\, dr = 0$$

und es folgt mit (9.12) für die Konstante $B = \dfrac{P}{2\pi}$.

Die Verschiebungen und Spannungen ergeben sich dann zu

$$2Gu_r = \frac{P}{2\pi R}\left[\frac{rz}{R^2} - (1-2\nu)\frac{r}{R+z}\right]$$

$$u_\varphi = 0 \qquad 2Gu_z = \frac{P}{2\pi R}\left[\frac{z^2}{R^2} + 2(1-\nu)\right]$$

$$\sigma_{rr} = \frac{P}{2\pi R^2}\left[-3\frac{r^2z}{R^3} + (1-2\nu)\frac{R}{R+z}\right]$$

$$\sigma_{\varphi\varphi} = (1-2\nu)\,\frac{P}{2\pi R^2}\left[\frac{z}{R} - \frac{R}{R+z}\right]$$

$$\sigma_{zz} = -\frac{3P}{2\pi}\,\frac{z^3}{R^5} \qquad \tau_{rz} = -\frac{3P}{2\pi}\,\frac{rz^2}{R^5}\,.$$

Man erkennt, daß die Verschiebungen bzw. Spannungen im Unendlichen mit $1/R$ bzw. $1/R^2$ gegen Null gehen.

Faßt man in Ebenen $\varphi = \text{const}$ die Spannungen σ_{zz} und τ_{rz} zu einer Resultierenden σ_R zusammen (Fig. 9.5), ergibt sich

$$\sigma_R = \sqrt{(\sigma_{zz})^2 + (\tau_{rz})^2} = \frac{3P}{2\pi}\,\frac{z^2}{R^4} \tag{9.13}$$

und $\quad \dfrac{\sigma_{zz}}{\tau_{rz}} = \tan\vartheta = \dfrac{z}{r}\,.$

Aus (9.13) folgt

$$r^2 + z^2 = z\sqrt{\frac{3P}{2\pi\sigma_R}}$$

und man erkennt, daß $\sigma_R = \text{const}$ ist auf Kugeln mit dem Radius

$$\frac{1}{2}\sqrt{\frac{3P}{2\pi\sigma_R}}\,,$$

die den Koordinatenursprung berühren und deren Mittelpunkte auf der z-Achse liegen (vgl. hierzu das zweidimensionale Analogon in Abschn. 8.5.3.1).

Die Kartesischen Komponenten der Verschiebungen und Spannungen beim Problem von Boussinesq lauten

$$2Gu = \frac{P}{2\pi R}\left[\frac{xz}{R^2} - (1-2\nu)\,\frac{x}{R+z}\right]$$

$$2Gv = \frac{P}{2\pi R}\left[\frac{yz}{R^2} - (1-2\nu)\,\frac{y}{R+z}\right]$$

$$2Gw = \frac{P}{2\pi R}\left[\frac{z^2}{R^2} + 2(1-\nu)\right]$$

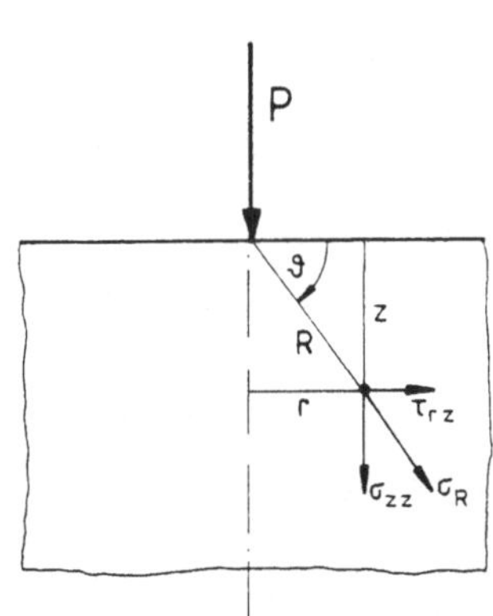

Fig. 9.5
Zum Spannungszustand beim Problem von Boussinesq

$$\sigma_{xx} = \frac{P}{2\pi}\left\{-3\,\frac{x^2 z}{R^5} + (1-2\nu)\left[\frac{x^2(2R+z)}{R^3(R+z)^2} - \frac{R^2 - Rz - z^2}{R^3(R+z)}\right]\right\}$$

$$\sigma_{yy} = \frac{P}{2\pi}\left\{-3\,\frac{y^2 z}{R^5} + (1-2\nu)\left[\frac{y^2(2R+z)}{R^3(R+z)^2} - \frac{R^2 - Rz - z^2}{R^3(R+z)}\right]\right\}$$

$$\sigma_{zz} = -\frac{3P}{2\pi}\frac{z^3}{R^5}$$

$$\tau_{xy} = -\frac{P}{2\pi}\left[3\,\frac{xyz}{R^5} - (1-2\nu)\,\frac{xy(2R+z)}{R^3(R+z)^2}\right]$$

$$\tau_{yz} = \frac{3P}{2\pi}\frac{yz^2}{R^5} \qquad \tau_{zx} = \frac{3P}{2\pi}\frac{xz^2}{R^5}\,.$$

Alternativ läßt sich die Lösung des Problems von Boussinesq gewinnen durch Kombination eines Galerkinschen Vektors

$$H_3 = BR \tag{9.14}$$

mit einem Laméschen Dehnungspotential

$$\phi = C \ln(R+z). \tag{9.15}$$

Ersterer wurde bei der Lösung des Problems von Kelvin (vgl. Abschn. 9.1) verwendet, für das Lamésche Dehnungspotential liefern die in Abschn. 5.1.2 angegebenen allgemeinen Beziehungen bei Axialsymmetrie

$$\sigma_{rr} = \frac{Cz}{R^3} - \frac{C}{R(R+z)} \qquad \sigma_{\varphi\varphi} = \frac{C}{R(R+z)}$$

$$\sigma_{zz} = -\frac{Cz}{R^3} \qquad \tau_{rz} = -\frac{Cr}{R^3}$$

$$2Gu_r = C\,\frac{r}{R(R+z)} \qquad 2Gu_z = \frac{C}{R}\,.$$

Aus der Randbedingung $\tau_{rz} = 0$ für $z = 0$ folgt für die Konstanten B und C in (9.14) und (9.15)

$$B(1-2\nu) + C = 0$$

und aus der Gleichgewichtsbedingung

$$4\pi(1-\nu)B + 2\pi C = P.$$

Damit ergeben sich aus den beiden betrachteten Lösungen wieder die bereits angegebenen Verschiebungen und Spannungen.

Schließlich sei noch erwähnt, daß sich die Lösung des Problems von Boussinesq auch mittels der biharmonischen Funktion

$$Z = AR + Bz \ln(R+z) \tag{9.16}$$

die einer L o v e schen Verschiebungsfunktion (vgl. Abschn. 5.1.4) entspricht, darstellen läßt.

Hierfür sind die Beziehungen (5.31) und (5.34) für $\partial/\partial\varphi = 0$ maßgebend (sog. Formeln von L o v e). Die Ermittlung der Konstanten A und B in (9.16) erfolgt wiederum aus den Randbedingungen sowie der Gleichgewichtsbedingung.

Auf die Möglichkeit, die Lösung des Problems von B o u s s i n e s q mittels Integraltransformation zu gewinnen, wird in Abschn. 9.6.3 eingegangen.

9.3 Tangentiale Einzelkraft in der Oberfläche eines Halbraums (Problem von Cerruti)

Gemäß Fig. 9.6 wirkt in der ansonsten lastfreien Oberfläche z = 0 des Halbraums in Koordinatenursprung eine Einzelkraft Q in Richtung der x-Achse.

Hier handelt es sich jedoch nicht mehr um ein axialsymmetrisches Problem. Die Lösung läßt sich gleichwohl analog wie die des Problems von B o u s s i n e s q darstellen durch Kombination eines L a m é schen Dehnungspotentials

$$\phi = A \frac{x}{R + z} \tag{9.17}$$

und eines G a l e r k i n schen Vektors mit den Komponenten

$$H_x = BR \qquad H_y = 0 \qquad H_z = C \ln x(R + z) \tag{9.18}$$

wobei A, B, C Konstanten sind (mit anderer Bedeutung als die im vorigen Abschnitt verwendeten).

Es werden die in den Abschn. 5.1.2 und 5.1.3 angegebenen Beziehungen verwendet. Aus (5.10) und (5.21) ergeben sich für die Verschiebungen

$$2Gu = \frac{\partial\phi}{\partial x} + 2(1 - \nu)\Delta H_x - \frac{\partial}{\partial x}\left(\frac{\partial H_x}{\partial x} + \frac{\partial H_z}{\partial z}\right) \quad \text{usw.}$$

sowie aus (5.12) und (5.24) für die Spannungen

$$\sigma_{xx} = \frac{\partial^2\phi}{\partial x^2} + \frac{\nu}{1 - 2\nu}\Delta\phi + \left(\nu\Delta - \frac{\partial^2}{\partial x^2}\right)\left(\frac{\partial H_x}{\partial x} + \frac{\partial H_z}{\partial z}\right) + 2(1 - \nu)\frac{\partial}{\partial x}\Delta H_x \quad \text{usw.}$$

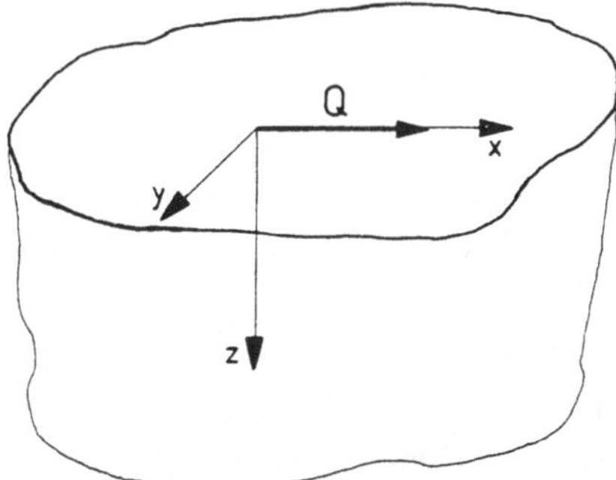

Fig. 9.6
Tangentiale Einzelkraft am Halbraum (Problem von C e r r u t i)

Die Konstanten A, B, C werden aus den Randbedingungen

$$\sigma_{zz} = \tau_{yz} = 0 \quad \text{für } z = 0$$

sowie aus der Gleichgewichtsbedingung (Schubkräfte in x-Richtung in einer Fläche z = const sind im Gleichgewicht mit Q) ermittelt.

Daraus ergeben sich

$$A = \frac{Q(1-2\nu)}{2\pi} \qquad B = \frac{Q}{4\pi(1-\nu)} \qquad C = \frac{1-2\nu}{1-\nu}\frac{Q}{4\pi}$$

und damit erhält man für die Kartesischen Komponenten der Verschiebungen

$$\begin{aligned} 2Gu &= \frac{Q}{2\pi}\left\{\frac{1}{R} + \frac{x^2}{R^3} + (1-2\nu)\left[\frac{1}{R+z} - \frac{x^2}{R(R+z)^2}\right]\right\} \\ 2Gv &= \frac{Q}{2\pi}\left[\frac{xy}{R^3} - (1-2\nu)\frac{xy}{R(R+z)^2}\right] \\ 2Gw &= \frac{Q}{2\pi}\left[\frac{xz}{R^3} + (1-2\nu)\frac{x}{R(R+z)}\right] \end{aligned} \tag{9.19}$$

und der Spannungen

$$\begin{aligned} \sigma_{xx} &= \frac{Qx}{2\pi R^3}\left[-\frac{3x^2}{R^2} + \frac{1-2\nu}{(R+z)^2}\left(R^2 - \frac{2Ry^2}{R+z} - y^2\right)\right] \\ \sigma_{yy} &= \frac{Qx}{2\pi R^3}\left[-\frac{3y^2}{R^2} + \frac{1-2\nu}{(R+z)^2}\left(3R^2 - \frac{2Rx^2}{R+z} - x^2\right)\right] \\ \sigma_{zz} &= -\frac{3Qxz^2}{2\pi R^5} \\ \tau_{xy} &= \frac{Qy}{2\pi R^3}\left[-\frac{3x^2}{R^2} - \frac{1-2\nu}{(R+z)^2}\left(R^2 - \frac{2Rx^2}{R+z} - x^2\right)\right] \\ \tau_{yz} &= -\frac{3Qxyz}{2\pi R^5} \qquad \tau_{zx} = -\frac{3Qx^2z}{2\pi R^5}\,. \end{aligned} \tag{9.20}$$

9.4 Einzelkräfte im Innern des Halbraums (Problem von Mindlin)

Die z-Achse weist in das Innere des elastischen Halbraums, in einem Punkt im Abstand h von der Oberfläche greift eine Einzelkraft in z-Richtung bzw. senkrecht dazu (in x-Richtung) an, vgl. Fig. 9.7a.

Die erstmalige Lösung dieses Problems stammt von Mindlin [75].

Es erweist sich als zweckmäßig, den Koordinatenursprung spiegelbildlich zum Lastangriffspunkt in die Höhe h über der Oberfläche des Halbraums, die dann durch z = h gekennzeich-

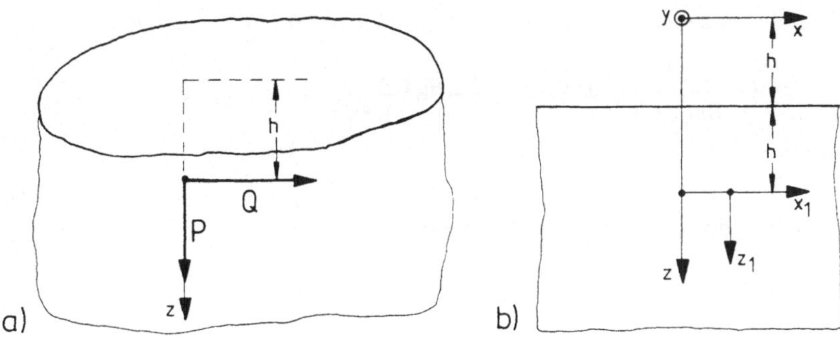

Fig. 9.7 Halbraum mit Einzelkräften im Innern (Problem von Mindlin)
a) Lage des Kraftangriffspunkts, b) Koordinatensystem

net ist, zu legen (Fig. 9.7b). Es ist dann

$$R_1 = \sqrt{r^2 + z_1^2}$$

wobei $z_1 = z - 2h$ die vom Kraftangriffspunkt aus zählende Koordinate bedeutet.

Die Lösung des Problems für die Kraft P in z-Richtung erfolgt durch eine Kombination von Galerkinschen Vektoren H_z und Laméschen Dehnungspotentialen gemäß

$$H_z^{(1)} = \frac{P}{8\pi(1-\nu)} R_1 \qquad H_z^{(2)} = -\frac{P}{8\pi(1-\nu)} R$$
$$H_z^{(3)} = -\frac{P}{4\pi(1-\nu)} \frac{hz}{R} \qquad H_z^{(4)} = \frac{P}{2\pi} R \tag{9.21}$$

sowie
$$\phi^{(1)} = -(1-2\nu)\frac{P}{2\pi}\ln(R+z)$$
$$\phi^{(2)} = \frac{1-2\nu}{2\pi(1-\nu)}\frac{h}{R} \qquad \phi^{(3)} = \frac{P}{4\pi(1-\nu)}\frac{h^2 z}{R^3}\,. \tag{9.22}$$

Man erkennt, daß $H_z^{(1)}$ die Lösung des Problems von Kelvin für die Kraft P im angegebenen Angriffspunkt darstellt.

Die übrigen Anteile liefern sämtlich Singularitäten, die außerhalb des elastischen Halbraums liegen.

So entspricht die Kombination von $H_z^{(4)}$ und $\phi^{(1)}$ der Lösung des Problems von Boussinesq für die Kraft P an der Oberfläche eines Halbraums $z \geqslant 0$. Die sich ergebenden Verschiebungen und Spannungen wurden bereits angegeben.

Die ersten drei Galerkinschen Vektoren in (9.21) liefern eine Lovesche Verschiebungsfunktion

$$Z(r,z) = \frac{P}{8\pi(1-\nu)}\left(R_1 - R - 2h\frac{z}{R}\right) \tag{9.23}$$

während sich aus den verbleibenden Dehnungspotentialen in (9.22)

$$\phi = \frac{P}{8\pi(1-\nu)}\left[4(1-2\nu)\frac{h}{R} + 2h^2\frac{z}{R^3}\right] \tag{9.24}$$

ergibt.

Mit der Lösung des Problems von B o u s s i n e s q sowie mit (9.23) und (9.24) lassen sich die Randbedingungen des Problems

$$\sigma_{zz} = \tau_{rz} = 0 \quad \text{für } z = h$$

erfüllen.

Die Ausdrücke für die Verschiebungen und die Spannungen können aus den bereits angegebenen Lösungen zusammengesetzt werden.

Mit der Abkürzung $\dfrac{P}{8\pi(1-\nu)} = \bar{P}$ folgen

$$\begin{aligned}
2Gu_r &= \bar{P}\left[\frac{z_1}{R_1^3} - \frac{4(1-2\nu)(1-\nu)}{R(R+z)} + (3-4\nu)\frac{z_1}{R^3} + \frac{6hz(z-h)}{R^5}\right] \\
2Gu_z &= \bar{P}\left[\frac{z_1^2}{R_1^3} + \frac{3-4\nu}{R_1} + \frac{5-12\nu+8\nu^2}{R}\right. \\
&\quad \left. + \frac{(3-4\nu)z^2 - 2hz + 2h^2}{R^3} + \frac{6hz^2(z-h)}{R^5}\right]
\end{aligned} \tag{9.25}$$

sowie

$$\begin{aligned}
\sigma_{rr} &= \bar{P}\left[3\frac{z_1^3}{R_1^5} - 2(1+\nu)\frac{z_1}{R_1^3} + \frac{4(1-2\nu)(1-\nu)}{R(R+z)} - \frac{2(5-7\nu)z - 12(1-\nu)h}{R^3}\right. \\
&\quad \left. + \frac{3(3-4\nu)z^3 - 6(7-2\nu)hz^2 + 24h^2z}{R^5} + \frac{30hz^3(z-h)}{R^7}\right] \\
\sigma_{zz} &= \bar{P}\left[-3\frac{z_1^3}{R_1^5} - (1-2\nu)\frac{z_1}{R_1^3} + (1-2\nu)\frac{z-2h}{R^3}\right. \\
&\quad \left. - \frac{3(3-4\nu)z^3 - 12(2-\nu)hz^2 + 18h^2z}{R^5} - \frac{30hz^3(z-h)}{R^7}\right] \\
\sigma_{\varphi\varphi} &= \bar{P}\left[(1-2\nu)\frac{z_1}{R_1^3} - \frac{4(1-2\nu)(1-\nu)}{R(R+z)}\right. \\
&\quad \left. + \frac{(1-2\nu)(3-4\nu)z - 6(1-2\nu)h}{R^3} + \frac{6(1-2\nu)hz^2 - 6h^2z}{R^5}\right] \\
\tau_{rz} &= \bar{P}\left[-3\frac{z_1^2}{R_1^5} - \frac{1-2\nu}{R_1^3} + \frac{1-2\nu}{R^3}\right. \\
&\quad \left. - \frac{3(3-4\nu)z^2 - 6(3-2\nu)hz + 6h^2}{R^5} - \frac{30hz^2(z-h)}{R^7}\right].
\end{aligned} \tag{9.26}$$

Man erkennt, daß (9.25) und (9.26) für h = 0, d. h. $z_1 = z$ und $R_1 = R$ in die Lösungen des Problems von Boussinesq übergehen.

Die Lösung des Problems für die Kraft Q in x-Richtung erfolgt durch eine Kombination von Galerkinschen Vektoren H_x und H_z

$$H_x^{(1)} = \frac{QR}{4\pi(1-\nu)}$$

$$H_z^{(1)} = \frac{1-2\nu}{4\pi(1-\nu)} Qx \ln(R+z)$$

$$H_x^{(2)} = \frac{1-2\nu}{2\pi} Q[z \ln(R+z) - R]$$

$$H_x^{(3)} = \frac{Q}{8\pi(1-\nu)} R_1 \tag{9.27}$$

$$H_x^{(4)} = -\frac{Q}{8\pi(1-\nu)} R$$

$$H_x^{(5)} = -\frac{Q}{8\pi(1-\nu)} \frac{2h^2}{R}$$

$$H_z^{(6)} = \frac{Q}{8\pi(1-\nu)} \frac{2hx}{R}.$$

Die harmonischen Funktionen $H_x^{(2)}$ und $H_x^{(5)}$ können gemäß (5.28) durch die entsprechenden Laméschen Dehnungspotentiale

$$\phi^{(2)} = -\frac{\partial}{\partial x} H_x^{(2)} = \frac{1-2\nu}{2\pi} \frac{Qx}{R+z}$$

$$\phi^{(5)} = -\frac{\partial}{\partial x} H_x^{(5)} = -\frac{Q}{8\pi(1-\nu)} \frac{2h^2 x}{R^3} \tag{9.28}$$

ersetzt werden.

Man erkennt wieder, daß $H_x^{(1)}$ und $H_z^{(1)}$ sowie $\phi^{(2)}$ der Lösung des Problems von Cerruti für eine Tangentialkraft Q in x-Richtung am Halbraum $z \geqslant 0$ (vgl. Abschn. 9.3) entsprechen.

Die Gesamtlösung ergibt sich schließlich durch Kombination dieser Lösung des Problems von Cerruti mit den Galerkinschen Vektoren

$$H_x = \frac{Q}{8\pi(1-\nu)}(R_1 - R) \qquad H_z = \frac{Q}{8\pi(1-\nu)} \frac{2hx}{R}$$

und mit dem Dehnungspotential

$$\phi = -\frac{Q}{8\pi(1-\nu)} \frac{2h^2 x}{R^3}.$$

Damit lassen sich die Randbedingungen

$$\sigma_{zz} = \tau_{xz} = \tau_{yz} = 0 \quad \text{für } z = h$$

erfüllen. Die Ausdrücke für die Verschiebungen und Spannungen können wieder aus den bereits bekannten Lösungen zusammengesetzt werden.

Man erhält auf diese Weise folgende Werte, die zu den Verschiebungen und Spannungen (9.19) und (9.20) des Problems von Cerruti addiert werden müssen (wobei die Abkürzung

$$\frac{Q}{8\pi(1-\nu)} = \bar{Q}$$

eingeführt ist)

$$2Gu = \bar{Q}\left[\frac{x^2}{R_1^3} + \frac{3-4\nu}{R_1} - \frac{3-4\nu}{R} - \frac{x^2 - 2h(z-h)}{R^3} - \frac{6hx^2(z-h)}{R^5}\right]$$

$$2Gv = \bar{Q}\left[\frac{xy}{R_1^3} - \frac{xy}{R^3} - \frac{6hxy(z-h)}{R^5}\right] \tag{9.29}$$

$$2Gw = \bar{Q}\left[\frac{xz_1}{R_1^3} - \frac{xz + 2(3-4\nu)hx}{R^3} - \frac{6hxz(z-h)}{R^5}\right]$$

sowie

$$\sigma_{xx} = \bar{Q}x\left[-3\frac{x^2}{R_1^5} - \frac{1-2\nu}{R_1^3} + \frac{1-2\nu}{R^3} + \frac{3x^2 - 6(3-2\nu)hx + 18h^2}{R^5} + \frac{30hx^2(z-h)}{R^7}\right]$$

$$\sigma_{yy} = \bar{Q}x\left[-3\frac{y^2}{R_1^5} + \frac{1-2\nu}{R_1^3} - \frac{1-2\nu}{R^3} + \frac{3y^2 - 6(1-2\nu)hy + 6h^2}{R^5} + \frac{30hy^2(z-h)}{R^7}\right]$$

$$\sigma_{zz} = \bar{Q}x\left[-3\frac{z_1^2}{R_1^5} + \frac{1-2\nu}{R_1^3} - \frac{1-2\nu}{R^3} + \frac{3z^2 + 6(1-2\nu)hz + 6h^2}{R^5} + \frac{30hz^2(z-h)}{R^7}\right]$$

$$\tau_{xy} = \bar{Q}y\left[-3\frac{x^2}{R_1^5} - \frac{1-2\nu}{R_1^3} + \frac{1-2\nu}{R^3} + \frac{3x^2 - 6h(z-h)}{R^5} + \frac{30hx^2(z-h)}{R^7}\right]$$

$$\tau_{zx} = \bar{Q}\left[-3\frac{x^2z_1}{R_1^5} - \frac{(1-2\nu)z_1}{R_1^3} + \frac{(1-2\nu)z_1}{R^3} + \frac{3x^2z + 6(1-2\nu)hx^2 - 6hx(z-h)}{R^5} + \frac{30hx^2z(z-h)}{R^7}\right]$$

$$\tau_{zy} = \bar{Q}xy\left[-3\frac{z_1}{R_1^5} + \frac{3z + 6(1-2\nu)h}{R^5} + \frac{30hz(z-h)}{R^7}\right]. \tag{9.30}$$

Für h = 0 verschwinden alle Ausdrücke (9.29) und (9.30) und es ergibt sich wieder die Lösung des Problems von Cerruti.

9.5 Räumliche Spannungskonzentrationsprobleme

Bisher wurden schon gelegentlich Probleme der Spannungskonzentration oder Kerbwirkung[1]) angesprochen (vgl. Abschn. 7.5.3, 8.5.5, 8.5.7).

Solche Störungen der gleichförmigen Spannungsverteilung, die mit dem Auftreten von Spannungsspitzen in örtlich eng begrenzten Bereichen verbunden sind, spielen bei den Anwendungen eine wichtige Rolle. Maßgebend für Spannungskonzentration sind Unstetigkeiten oder abrupte Änderungen der Gestalt, wie sie z. B. durch Löcher oder Hohlräume, Kerben oder Nuten in Bauteilen gegeben sein können[2]). Für einige solcher dreidimensionaler Probleme sind exakte Lösungen bekannt.

Zunächst erstreckt sich die Betrachtung auf grundlegende elementare Lösungen, abschließend sollen Lösungen für räumliche Kerb- und Rißprobleme[3]) kurz besprochen werden, die nicht mehr auf elementarem Weg zu gewinnen sind.

9.5.1 Problem von Lamé für die Hohlkugel

Es wird zunächst das grundlegende Problem betrachtet, die Spannungen in einer dickwandigen Hohlkugel (Fig. 9.8) bei Belastung durch konstanten Innen- und Außendruck zu berechnen.

Hier handelt es sich um einen radialsymmetrischen Verschiebungs- und Spannungszustand, zweckmäßig werden Kugelkoordinaten R, ϑ, φ mit

$$R = \sqrt{x^2 + y^2 + z^2}$$

verwendet (vgl. Abschn. 3.4.2).

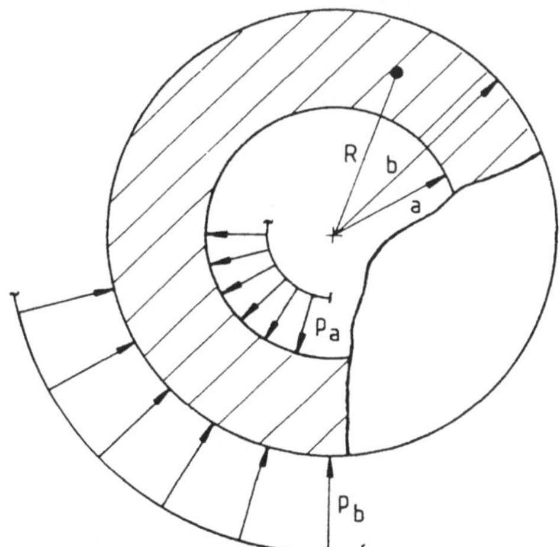

Fig. 9.8
Dickwandige Hohlkugel unter gleichmäßigem Innen- und Außendruck (Problem von Lamé)

---

[1]) Der Begriff „Kerbwirkung“ wurde erstmals 1910 von A. Leon geprägt.

[2]) Vom reichhaltigen Schrifttum hierzu seien z. B. [B 14], [B 15] und [B 16] sowie die Literaturübersichten von Sternberg [76] und Neuber/Hahn [77] genannt.

[3]) Vgl. hierzu Abschn. 9.7.5.

Es ist nur eine Radialverschiebung $u_R(R)$ vorhanden, es verschwinden alle Verzerrungs- und Spannungskomponenten außer

$$\epsilon_{RR} = \frac{du_R}{dR} \qquad \epsilon_{\vartheta\vartheta} = \epsilon_{\varphi\varphi} = \frac{u_R}{R}$$

sowie $\quad \sigma_{RR}, \quad \sigma_{\vartheta\vartheta} = \sigma_{\varphi\varphi}.$

Zur Lösung wird ein L a m é sches Dehnungspotential (vgl. Abschn. 5.1.2)

$$\phi(R) = \frac{A}{R} + \text{const} \tag{9.31}$$

mit $\quad \Delta\phi = \left(\frac{d^2}{dR^2} + \frac{2}{R}\frac{d}{dR}\right)\phi = 0$

herangezogen.
Aus (9.31) ergibt sich

$$2Gu_R = \frac{d\phi}{dR} = -\frac{A}{R^2} \tag{9.32}$$

und man erkennt

$$2G\left(\frac{d}{dR} + \frac{2}{R}\right)u_R = \frac{d}{dR}\Delta\phi = e = 0.$$

Mit (9.31) erhält man zunächst für die Spannungskomponenten

$$\begin{aligned} \overset{\circ}{\sigma}_{RR} &= \frac{d^2\phi}{dR^2} = \frac{2A}{R^3} \\ \overset{\circ}{\sigma}_{\vartheta\vartheta} = \overset{\circ}{\sigma}_{\varphi\varphi} = \overset{\circ}{\sigma}_{TT} &= \frac{1}{R}\frac{d\phi}{dR} = -\frac{A}{R^3} \end{aligned} \tag{9.33}$$

wobei T die Richtung einer beliebigen Tangente an die Kugelfläche R = const bedeutet. Überlagert man einen beliebigen hydrostatischen Spannungszustand

$$\sigma_R = \sigma_T = B = \text{const}$$

so ergeben sich die Spannungen

$$\sigma_{RR} = \frac{2A}{R^3} + B \qquad \sigma_{TT} = -\frac{A}{R^3} + B \tag{9.34}$$

in Radial- und Tangentialrichtung.
In Radialrichtung liefert dies die zusätzliche Dehnung

$$\frac{B}{E}(1-2\nu)$$

und es folgt dann mit (9.32) für die Verschiebung

$$u_R = \frac{1}{2G}\left(-\frac{A}{R^2} + \frac{1-2\nu}{1+\nu} BR\right) . \tag{9.35}$$

Die Randbedingungen lauten

$$\frac{2A}{a^3} + B = -p_a \quad \text{für } R = a$$

$$\frac{2A}{b^3} + B = -p_b \quad \text{für } R = b$$

und daraus ergeben sich die Konstanten

$$A = \frac{(p_a - p_b)a^3b^3}{2(a^3 - b^3)} \qquad B = \frac{p_b b^3 - p_a a^3}{2(a^3 - b^3)} .$$

Die Spannungskomponenten sind dann

$$\sigma_{RR} = \frac{p_a a^3 - p_b b^3}{b^3 - a^3} - \frac{a^3b^3}{R^3}\frac{p_a - p_b}{b^3 - a^3} \tag{9.36}$$

$$\sigma_{TT} = \frac{p_a a^3 - p_b b^3}{b^3 - a^3} + \frac{a^3b^3}{2R^3}\frac{p_a - p_b}{b^3 - a^3} \tag{9.37}$$

während für die Verschiebung

$$2Gu_R = R\left[\frac{1-2\nu}{1+\nu}\frac{p_a a^3 - p_b b^3}{b^3 - a^3} + \frac{a^3b^3}{2R^3}\frac{p_a - p_b}{b^3 - a^3}\right] \tag{9.38}$$

folgt.

Im Sonderfall reiner Innenbelastung der Hohlkugel ($p_b = 0$) gelten

$$\sigma_{RR} = \frac{p_a a^3}{b^3 - a^3}\left(1 - \frac{b^3}{R^3}\right) \qquad \sigma_{TT} = \frac{p_a a^3}{b^3 - a^3}\left(1 + \frac{b^3}{2R^3}\right) . \tag{9.39}$$

Die maximale Tangentialspannung

$$(\sigma_{TT})_{max} = \frac{p_a}{2}\frac{2a^3 + b^3}{b^3 - a^3}$$

tritt an der Innenfläche auf.

Für eine dünnwandige Hohlkugel mit der Wandstärke $h = b - a$ (mittlerer Radius $a \approx b$) ergibt eine elementare Gleichgewichtsbetrachtung das bekannte Ergebnis

$$\sigma_{TT} = \frac{p_a a}{2h}$$

(eine der sog. Kesselformeln der elementaren Festigkeitslehre).

Im Grenzfall $b \to \infty$ folgen aus (9.39) für die Spannungen

$$\sigma_{RR} = -p_a \frac{a^3}{R^3} \qquad \sigma_{TT} = p_a \frac{a^3}{2R^3}$$

während die Verschiebung

$$u_R = \frac{p_a}{4G} \frac{a^3}{R^2}$$

ist. Die Spannungen und Verschiebungen verschwinden im Unendlichen.

Die Lösung für das elementare Kerbproblem eines lastfreien Kugelhohlraums im unendlich ausgedehnten Medium bei allseitigem Zug ergibt sich aus (9.36) und (9.37) für $p_a = 0$, $p_b = -\sigma$ mit $b \to \infty$.

Für die Spannungen folgen

$$\sigma_{RR} = \sigma\left(1 - \frac{a^3}{R^3}\right) \qquad \sigma_{TT} = \sigma\left(1 + \frac{a^3}{2R^3}\right)$$

und man erkennt, daß sich für die Tangentialspannung an der Oberfläche des Kugelhohlraums eine Spannungskonzentration mit dem Kerbfaktor 1,5 ergibt.

Die auftretende Verschiebung ist

$$u_R = \frac{\sigma R}{2G}\left[\frac{1-2\nu}{1-\nu} + \frac{1}{2}\left(\frac{a}{R}\right)^3\right].$$

9.5.2 Kugelförmiger Hohlraum im unendlich ausgedehnten Körper bei einachsigem Zug (Problem von Leon)

Dies elementare Kerbproblem wurde erstmals 1908 von Leon gelöst, der sich dabei eines speziellen Lösungsansatzes von Stefan bediente [78], [79].

Übrigens ist Leon als einer der ersten Forscher zu betrachten, der sich ausgiebig mit den Problemen der Spannungskonzentration theoretisch befaßt hat und der auch deren praktische Bedeutung erkannte, im Schrifttum aber meistens ignoriert wurde. Häufig wird die Lösung des genannten Problems Southwell und Gough [80] zugeschrieben, die sie mittels einer Loveschen Verschiebungsfunktion in Zylinderkoordinaten (ohne Herleitung) angegeben haben.

Die Lösung des Problems von Leon läßt sich zweckmäßig in Kugelkoordinaten (Fig. 9.9) darstellen. Wegen der Rotationssymmetrie ist $u_\varphi = 0$, die Verzerrungen sind

$$\epsilon_{RR} = \frac{\partial u_R}{\partial R}, \qquad \epsilon_{\vartheta\vartheta} = \frac{1}{R}\frac{\partial u_\vartheta}{\partial \vartheta} + \frac{u_R}{R}, \qquad \epsilon_{\varphi\varphi} = \frac{u_R}{R} + \frac{u_\vartheta \cot\vartheta}{R}$$

$$\epsilon_{R\vartheta} = \frac{1}{2}\left(\frac{\partial u_R}{\partial \vartheta} + \frac{\partial u_\vartheta}{\partial R} - \frac{u_\vartheta}{R}\right)$$

und nur die Spannungskomponenten σ_{RR}, $\sigma_{\vartheta\vartheta}$, $\sigma_{\varphi\varphi}$ und $\tau_{R\vartheta}$ sind von Null verschieden.

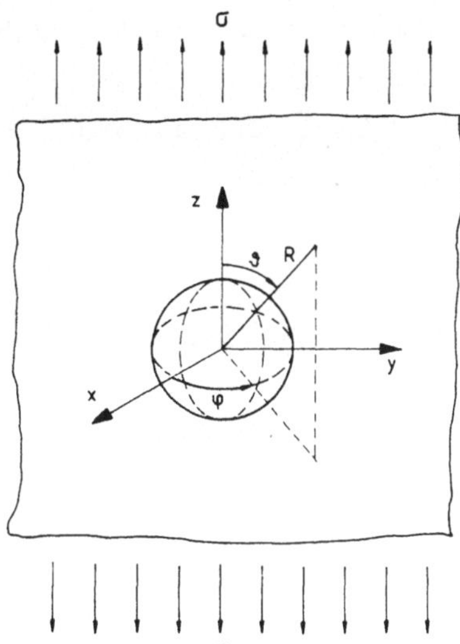

Fig. 9.9
Kugelförmiger Hohlraum im unendlich ausgedehnten Körper bei einachsigem Zug (Problem von L e o n)

Im Unendlichen (d. h. praktisch in genügend großer Entfernung vom Hohlraum) wirkt in z-Richtung ($\vartheta = 0, \pi$) eine gleichförmige Zugspannung $\sigma_z^\infty = \sigma$. In Kugelkoordinaten stellt sich dieser Spannungszustand als

$$\begin{aligned} \mathring{\sigma}_{RR} &= \sigma \cos^2 \vartheta \qquad \mathring{\sigma}_{\vartheta\vartheta} = \sigma \sin^2 \vartheta \\ \mathring{\tau}_{R\vartheta} &= -\sigma \sin \vartheta \cos \vartheta \end{aligned} \tag{9.40}$$

dar. Hinzu kommen Lösungen, mit denen sich die Randbedingungen an der Oberfläche des Hohlraums erfüllen lassen und die im Unendlichen verschwindende Spannungen liefern.

Diese setzen sich zusammen aus einer L o v e schen Verschiebungsfunktion

$$Z = A \frac{z}{R} = A \cos \vartheta \tag{9.41}$$

sowie dem L a m é schen Dehnungspotential[1])

$$\phi(R, \vartheta) = \frac{B}{R} + \frac{C}{R^3}(3 \cos^2 \vartheta - 1). \tag{9.42}$$

[1]) Die hierbei auftretenden Potentialfunktionen

$$\frac{1}{R} \quad \text{und} \quad \frac{1}{R^3}(3 \cos^2 \vartheta - 1)$$

sind sog. zonale Kugelfunktionen.

Für die Verschiebungen gelten mit (9.41) folgende Beziehungen in Kugelkoordinaten

$$\begin{aligned} 2Gu_R &= 2(1-\nu)\cos\vartheta\Delta Z - \frac{\sin\vartheta}{R^2}\frac{\partial Z}{\partial\vartheta} \\ 2Gu_\vartheta &= -2(1-\nu)\sin\vartheta\Delta Z + \frac{\cos\vartheta}{R^2}\frac{\partial Z}{\partial\vartheta} + \frac{\sin\vartheta}{R}\frac{\partial^2 Z}{\partial\vartheta^2} \end{aligned} \tag{9.43}$$

desgleichen für die Spannungen

$$\begin{aligned} \sigma_{RR} &= (2-\nu)\cos\vartheta\frac{\partial}{\partial R}\Delta Z + \frac{\sin\vartheta}{R}\frac{\partial}{\partial\vartheta}\left(\frac{2Z}{R^2} - \nu\Delta Z\right) \\ \sigma_{\vartheta\vartheta} &= \cos\vartheta\frac{\partial}{\partial R}\left(\nu\Delta Z - \frac{1}{R^2}\frac{\partial^2 Z}{\partial\vartheta^2}\right) - \frac{\sin\vartheta}{R}\frac{\partial}{\partial\vartheta}\left[(2-\nu)\Delta Z + \frac{2Z}{R^2} - \frac{1}{R^2}\frac{\partial^2 Z}{\partial\vartheta^2}\right] \\ \sigma_{\varphi\varphi} &= \frac{\sin\vartheta}{R}\frac{\partial}{\partial\vartheta}\left[(1-\nu)\Delta Z - \frac{1}{R^2}\frac{\partial^2 Z}{\partial\vartheta^2}\right] \\ \tau_{R\vartheta} &= \frac{\cos\vartheta}{R}\frac{\partial}{\partial\vartheta}\left[(1-\nu)\Delta Z - \frac{2Z}{R^2}\right] - \sin\vartheta\frac{\partial}{\partial R}\left[(1-\nu)\Delta Z - \frac{1}{R^2}\frac{\partial^2 Z}{\partial\vartheta^2}\right] \end{aligned} \tag{9.44}$$

mit dem L a p l a c e - Operator

$$\Delta(\ldots) = \left(\frac{\partial^2}{\partial R^2} + \frac{2}{R}\frac{\partial}{\partial R} + \frac{\cot\vartheta}{R^2}\frac{\partial}{\partial\vartheta} + \frac{1}{R^2}\frac{\partial^2}{\partial\vartheta^2}\right)(\ldots).$$

Entsprechend ergeben sich aus den allgemeinen Formeln für das L a m é sche Dehnungspotential (vgl. Abschn. 5.1.2, S. 108) mit (9.42) für die Verschiebungen und Spannungen

$$2Gu_R = \frac{\partial\phi}{\partial R} \qquad 2Gu_\vartheta = \frac{1}{R}\frac{\partial\phi}{\partial\vartheta} \tag{9.45}$$

sowie

$$\begin{aligned} &\sigma_{RR} = \frac{\partial^2\phi}{\partial R^2} \qquad \sigma_{\vartheta\vartheta} = \frac{1}{R}\frac{\partial\phi}{\partial R} + \frac{1}{R^2}\frac{\partial^2\phi}{\partial\vartheta^2} \\ &\sigma_{\varphi\varphi} = \frac{1}{R}\frac{\partial\phi}{\partial R} + \frac{\cot\vartheta}{R^2}\frac{\partial\phi}{\partial\vartheta} \qquad \tau_{R\vartheta} = \frac{\partial^2}{\partial R\partial\vartheta}\left(\frac{\phi}{R}\right). \end{aligned} \tag{9.46}$$

Die Ausrechnung liefert mit (9.41) und (9.42)

$$\begin{aligned} 2Gu_R &= \frac{A-B}{R^2} + \frac{3C}{R^4} + \left[-(5-4\nu)\frac{A}{R^2} - \frac{9C}{R^4}\right]\cos^2\vartheta \\ 2Gu_\vartheta &= \left[(2-4\nu)\frac{A}{R^2} - \frac{6C}{R^4}\right]\sin\vartheta\cos\vartheta \end{aligned} \tag{9.47}$$

ferner
$$\begin{aligned}
\sigma_{RR} &= -2(1+\nu)\frac{A}{R^3}+\frac{2B}{R^3}-\frac{12C}{R^5}+\left[(10-2\nu)\frac{A}{R^3}+\frac{36C}{R^5}\right]\cos^2\vartheta\\
\sigma_{\vartheta\vartheta} &= -(1-2\nu)\frac{A}{R^3}-\frac{B}{R^3}+\frac{9C}{R^5}-\left[(1-2\nu)\frac{A}{R^3}+\frac{21C}{R^5}\right]\cos^2\vartheta\\
\sigma_{\varphi\varphi} &= (1-2\nu)\frac{A}{R^3}-\frac{B}{R^3}+\frac{3C}{R^5}-\left[(3-6\nu)\frac{A}{R^3}+\frac{15C}{R^5}\right]\cos^2\vartheta\\
\tau_{R\vartheta} &= \left[(2-2\nu)\frac{A}{R^3}+\frac{24C}{R^5}\right]\sin\vartheta\cos\vartheta.
\end{aligned}\tag{9.48}$$

Die noch unbekannten Konstanten lassen sich aus den Randbedingungen an der Oberfläche des Kugelhohlraums

$$\sigma_{RR}=\tau_{R\vartheta}=0 \quad \text{für } R=a,\quad 0<\vartheta<\pi$$

ermitteln. Mit den Spannungen aus (9.40) und (9.48) erhält man drei Gleichungen für A, B und C mit den Lösungen

$$A=-\frac{5a^3\sigma}{2(7-5\nu)}\qquad B=\frac{(1-5\nu)a^3\sigma}{2(7-5\nu)}\qquad C=\frac{a^5\sigma}{2(7-5\nu)}.$$

Überlagert man die damit gefundenen Spannungen aus (9.48) mit dem gleichförmigen Spannungszustand (9.40) folgen die Formeln von L e o n

$$\begin{aligned}
\sigma_{RR} &= \frac{\sigma}{7-5\nu}\left\{6\left[\left(\frac{a}{R}\right)^3-\left(\frac{a}{R}\right)^5\right]+\left[(7-5\nu)-5(5-\nu)\left(\frac{a}{R}\right)^3+18\left(\frac{a}{R}\right)^5\right]\cos^2\vartheta\right\}\\
\sigma_{\vartheta\vartheta} &= \frac{\sigma}{2(7-5\nu)}\left\{2(7-5\nu)+(4-5\nu)\left(\frac{a}{R}\right)^3+9\left(\frac{a}{R}\right)^5\right.\\
&\quad\left.+\left[-2(7-5\nu)+5(1-2\nu)\left(\frac{a}{R}\right)^3-21\left(\frac{a}{R}\right)^5\right]\cos^2\vartheta\right\}\\
\sigma_{\varphi\varphi} &= \frac{3\sigma}{2(7-5\nu)}\left\{-(2-5\nu)\left(\frac{a}{R}\right)^3+\left(\frac{a}{R}\right)^5+5\left[(1-2\nu)\left(\frac{a}{R}\right)^3-\left(\frac{a}{R}\right)^5\right]\cos^2\vartheta\right\}\\
\tau_{R\vartheta} &= \frac{\sigma}{7-5\nu}\left[-(7-5\nu)-5(1+\nu)\left(\frac{a}{R}\right)^3+12\left(\frac{a}{R}\right)^5\right]\sin\vartheta\cos\vartheta.
\end{aligned}\tag{9.49}$$

Die Verschiebungen ergeben sich, wenn man den Verschiebungen gemäß (9.47) die Verschiebungen zufolge des gleichförmigen Spannungszustands, d. h.

$$2G\mathring{u}_R=\sigma R\left(\cos^2\vartheta-\frac{\nu}{1+\nu}\right)$$

$$2G\mathring{u}_\vartheta=-\sigma R\sin\vartheta\cos\vartheta$$

überlagert. Es folgen die ebenfalls bereits von Leon angegebenen Formeln

$$2Gu_R = \frac{\sigma R}{2(7-5\nu)}\left\{-\frac{2\nu}{1+\nu}(7-5\nu)-(6-5\nu)\left(\frac{a}{R}\right)^3+3\left(\frac{a}{R}\right)^5\right.$$
$$\left.+\left[2(7-5\nu)+5(5-4\nu)\left(\frac{a}{R}\right)^3-9\left(\frac{a}{R}\right)^5\right]\cos^2\vartheta\right\}$$
$$2Gu_\vartheta = \frac{\sigma R}{7-5\nu}\left[-(7-5\nu)+5(1-2\nu)\left(\frac{a}{R}\right)^3+3\left(\frac{a}{R}\right)^5\right]\sin\vartheta\cos\vartheta. \tag{9.50}$$

Die nichtverschwindenden Spannungen an der Oberfläche des Kugelhohlraums ($a/R = 1$) sind

$$\sigma_{\vartheta\vartheta} = \frac{3\sigma}{2(7-5\nu)}(9-5\nu-10\cos^2\vartheta)$$

$$\sigma_{\varphi\varphi} = \frac{3\sigma}{2(7-5\nu)}(-1+5\nu-10\nu\cos^2\vartheta).$$

Die größten Spannungen treten am Äquator $\left(\vartheta = \frac{\pi}{2}\right)$ auf, es ergeben sich

$$(\sigma_{\vartheta\vartheta})_{max} = \frac{3(9-5\nu)}{2(7-5\nu)}\sigma = 2{,}045\sigma$$

$$(\sigma_{\varphi\varphi})_{max} = \frac{3(-1+5\nu)}{2(7-5\nu)}\sigma = 0{,}1485\sigma$$

wobei die Zahlenwerte für $\nu = 0{,}3$ gelten.

Man erkennt die Spannungskonzentration für die Umfangsspannung $\sigma_{\vartheta\vartheta}$, die etwa einer Verdopplung der ungestörten Spannung entspricht. Diese Kerbwirkung hat einen stark örtlichen Charakter, im Abstand 3a vom Kugelmittelpunkt ist die Störung der Spannungsverteilung praktisch abgeklungen, gleichfalls nimmt die Umfangsspannung außerhalb des Äquators nach den Polen zu stark ab.

An den Polen des Kugelhohlraums ($\vartheta = 0, \pi$) ergeben sich die Spannungen

$$\sigma_{\vartheta\vartheta} = \sigma_{\varphi\varphi} = -\frac{3(1+5\nu)}{2(7-5\nu)}\sigma = -0{,}682\sigma$$

(Zahlenwert für $\nu = 0{,}3$).

Aus der Überlagerung der angegebenen Lösungen für drei orthogonale Richtungen gewinnt man wiederum die im vorigen Abschnitt besprochene Lösung von Lamé für allseitigen Zug mit dem Spannungskonzentrationsfaktor 1,5.

Andererseits kann man durch Überlagerung von Zugspannung in einer Richtung und gleichgroßer Druckspannung in einer dazu senkrechten Richtung die Lösung für reinen Schub (in Richtungen unter 45° zu den betreffenden Achsen) darstellen. Hierbei handelt es sich nicht mehr um einen rotationssymmetrischen Spannungszustand.

Der hierbei auftretende Spannungskonzentrationsfaktor für die Schubspannung beträgt

$$\frac{15(1-\nu)}{7-5\nu} = 1{,}91$$

(Zahlenwert für $\nu = 0{,}3$). Dieser Wert wurde bereits 1892 von Love in der ersten theoretischen Untersuchung eines Spannungskonzentrationsproblems [81] gefunden.

Abschließend sei festgehalten, daß sich mit den hier bereitgestellten Lösungen auch das elementare Verbundproblem für einen fest eingeschweißten kugelförmigen starren Einschluß in einem unendlich ausgedehnten elastischen Körper behandeln läßt.

Ebenso lassen sich Verbundprobleme für nichtstarren kugelförmigen Einschluß lösen, worauf aber hier nicht weiter eingegangen werden soll (vgl. z. B. [82]).

9.5.3 Lösungen von Neuber in Rotationsellipsoidkoordinaten

Es handelt sich um Lösungen in allgemeinen krummlinigen Koordinaten, wie sie jedoch in diesem Buch nicht behandelt werden. Daher soll nur ein kurzer Abriß der Lösungswege und eine Diskussion einiger praktisch bedeutsamer Ergebnisse folgen.

Die Lösung des im vorigen Abschnitt behandelten Problems von Leon wurde später von Neuber auf anderem Weg nachvollzogen [83]. Für den Lösungsansatz gilt in diesem Fall (vgl. Abschn. 5.1.5) in Kugelkoordinaten

$$2Gu_R = 4(1-\nu)\phi_3 \cos\vartheta - \frac{\partial N}{\partial R}$$

$$2Gu_\vartheta = -4(1-\nu)\phi_3 \sin\vartheta - \frac{1}{R}\frac{\partial N}{\partial \vartheta}$$

und die maßgebenden Funktionen sind (vgl. [B 14])

$$\phi_0 = \left[\frac{\nu}{2(1+\nu)}\sigma R^2 + \frac{B}{R^3}\right](3\sin^2\vartheta - 2) + \frac{A}{R}$$

$$\phi_1 = \phi_2 = 0 \qquad \phi_3 = \left(\frac{\sigma R}{2+2\nu} + \frac{C}{R^2}\right)\cos\vartheta$$

ferner ist

$$N = \left[-\frac{1-3\nu}{2+2\nu}\sigma R^2 + \frac{3B}{R^3} - \frac{C}{R}\right]\sin^2\vartheta + \frac{1-2\nu}{2+2\nu}\sigma R^2 - \frac{2B}{R^3} + \frac{A+C}{R}.$$

Die Konstanten bestimmen sich aus den Randbedingungen, die Spannungen folgen aus Ableitungen von N.

Auf diese Weise gelangen auch Lösungen für das Problem des Kugelhohlraums im unendlich ausgedehnten Körper bei verschiedenen Belastungsarten (Biegung, Schub, Torsion).

Eine Erweiterung dieser Lösungen für den Fall eines Hohlraums in Form eines (abgeplatteten oder gestreckten) Rotationsellipsoids wurde erstmals von Neuber [84] gegeben.

Für das zugrundegelegte Rotationsellipsoidkoordinatensystem (Sphäroidkoordinatensystem) gilt

$$\begin{aligned} x &= \operatorname{ch} \eta \sin \vartheta \cos \varphi \\ y &= \operatorname{ch} \eta \sin \vartheta \sin \varphi \\ z &= \operatorname{sh} \eta \cos \vartheta . \end{aligned} \tag{9.51}$$

Die Flächen η = const sind abgeplattete Rotationsellipsoide (vgl. Fig. 9.10), die Flächen ϑ = const sind einschalige Rotationshyperboloide und die Flächen φ = const sind Meridianebenen, die durch die z-Achse gehen.

Kennzeichnet man ein bestimmtes Rotationsellipsoid durch $\eta = \eta_0$, so lautet seine Gleichung

$$\frac{x^2}{\operatorname{ch}^2 \eta_0} + \frac{y^2}{\operatorname{ch}^2 \eta_0} + \frac{z^2}{\operatorname{sh}^2 \eta_0} = 1$$

und es sind $a = \operatorname{ch} \eta_0$ bzw. $b = \operatorname{sh} \eta_0$ die äquatoriale bzw. die polare Halbachse, während

$$\rho = \frac{b^2}{a} = \tanh \eta_0 \operatorname{sh} \eta_0$$

den Krümmungsradius am Ende der äquatorialen Halbachse bedeutet.

Auf Einzelheiten der von N e u b e r gegebenen Lösung der Potentialgleichung in Ellipsoidkoordinaten soll hier nicht weiter eingegangen werden. Vielmehr werden die für technische Anwendungen wichtigen N e u b e r schen Formeln für die Maximalspannungen am Ellipsoidhohlraum in einem unendlich ausgedehnten Körper bei Zug in Achsrichtung (Fig. 9.11) mitgeteilt.

Die Umfangsspannung in Meridianrichtung erreicht ihren Höchstwert am Ende der äquatorialen Halbachse

$$(\sigma_{\vartheta\vartheta})_{max} = \frac{\sigma}{D} \left\{ 2 \left(\frac{a}{\rho} \right)^2 - \left(\frac{3}{2} - \nu \right) \frac{a}{\rho} + 1 - \nu + \left[\nu - \left(\frac{3}{2} + \nu \right) \frac{a}{\rho} \right] \frac{a}{\rho} c \right\} \tag{9.52}$$

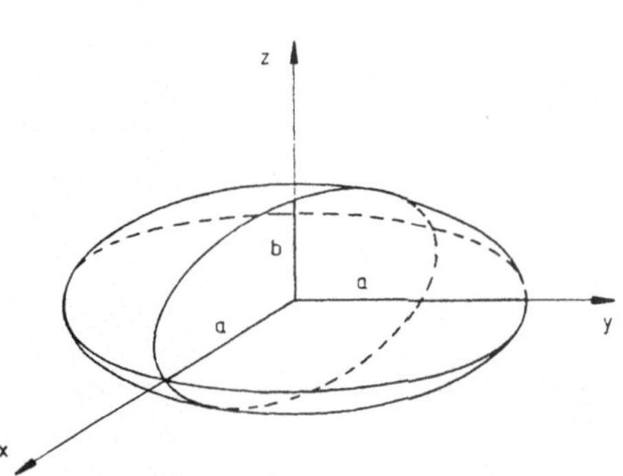

Fig. 9.10 Abgeplattetes Rotationsellipsoid (Sphäroid) mit der äquatorialen Halbachse a und der polaren Halbachse b

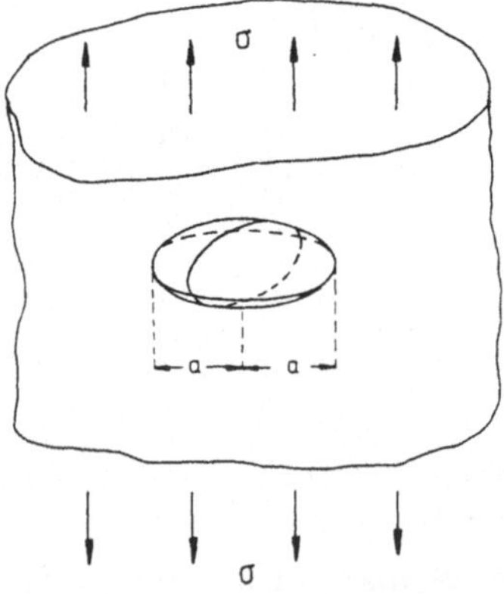

Fig. 9.11 Rotationsellipsoidischer Hohlraum im unendlich ausgedehnten Körper bei einachsigem Zug (Näherung für Zylinder mit endlichem Radius)

ebenso wie die senkrecht zur Zugrichtung auftretende Ringspannung

$$(\sigma_{\varphi\varphi})_{\max} = \frac{\sigma}{D}\frac{a}{\rho}\left\{\frac{3}{2} - 2\nu + 2\nu\left(\frac{a}{\rho}\right) + \left[-1 + 2\nu - \left(\frac{1}{2} - 2\nu\right)\frac{a}{\rho}\right]c\right\} \tag{9.53}$$

wobei $D = 1 - \nu + \frac{a}{\rho} - \left(2 - 2\nu - \frac{a}{\rho}\right)\frac{a}{\rho}c - (1-\nu)\left(\frac{a}{\rho}\right)^2 c^2$

und

$$c = \frac{\arctan\sqrt{\frac{a}{\rho} - 1}}{\sqrt{\frac{a}{\rho} - 1}} \qquad \left(\frac{a}{\rho} > 1\right). \tag{9.54}$$

Die angegebene Lösung läßt sich leicht für den Fall eines gestreckten Rotationsellipsoid umrechnen. Es ist dann $a/\rho < 1$ und anstelle von (9.54) gilt

$$c' = \frac{\ln\left(1 + \sqrt{1 - \frac{a}{\rho}}\right) - \frac{1}{2}\ln\frac{a}{\rho}}{\sqrt{1 - \frac{a}{\rho}}}.$$

Die numerischen Ergebnisse lehren, daß auch hier die Störungen in der gleichförmigen Spannungsverteilung vom Hohlraum aus nach allen Seiten hin sehr stark abklingen. Die Lösung kann daher in guter Näherung für den Ellipsoidhohlraum in einem gezogenen Zylinder herangezogen werden (vgl. Fig. 9.11).

Für den Fall $a/\rho = 1$ erhält man durch Grenzübergang mittels Reihenentwicklung aus (9.52) und (9.53) wiederum die Ergebnisse von Leon.

Die weiteren, von Neuber erstmals angegebenen Lösungen betreffen den Rotationsellipsoidhohlraum in einem Zylinder bei reiner Biegung, reinem Schub und Torsion. Entsprechende Formeln und Diagramme finden sich in [B 14].

Mit dem Koordinatensystem gemäß (9.51) gelang Neuber auch die Lösung des Spannungsproblems für einen unendlich ausgedehnten Körper mit tiefer hyperbolischer Außenkerbe (Fig. 9.12) bei Zug in axialer Richtung.

Kennzeichnet man ein bestimmtes Rotationshyperboloid durch $\vartheta = \vartheta_0$, so wird seine Gleichung

$$\frac{x^2}{\sin^2\vartheta_0} + \frac{y^2}{\sin^2\vartheta_0} - \frac{z^2}{\cos^2\vartheta_0} = 1$$

und es gilt für den Radius des engsten Querschnitts $a = \sin\vartheta_0$ während

$$\rho = \frac{\cos\vartheta_0}{\tan\vartheta_0}$$

den Krümmungsradius an dieser Stelle bedeutet.

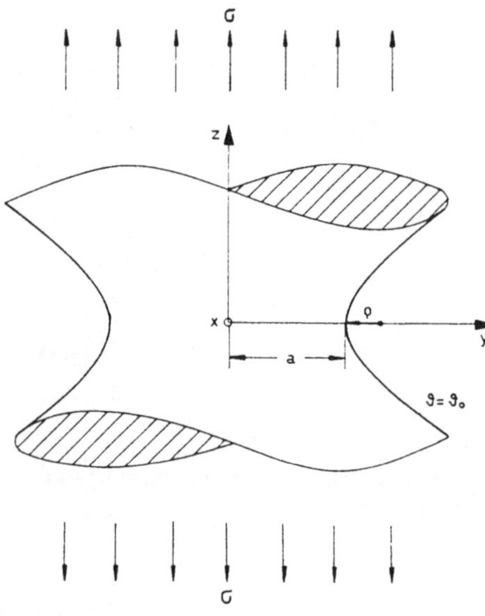

Fig. 9.12
Tiefe hyperbolische Umdrehungskerbe im unendlich ausgedehnten Körper bei einachsigem Zug (Lösung von Neuber)

Die Spannung längs des Kerbrands erreicht ihren Höchstwert im sog. Kerbgrund für $\vartheta = \frac{\pi}{2}$, es folgt

$$(\sigma_{\eta\eta})_{max} = \frac{\sigma}{D}\left[\frac{a}{\rho}\sqrt{\frac{a}{\rho}+1} + \left(\frac{1}{2}+\nu\right)\frac{a}{\rho} + (1+\nu)\left(1+\sqrt{\frac{a}{\rho}+1}\right)\right]$$

ebenso für die Ringspannung

$$(\sigma_{\varphi\varphi})_{max} = \frac{\sigma}{D}\frac{a}{\rho}\left(\frac{1}{2}+\nu\sqrt{\frac{a}{\rho}+1}\right)$$

wobei $$D = \frac{a}{\rho} + 2\left(1+\nu\sqrt{\frac{a}{\rho}+1}\right).$$

Vom Kerbgrund aus findet sowohl längs der Kerboberfläche, als auch nach innen und außen ein rasches Abklingen der Spannungen statt.

Näherungsweise können daher die obigen Formeln von Neuber auch für hyperbolische Umdrehungskerben in Zylindern mit endlichem Radius herangezogen werden.

Von wesentlichem Einfluß auf die Spannungskonzentration ist die sog. Kerbschärfe a/ρ.

Weitere Lösungen von Neuber beziehen sich auf Umdrehungsaußenkerben bei Biege-, Schub- und Torsionsbelastung. Alle diese sehr handlichen Formeln für die Spannungskonzentration haben große praktische Bedeutung für technische Anwendungen.

Die allgemeinen Lösungen liefern natürlich auch die Spannungs- und Verschiebungskomponenten im gesamten Bereich der Kerbumgebung.

9.5.4 Weitere Lösungen für Ellipsoidhohlräume und entsprechende Einschlüsse im unendlich ausgedehnten Körper

Für Probleme mit Hohlräumen in Form gestreckter Rotationsellipsoide gemäß Fig. 9.13 verwendet man Ellipsoid- oder Sphäroidkoordinaten[1])

$$\begin{aligned} x &= \operatorname{sh} \eta \sin \vartheta \cos \varphi \\ y &= \operatorname{sh} \eta \sin \vartheta \sin \varphi \\ z &= \operatorname{sh} \eta \cos \vartheta . \end{aligned} \tag{9.55}$$

Die Flächen η = const sind hier gestreckte Rotationsellipsoide, die Flächen ϑ = const zweischalige Rotationshyperboloide und die Flächen φ = const Ebenen durch die z-Achse.

Erstmals wurde von Sadowsky und Sternberg die Spannungsverteilung an einem gestreckten rotationsellipsoidischen Hohlraum in einem unendlich ausgedehnten Körper bei beliebigem ebenen Spannungszustand senkrecht zur Polarachse (d. h. parallel zur Äquatorebene) des Ellipsoids ermittelt [85].

Die Lösung erfolgt mittels des Ansatzes von Papkovich / Neuber für die Ellipsoidkoordinaten (9.55) unter Verwendung der grundlegenden sphäroidalen harmonischen Lösungsfunktionen. Die Ergebnisse sind nicht mehr in übersichtlichen Formeln darstellbar und liegen numerisch vor.

Weitergehende Lösungen stammen von Edwards [86], der neben Zug und Schub senkrecht zur Polarachse des Hohlraums auch einachsigen Zug in Richtung der Polarachse behandelt, außerdem die entsprechenden Lösungen für sphäroidale Einschlüsse angibt und das thermoelastische Problem studiert.

Die Verallgemeinerung, d. h. die Lösung des Problems für einen Hohlraum in Form eines dreiachsigen Ellipsoids im unendlich ausgedehnten Körper bei Belastungen parallel zu den Ellipsoidachsen wurde ebenfalls von Sadowsky und Sternberg [87] gegeben.

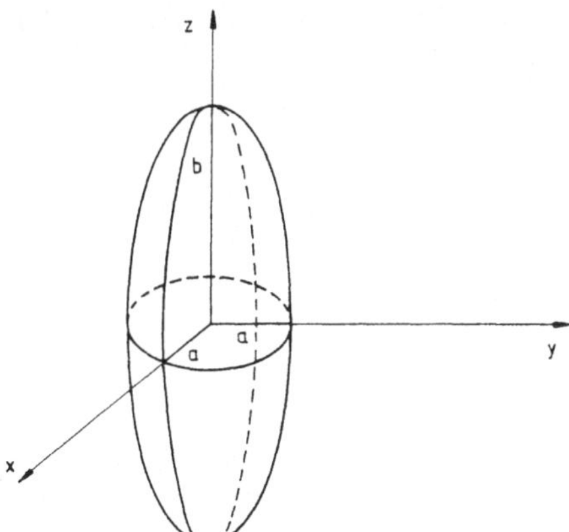

Fig. 9.13
Gestrecktes Rotationsellipsoid (Sphäroid) mit der äquatorialen Halbachse a und der polaren Halbachse b

---

[1]) Es sei daran erinnert, daß die Koordinatentransformation (9.55) durch eine einfache Umrechnung aus (9.51) hervorgeht.

Zugrunde gelegt werden allgemeine elliptische Koordinaten, deren Koordinatenflächen konfokale Ellipsoide sowie ein- und zweischalige Hyperboloide sind. Die Koordinatentransformation wird durch die Jacobischen elliptischen Funktionen (d. s. Umkehrfunktionen elliptischer Integrale) ausgedrückt und die maßgebenden Potentialfunktionen in elliptischen Koordinaten ermittelt. Auch hier lassen sich die Ergebnisse nur numerisch darstellen.

Eine relativ einfachere Lösung des Problems wurde von Lurje [88] geliefert, der die Papkovich/Neuberschen Funktionen in Kartesischen Koordinaten darstellt und nur elliptische Integrale, aber keine elliptischen Funktionen benötigt. Zur Bestimmung der Spannungen sind auch hier umfangreiche zahlenmäßige Berechnungen erforderlich.

9.6 Lösung axialsymmetrischer Probleme mit Integraltransformation

Für die wichtige Klasse der axialsymmetrischen räumlichen Elastizitätsprobleme erweist sich die Anwendung der Hankel-Transformation als vorteilhaft.

Es zeigen sich dabei in der mathematischen Behandlung gewisse Parallelen zur Behandlung ebener Probleme mit der Fourier-Transformation (Abschn. 8.6). Die Verhältnisse werden jedoch etwas verwickelter, da bei der Darstellung der Transformation von Funktionsableitungen zwei verschiedene Typen von Transformationen unterschieden werden.

9.6.1 Allgemeines über Hankel-Transformation

Die Hankel-Transformation n-ter Ordnung einer Funktion f(x) ist definiert durch

$$\mathrm{H}_n\{f(x)\} = \tilde{f}(\lambda) = \int_0^\infty x f(x) J_n(\lambda x)\,dx \tag{9.56}$$

wobei $J_n(\lambda x)$ die Besselfunktion (oder Zylinderfunktion) erster Art der Ordnung n bedeutet[1]).

Die Rücktransformation von (9.56) lautet

$$\mathrm{H}_n^{-1}\{\tilde{f}(\lambda)\} = f(x) = \int_0^\infty \lambda \tilde{f}(\lambda) J_n(\lambda x)\,d\lambda. \tag{9.57}$$

---

[1]) Diese 1824 von Bessel eingeführte Funktion ist eine partikuläre Lösung der sog. Besselschen Diff.-Gl.

$$x^2 y'' + x y' + (x^2 - n^2) y = 0.$$

Sie besitzt die Integraldarstellung (Bessel-Integral)

$$J_n(x) = \frac{1}{\pi} \int_0^\pi \cos(n\varphi - x \sin\varphi)\,d\varphi$$

(n ganzzahlig).

Vorausgesetzt wird, daß

$$\int_0^\infty |f(x)|\,dx < \infty$$

und die Funktion f(x) in der Umgebung des Punkts x von beschränkter Schwankung ist.
Mitunter wird die Formel für die Hankel-Transformierte bzw. für die Rücktransformation mit dem Faktor $1/2\pi$ bzw. 2π versehen.

Die Eigenschaften der Hankel-Transformation und die Formeln für die transformierten Größen können entweder direkt hergeleitet werden oder lassen sich auf die Fourier-Transformation zurückführen, (vgl. [B 41], S. 48ff).

Für eine Funktion f(r, z) schreibt man die Hankel-Transformation (9.56) bezüglich der Koordinate r

$$\mathbf{H}_n\{f(r,z); r \to \lambda\} = \tilde{f}_n(\lambda, z) = \int_0^\infty r f(r,z) J_n(r\lambda)\,dr$$

bzw. für die Rücktransformation

$$\mathbf{H}_n^{-1}\{f(\lambda,z); \lambda \to r\} = f(r,z) = \int_0^\infty \lambda f(\lambda,z) J_n(r\lambda)\,d\lambda.$$

Für die zu behandelnden Elastizitätsprobleme sind speziell die Hankel-Transformationen nullter und erster Ordnung von Belang.

Insbesondere gelten für die Hankel-Transformierten der Ableitung einer Funktion f(r, z) die Formeln

$$\mathbf{H}_1\left\{\frac{\partial}{\partial r} f(r,z); r \to \lambda\right\} = -\lambda \mathbf{H}_0\{f(r,z); r \to \lambda\} \tag{9.58}$$

wobei $\mathbf{H}_0\{f(r,z); r \to \lambda\} = \tilde{f}_0(\lambda, z) = \int_0^\infty r f(r,z) J_0(\lambda r)\,dr$

ferner $$\mathbf{H}_0\{\Delta f(r,z); r \to \lambda\} = \left(\frac{\partial^2}{\partial z^2} - \lambda^2\right) \mathbf{H}_0\{f(r,z)\} \tag{9.59}$$

mit $\Delta(\ldots) = \left(\frac{\partial^2}{\partial r^2} + \frac{1}{r}\frac{\partial}{\partial r} + \frac{\partial^2}{\partial z^2}\right)(\ldots)$

sowie $$\mathbf{H}_0\{\Delta\Delta f(r,z); r \to \lambda\} = \left(\frac{\partial^2}{\partial z^2} - \lambda^2\right)^2 \mathbf{H}_0\{f(r,z)\} \tag{9.60}$$

und $$\mathbf{H}_1\left\{\frac{\partial}{\partial r}\Delta f(r,z); r \to \lambda\right\} = -\lambda\left(\frac{\partial^2}{\partial z^2} - \lambda^2\right) \mathbf{H}_0\{f(r,z)\}. \tag{9.61}$$

Voraussetzung für die Gültigkeit dieser Beziehungen ist jeweils, daß

$$r f(r,z) \to 0 \quad \text{und} \quad r\frac{\partial}{\partial r} f(r,z) \to 0 \qquad \text{für } r = 0 \text{ und } r = \infty.$$

Mit (9.59) und (9.60) lassen sich die Potential- sowie die Bipotentialgleichung in Zylinderkoordinaten für axialsymmetrische Probleme in gewöhnliche Diff.-Gl. überführen.

9.6.2 Allgemeine Beziehungen für das axialsymmetrische Elastizitätsproblem

Für Umdrehungskörper mit axialsymmetrischer Verformung gilt bei Bezugnahme auf Zylinderkoordinaten r, φ, z für die Verschiebungs- und Spannungskomponenten die Darstellung [vgl. (5.31) und (5.34)] mittels einer Love schen Verschiebungsfunktion Z(r, z)

$$
\begin{aligned}
2Gu_r &= -\frac{\partial^2 Z}{\partial r \partial Z} \\
2Gu_z &= \left[2(1-\nu)\Delta - \frac{\partial^2}{\partial z^2}\right] Z \\
\sigma_{rr} &= \frac{\partial}{\partial z}\left(\nu\Delta - \frac{\partial^2}{\partial r^2}\right) Z \\
\sigma_{\varphi\varphi} &= \frac{\partial}{\partial z}\left(\nu\Delta - \frac{1}{r}\frac{\partial}{\partial r}\right) Z \\
\sigma_{zz} &= \frac{\partial}{\partial z}\left[(2-\nu)\Delta - \frac{\partial}{\partial z^2}\right] Z \\
\tau_{rz} &= \frac{\partial}{\partial r}\left[(1-\nu)\Delta - \frac{\partial^2}{\partial z^2}\right] Z
\end{aligned}
\qquad (9.62)
$$

mit $\Delta(\ldots) = \left(\frac{\partial^2}{\partial r^2} + \frac{1}{r}\frac{\partial}{\partial r} + \frac{\partial^2}{\partial z^2}\right)(\ldots).$

Die Love sche Verschiebungsfunktion genügt der biharmonischen Diff.-Gl.

$$\Delta\Delta Z(r, z) = 0. \qquad (9.63)$$

Durch Anwendung der Hankel - Transformation nullter Ordnung (9.60) bezüglich der Koordinate r wird (9.63) zu einer gewöhnlichen Diff.-Gl., in der die Rolle der Koordinate r durch einen Parameter λ vertreten wird.

Es folgt

$$\left(\frac{\partial^2}{\partial z^2} - \lambda^2\right)^2 \int_0^\infty rZ(r, z) J_0(\lambda r)\, dr = 0$$

oder[1]) $$\left(\frac{d^2}{dz^2} - \lambda^2\right)^2 \tilde{Z}_0(\lambda, z) = 0 \qquad (9.64)$$

mit $\tilde{Z}_0(\lambda, z) = \mathbf{H}_0\{Z(r, z); r \to \lambda\}.$

---

[1]) Man schreibt d/dz statt $\partial/\partial z$, da $\tilde{Z}_0$ nur noch eine Funktion von z ist.

Die Integration von (9.64) liefert

$$\tilde{Z}_0(\lambda, z) = (A + B\lambda z)e^{-\lambda z} + (C + D\lambda z)e^{\lambda z} \tag{9.65}$$

wobei die auftretenden Integrationskonstanten A, B, C, D vom Parameter λ abhängen. Sie werden schließlich aus den Randbedingungen des zu lösenden Problems ermittelt.

Zur Gewinnung der Lösungen werden die rechten Seiten der Beziehungen (9.62) für die Verschiebungen und Spannungen durch $\tilde{Z}_0(\lambda, z)$ bzw. Ableitungen davon ausgedrückt. Hierbei hat man gemäß (9.58), (9.59) und (9.61) zwischen den Hankel-Transformationen erster und nullter Ordnung zu unterscheiden.

Für die erste Gl. (9.62) ergibt sich mit (9.58)

$$\begin{aligned} 2GH_1\{u_r\} &= 2G \int_0^\infty r u_r J_1(\lambda r)\,dr = -\frac{\partial}{\partial z}\int_0^\infty r\frac{\partial Z}{\partial r} J_1(\lambda r)\,dr \\ &= -\frac{d}{dz} H_0\{Z(r)\} = \lambda \frac{d}{dz}\tilde{Z}_0(\lambda, z). \end{aligned} \tag{9.66}$$

Mittels der Rücktransformationsformel folgt

$$2Gu_r = 2GH_1^{-1}\{u_r\} = \int_0^\infty \lambda^2 \frac{d\tilde{Z}_0}{dz} J_1(\lambda r)\,d\lambda. \tag{9.67}$$

Auf gleiche Weise gewinnt man durch Anwendung der jeweiligen Hankel-Transformation auf die linken und rechten Seiten der zweiten, fünften und sechsten der Gln. (9.62)

$$2GH_0\{u_z\} = (1 - 2\nu)\frac{d^2\tilde{Z}_0}{dz^2} - 2(1-\nu)\lambda^2\tilde{Z}_0 \tag{9.68}$$

bzw. $$2Gu_z = \int_0^\infty \lambda\left[(1-2\nu)\frac{d^2\tilde{Z}_0}{dz^2} - 2(1-\nu)\lambda^2\tilde{Z}_0\right] J_0(\lambda r)\,d\lambda \tag{9.69}$$

ferner $$H_0\{\sigma_{zz}\} = (1-\nu)\frac{d^3\tilde{Z}_0}{dz^3} - (2-\nu)\lambda^2\frac{d\tilde{Z}_0}{dz} \tag{9.70}$$

bzw. $$\sigma_{zz} = \int_0^\infty \lambda\left[(1-\nu)\frac{d^3\tilde{Z}_0}{dz^3} - (2-\nu)\lambda^2\frac{d\tilde{Z}_0}{dz}\right] J_0(\lambda r)\,d\lambda \tag{9.71}$$

sowie $$H_1\{\tau_{rz}\} = \nu\lambda\frac{d^2\tilde{Z}_0}{dz^2} + (1-\nu)\lambda^3\tilde{Z}_0 \tag{9.72}$$

bzw. $$\tau_{rz} = \int_0^\infty \lambda^2\left[\nu\frac{d^2\tilde{Z}_0}{dz^2} + (1-\nu)\lambda^2\tilde{Z}_0\right] J_1(\lambda r)\,d\lambda. \tag{9.73}$$

Die Beziehungen für die Spannungen σ_{rr} und $\sigma_{\varphi\varphi}$ müssen gesondert behandelt werden, da hier auf die rechten Seiten die Hankel-Transformation nullter sowie erster Ordnung nebeneinander Anwendung finden.

Für σ_{rr} ergibt sich nach Umformung mittels

$$\Delta Z = \frac{\partial^2 Z}{\partial r^2} + \frac{1}{r}\frac{\partial Z}{\partial r} + \frac{\partial^2 Z}{\partial z^2}$$

zunächst

$$\sigma_{rr}(r, z) = \frac{\partial}{\partial z}\left[\frac{\partial^2 Z}{\partial z^2} - (1-\nu)\Delta Z\right] + \frac{1}{r}\frac{\partial^2 Z}{\partial r^2}.$$

Auf den ersten Teil der rechten Seite ist die Hankel-Transformation nullter Ordnung, auf den zweiten die erster Ordnung anzuwenden.
Beide werden getrennt zurücktransformiert und man erhält direkt

$$\sigma_{rr} = \int_0^\infty \lambda\left[\nu\frac{d^3\tilde{Z}_0}{dz^3} + (1-\nu)\lambda^2\frac{d\tilde{Z}_0}{dz}\right] J_0(\lambda r)\, d\lambda - \frac{1}{r}\int_0^\infty \lambda^2 \frac{d\tilde{Z}_0}{dz} J_1(\lambda r)\, d\lambda. \qquad (9.74)$$

Analog folgt

$$\sigma_{\varphi\varphi} = \nu\int_0^\infty \lambda\left(\frac{d^3\tilde{Z}_0}{dz^3} - \lambda^2\frac{d\tilde{Z}_0}{dz}\right) J_0(\lambda r)\, d\lambda + \frac{1}{r}\int_0^\infty \lambda^2 \frac{d\tilde{Z}_0}{dz} J_1(\lambda r)\, d\lambda. \qquad (9.75)$$

Zur Behandlung konkreter Probleme stehen nun die obigen Beziehungen für die Verschiebungen und Spannungen sowie die Lösung (9.65) zur Verfügung.

9.6.3 Lösung von Terazawa für den axialsymmetrisch belasteten Halbraum[1])

Betrachtet wird der Halbraum $z \geqslant 0$ unter axialsymmetrischer normaler Oberflächenbelastung $p(r)$.
Die Randbedingungen lauten

$$\sigma_{zz} = -p(r) \qquad \tau_{rz} = 0 \quad \text{für } z = 0. \qquad (9.76)$$

Da alle Verschiebungen und Spannungen im Unendlichen verschwinden sollen, ist in der Lösung (9.65) $C = D = 0$ zu setzen und für $\tilde{Z}_0(\lambda, z)$ gilt

$$\tilde{Z}_0(\lambda, z) = (A + B\lambda z)e^{-\lambda z}. \qquad (9.77)$$

Mit der Hankel-Transformierten der Belastung

$$\mathbf{H}_0\{p(r); r \to \lambda\} = \tilde{p}_0(\lambda) = \int_0^\infty r p(r) J_0(\lambda r)\, dr$$

folgen aus (9.76) mit den entsprechenden Ausdrücken (9.70) und (9.72) für die Spannungen

---

[1]) Die allgemeine Lösung von Terazawa [89] umfaßt beliebige Normalbelastungen an der Oberfläche des Halbraums.

$$(1-\nu)\frac{d^3\tilde{Z}_0}{dz^3}-(2-\nu)\lambda^2\frac{d\tilde{Z}_0}{dz}=-\tilde{p}_0(\lambda)$$

$$\text{für } z=0$$

$$\nu\frac{d^2\tilde{Z}_0}{dz^2}+(1-\nu)\lambda^2\tilde{Z}_0=0.$$

Mit (9.77) ergeben sich für die Konstanten

$$A=-2\nu\frac{\tilde{p}_0(\lambda)}{\lambda^3} \qquad B=-\frac{\tilde{p}_0(\lambda)}{\lambda^3}.$$

Die erstmals von Terazawa gegebene Lösung lautet damit

$$2Gu_r=-\int_0^\infty (1-2\nu-\lambda z)\tilde{p}_0(\lambda)e^{-\lambda z}J_1(\lambda r)d\lambda$$

$$2Gu_z=\int_0^\infty [2(1-\nu)+\lambda z]\tilde{p}_0(\lambda)e^{-\lambda z}J_0(\lambda r)d\lambda$$

$$\sigma_{rr}=-\int_0^\infty \lambda(1-\lambda z)\tilde{p}_0(\lambda)e^{-\lambda z}J_0(\lambda r)d\lambda+\frac{1}{r}\int_0^\infty [1-2\nu-\lambda z]\frac{\tilde{p}_0(\lambda)}{\lambda}e^{-\lambda z}J_1(\lambda r)d\lambda$$

$$\sigma_{\varphi\varphi}=-2(1+\nu)\int_0^\infty \lambda\tilde{p}_0(\lambda)e^{-\lambda z}J_0(\lambda r)d\lambda-(\sigma_{rr}+\sigma_{zz})$$

$$\sigma_{zz}=-\int_0^\infty \lambda(1+\lambda z)e^{-\lambda z}\tilde{p}_0(\lambda)J_0(\lambda r)d\lambda$$

$$\tau_{rz}=-z\int_0^\infty \lambda^2\tilde{p}_0(\lambda)e^{-\lambda z}J_1(\lambda r)d\lambda. \qquad (9.78)$$

Für eine beliebige rotationssymmetrische Belastung ist die Berechnung der Integrale im allgemeinen nicht einfach.

Im Sonderfall einer Belastung durch kreisförmige Gleichlast

$$p=\text{const}=\frac{P}{\pi a^2} \quad \text{für } 0<r\leqslant a$$

$$p=0 \quad \text{für } r>a$$

ergibt sich

$$\tilde{p}_0(\lambda)=\frac{P}{\pi a^2}\int_0^\infty rJ_0(\lambda r)dr=\frac{P}{\pi a}J_1(\lambda a).$$

Der Übergang zu einer Einzelkraft ($a \to 0$ bei endlichbleibendem $pa^2\pi$) liefert

$$\bar{p}_0(\lambda) = \frac{P}{\pi} \lim_{a \to 0} \frac{J_1(\lambda a)}{a} = \frac{P\lambda}{2\pi}$$

und es ergeben sich daraus wieder die bekannten Beziehungen für das Problem von Boussinesq (vgl. Abschn. 9.2).

Übrigens läßt sich der Fall axialsymmetrischer Tangentialbelastung ganz analog behandeln.

9.6.4 Weitere Lösungen mittels Hankel-Transformation

Auf dem angedeuteten Lösungsweg lassen sich weitere axialsymmetrische Probleme behandeln.

Die Lösung des Problems von Mindlin für eine Einzelkraft im Innern des Halbraums (vgl. Abschn. 9.4) läßt sich nachvollziehen.

Von Sneddon wurden erstmals Lösungen für eine axialsymmetrisch belastete dicke Platte aufgestellt, ebenso wurden thermoelastische Probleme behandelt, die Erweiterung auf geschichtete Platten stammt von Bufler [90].

Schließlich seien die gemischten Randwertprobleme für den Halbraum erwähnt. Hierzu gehören vor allem die sog. Stempelprobleme, d. h. die Ermittlung der Verschiebungen und Spannungen beim Eindrücken eines starren Drehkörpers verschiedener Kontur in den Halbraum (wichtig für Anwendungen in der Bodenmechanik).

Festzuhalten ist hierbei, daß sich bei den gemischten Randwertproblemen aus den Randbedingungen sog. duale Integralgleichungen ergeben, deren Lösung oftmals verwickelt ist.

Auch die Lösung räumlicher Rißprobleme ist auf diesem Weg möglich. Bezüglich weiterer Einzelheiten muß hier z. B. auf [B 30] verwiesen werden.

10 Anhang: Kartesische Tensoren

Zur Beschreibung konkreter Sachverhalte in der Kontinuumsmechanik werden physikalische Größen eingeführt, die Skalare, Vektoren oder Tensoren sind. Skalare Größen sind unabhängig vom Koordinatensystem, Vektoren und Tensoren als nichtskalare Größen besitzen Komponenten, die sich beim Übergang von einem zu einem anderen Koordinatensystem ändern.

Für die rechnerische Behandlung wird ein Koordinatensystem eingeführt, in vielen Fällen genügen Kartesische (geradlinig rechtwinklige) Koordinaten. Die Verwendung beliebiger krummliniger Koordinaten würde den Gebrauch des Tensorkalküls in seiner allgemeinen Formulierung erfordern, was jedoch in diesem Buch nicht vorgesehen ist.

Die sog. Indizesschreibweise („tensorielle Schreibweise") für Kartesische Koordinaten soll hingegen angewendet werden, da sich damit die Gleichungen in sehr kompakter Form schreiben lassen. Parallel dazu findet sich mitunter auch die sog. symbolische Schreibweise.

10.1 Koordinaten und Vektoren

Ein Koordinatensystem ist ein Bezugssystem im physikalischen drei-dimensionalen Euklidschen (nicht-gekrümmten) Raum, auf das Lage und Bewegung der Materieteilchen bezogen werden.

Ein Vektor stellt eine sog. gerichtete Größe dar und wird durch Angabe seines Betrags („Größe") und seiner Richtung oder durch Angabe seiner Komponenten gekennzeichnet. Eine alternative, allgemeinere Definition folgt später.

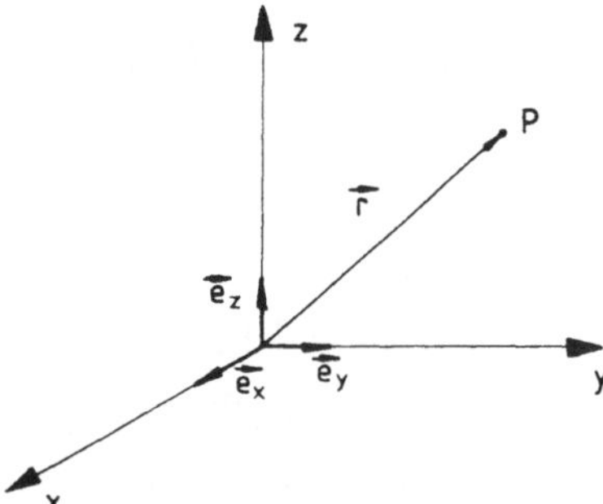

Fig. 10.1
Kartesisches Koordinatensystem mit den Basisvektoren $\vec{e}_x, \vec{e}_y, \vec{e}_z$

Gemäß Fig. 10.1 wird das Kartesische Koordinatensystem von den Basisvektoren $\vec{e}_x$, $\vec{e}_y$, $\vec{e}_z$ aufgespannt, die üblicherweise ein Rechtssystem bilden. Die Basisvektoren sind Einheitsvektoren mit der Eigenschaft $|\vec{e}_x| = |\vec{e}_y| = |\vec{e}_z| = 1$.

Der Ortsvektor $\vec{r}$ gibt die Lage eines Raumpunkts P an, seine Komponenten sind die Koordinaten x, y, z, d. h.

$$\vec{r} = \vec{e}_x x + \vec{e}_y y + \vec{e}_z z.$$

Allgemein lautet die Komponentendarstellung eines beliebigen Vektors $\vec{A}$

$$\vec{A} = \vec{e}_x A_x + \vec{e}_y A_y + \vec{e}_z A_z \tag{10.1}$$

wobei die Komponenten A_x, A_y, A_z die Projektionen des Vektors auf die Koordinatenachsen sind.

Für den Betrag des Vektors gilt

$$|\vec{A}| = A = +\sqrt{A_x^2 + A_y^2 + A_z^2}\,. \tag{10.2}$$

Mit Vektoren sind Produktbildungen möglich, die manche, aber nicht alle Eigenschaften gewöhnlicher Zahlenprodukte aufweisen. Skalares Produkt zweier Vektoren $\vec{A}$ und $\vec{B}$ ergibt eine skalare Größe gemäß

$$\vec{A}\vec{B} = C = AB \cos(\vec{A}, \vec{B}) \tag{10.3}$$

wobei $\cos(\vec{A}, \vec{B})$ den Kosinus des von den beiden Vektoren eingeschlossenen Winkels bedeutet.

Es gilt

$$\vec{A}\vec{B} = \vec{B}\vec{A}$$

ferner erkennt man, daß das skalare Produkt zweier aufeinander senkrecht stehender Vektoren verschwindet.

Für die Basisvektoren gelten mithin die Beziehungen

$$\vec{e}_x\vec{e}_x = \vec{e}_y\vec{e}_y = \vec{e}_z\vec{e}_z = 1$$

$$\vec{e}_x\vec{e}_y = \vec{e}_y\vec{e}_z = \vec{e}_z\vec{e}_x = 0$$

und damit ergibt sich für das skalare Produkt (10.3) die Komponentendarstellung

$$\vec{A}\vec{B} = A_x B_x + A_y B_y + A_z B_z. \tag{10.4}$$

V e k t o r i e l l e s P r o d u k t zweier Vektoren $\vec{A}$ und $\vec{B}$ liefert einen Vektor gemäß

$$\vec{A} \times \vec{B} = \vec{C} = \begin{vmatrix} \vec{e}_x & \vec{e}_y & \vec{e}_z \\ A_x & A_y & A_z \\ B_x & B_y & B_z \end{vmatrix}$$

$$= \vec{e}_x(A_y B_z - A_z B_y) + \vec{e}_y(A_z B_x - A_x B_z) + \vec{e}_z(A_x B_y - A_y B_x) \tag{10.5}$$

Der Vektor $\vec{C}$ steht auf dem von $\vec{A}$ und $\vec{B}$ aufgespannten Parallelogramm senkrecht, wobei die Vektoren $\vec{A}, \vec{B}, \vec{C}$ in dieser Reihenfolge ein Rechtssystem bilden.

Der Betrag des vektoriellen Produkts ist

$$|\vec{C}| = C = A \cdot B \sin(\vec{A}, \vec{B}).$$

Es gilt

$$\vec{A} \times \vec{B} = -\vec{B} \times \vec{A}$$

ferner erkennt man, daß das vektorielle Produkt zweier paralleler Vektoren verschwindet.

Angewendet auf die Basisvektoren ergeben sich die Beziehungen

$$\vec{e}_x \times \vec{e}_x = \vec{e}_y \times \vec{e}_y = \vec{e}_z \times \vec{e}_z = 0$$

$$\vec{e}_x \times \vec{e}_y = \vec{e}_z \qquad \vec{e}_y \times \vec{e}_z = \vec{e}_x \qquad \vec{e}_z \times \vec{e}_x = \vec{e}_y.$$

10.2 Indizesschreibweise von Koordinaten, Vektoren und Tensoren

Für die Kartesischen Koordinaten schreibt man zweckmäßig $x = x_1$, $y = x_2$, $z = x_3$ oder allgemein

$$x_i \quad \text{mit } i = 1, 2, 3.$$

Bei einem Summenausdruck

$$a_1 x_1 + a_2 x_2 + a_3 x_3 = \sum_{i=1}^{3} a_i x_i = a_i x_i$$

kann man das Summenzeichen weglassen, wenn vereinbart wird, daß automatisch über die doppelt vorkommenden Indizes summiert wird (Summationskonvention von Einstein und Ricci).

Der Summationsindex als sog. stummer Index kann dabei beliebig umbenannt werden, d. h.

$$a_i x_i = a_m x_m = a_n x_n \quad \text{usw.}$$

Ein Ausdruck der Form $a_i b_i x_i$ ist durch diese Regelung nicht definiert. Soll hierbei die Summe gebildet werden, muß das Summenzeichen verwendet werden.

Ferner ist in allen Fällen, in denen die Summationskonvention nicht gelten soll, dies anzugeben.

Für eine Doppelsumme gilt entsprechend

$$\sum_{i=1}^{n} \sum_{j=1}^{n} a_{ij} x_i x_j = a_{ij} x_i x_j$$

(für n = 3 ergibt dies ingesamt 9 Glieder).

Mit dem sog. Kronecker - Symbol mit den Eigenschaften

$$\delta_{ij} = \begin{cases} 1 & \text{für } i = j \\ 0 & \text{für } i \neq j. \end{cases} \tag{10.6}$$

wird bereits ein wichtiger Tensor 2. Stufe (sog. Einheitstensor) eingeführt, der sehr zweckmäßig ist.

Es gilt damit

$$\delta_{ik} a_k = a_i \qquad \delta_{ik} a_{kj} = a_{ij}.$$

Für die skalaren Produkte der Basisvektoren kann man schreiben („halb-symbolisch“)

$$\vec{e}_i \vec{e}_j = \delta_{ij}. \tag{10.7}$$

Bei Anwendung der Indizesschreibweise sind einige Regeln zu beachten, von denen die wichtigsten kurz aufgeführt werden.

Soll in den Ausdruck

$$a_i = A_{im} x_m$$

der Ausdruck

$$x_i = B_{im} y_m$$

eingesetzt werden, ist in letzterem eine Umbenennung der Indizes $i \to m$ sowie $m \to k$ erforderlich. Damit wird $x_m = B_{mk} y_k$, und es folgt

$$a_i = A_{im} B_{mk} y_k.$$

Dies gilt gleichermaßen bei einer Produktbildung für $a = a_i x_i$ und $b = b_i y_i$, die als

$$a \cdot b = a_i x_i b_j y_j$$

zu schreiben ist.

Für das skalare Produkt zweier Vektoren $\vec{A} = \vec{e}_i A_i$ und $\vec{B} = \vec{e}_i B_i$ folgt demnach mit (10.7)

$$\vec{A} \cdot \vec{B} = (\vec{e}_i A_i)(\vec{e}_j B_j) = (\vec{e}_i \vec{e}_j) A_i B_j = A_i B_i.$$

Handelt es sich darum, aus einem Ausdruck der Form

$$T_{ij} n_j - \lambda n_i = 0 \tag{10.8}$$

(mit λ als skalarem Faktor) den Vektor n_i „herauszusetzen", schreibt man

$$n_i = \delta_{ij} n_j$$

und erhält aus (10.8)

$$T_{ij} n_j - \lambda \delta_{ij} n_j = (T_{ij} - \lambda \delta_{ij}) n_j = 0.$$

Eine häufig vorkommende Rechenoperation ist die Verjüngung (oder Kontraktion). Sie besteht darin, bei einer Größe mit zwei Indizes diese gleichzusetzen und dann darüber zu summieren. Dies bedeutet z. B.

$$T_{ij} \quad \text{mit } i = j \quad (i, j = 1, 2, 3)$$

liefert $T_{ii} = T_{11} + T_{22} + T_{33}$.

Für den Kronecker-Tensor ergibt die Verjüngung

$$\delta_{ii} = \delta_{11} + \delta_{22} + \delta_{33} = 3.$$

Zusammenfassend kann festgehalten werden, daß in einer Gleichung bei korrekter Indizesschreibweise ein und derselbe Index in jedem Term nur zweimal vorkommen darf (und darüber summiert wird). Wenn in einem Term ein Index nur einmal erscheint, dann darf er in allen anderen Termen ebenfalls nur einmal vorkommen.

10.3 Levi-Civita-Tensor oder Permutationssymbol

Dieser Tensor (der auch als Alternator bezeichnet wird) ist ebenfalls eine wichtige Größe und wird definiert gemäß[1])

$$\epsilon_{ijk} = \begin{cases} 1 & \text{für } i, j, k = 1, 2, 3; 2, 3, 1; 3, 1, 2 \\ -1 & \text{für } i, j, k = 1, 3, 2; 3, 2, 1; 2, 1, 3 \\ 0 & \text{für } i = j, i = k, j = k \end{cases} \tag{10.9}$$

Es handelt sich um einen Tensor 3. Stufe.

---

[1]) Die Größe ϵ_{ijk} entspricht dem sog. Spatprodukt der Basisvektoren, das durch

$$(\vec{e}_i \times \vec{e}_j)\vec{e}_k = (\vec{e}_k \times \vec{e}_i)\vec{e}_j = (\vec{e}_j \times \vec{e}_k)\vec{e}_i$$

gegeben ist.

Hierfür gilt

$$\epsilon_{ijk} = \epsilon_{jki} = \epsilon_{kij} = -\epsilon_{jik} = -\epsilon_{kji} = -\epsilon_{ikj}.$$

Für die vektoriellen Produkte der Basisvektoren ergibt sich

$$\vec{e}_i \times \vec{e}_j = \epsilon_{ijk}\vec{e}_k \tag{10.10}$$

und damit schreibt sich das vektorielle Produkt zweier Vektoren $\vec{A}$ und $\vec{B}$

$$\vec{A} \times \vec{B} = (\vec{e}_i A_i) \times (\vec{e}_j B_j) = A_i B_j (\vec{e}_i \times \vec{e}_j)$$

oder $$(\vec{A} \times \vec{B})_k = \epsilon_{ijk} A_i B_j \vec{e}_k.$$

Es gilt die wichtige Beziehung

$$\epsilon_{ijk}\epsilon_{mn\ell} = \begin{vmatrix} \delta_{im} & \delta_{in} & \delta_{i\ell} \\ \delta_{jm} & \delta_{jn} & \delta_{j\ell} \\ \delta_{km} & \delta_{kn} & \delta_{k\ell} \end{vmatrix}.$$

Speziell ergeben sich

$$\epsilon_{ijk}\epsilon_{mjk} = 2\delta_{im} \quad \text{sowie} \quad \epsilon_{ijk}\epsilon_{ijk} = 6.$$

10.4 Ableitungen und vektorielle Differentialoperationen

Das Differential einer Funktion

$$f = f(x_1, x_2 \ldots x_n)$$

von n unabhängigen Veränderlichen lautet

$$df = \frac{\partial f}{\partial x_1} dx_1 + \frac{\partial f}{\partial x_2} dx_2 + \ldots \frac{\partial f}{\partial x_n} dx_n = \frac{\partial f}{\partial x_i} dx_i \quad (i = 1 \ldots n). \tag{10.11}$$

Für die partiellen Ableitungen sind die Abkürzungen

$$\frac{\partial}{\partial x_i}(\ldots) = (\ldots)_{,i} \qquad \frac{\partial^2}{\partial x_i \partial x_j}(\ldots) = (\ldots)_{,ij}$$

gebräuchlich.

Damit schreibt sich der dreidimensionale L a p l a c e - Operator

$$\Delta(\ldots) = \left(\frac{\partial^2}{\partial x_1^2} + \frac{\partial^2}{\partial x_2^2} + \frac{\partial^2}{\partial x_3^2}\right)(\ldots) = \frac{\partial}{\partial x_i}\frac{\partial}{\partial x_i}(\ldots) = (\ldots)_{,ii} \quad (i = 1, 2, 3).$$

Wichtige vektorielle Differentialoperationen sind Gradient, Divergenz und Rotation. Hierfür ergeben sich in Indizesschreibweise

$$\vec{\text{grad}}(\ldots) = \left(\vec{e}_1 \frac{\partial}{\partial x_1} + \vec{e}_2 \frac{\partial}{\partial x_2} + \vec{e}_3 \frac{\partial}{\partial x_3}\right)(\ldots) \rightarrow (\ldots)_{,i} \tag{10.12}$$

$$\operatorname{div} \vec{A} = \frac{\partial A_1}{\partial x_1} + \frac{\partial A_2}{\partial x_2} + \frac{\partial A_3}{\partial x_3} \rightarrow A_{i,i} \tag{10.13}$$

$$\operatorname{rot} \vec{A} = \begin{vmatrix} \vec{e}_1 & \vec{e}_2 & \vec{e}_3 \\ \dfrac{\partial}{\partial x_1} & \dfrac{\partial}{\partial x_2} & \dfrac{\partial}{\partial x_3} \\ A_1 & A_2 & A_3 \end{vmatrix} \rightarrow \epsilon_{ijk} \frac{\partial A_k}{\partial x_j} = \epsilon_{ijk} A_{k,j} \tag{10.14}$$

10.5 Transformation von Vektor- und Tensorkomponenten bei Drehung des Koordinatensystems

Die Koordinatentransformation beim Übergang von x_i nach x_i^* (vgl. Fig. 10.2)

$$x_i^* = x_i^*(x_1, x_2, x_3)$$

ist gegeben durch

$$x_i^* = \sum_k x_k \cos(x_i^*, x_k) = c_{ik} x_k \tag{10.15}$$

wobei die Transformationskoeffizienten die sog. Richtungskosinus $c_{ik} = c_{ki}$ sind.
Das Transformationsgesetz für die Koordinatendifferentiale lautet entsprechend (10.15)

$$dx_i^* = \frac{\partial x_i^*}{\partial x_k} dx_k = x_{i,k}^* dx_k = c_{ik} dx_k.$$

Man gelangt zu einer alternativen Definition des Vektors, wenn man die Gesetzmäßigkeit der Änderung der Vektorkomponenten bei der Drehung des Koordinatensystems zugrundelegt. Diese Betrachtungsweise hat den Vorteil, daß sie zur Definition nicht-skalarer Größen höherer Ordnung verallgemeinert werden kann (was mit der oben gegebenen Definition eines Vektors als gerichtete Größe nicht der Fall ist).

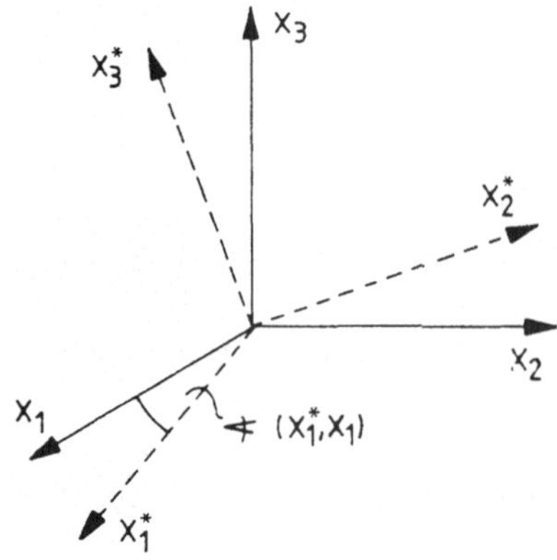

Fig. 10.2
Drehung des Kartesischen Koordinatensystems

Beim Übergang von x_i nach x_i^* transformieren sich die Komponenten eines Vektors analog wie die Koordinatendifferentiale, d. h. es gilt für einen beliebigen Vektor $\vec{A}$

$$A_i^* = \frac{\partial x_i^*}{\partial x_k} A_k = c_{ik} A_k. \tag{10.16}$$

Man bezeichnet einen Vektor auch als einen Tensor 1. Stufe.

Dementsprechend sind die Komponenten eines Kartesischen Tensors 2. Stufe dadurch definiert, daß sie sich bei der Drehung des Koordinatensystems wie das Produkt zweier Vektoren transformieren. Es gilt somit

$$T_{ij}^* = \frac{\partial x_i^*}{\partial x_k} \frac{\partial x_j^*}{\partial x_\ell} T_{k\ell} = c_{ik} c_{j\ell} T_{k\ell}. \tag{10.17}$$

Entsprechend ergeben sich die Transformationsformeln für die Komponenten von Kartesischen Tensoren dritter und höherer Stufe.

Um einen konkreten Tensor darzustellen, gibt man die Werte seiner Komponenten bezüglich einer Basis an. Man pflegt dann anschaulich die Gesamtheit der Komponenten eines Tensors 2. Stufe in Form der Komponentenmatrix zu schreiben, z. B. im dreidimensionalen Fall

$$T_{ij} \rightarrow \begin{bmatrix} T_{11} & T_{12} & T_{13} \\ T_{21} & T_{22} & T_{23} \\ T_{31} & T_{32} & T_{33} \end{bmatrix}. \tag{10.18}$$

Einem Tensor läßt sich nicht (wie bei einem Vektor) eine „Größe“ oder ein Betrag zuschreiben. Allerdings gibt es bestimmte Ausdrücke, wie z. B. die Determinante der Komponentenmatrix (10.18) eines Tensors 2. Stufe, die sich bei der Drehung des Koordinatensystems invariant, d. h. wie ein Skalar verhält.

Man unterscheidet symmetrische Tensoren

$$T_{ij} = T_{ji}$$

und antimetrische (schiefsymmetrische) Tensoren

$$T_{ij} = -T_{ji}.$$

Jeder beliebige Tensor 2. Stufe ist eindeutig in seinen symmetrischen und antimetrischen Anteil zerlegbar gemäß

$$T_{ij} = \frac{1}{2}(T_{ij} + T_{ji}) + \frac{1}{2}(T_{ij} - T_{ji}). \tag{10.19}$$

Wie aus dem Transformationsgesetz (10.17) ersichtlich, ändern sich bei der Drehung des Koordinatensystems die Komponenten eines Tensors.

Der Tensor als solcher hängt indes als Ausdruck einer physikalischen Größe nicht vom Koordinatensystem ab und stellt somit, wenn er ohne Bezugnahme auf ein Koordinatensystem definiert wird, eine unveränderliche Größe (Invariante) dar. Hierin liegt letztlich der Grund für das Bestreben, alle physikalischen Gesetze als Tensorgleichungen zu formuliegen, die dann für alle Koordinatensysteme gelten. Diese sog. kovariante Formulierung erfolgt mit dem allgemeinen Tensorkalkül (früher auch als absoluter Differentialkalkül bezeichnet), wobei die Beschränkung auf Kartesische Koordinaten entfällt.

10.6 Ableitungen von Tensoren. Integralsätze von Gauß und Stokes

Durch Differentiation Kartesischer Tensoren werden Tensoren höherer Stufe gebildet. Allgemein liefert die Ableitung eines Skalars (Tensor nullter Stufe) nach den Koordinaten einen Vektor (Tensor 1. Stufe)

$$\frac{\partial U}{\partial x_i} = U_{,i} = \text{grad}\, U$$

dies entspricht der Gradientenbildung, vgl. (10.12).
Entsprechend liefert die Ableitung eines Vektors (Tensor 1. Stufe) einen Tensor 2. Stufe

$$\frac{\partial A_i}{\partial x_j} = A_{i,j}$$

usw. analog für Tensoren höherer Stufe. Dies gilt jedoch nur für Kartesische Tensoren.
Zur Umwandlung von Oberflächen- in Volumenintegrale und umgekehrt dient der wichtige Satz von G a u ß.
Dieser Satz wurde (in verschiedenen Formen) aufgestellt von L a g r a n g e 1762, G a u ß 1813, G r e e n 1828, O s t r o g r a d s k i 1831 und wird dementsprechend benannt oder auch nur als Divergenzsatz bezeichnet.
Es gilt allgemein, wobei $\underset{\sim}{T}$ einen Tensor beliebiger Stufe bedeutet

$$\oint_A \underset{\sim}{T} dA_i \equiv \oint_A \underset{\sim}{T} n_i dA = \int_V \frac{\partial}{\partial x_i} \underset{\sim}{T} dV \qquad (10.20)$$

und zwar für beliebige konvexe reguläre[1]) Bereiche mit Volumen V und Oberfläche A. Das Integral der linken Seite ist über die gesamte Oberfläche (als Hüllenintegral) zu erstrecken.
Einige Beispiele für den Satz von G a u ß lauten (in symbolischer bzw. Indizesschreibweise)
für einen Skalar ϕ

$$\oint_A \phi \vec{n} dA = \int_V \text{grad}\, \phi dV$$

bzw.

$$\oint_A \phi n_i dA = \int_V \phi_{,i} dV \qquad (10.21)$$

[1]) Dies bedeutet, daß die Oberfläche aus endlich vielen Teilen besteht, deren äußere Normalen ein stetiges Vektorfeld bilden.

für einen Vektor $\vec{B}$

$$\oint_A \vec{B}\vec{n}dA = \int_V \operatorname{div} \vec{B}dV$$

bzw. $$\oint_A B_i n_i dA = \int_V B_{i,i} dV \tag{10.22}$$

oder $$\oint_A \vec{B} \times \vec{n} dA = \int_V \operatorname{rot} \vec{B} dV$$

bzw. $$\oint_A \epsilon_{ijk} B_k n_j dA = \int_V \epsilon_{ijk} B_{k,j} dV. \tag{10.23}$$

Speziell für einen flächenhaften Bereich, z. B. in der x_1-x_2-Ebene lautet die zweidimensionale Form des Satzes von Gauß für einen Vektor B_i ($i = 1, 2$)

$$\oint_R B_i n_i ds = \int_A B_{i,i} dA$$

wobei das Umlaufintegral auf der linken Seite über die gesamte Randkurve R der Fläche A zu erstrecken ist.

Zur Umsetzung von Linienintegralen in Flächenintegrale und umgekehrt findet der Satz von Stokes Anwendung.

Er lautet für einen Vektor $\vec{B}$

$$\oint_R \vec{B}d\vec{s} = \int_A \operatorname{rot} \vec{B}\vec{n}dA$$

bzw. $$\oint_R B_i ds_i = \int_A \epsilon_{ijk} B_{k,j} n_i dA \tag{10.24}$$

wobei A eine beliebige räumliche Fläche ist, die durch die Kurve R mit dem Linienelement ds_i berandet ist (vgl. Fig. 10.3).

Handelt es sich um eine geschlossene Fläche A, so verschwindet das Hüllenintegral, d. h.

$$\oint_A \operatorname{rot} \vec{B}\vec{n}dA = 0 \tag{10.25}$$

Die linke Seite von (10.24) wird mitunter als Zirkulation bezeichnet.

Für weitere Einzelheiten, insbesondere die Beweise der Sätze von Gauß und Stokes wird auf mathematische Lehrbücher, z. B. [B 38], [B 39], [B 40] verwiesen.

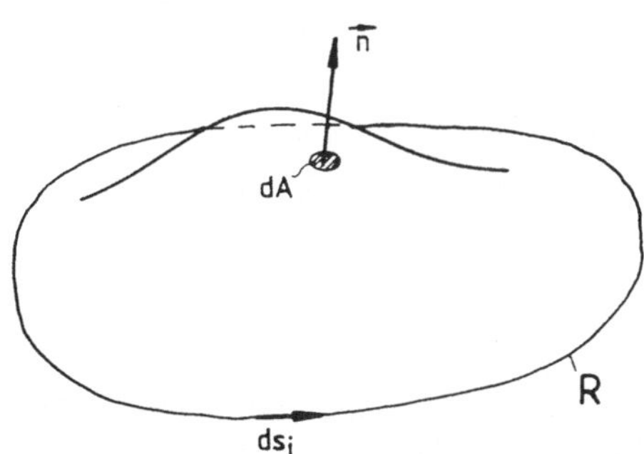

Fig. 10.3
Zum Satz von Stokes

11 Literaturverzeichnis

Das folgende Verzeichnis, das keinerlei Anspruch auf Vollständigkeit erhebt[1]), enthält eine Reihe grundlegender Lehr- und Handbücher sowie Hinweise auf historisch interessante bzw. grundlegende Originalarbeiten, auf die im Text Bezug genommen wird.

11.1 Grundlegende Lehr- und Handbücher der Elastizitätstheorie (A) sowie Werke verwandten und mathematischen Inhalts (B)

[A 1] Castigliano, A.: Theorie de l'equilibre des systemes elastiques et ses applications. Turin 1879
Engl. Übersetzung: The theory of equilibrium of elastic systems and its applications. New York: Dover 1966

[A 2] Boussinesq, M. J.: Application des potentiels. Paris: Gauthier-Villars 1885

[A 3] Cosserat, E.; Cosserat, F.: Theorie des corps deformables. Paris: A. Herrmann 1909

[A 4] Föppl, A.; Föppl, L.: Drand und Zwang Bd. 1 und 2. Berlin 1924–1928

[A 5] Busemann, A.; Föppl, O.: Physikalische Grundlagen der Elastomechanik. In: [A 40], 1–46

[A 6] Trefftz, E.: Mathematische Elastizitätstheorie. In: [A 40], 47–140

[A 7] Kolossoff, G. V.: Anwendung komplexer Veränderlicher in der Elastizitätstheorie (Russisch). Moskau 1935

[A 8] Southwell, R. V.: An introduction to the theory of elasticity for engineers and physicists. Oxford 1936

[A 9] Föppl, L.: Drang und Zwang. Dritter Band: Der ebene Spannungszustand. München: Leibniz Verlag 1947

[A 10] Den Hartog, J. P.: Advanced strength of materials. New York: McGraw Hill 1952

[A 11] Westergaard, H. M.: Theory of elasticity and plasticity. New York: Dover 1952

[A 12] Wang, C. T.: Applied elasticity. New York: McGraw Hill 1953

[A 13] Green, A. E.; Zerna, W.: Theoretical elasticity. Oxford: Clarendon Press 1954

[A 14] Sokolnikoff, I. S.: Mathematical theory of elasticity. New York: McGraw Hill 1956

[1]) Ein ausführliches und erschöpfendes Schrifttumsverzeichnis der linearen Elastizitätstheorie findet sich z. B. in [A 32].

[A 15] Sneddon, I. N.; Berry, D. S.: The classical theory of elasticity. In: [A 41], 1–126

[A 16] Weber, C.; Günther, W.: Torsionstheorie. Braunschweig: Vieweg 1958

[A 17] Love, A. E. H.: A treatise on the mathematical theory of elasticity, 4th edition. Cambridge: Univ. Press 1959

[A 18] Pearson, C. E.: Theoretical elasticity. Cambridge: Harvard Univ. Press 1959

[A 19] Novozhilov, V. V.: Theory of elasticity. Jerusalem: Israel Progr. for Sci. Transl. 1961

[A 20] Lurje, A. I.: Räumliche Probleme der Elastizitätstheorie. Berlin: Akademie Verlag 1963

[A 21] Fung, Y. C.: Foundations of solid mechanics. Englewood Cliffs: Prentice Hall 1965

[A 22] Landau, L. D.; Lifschitz, E. M.: Elastizitätstheorie. Berlin: Akademie Verlag 1956

[A 23] Filonenko-Boroditsch, M. M.: Elastizitätstheorie. Leipzig: Fachbuchverlag 1967

[A 24] Chou, P. C.; Pagano, N. J.: Elasticity. Princeton: Van Nostrand 1967

[A 25] Leipholz, H.: Einführung in die Elastizitätstheorie. Karlsruhe: G. Braun 1968

[A 26] Timoshenko, S. P.; Goodier, J. N.: Theory of elasticity, 3rd edition. Tokyo: McGraw Hill 1970

[A 27] Teodorescu, P. P.: Probleme spatiale in teorie elasticitatii. Bucuresti: Ed. Acad. 1970

[A 28] Dugdale, D. S.; Ruiz, C.: Elasticity for engineers. London: McGraw Hill 1971

[A 29] Neuber, H.: Technische Mechanik. Zweiter Teil: Elastostatik und Festigkeitslehre. Berlin: Springer 1971

[A 30] Muskhelischwili, N. I.: Einige Grundaufgaben zur mathematischen Elastizitätstheorie. München: Hanser 1971

[A 31] England, A. H.: Complex variable methods in elasticity. London: Wiley 1971

[A 32] Gurtin, M. E.: The linear theory of elasticity. In: [A 42], 1–295

[A 33] Wang, C. C.; Truesdell, C.: Introduction to rational elasticity. Leyden: Noordhoff 1973

[A 34] Saada, A. S.: Elasticity, theory and applications. New York: Pergamon Press 1974

[A 35] Boresi, A. P.; Lynn, P. B.: Elasticity in engineering mechanics. Englewood Cliffs: Prentice Hall 1974

[A 36] Kupradze, V. D. (Ed.): Three-dimensional problems of the mathematical theory of elasticity and thermoelasticity. Amsterdam: North Holland 1979

[A 37] Fraeijs de Veubeke, B. M.: A course of elasticity. New York: Springer 1979

[A 38] A t k i n , R. J.; F o x , N.: An introduction to the theory of elasticity. London: Longman 1980

[A 39] E s c h e n a u e r , H.; S c h n e l l , W.: Elastizitätstheorie I. Mannheim: Bibl. Inst. 1981

[A 40] Handbuch der Physik (Hrsg. H. Geiger und K. Scheel) Bd. VI Mechanik der elastischen Körper. Berlin: Springer 1928

[A 41] Handbuch der Physik (Hrsg. S. Flügge) Bd. VI Elastizität und Plastizität. Berlin: Springer 1958

[A 42] Handbuch der Physik (Hrsg. S. Flügge) Bd. VIa/2 Festkörpermechanik II. Berlin: Springer 1972

[B 1] M o r g e n s t e r n , D.; S z a b o , I.: Vorlesungen über theoretische Mechanik. Berlin: Springer 1961

[B 2] P r a g e r , W.: Einführung in die Kontinuumsmechanik. Basel: Birkhäuser 1961

[B 3] S c h a e f e r , M. (Hrsg.): Miszellaneen der angewandten Mechanik (Tollmien-Festschrift). Berlin: Akad. Verlag 1962

[B 4] M ü l l e r , I.: Thermodynamik. Die Grundlagen der Materialtheorie. Düsseldorf: Bertelsmann 1973

[B 5] B e c k e r , E.; B ü r g e r , W.: Kontinuumsmechanik. LAMM Bd. 20. Stuttgart: Teubner 1975

[B 6] S p e n c e r , A. J. M.: Continuum Mechanics. London: Longman 1980

[B 7] G u r t i n , M. E.: An introduction to continuum mechanics. New York: Acad. Press 1981

[B 8] M c C l i n t o c k , F. A.; A r g o n , A. S.: Mechanical behavior of materials. Reading: Addison Wesley 1966

[B 9] O d e n , J. T.: Mechanics of elastic structures. New York: McGraw Hill 1967

[B 10] T i m o s h e n k o , S. P.; G e r e , J. M.: Theory of elastic stability. New York: McGraw Hill 1961

[B 11] L e i p h o l z , H.: Stabilitätstheorie. LAMM Bd. 10. Stuttgart: Teubner 1968

[B 12] S o m m e r f e l d , A.: Vorlesungen über theoretische Physik. Bd. II, 5. Aufl. Kap. 9 von E. Kröner. Leipzig: Akad. Verl. Ges. 1964

[B 13] S o m m e r f e l d , A.: Vorlesungen über theoretische Physik. Bd. V. Wiesbaden: Diederich 1952

[B 14] N e u b e r , H.: Kerbspannungslehre, 2. Aufl. Berlin: Springer 1958

[B 15] S a v i n , G. N.: Stress concentration around holes. Oxford: Pergamon Press 1961. Neuauflage (Russisch) 1968

[B 16] P e t e r s o n , R. E.: Stress concentration factors. New York: Wiley 1974

[B 17] M e l a n , E.; P a r k u s , H.: Wärmespannungen infolge stationärer Temperaturfelder. Wien: Springer 1953

[B 18] N o w a c k i , W.: Thermoelasticity. London 1962

[B 19] Argyris, J. H.; Kelsey, G.: Energy theorems and structural analysis. London: Butterworth 1960

[B 20] Zienkiewicz, O. C.: Methode der finiten Elemente. München: Hanser 1975

[B 21] Schwarz, H. R.: Methode der finiten Elemente, 2. Aufl. LAMM Bd. 47. Stuttgart: Teubner 1984

[B 22] Hahn, H. G.: Methode der finiten Elemente in der Festigkeitslehre, 2. Aufl. Wiesbaden: Akad. Verl. Ges. 1982

[B 23] Brebbia, C. A.; Walker, S.: Boundary element techniques in engineering. London: Newnes-Butterworth 1980

[B 24] Kröner, E.: Kontinuumstheorie der Versetzungen und Eigenspannungen. Berlin: Springer 1958

[B 25] Hirth, J. P.; Lothe, J.: Theory of dislocations. New York: McGraw Hill 1968

[B 26] Irwin, G. R.: Fracture. In: [A 41], 551–590

[B 27] Hahn, H. G.: Bruchmechanik. LAMM Bd. 30. Stuttgart: Teubner 1976

[B 28] Cherepanov, G. P.: Mechanics of brittle fracture. New York: McGraw Hill 1979

[B 29] Schwalbe, K. H.: Bruchmechanik metallischer Werkstoffe. München: Hanser 1980

[B 30] Sneddon, I. N.; Lowengrub, M.: Crack problems in the classical theory of elasticity. New York: Wiley 1969

[B 31] Sih, G. C. (Ed.): Methods of analysis and solution of crack problems. Leyden: Noordhoff 1973

[B 32] Handbuch der Physik (Hrsg. S. Flügge). Bd. III/1 Prinzipien der klassischen Mechanik und Feldtheorie (J. L. Synge, C. Truesdell und R. A. Toupin). Berlin: Springer 1960

[B 33] Handbuch der Physik (Hrsg. S. Flügge) Bd. III/3 Die nichtlinearen Feldtheorien der Mechanik (C. Truesdell und W. Noll). Berlin: Springer 1965

[B 34] Truesdell, C.; Toupin, R. A.: The classical field theories. In: [B 32], 226–793

[B 35] Timoshenko, S. P.: History of strength of materials. New York: McGraw Hill 1953

[B 36] Truesdell, C.: Essays in the history of mechanics. Berlin: Springer 1968

[B 37] Szabo, I.: Gesichte der mechanischen Prinzipien. Basel: Birkhäuser 1977

[B 38] Sokolnikoff, I. S.: Tensor analysis, theory and applications. New York: Wiley 1951

[B 39] Duschek, A.; Hochrainer, A.: Grundzüge der Tensorrechnung in analytischer Darstellung, Teil I-III. Wien: Springer 1948/1955

[B 40] Temple, G.: Cartesian tensors. London: Methuen 1960

[B 41] Sneddon, I. N.: Fourier transforms. New York: McGraw Hill 1951

[B 42] K a n t o r o v i c h , L. W.; K r y l o v , W. I.: Näherungsmethoden der höheren Analysis. Berlin: Deutscher Verlag der Wiss. 1956

[B 43] N o b l e , B.: Methods based on the Wiener-Hopf-technique. London: Pergamon Press 1958

[B 44] M i c h l i n , S. G.: Variationsmethoden der mathematischen Physik. Berlin: Akad. Verlag 1962

[B 45] W a s h i z u , K.: Variational methods in elasticity and plasticity. Oxford: Pergamon Press 1968

[B 46] T r a n t e r , D. J.: Integral transforms in mathematical physics. London: Methuen 1956

[B 47] S c h w a r t z , L.: Theorie des distributions I, II. Paris: Herrmann 1950/51

[B 48] G e l f a n d , I. M.; S c h i l o w , G. E.: Verallgemeinerte Funktionen. Berlin 1960

[B 49] L i g h t h i l l , M. J.: Einführung in die Theorie der Fourieranalysis und der verallgemeinerten Funktionen. Mannheim: Bibl. Inst. 1966

[B 50] Z e m a n i a n , A. H.: Distribution theory and transform analysis. New York: 1965

11.2 Originalarbeiten (soweit sie im Text zitiert sind)

[1] C a u c h y , A. L.: De la pression ou tension dans un corps solide. Exercises de Mathematique **2** (1827) 42–56

[2] G ü n t h e r , W.: Zur Statik und Kinematik des Cosseratschen Kontinuums. Abh. Braunschweig. Wiss. Ges. **10** (1958) 195–213

[3] S c h a e f e r , H.: Versuch einer Elastizitätstheorie des zweidimensionalen ebenen Cosserat-Kontinuums. In: [B 3], 277–292

[4] C e s a r o , E.: Sulle formole del Volterra, fondamentali nella teoria delle distorsioni elastiche. R. C. Accad. Sci. Fis. Math. Napoli **12** (1906) 311–321

[5] Z o r s k i , H.: Theory of discrete defects. Arch. Mech. Stos. **18** (1966) 301–372

[6] M u r a , T.: The continuum theory of dislocations. Adv. Mat. Res. **3** (1968) 1–108

[7] G r e e n , G.: On the laws of reflection and refraction of light at the common surface of two non-crystallized media. Trans. Cambridge Phil. Soc. **7** (1838/1842) 1–24

[8] K i r c h h o f f , G.: Über das Gleichgewicht und die Bewegung eines unendlich dünnen elastischen Stabes. J. Reine. u. angew. Mathematik (Crelles J.) **56** (1859) 285–313

[9] B u f l e r , H.: Erweiterung des Prinzips der virtuellen Verschiebungen und des Prinzips der virtuellen Kräfte. ZAMM **50** (1970) 104–108

[10] B u f l e r , H.: Variationsgleichungen und finite Elemente. Sitz.-Ber. Bayer. Akad. d. Wiss. 1975, S. 155–187

[11] R e i s s n e r , E.: On a variational theorem in elasticity. J. Math. and Phys. **29** (1950) 90–95

[12] B u f l e r , H.: Zur Variationsformulierung nichtlinearer Randwertprobleme. Ing. Arch. **45** (1976) 17–39

[13] E n g e s s e r , F.: Über statisch unbestimmte Träger. Z. Architekt. Ing. Verein Hannover **35** (1889) 733–744

[14] B e t t i , E.: Teoria dell' elasticity. Il Nuovo Cimento (2) **7/8** (1872) 5–21

[15] G a l e r k i n , B.: Über eine Untersuchung der Spannungen und Verformungen in elastischen isotropen Festkörpern (Russisch). Dokl. Akad. Nauk SSSR (1930) 353–358. Ferner: Contribution a la solution generale du probleme de la theorie de l'elasticite dans le cas de trois dimensions. C. R. Acad. Sci. Paris **190** (1930) 1047–1048

[16] P a p k o v i c h , P. F.: Expressions generales des composantes des tensions, ne renfermant comme fonctions arbitraires que des fonctions harmoniques. C. R. Acad. Sci. Paris **195** (1932) 754–756

[17] P a p k o v i c h , P. F.: Darstellung des allgemeinen Integrals der Grundgleichungen der Elastizitätstheorie mit drei harmonischen Funktionen (Russisch). Izv. Akad. Nauk SSSR, Fiz. Mat. Ser. 10 (1932) 1425–1435. Ferner: Solution generale des equations differentielles fondamentales d'elasticite, exprimee par trois fonctions harmoniques. C. R. Acad. Sci. Paris **195** (1932) 513–515

[18] N e u b e r , H.: Ein neuer Ansatz zur Lösung räumlicher Probleme der Elastizitätstheorie. Der Hohlkegel unter Einzellast als Beispiel. ZAMM **14** (1934) 203–212

[19] M i n d l i n , R. D.: Note on the Galerkin and Papkovich stress functions. Bull. Amer. Math. Soc. **42** (1936) 373–376

[20] A i r y , G. B.: On the strains in the interior of beams. Phil. Trans. Roy. Soc. London **153** (1863) 49–80

[21] M a x w e l l , J. C.: On reciprocal diagrams in space and their relation to Airy's function of stress. Proc. London Math. Soc. **2** (1865/69) 58–60

[22] M o r e r a , G.: Soluzione generale delle equazioni indefinite dell' equilibrio di un corpo continuo. Atti Accad. Lincei R. C. **1** (1892) 137–141

[23] B e l t r a m i , E.: Osservazioni sulla nota precedente. Atti Accad. Lincei R. C. **1** (1892) 141–142

[24] F i n z i , B.: Integrazione delle equazioni indefinite della meccanica dei sistemi continui. Atti Accad. Lincei R. C. **19** (1934) 578–584, 620–623

[25] W e b e r , C.: Spannungsfunktionen des dreidimensionalen Kontinuums. ZAMM **28** (1948) 193–197

[26] K r ö n e r , E.: Die Spannungsfunktionen der dreidimensionalen Elastizitätstheorie. Z. f. Phys. **139** (1954) 175–188

[27] S c h a e f e r , H.: Die Spannungsfunktionen des dreidimensionalen Kontinuums und des elastischen Körpers. ZAMM **33** (1953) 356–362

[28] v. M i s e s , R.: On St-Venant's principle. Bull. Amer. Math. Soc. **51** (1945) 555–562

[29] Sternberg, E.: On St. Venant's principle. Quart. Appl. Math. **11** (1954) 393–402

[30] Kolossoff, G. V.: Über eine Anwendung der komplexen Funktionentheorie auf ein ebenes Problem der mathematischen Elastizitätstheorie (Russisch). Diss. Univ. Dorpat (Yuriew) 1909

[31] Kolossoff, G. V.: Über einige Eigenschaften des ebenen Problems der Elastizitätstheorie. Z. f. Math. u. Phys. **62** (1914) 384–409

[32] Muskhelischwili, N.: Praktische Lösung der fundamentalen Randwertaufgaben der Elastizitätstheorie in der Ebene für einige Berandungsformen. ZAMM **13** (1933) 264–282

[33] Stevenson, A. C.: Some boundary problems of two-dimensional elasticity. Phil. Mag. (VII) 34 (1943) 766–793. Ferner: Complex potentials in two-dimensional elasticity. Proc. Roy. Soc. London **A184** (1945) 129–179, 218–229

[34] Sobrero, L.: Theorie der ebenen Elastizität. Hamburger Math. Einzelschr. **17** (1934)

[35] Schmidt, K.: Behandlung ebener Elastizitätsprobleme mit Hilfe hyperkomplexer Singularitäten. Ing. Arch. **19** (1951) 324–241

[36] Stahl, K.: Über die Lösung ebener Elastizitätsaufgaben in komplexer und hyperkomplexer Darstellung. Ing. Arch. **22** (1954) 1–20

[37] Kuhn, G.: Lösung elastischer Riß- und Stempelprobleme mittels Integraltransformationen unter Verwendung der Wiener-Hopf-Technik. Habil.-Schr. TU München 1977

[38] Trefftz, E.: Ein Gegenstück zum Ritzschen Verfahren. Math. Ann. **100** (1928) 503–521

[39] Hrennikoff, A.: Solution of problems in elasticity by the framework method. J. Appl. Mech. **6** (1941) 169–175

[40] McHenry, D.: A lattice analogy for the solutions of plane stress problems. J. Inst. Civ. Eng. **21** (1943) 59–82

[41] Turner, M. J.; Clough, R. W.; Martin, H. C.: Topp, L. J.: Stiffness and deflection analysis of complex structures. J. Aeron. Sci. **23** (1956) 805–823

[42] Clough, R. W.: The finite element method in plane stress analysis. Proc. 2nd ASCE Conf. on electronic computation. Pittsburgh 1960, Seite 345–378

[43] Tong, P.; Pian, T. H. H.: The convergence of finite element method in solving linear elastic problems. Int. J. Sol. Struct. **3** (1967) 865–879

[44] Pian, T. H. H.; Tong, P.: Basis of finite element methods for solid continua. Int. J. Num. Meth. Eng. **1** (1969) 3–28

[45] Schnack, E.: Beitrag zur Berechnung rotationssymmetrischer Spannungskonzentrationsprobleme mit der Methode der finiten Elemente. Dr.-Ing. Diss. TU München 1973

[46] Jaswon, M. A.; Ponter, A. R.: An integral equation solution of the torsion problem. Proc. Roy. Soc. London **A273** (1963) 246–273

[47] R i z z o , F. J.: An integral equation approach to boundary value problems of classical elastostatics. Quart. Appl. Math. **25** (1967) 83–95

[48] C r u s e , T. A.: Numerical solutions in three-dimensional elastostatics. Int. J. Sol. Struct. **5** (1969) 1259–1274

[49] N e u r e i t e r , W.; K u h n , G.: Boundary-Element-Methode mit Strukturtechnik. ZAMM **61** (1981) T112–T114

[50] K u h n , G.; M ö h r m a n n , W.: Boundary element method in elastostatics: theory and applications. Appl. Math. Modelling 7 (1983) 97–105

[51] P r a n d t l , L.: Zur Torsion von prismatischen Stäben. Phys. Z. **4** (1903) 758–770

[52] W e b e r , C.: Die Lehre von der Drehfestigkeit. VDI-Forsch.-Heft **249** (1921)

[53] T r e f f t z , E.: Über den Schubmittelpunkt in einem durch eine Einzellast gebogenen Balken. ZAMM **15** (1935) 220–225

[54] W e i n s t e i n , A.: The center of shear and the center of twist. Quart. Appl. Math. **5** (1947) 97–99

[55] S t. V e n a n t , B. de.: Memoire sur la flexion des prismes. J. Math. Pur. et Appl. 2 ser. **T1** (1856) 89–189

[56] T i m o s h e n k o , S. P.: Bull. Inst. Eng. of Way of Communications (Russisch). St. Petersburg 1913. Vgl. [A 26], S. 357

[57] F i l o n , L. N. G.: On an approximative solution for the bending of a beam of rectangular section under any system of load. Phil. Trans. Roy. Soc. London **A201** (1903) 63–155

[58] G o u r s a t , E.: Sur l'equation $\Delta\Delta u = 0$. Bull. Soc. Math. France **26** (1898) 236–237

[59] L a m é , G.: Lecons sur la theorie mathematique de l'elasticite. Paris: Bachelier 1852

[60] G r ü b l e r , M.: Der Spannungszustand in Schleifsteinen und Schmirgelscheiben. Z. VDI **41** (1897) 860–864

[61] S t e r n b e r g , E.; E u b a n k s , R. A.: On the concept of concentrated loads and an extension of the uniqueness theorem in the linear theory of elasticity. J. Rat. Mech. Anal. **4** (1955) 135–168

[62] S t e r n b e r g , E.; K o i t e r , W.: The wedge under a concentrated couple: A paradox in the two-dimensional theory of elasticity. J. Appl. Mech. **25** (1958) 575–581

[63] N e u b e r , H.: Lösung des Carothers-Problems mittels Prinzipien der Kraftübertragung. ZAMM **43** (1963) 211–228

[64] M e l a n , E.: Der Spannungszustand der durch eine Einzelkraft im Innern beanspruchten Halbscheibe. ZAMM **12** (1932) 343–346

[65] K i r s c h , G.: Die Theorie der Elastizität und die Bedürfnisse der Festigkeitslehre. Z. VDI **42** (1898) 797–807

[66] N e u b e r , H.: Gekerbte und gelochte Scheiben mit Kraft- und Versetzungssingularitäten. Ing. Arch. **37** (1968) 1–9

[67] Griffith, A. A.: The phenomena of rupture and flow in solids. Phil. Trans. Roy. Soc. London **A221** (1921) 163–198

[68] Barenblatt, G. I.: The mathematical theory of equilibrium cracks in brittle fracture. Adv. Appl. Mech. 7 (1962) 55–129

[69] Bufler, H.: Der Spannungszustand in einer geschichteten Scheibe. ZAMM **41** (1961) 158–180

[70] Jung, H.: Über eine Anwendung der Fouriertransformation in der Elastizitätstheorie. Ing. Arch. **18** (1950) 263–271

[71] Sneddon, I. N.: The distribution of stress in the neighborhood of a crack in an elastic solid. Proc. Roy. Soc. London **A187** (1946) 229–260

[72] Sneddon, I. N.; Elliot, H. A.: The opening of a Griffith-crack under internal pressure. Quart. Appl. Math. **4** (1946/47) 262–267

[73] Tranter, C. J.: The use of the Mellin-transform in finding the stress-distribution in an infinite wedge. Quart. J. Appl. Math. **1** (1948) 125–130

[74] Mayr, M.: Ein Integralgleichungsverfahren zur Lösung rotationssymmetrischer Elastizitätsprobleme. Dr.-Ing. Diss. TU München 1975

[75] Mindlin, R. D.: Force at a point in the interior of a semiinfinite solid. Physics 7 (1936) 195–202

[76] Sternberg, E.: Three-dimensional stress concentrations in the theory of elasticity. Appl. Mech. Rev. **11** (1958) 1–4

[77] Neuber, H.; Hahn, H. G.: Stress concentration in scientific research and engineering. Appl. Mech. Rev. **19** (1966) 187–199

[78] Leon, A.: Über die Störungen der Spannungsverteilung, die in elastischen Körpern durch Bohrungen und Bläschen entstehen. Österr. Wochenschr. für den öffentl. Baudienst **9** (1908) 1–18

[79] Stefan, J.: Über das Gleichgewicht eines festen elastischen Körpers von ungleichförmiger und veränderlicher Temperatur. Sitz. ber. K. Akad. d. Wiss. Wien, Math. Naturw. Klasse (1881) S. 549–575

[80] Southwell, R. V.; Gough, H. J.: On the concentration of stress in the neighborhood of a small spherical flaw. Phil. Mag. (VII) **1** (1926) 71–97

[81] Larmor, J.: The influence of flaws and air-cavities on the strength of materials (Appendix by A. E. Love). Phil. Mag. (V) **33** (1892) 76–78

[82] Goodier, J. N.: Concentration of stress around spherical and cylindrical inclusions and flaws. Trans. ASME **55** (1933) 39–44

[83] Neuber, H.: Beiträge für den achssymmetrischen Spannungszustand. Dr.-Ing. Diss. TH München 1932

[84] Neuber, H.: Der räumliche Spannungszustand in Umdrehungskerben. Ing. Arch. **6** (1935) 133–156

[85] Sadowsky, M. A.; Sternberg, E.: Stress concentration around an ellipsoidal cavity in an infinite body under arbitrary plane stress perpendicular to the axis of revolution of the cavity. J. Appl. Mech. **14** (1947) 191–201

[86] E d w a r d s , R. H.: Stress concentrations around spheroidal inclusions and cavities. J. Appl. Mech. **18** (1951) 19–30

[87] S a d o w s k y , M. A.; S t e r n b e r g , E.: Stress concentration around a triaxial ellipsoidal cavity. J. Appl. Mech. **16** (1949) 149–157

[88] L u r j e , A. I.: Der Spannungszustand in der Umgebung eines ellipsoidförmigen Hohlraums (Russisch). Dokl. Akad. Nauk SSSR **87** (1952) 709–720

[89] T e r a z a w a , K.: On the elastic equilibrium of a semi-infinite solid under given boundary conditions, with some applications (Englisch). J. of College of Sci. Imperial Univ. Tokyo, **37** (1916) Art. 7, 1–64

[90] B u f l e r , H.: Der Spannungszustand in einem geschichteten Körper bei axialsymmetrischer Belastung. Ing. Arch. **30** (1961) 417–430

Sachverzeichnis

Teubner Studienbücher

Mechanik

Becker: **Technische Strömungslehre**
Eine Einführung in die Grundlagen und technischen Anwendungen der Strömungsmechanik. 5. Aufl. 160 Seiten. DM 22,80

Becker/Bürger: **Kontinuumsmechanik**
Eine Einführung in die Grundlagen und einfache Anwendungen
228 Seiten. DM 34,– (LAMM)

Becker/Piltz: **Übungen zur Technischen Strömungslehre**
3. Aufl. 136 Seiten. DM 19,80

Böhme: **Strömungsmechanik nicht-newtonscher Fluide**
280 Seiten. DM 34,– (LAMM)

Hahn: **Bruchmechanik**
Einführung in die theoretischen Grundlagen. 221 Seiten. DM 34,– (LAMM)

Magnus: **Schwingungen**
Eine Einführung in die theoretische Behandlung von Schwingungsproblemen. 3. Aufl. 251 Seiten. DM 29,80 (LAMM)

Magnus/Müller: **Grundlagen der Technischen Mechanik**
4. Aufl. 300 Seiten. DM 32,– (LAMM)

Müller/Magnus: **Übungen zur Technischen Mechanik**
2. Aufl. 292 Seiten. DM 32,– (LAMM)

Wieghardt: **Theoretische Strömungslehre**
Eine Einführung. 2. Aufl. 237 Seiten. DM 28,80 (LAMM)

Mathematik

Ahlswede/Wegener: **Suchprobleme**
328 Seiten. DM 29,80

Aigner: **Graphentheorie**
269 Seiten. DM 29,80

Ansorge: **Differenzenapproximationen partieller Anfangswertaufgaben**
298 Seiten. DM 29,80 (LAMM)

Behnen/Neuhaus: **Grundkurs Stochastik**
376 Seiten. DM 36,–

Bohl: **Finite Modelle gewöhnlicher Randwertaufgaben**
318 Seiten. DM 29,80 (LAMM)

Böhmer: **Spline-Funktionen**
Theorie und Anwendungen. 340 Seiten. DM 32,–

Bröcker: **Analysis in mehreren Variablen**
einschließlich gewöhnlicher Differentialgleichungen und des Satzes von Stokes
VI, 361 Seiten. DM 32,80

Bunse/Bunse-Gerstner: **Numerische Lineare Algebra**
314 Seiten. DM 34,–

Clegg: **Variationsrechnung**
138 Seiten. DM 18,80

v. Collani: **Optimale Wareneingangskontrolle**
IV, 150 Seiten. DM 29,80

Collatz: **Differentialgleichungen**
Eine Einführung unter besonderer Berücksichtigung der Anwendungen
6. Aufl. 287 Seiten. DM 32,– (LAMM)

Teubner Studienbücher Fortsetzung

Mathematik Fortsetzung

Collatz/Krabs: **Approximationstheorie**
Tschebyscheffsche Approximation mit Anwendungen. 208 Seiten. DM 28,–

Constantinescu: **Distributionen und ihre Anwendung in der Physik**
144 Seiten. DM 21,80

Dinges/Rost: **Prinzipien der Stochastik**
294 Seiten. DM 34,–

Fischer/Sacher: **Einführung in die Algebra**
3. Aufl. 240 Seiten. DM 22,80

Floret: **Maß- und Integrationstheorie**
Eine Einführung. 360 Seiten. DM 32,–

Grigorieff: **Numerik gewöhnlicher Differentialgleichungen**
Band 1: Einschrittverfahren. 202 Seiten. DM 19,80
Band 2: Mehrschrittverfahren. 411 Seiten. DM 32,80

Hainzl: **Mathematik für Naturwissenschaftler**
3. Aufl. 376 Seiten. DM 34,– (LAMM)

Hässig: **Graphentheoretische Methoden des Operations Research**
160 Seiten. DM 26,80 (LAMM)

Hettich/Zencke: **Numerische Methoden der Approximation und semi-infinitiven Optimierung**
232 Seiten. DM 24,80

Hilbert: **Grundlagen der Geometrie**
12. Aufl. VII, 271 Seiten. DM 26,80

Jeggle: **Nichtlineare Funktionalanalysis**
Existenz von Lösungen nichtlinearer Gleichungen. 255 Seiten. DM 26,80

Kall: **Analysis für Ökonomen**
238 Seiten. DM 28,80 (LAMM)

Kall: **Lineare Algebra für Ökonomen**
184 Seiten. DM 24,80 (LAMM)

Kall: **Mathematische Methoden des Operations Research**
Eine Einführung. 176 Seiten. DM 25,80 (LAMM)

Kohlas: **Stochastische Methoden des Operations Research**
192 Seiten. DM 25,80 (LAMM)

Krabs: **Optimierung und Approximation**
208 Seiten. DM 24,80

Müller: **Darstellungstheorie von endlichen Gruppen**
IX, 211 Seiten. DM 24,80

Rauhut/Schmitz/Zachow: **Spieltheorie**
Eine Einführung in die mathematische Theorie strategischer Spiele
400 Seiten. DM 32,– (LAMM)

Schwarz: **FORTRAN-Programme zur Methode der finiten Elemente**
208 Seiten. DM 24,80

Schwarz: **Methode der finiten Elemente**
2. Aufl. 346 Seiten. DM 38,– (LAMM)

Stiefel: **Einführung in die numerische Mathematik**
5. Aufl. 292 Seiten. DM 32,– (LAMM)

Stiefel/Fässler: **Gruppentheoretische Methoden und ihre Anwendung**
Eine Einführung mit typischen Beispielen aus Natur- und Ingenieurwissenschaften
256 Seiten. DM 29,80 (LAMM)

Teubner Studienbücher Fortsetzung

Informatik Fortsetzung

Richter: **Logikkalküle**
232 Seiten. DM 24,80 (LAMM)

Schlageter/Stucky: **Datenbanksysteme: Konzepte und Modelle**
2. Aufl. 368 Seiten. DM 34,– (LAMM)

Schnorr: **Rekursive Funktionen und ihre Komplexität**
191 Seiten. DM 25,80 (LAMM)

Spaniol: **Arithmetik in Rechenanlagen**
Logik und Entwurf. 208 Seiten. DM 24,80 (LAMM)

Vollmar: **Algorithmen in Zellularautomaten**
Eine Einführung. 192 Seiten. DM 23,80 (LAMM)

Weck: **Prinzipien und Realisierung von Betriebssystemen**
299 Seiten. DM 34,– (LAMM)

Wirth: **Compilerbau**
Eine Einführung. 3. Aufl. 117 Seiten. DM 17,80 (LAMM)

Wirth: **Systematisches Programmieren**
Eine Einführung. 4. Aufl. 160 Seiten. DM 23,80 (LAMM)

Preisänderungen vorbehalten